エキスパート応用化学テキストシリーズ
Expert Applied Chemistry Text Series

Quantum Chemistry

量子化学
基礎から応用まで

Kenji Kanaori
金折賢二［著］

講談社

まえがき

化学系の学部における物理化学教育においては，1年次の一般化学を基礎として，2年次以降で学ぶ熱力学と量子化学が2本の柱となり，その間を統計熱力学でつなぐというカリキュラムとなっている．それらの内容は，そのまま大学院入学試験に直結し，大学院での研究に必要不可欠である．化学系大学院に進学するうえで物理化学の履修は避けて通れないが，多くの学生は「物理化学が苦手」というよりも「興味が持てない」ことが多い．その1つの理由は教科書の構成にある．高校の物理と同じく，大学の物理化学でも「何がわかっているのか」に重点がおかれ，わかっていることだけがまとめられていることが多い．そうでなくても理解しづらい内容を前後の関わりなくまとめて覚えるのでは興味を持つのは難しい．

本書では第1～3章で古典力学から量子力学の成立・発展までを概観するが，その時点で「何がわかっていなかった」のかを明確にして量子力学誕生までの流れを理解できるように配慮した．この時代のスピード感を感じてもらえるようにノーベル賞受賞者については受賞年と受賞部門(ノーベル物理学賞，化学賞，平和賞をそれぞれ「物」「化」「平」と略記)を入れてある．物理化学を修得して自分のものにするには，お話を読むだけでなく演習が必要不可欠である．そのため，トピックごとにできる限り例題を入れ，章末にはその章をまとめる問題を配して理解すべき事項がわかるようにしてある．これらを解答できるようであれば，定期試験，大学院入学試験には十分対応可能である．

高校の物理では，量子力学という概念やシュレーディンガー方程式には触れないようになっている．それに対して，理系大学の物理化学の授業においては，原子，分子の構造や反応において中心的な役割を果たす電子の波動関数，エネルギー準位，さらに，それらの磁場中での変化の説明がシュレーディンガー方程式を使ってなされる．第4, 5章ではシュレーディンガー方程式の解法を詳しく述べ，第6～9章では水素原子，多電子原子，二原子分子，有機低分子の電子構造に絞って記述した．そのため，普通の物理化学の教科書で取り扱われている固体，X線回折などについては割愛したので，他の成書で補って欲しい．

物理化学の授業の最終目標の1つは，熱力学と量子化学の統合的理解であり，それには統計熱力学が必要である．しかしながら，統計熱力学は物理化学とは別の授業であることが多いうえに，統計熱力学自体がかなり数学的な素養を要求するため，まったく身につかないで終わりがちである．第10章では量子力学の知見がどのように熱力学を説明しうるかに焦点を当てて統計熱力学に簡単に触れている．統計熱力学という大きな学問領域のごく一部であるが，これも大学院入試で問われる範囲に限定して記述してあるので，きちんと押さえてほしい．物理化学の授業のもう1つの最終目標をあげるとすれば，卒業研究や大学院での研究で実際に操作する分光機器の基本原理を理解することである．第11, 12章では，さまざまな分光学において量子力学の知識がどのように役に立つか，そして実際にスペクトルをどう解釈するかについてまとめてあるので，詳しい分光学の本を読む際の助けにしてもらいたい．

筆者の浅学非才のために説明が不十分なところや，間違いがあればご指摘いただければ幸いである．本書を執筆する機会を与えてくださった講談社サイエンティフィクの五味研二氏には辛抱強く待っていただいて感謝の念しかありません．ここに深く御礼申し上げます．

2018年10月

金折賢二

参考書

- M. Kumar著，青木 薫 訳，量子革命—アインシュタインとボーア，偉大なる頭脳の激突，新潮社(2013)
  →量子力学の歴史と人物像がよくわかって面白い．
- P. W. Atkins, J. de Paula, R. Friedman著，千原秀昭，稲葉 章 訳，アトキンス基礎物理化学—分子論的アプローチ 第2版(上)，東京化学同人(2018)
  →上巻に量子論を配して，アトキンス物理化学より分子論重視の構成になっている．
- G. K. Vemulapalli著，上野 実ほか監訳，ベムラパリ物理化学II—微視的な系：量子化学，丸善(2000)
  →量子化学の基本事項が他の教科書にはない表現で記述されている．
- 大野公一，量子化学演習，岩波書店(2000)
  →量子化学の理解しづらい内容が例題，演習問題の形で簡潔に押さえられている．
- 藤永 茂，入門 分子軌道法—分子計算を手がける前に，講談社(1990)
  →量子化学をひととおり学んだ学生が読むべき名著．
- 山崎勝義，物理化学Monographシリーズ(上・下)，広島大学出版会(2013)
  →物理化学のさまざまな事項についての奥深い思索と明解な解説には感動すら覚える．

目　次

第1章　古典物理学

量子化学(quantum chemistry)は量子力学(quantum mechanics)の化学への応用である．量子化学は化学の一分野として扱われ，量子力学は物理学の一分野として扱われる．本書では第1章から第3章で，化学者にとって必要な量子力学の背景を理解し，量子力学の修得を目指す．

物理学は，対象とする自然現象を解析し，数学的に記述することで実験と合うような理論を構築していく学問であり，さまざまな自然現象に共通する，できるだけ簡単かつ普遍的な法則を見いだすことを目標としている．そうして確立された理論や普遍的な法則を，より広範囲の現象に適用していくことで物理学は発展してきた．適用範囲を拡大していく過程で，説明できない自然現象が出てきたとき，それまでの物理学とは違う新しい物理学が生まれる契機となる．

物理学の拡大の方向には，量子力学や素粒子物理学(particle physics)のような小さいものの状態を研究するミクロな領域へ向かうものと，熱力学(thermodynamics)や統計力学(statistical mechanics)のような多数のものにより作り出される状態を研究するマクロな領域へ向かうものがある．量子力学は，1900年にプランクがエネルギーの量子仮説を唱えたことに端を発する．しかしながら，量子力学はそれまでの物理学の法則と不連続に成立したわけではなく，1700年前後に成立した古典力学(classical mechanics)とその後に数学の微積分を用いて発展した解析力学(analytical mechanics)，1800年半ばに完成した古典電磁気学(electromagnetics)が，原子や電子などと電磁波との相互作用というミクロな領域では破綻していることが明らかになり，新しい物理学の構築が求められたことにより誕生した．また1800年代半ばに成立した熱力学とそれに続く統計力学によって物質の巨視的な性質が粒子の運動法則によって記述されるようになり，このことも量子力学に大きな影響を与えた．プランクやアインシュタインも熱力学と統計力学に基づいた思考から量子力学的な考えを生み出したのである．

1900年以前までに量子力学の基礎となる重要な事実が発見されており，発見者の多くは1901年から始まったノーベル賞の受賞者に名を連ねている．本章では，量子力学で必要となる物理法則と量子力学が生まれた背景について述べる．

1.1　量子論誕生前の物理法則―古典力学・電磁気学

1.1.1　運動方程式

古典力学はニュートン(I. Newton, 1642～1727)によって17世紀頃に確立された．1687年にニュートンは主著である“*Principia*”(*Philosophiae Naturalis Principia Mathematica*，自然哲学の数学的諸原理)において運動に関する3つの法則(Newton's laws of motion)と万有引力の法則(law of universal gravitation)を述べた．運動の第1法則は慣性の法則(law of inertia)ともよばれ，慣性系(inertial frame of reference)において，物体は外力を受けない限り等速直線運動を行うというものである．運動方程式(equation of motion，運動の第2法則)を高校の物理では，質点にかかる力$\boldsymbol{F}$は，質点の質量$\boldsymbol{m}$と質点の加速度$\boldsymbol{a}$の積に等しいとして学ぶ．

$$\boldsymbol{F}=m\boldsymbol{a} \tag{1.1}$$

ニュートンは運動量(momentum)$\boldsymbol{p}$の時間tでの微分が力$\boldsymbol{F}$であるとしている．$\boldsymbol{x}$を質点の位置ベクトルとすれば，並進運動の運動方程式は

$$\frac{\mathrm{d}\boldsymbol{p}}{\mathrm{d}t}=\frac{\mathrm{d}(m\boldsymbol{v})}{\mathrm{d}t}=m\frac{\mathrm{d}}{\mathrm{d}t}\left(\frac{\mathrm{d}\boldsymbol{x}}{\mathrm{d}t}\right)=m\frac{\mathrm{d}^2\boldsymbol{x}}{\mathrm{d}t^2}=\boldsymbol{F} \tag{1.2}$$

となる．$\boldsymbol{F}$，$\boldsymbol{a}$，$\boldsymbol{p}$，$\boldsymbol{v}$(速度)，$\boldsymbol{x}$はベクトル量，mはスカラー量である．$\boldsymbol{F}=\boldsymbol{0}$の場合，運動量$\boldsymbol{p}$は保存される．運動の第3法則は作用－反作用の法則(action-reaction law)である．これら3つの運動の法則が成り立つ空間の座標系は慣性座標系であり，古典力学においては，すべての慣性座標系は本質的に同一で，互いに変換可能であり物理学の法則は不変に保たれる．その変換方法はガリレイ変換(Galilean transformation)とよばれる．

回転運動では常に向心力(centripetal force)が働き，運動量$\boldsymbol{p}$は時間とともに方向が変化する．向心力以外の外力がない場合の回転運動においては，運動量ではなく**角運動量**(angular momentum)が保存量である．角運動量$\boldsymbol{L}$もベクトル量であり，位置ベクトル$\boldsymbol{r}$と運動量ベクトル$\boldsymbol{p}$との外積(vector product, cross product)で定義される(図1.1)．

$$\boldsymbol{L}=\boldsymbol{r}\times\boldsymbol{p}=m\boldsymbol{r}\times\boldsymbol{v} \tag{1.3}$$

$\boldsymbol{L}$は$\boldsymbol{r}$と$\boldsymbol{p}$からなる平面に垂直なベクトルであり，向きは$\boldsymbol{r}\rightarrow\boldsymbol{p}$の右手回りで，その大きさ$|\boldsymbol{L}|$は$\boldsymbol{r}$と$\boldsymbol{p}$からなる平行四辺形の面積に等しい．

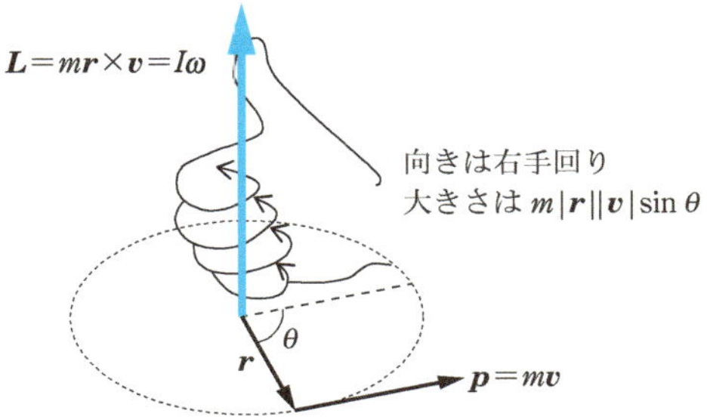

図 1.1　角運動量ベクトル $\boldsymbol{L}$

$$|\boldsymbol{L}|=m|\boldsymbol{r}||\boldsymbol{v}|\sin\theta \tag{1.4}$$

θ は $\boldsymbol{r}$ と $\boldsymbol{p}$ のなす角度で，円運動では $\pi/2$ である．並進運動の運動方程式(1.2)に対応する回転運動の運動方程式は，角運動量 $\boldsymbol{L}$ の時間微分を考えることにより，

$$\frac{\mathrm{d}\boldsymbol{L}}{\mathrm{d}t}=\frac{\mathrm{d}(\boldsymbol{r}\times\boldsymbol{p})}{\mathrm{d}t}=\frac{\mathrm{d}\boldsymbol{r}}{\mathrm{d}t}\times\boldsymbol{p}+\boldsymbol{r}\times\frac{\mathrm{d}\boldsymbol{p}}{\mathrm{d}t}=\frac{\mathrm{d}\boldsymbol{r}}{\mathrm{d}t}\times\left(m\frac{\mathrm{d}\boldsymbol{r}}{\mathrm{d}t}\right)+\boldsymbol{r}\times\boldsymbol{F}=\boldsymbol{r}\times\boldsymbol{F}\equiv\boldsymbol{N} \tag{1.5}$$

と書くことができる．$\boldsymbol{N}$ を力のモーメント(moment of force)またはトルク(torque)とよぶ．向心力は $\boldsymbol{r}$ と平行であるためモーメントを生じない．そのため，向心力だけが働く等速円運動(uniform circular motion)では

$$\frac{\mathrm{d}\boldsymbol{L}}{\mathrm{d}t}=\boldsymbol{r}\times\boldsymbol{F}=\boldsymbol{0} \tag{1.6}$$

となり角運動量 $\boldsymbol{L}$ は保存される．

並進運動でも回転運動でも質点のもつ運動エネルギー T は $\frac{1}{2}mv^2$ であるが，両者で異なる点は，回転運動における運動の速さの指標は**角周波数**(angular frequency) ω であることである(表 1.1)．ω は角速度ともよばれ，$v=r\omega$ で ω の単位は rad s^{-1} である．並進運動の慣性質量 m に相当する慣性モーメント(moment of inertia) I $(=mr^2)$ を用いると運動エネルギーは

$$T=\frac{1}{2}mv^2=\frac{1}{2}I\omega^2 \tag{1.7}$$

と表される．角運動量 $\boldsymbol{L}$ と角速度ベクトル(angular velocity vector) $\boldsymbol{\omega}$ は向きが同じで，慣性モーメント I が比例定数となる．

$$\boldsymbol{L}=I\boldsymbol{\omega} \tag{1.8}$$

表1.1　並進運動と回転運動の比較

	並進運動	回転運動
運動における抵抗	慣性質量 m	慣性モーメント $I=mr^2$
運動の変化の大きさ	速さ v	角周波数 ω
運動量	運動量 $\boldsymbol{p}=m\boldsymbol{v}$	角運動量 $\boldsymbol{L}=\boldsymbol{r}\times\boldsymbol{p}=m\boldsymbol{r}\times\boldsymbol{v}$
運動方程式	$\dfrac{\mathrm{d}\boldsymbol{p}}{\mathrm{d}t}=\boldsymbol{F}$	$\dfrac{\mathrm{d}\boldsymbol{L}}{\mathrm{d}t}=\boldsymbol{r}\times\boldsymbol{F}=\boldsymbol{N}$
運動エネルギー	$\dfrac{1}{2}mv^2$	$\dfrac{1}{2}mv^2=\dfrac{1}{2}I\omega^2$

角運動量の概念は古典物理学が対象とする巨視的な系だけでなく，原子，分子といった微視的な系でも有効であり，量子力学が成立する系での角運動量は系に固有の基本量となる．量子力学での角運動量については第6章で詳しく述べる．

例題1.1　半径 r の円周上を速さ v で等速円運動している質点（質量 m）の運動について述べよ．

解　質点は角周波数 $\omega=v/r$ で回転する．向心力 $mr\omega^2$ が働き，円の中心に向かう加速度 $a_r(=r\omega^2)$ が生じる．運動方程式は $F=ma_r=mr\omega^2=mv^2/r$ となる．$\boldsymbol{F}$ と $\boldsymbol{r}$ は平行で $\boldsymbol{r}\times\boldsymbol{F}=\boldsymbol{0}$ なので回転の運動方程式は $\mathrm{d}\boldsymbol{L}/\mathrm{d}t=\boldsymbol{0}$ となり，角運動量 $\boldsymbol{L}$ は保存され，その大きさは $mrv=mr^2\omega$ で一定である．

例題1.2　角運動量 $\boldsymbol{L}$ をもつコマに対して垂直方向に重力 $\boldsymbol{F}$ が加わったときのコマの角運動量の時間変化について述べよ．

解　角運動量 $\boldsymbol{L}$ で回っているコマの軸が傾いているとき，コマは鉛直軸の回りを右図のように首振り運動（歳差運動：precession）する．重心が接地点の鉛直方向にないため，重力 $\boldsymbol{F}$ と地面からの垂直抗力 $\boldsymbol{F}'$ によってコマを回転させようとするトルク $\boldsymbol{N}$ が働く．$\boldsymbol{N}$ の向きは，$\boldsymbol{F}$ とコマの回転軸の方向のベクトル $\boldsymbol{r}$（$\boldsymbol{L}$ と同じ方向）の外積方向である．

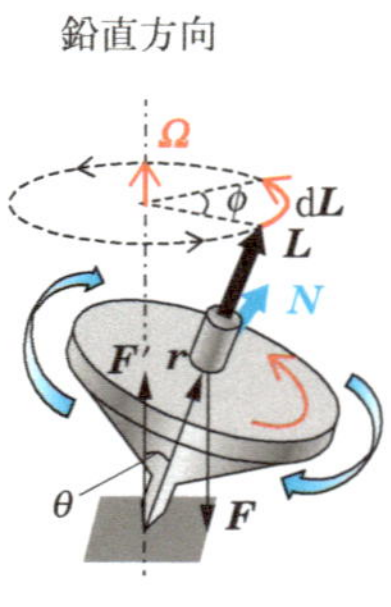

図　コマの歳差運動

$$\frac{\mathrm{d}\boldsymbol{L}}{\mathrm{d}t}=\boldsymbol{r}\times\boldsymbol{F}=\boldsymbol{N}$$

もし，角運動量$\boldsymbol{L}$をもたなければコマは$\boldsymbol{N}$によって転倒するが，角運動量をもっていれば$\boldsymbol{L}$に$\boldsymbol{N}$が作用して$\boldsymbol{L}$は$\boldsymbol{N}$の方向に回転運動する．

コマが傾いていない場合は，重力$\boldsymbol{F}$とコマの回転軸方向のベクトル$\boldsymbol{r}$の向きが一致するため，外積$\boldsymbol{r}\times\boldsymbol{F}$は$\boldsymbol{0}$となる．トルク$\boldsymbol{N}$による$\boldsymbol{L}$の歳差運動の角速度ベクトルを$\boldsymbol{\Omega}$とし，歳差運動の回転角を$\phi$とすれば，角周波数$\Omega=\mathrm{d}\phi/\mathrm{d}t$である．$\boldsymbol{\Omega}$と$\boldsymbol{L}$のなす角を$\theta$とすれば，$\mathrm{d}L=L\sin\theta\,\mathrm{d}\phi=L\Omega\sin\theta\,\mathrm{d}t$となって外積の定義に合うので，両辺を$\mathrm{d}t$で割って外積で表すと

$$\frac{\mathrm{d}\boldsymbol{L}}{\mathrm{d}t}=\boldsymbol{\Omega}\times\boldsymbol{L}=\boldsymbol{N}$$

と書ける．この歳差運動は，磁場中で荷電粒子がもつ角運動量にトルクがかかる場合にも観測される（第12章）．

1.1.2　古典力学の波動方程式

波の速さvと振動数（周波数）f，波長λの間には

$$v=f\lambda \tag{1.9}$$

が成立する．波を表す式は3次元座標(x, y, z)と時間tの関数であり，座標をベクトル$\boldsymbol{r}$で書けば$\varphi(\boldsymbol{r}, t)$と表記できる．図1.2の青点線で示す時刻$t=0$のとき振幅（amplitude）$A$の1次元の余弦波（cos波）は

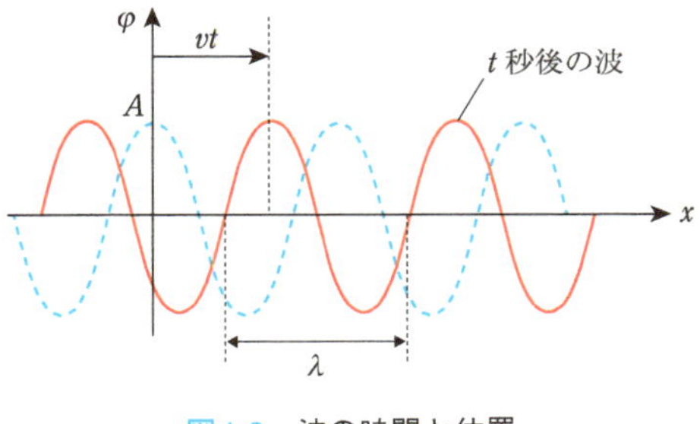

図1.2　波の時間と位置

$$\varphi(x,0)=A\cos\left(\frac{2\pi}{\lambda}x\right) \tag{1.10}$$

と書くことができる．この波がxが正の方向へ進む場合，時刻tの波の式は，式(1.10)をx軸方向にvtだけ平行移動した

$$\varphi(x,t)=A\cos\left\{\frac{2\pi}{\lambda}(x-vt)\right\} \tag{1.11}$$

となる(図1.2の赤線)，この式は，時刻tにおける位置xにある媒質(空気など)の変位を表している．xが負の方向へ進む波はxとvtの和をとることで表現される．波数k（$=2\pi/\lambda$），角周波数ω（$=2\pi f$）を用いると上式は以下のように表される．

$$\varphi(x,t)=A\cos\{k(x-vt)\}=A\cos(kx-\omega t) \tag{1.12}$$

正弦(sin)波で記述するとすれば，cosをsinに変更すればよい．三角関数(trigonometric function)である$\varphi(x,t)$をtを定数としてxで二階微分したものと，xを定数としてtで二階微分したものは，余弦波でも正弦波でも

$$\frac{\partial^2\varphi}{\partial x^2}=-k^2\varphi,\quad \frac{\partial^2\varphi}{\partial t^2}=-\omega^2\varphi \tag{1.13}$$

となる．記号∂は偏微分(partial derivative)を表し，関数が複数の変数からなる場合に１つの変数のみについて微分する(他の変数は定数として扱う)ことを意味する．２つの式を比較すると，以下の式が成り立つ．

$$\frac{\partial^2\varphi}{\partial x^2}=\frac{k^2}{\omega^2}\frac{\partial^2\varphi}{\partial t^2}=\frac{1}{v^2}\frac{\partial^2\varphi}{\partial t^2} \tag{1.14}$$

この式は古典力学の１次元の波動方程式(wave equation)とよばれる．波を表す式，すなわち式(1.14)の解は，一般的にはオイラーの式(Euler's formula) $e^{i\theta}=\cos\theta+i\sin\theta$を用いて

$$\varphi=Ae^{i(kx-\omega t)}=A\cos(kx-\omega t)+iA\sin(kx-\omega t) \tag{1.15}$$

と表される．この虚数単位(imaginary unit)を含む複素指数関数(complex exponential function)も波動方程式を満たす関数であり，複素指数関数を用いて波を表現するとtやxで微分，積分した際に常に同じ関数が現れてきて計算上都合がよい．三角関数を用いて微分した結果は，複素指数関数を用いて計算したときの実数部分と虚数部分に現れる．古典力学の実在波の式を表すのに複素指数関数を用いる理由は数学的に便利だからであるが，量子力学における波動方程式(3.3.1

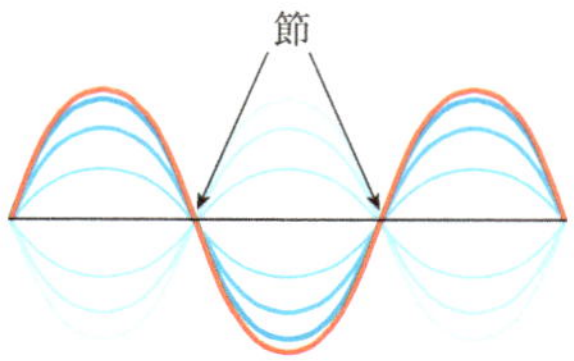

図 1.3　両端が固定端の定常波

項）を解いて波の式を求めるうえでは複素指数関数の概念が必要になる．

v, f, λ, A が同じで，進行方向が互いに逆向きの 2 つの波が重なると，波が進行せず，各位置 x で単振動（simple harmonic oscillation）しているように見える**定常波**（stationary wave）が生じる（図 1.3）．定常波のすべての点は同じ位相（phase），周期（period）で振動し，まったく振動せず常に振幅が 0 である点（**節**，node）と振幅が最大でもっとも大きく振動する点（腹，antinode）がある．定常波の周期は元の波と同じである．古典物理学で定常波が生じる例として，弦楽器や管楽器がある．1 つの波の進行波（progressive wave）とそれの固定端もしくは自由端での反射波（reflected wave）によって定常波が生じる．この定常波という現象は，ミクロな粒子のふるまいを解くカギとして量子力学においても重要な役割を果たす．

例題 1.3　一端が定点に固定されたバネ（バネ定数 k）の他方の端に質量 m の物体をつないで単振動させる．バネの自然長からの変位を x とし，物体の運動方程式

$$m\frac{\mathrm{d}^2 x}{\mathrm{d}t^2} = -kx$$

の解を $x(t) = A\cos(\omega t + \alpha) = A\cos(2\pi ft + \alpha)$ としたときに以下の問いに答えよ．ただし，α は初期位相である．

（1）ω を k と m で表せ．

（2）運動エネルギー T とポテンシャルエネルギー V の和である力学的エネルギー E が一定であることを示せ．

解　（1）$v = \dfrac{\mathrm{d}x}{\mathrm{d}t} = -A\omega\sin(\omega t + \alpha)$

$$a = \frac{\mathrm{d}^2 x}{\mathrm{d}t^2} = -A\omega^2\cos(\omega t + \alpha) = -\omega^2 x$$

運動方程式に代入すると $-m\omega^2 x = -kx$ となるので，$\omega = \sqrt{k/m}$

（2）$T = \dfrac{p^2}{2m} = \dfrac{1}{2}mv^2$，　$V = -\int F\mathrm{d}x = \int kx\mathrm{d}x = \dfrac{1}{2}kx^2$

$$E = T + V = \frac{1}{2}mv^2 + \frac{1}{2}kx^2 = \frac{1}{2}m\left(\frac{\mathrm{d}x}{\mathrm{d}t}\right)^2 + m\omega^2 \times \{A\cos(\omega t + \alpha)\}^2$$

$$= \frac{1}{2}m\{-A\omega\sin(\omega t + \alpha)\}^2 + \frac{1}{2}m\omega^2 \times \{A\cos(\omega t + \alpha)\}^2$$

$$= \frac{1}{2}m\omega^2 A^2 = 2\pi^2 mf^2 A^2$$

よって，単振動のエネルギーは時刻 t に依存せず(単振動の力学的エネルギーは一定)，振動数の二乗と振幅の二乗に比例する．

1.1.3　クーロンの法則

電磁気学は，1785年にクーロン(C. A. Coulomb, 1736～1806)がクーロンの法則(Coulomb's law)を発見したことで定量化が進んだ．2つの点電荷 q_1, q_2 が距離 r だけ離れているときに，電荷間に働く力の大きさ F は，電荷の単位としてC(クーロン：C＝A s)，長さの単位としてm(メートル)を用いると

$$F = \frac{kq_1q_2}{r^2}, \quad k = \frac{1}{4\pi\varepsilon_0} = 8.988 \times 10^9\ \mathrm{N\,m^2\,C^{-2}} \tag{1.16}$$

となる．k は比例定数で，**電気定数**(electric constant) ε_0 により表現される．ε_0 は真空の誘電率(permitivity of vacumm)ともよばれる．

$$\varepsilon_0 = 8.85418782 \times 10^{-12}\ \mathrm{F\,m^{-1}} \quad (\mathrm{F\,m^{-1} = C\,V^{-1}\,m^{-1} = C^2\,J^{-1}\,m^{-1}})$$

このクーロンの法則から，同符号の電荷間では斥力(反発力)が働き，異符号の電荷間では引力が働くことが示される．電荷間に力が働くことから電荷のまわりには静電的なポテンシャル(electrostatic potential)が生じる．原点におかれた電荷 q_1 のつくる静電ポテンシャル ϕ は

$$\phi = \frac{kq_1}{r} \tag{1.17}$$

で表される．原点にある q_1 から距離 r だけ離れた点に電荷 q_2 をおいたとき，その電荷のもつ静電ポテンシャルエネルギー(electrostatic potential energy)は

$$V=\frac{kq_1q_2}{r} \tag{1.18}$$

となる．このクーロンの法則は，正電荷をもつ原子核と負電荷をもつ電子の間の相互作用として重要であり，量子力学においてもポテンシャルエネルギー項として現れる．

クーロンは，磁荷に関するクーロンの法則も発見した．磁荷の単位としてWb（ウェーバ：Wb＝V s）を用いると，2つの磁荷m_1, m_2の間に働く力の大きさFは

$$F=\frac{k'm_1m_2}{r^2},\quad k'=\frac{1}{4\pi\mu_0}=6.33\times10^4\ \mathrm{N\,m^2\,Wb^{-2}} \tag{1.19}$$

となる．電荷には正の点電荷や負の点電荷が存在するが，磁荷はN極（正極）とS極（負極）が必ず対になっているため，正や負の単一の磁荷は実在しない仮想的なものであるが，式(1.19)は2つの磁石を遠く離した場合にN極とS極の間に働く力について成立する式である．k'は比例定数であり，**磁気定数**(magnetic constant)μ_0により表現される．μ_0は以前はA（アンペア）の定義に関連する定義値($4\pi\times10^{-7}$ H m^{-1})であったが，現在は誤差を含む物理量である．

$$\mu_0=12.566\times10^{-7}\ \mathrm{H\,m^{-1}}\quad(\mathrm{H\,m^{-1}=N\,A^{-2}=Wb\,A^{-1}\,m^{-1}})$$

である．μ_0は真空の透磁率(vacuum permeability)ともよばれ，磁場の強さ$\boldsymbol{H}$（単位A m^{-1}）と**磁束密度**(magentic flux density)$\boldsymbol{B}$（単位T（テスラ）：T＝Wb m^{-2}＝N A^{-1} m^{-1}）の比例定数である．

$$\boldsymbol{B}=\mu_0\boldsymbol{H} \tag{1.20}$$

例題1.4　静電ポテンシャルエネルギーを表す式(1.18)を式(1.16)から導出せよ．

解　一般的に，ポテンシャルエネルギーVと働く力Fとの間には

$$-\frac{\mathrm{d}V}{\mathrm{d}x}=F\longrightarrow V=-\int F\mathrm{d}x$$

の関係があり，力の働く方向がポテンシャルエネルギーの減少する方向である．上式を∞（基準値$V=0$）からrまでの範囲で積分すると次式が得られる．

$$V=-\int_{\infty}^{r}F\mathrm{d}x=-\int_{\infty}^{r}\frac{kq_1q_2}{x^2}\mathrm{d}x=\frac{kq_1q_2}{r}$$

コラム　電気双極子と磁気双極子

正負の電荷の対は**電気双極子**(electric dipole)とよばれる．距離d[m]だけ離れた正の点電荷$+q$[C]と負の点電荷$-q$[C]がつくる電気双極子の強さは電気双極子モーメント$\boldsymbol{p}$ (electric dipole moment)で表される．

$$\boldsymbol{p} = q\boldsymbol{d}$$

電気双極子モーメントはベクトル量であり，負電荷から正電荷の方向に矢印を書く．その大きさの単位はC mであるが，物理化学の分野では電気素量(10^{-19} C程度)と原子間距離(10^{-11} m程度)の積(10^{-30} C m)が研究対象となるため，次式で定義される単位D (デバイ)がよく用いられる．

$$1\ \mathrm{D} = 3.336 \times 10^{-30}\ \mathrm{C\ m}$$

単位の名称は，分子がもつ電気双極子モーメントの研究で知られるデバイ(P. J. W. Debye, 1884～1966 : 1936化)にちなんでつけられた．分子がもつ電気双極子には，電気陰性度が異なる原子の結合による永久双極子(permanent dipole)，永久双極子の接近により無極性の分子に誘起される誘起双極子(induced dipole)，無極性分子に瞬間的に生じる電子の偏りによる瞬間的な双極子(instantaneous dipole)がある．

正負の磁荷の対を電気双極子と同じく**磁気双極子**(magnetic dipole)とよぶ．磁気双極子モーメント(magnetic dipole moment)もベクトル量であり，N極から出てS極に向かう磁力線の方向に矢印を書く．正負の磁荷をq_{m}[Wb]とすると磁気双極子モーメント$\boldsymbol{p}_{\mathrm{m}}$は

$$\boldsymbol{p}_{\mathrm{m}} = q_{\mathrm{m}}\boldsymbol{d}$$

となる．磁気双極子モーメントの単位は，磁荷と距離の単位を用いてWb mである．

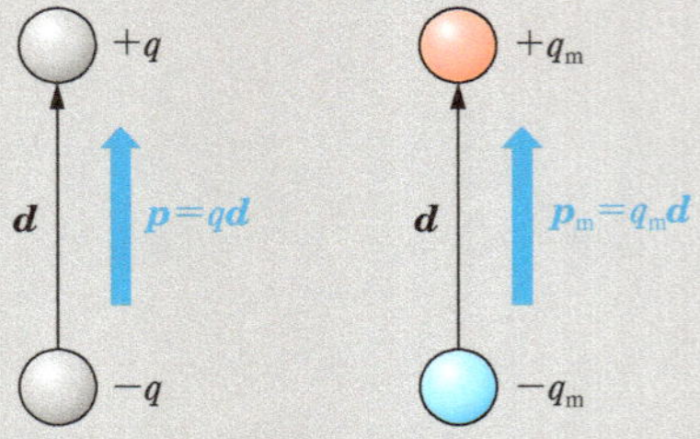

図　電気双極子モーメント$\boldsymbol{p}$と磁気双極子モーメント$\boldsymbol{p}_{\mathrm{m}}$

例題1.5　$e=1.602\times10^{-19}$ Cの正電荷から$a=52.9$ pm（$=52.9\times10^{-12}$ m）の距離に静止している$-e$の負電荷を無限遠まで取り去るのに必要なエネルギーは何eV（エレクトロンボルト）か．また，この電気双極子の大きさは何Dか求めよ．

解　1 eVは，電子1個が1 Vの電圧で加速されるときのエネルギーで，光子，電子などのエネルギーを表すときに使用される単位である．E[eV]の値は，1 eV$=1.602\times10^{-19}$ Jの関係を用いて求める．

$$E=-\int_a^{\infty}F\mathrm{d}x=-\int_a^{\infty}\frac{ke^2}{x^2}\mathrm{d}x=\frac{ke^2}{a}=\frac{e^2}{4\pi\varepsilon_0 a}=4.36\times10^{-18}\,\mathrm{J}=27.2\,\mathrm{eV}$$

$a=52.9$ pmは水素原子の電子軌道の半径でボーア半径（2.2.2項）とよばれ，-27.2 eVは水素原子の電子のポテンシャルエネルギーに相当する．

電気双極子の大きさは1 D$=3.336\times10^{-30}$ C mを用いて計算する．

$$1.602\times10^{-19}\,\mathrm{C}\times52.9\,\mathrm{pm}=2.54\,\mathrm{D}$$

1.1.4　古典電磁気学の成立

電磁気学，電気化学の分野に偉大な功績を残したファラデー（M. Faraday, 1791〜1867）の電磁場理論を基礎として，マクスウェル（J. C. Maxwell, 1831〜1879）は1864年に電気・磁気現象の基本となる

①ファラデーの電磁誘導の法則　　②アンペールの法則

③電場についてのガウスの法則　　④磁場についてのガウスの法則

を拡張した4つのベクトル方程式を立て，古典電磁気学を確立した．4つの式はまとめてマクスウェルの方程式（Maxwell's equations）とよばれる．これによりすべての磁場は電流から生じており，電場$\boldsymbol{E}$と磁場$\boldsymbol{B}$は密接に関係していることが明らかとなった．z軸方向に進む電磁波（electromagnetic wave）を想定したとき，マクスウェルの方程式から$\boldsymbol{E}$も$\boldsymbol{B}$もz方向は時間変化せず，さらに，$\boldsymbol{E}$と$\boldsymbol{B}$は進行方向と垂直なx軸とy軸方向に対しての微分方程式

$$\frac{\partial^2 E_x}{\partial z^2}=\varepsilon_0\mu_0\frac{\partial^2 E_x}{\partial t^2},\quad \frac{\partial^2 B_y}{\partial z^2}=\varepsilon_0\mu_0\frac{\partial^2 B_y}{\partial t^2} \tag{1.21}$$

を満たすことが示された（x, yを入れ替えた式も成立する）．上の式は波動方程式（6頁）と同じ微分方程式であるため，マクスウェルは$\boldsymbol{E}$も$\boldsymbol{B}$も進行方向に直交す

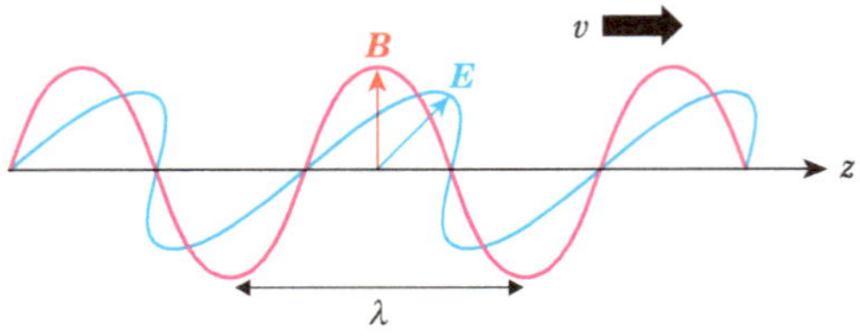

図1.4　光の電場$\boldsymbol{E}$と磁場$\boldsymbol{B}$

る横波であり，電磁波の速度vが電気定数ε_0と磁気定数μ_0によって

$$v = \frac{1}{\sqrt{\varepsilon_0 \mu_0}} \tag{1.22}$$

と表されることを机上で導出した．ε_0とμ_0から計算で求められた電磁波の伝播速度は，ブラッドリー(J. Bradley, 1693～1762)やフィゾー(A. H. L. Fizeau, 1819～1896)らによって実測されていた光の速さ(3×10^8 m s^{-1})とほとんど一致したため，光は電磁波の一種であり，図1.4に示すような直交する電場と磁場からなる横波で，真空中における電磁波の速さは一定である，とマクスウェルは予言した．実験的な検証を待たずしてマクスウェルは死去したが，彼の死後10年と経たずにこの偉大な予言は実証され，アインシュタインの相対性理論に大きな影響を及ぼした．

半径aの微小な円を回る電流Iはそのまわりに磁場をつくり出し，その磁場は磁気双極子モーメント$\boldsymbol{p}_{\rm m}$がつくる磁場と非常によく似ている(図1.5)．円電流がつくる**磁気モーメント**(magnetic moment)$\boldsymbol{\mu}$の向きは，右ねじの法則で決まり，その大きさμはビオ−サバールの法則(Biot-Savart law)から，電流Iと電流が囲む面積$S\,(=\pi a^2)$を用いて，$\mu = IS$となる(導出は電磁気学の教科書を見て欲しい)．この式から磁気モーメントの単位は$\mathrm{m^2\,A}$となるが，磁束密度$\boldsymbol{B}$の単位であるTを用いて表記すると，磁気モーメントの単位は$\mathrm{J\,T^{-1}}$となる(**例題1.6**)．

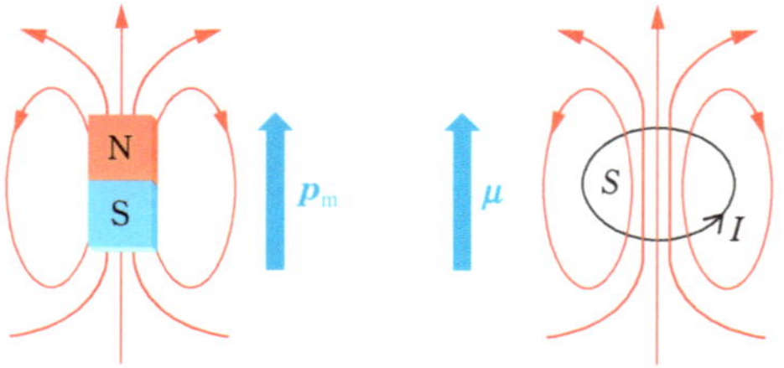

図1.5　磁気双極子モーメント$\boldsymbol{p}_{\rm m}$と円電流により生じる磁気モーメント$\boldsymbol{\mu}$

◎コラム　磁気モーメントと角運動量

質量m，電荷$+e$の粒子が速さvで円運動（半径a）をする場合の磁気モーメントと角運動量の関係を求めよう．右図に示すように角運動量と磁気モーメントは平行なベクトルとなる．生じる円電流の大きさIは1秒間に通過する電気量として

$$I=\frac{v}{2\pi a}e$$

と表され，これを使って角運動量の大きさLと磁気モーメントの大きさμを結びつけることができる．

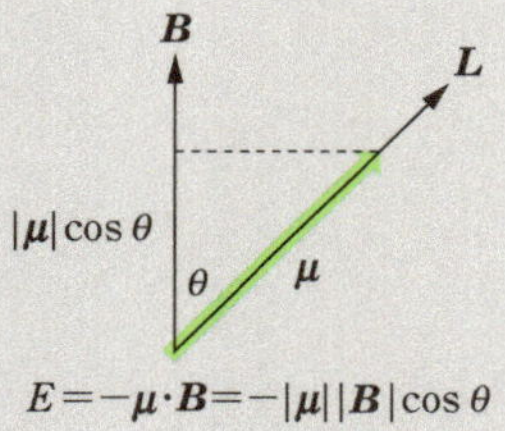

図　磁場$\boldsymbol{B}$中での磁気モーメント$\boldsymbol{\mu}$のポテンシャルエネルギー

$$\mu=\frac{e}{2m}L\quad\left(\text{導出}:\mu=I\pi a^2=\frac{v}{2\pi a}e\pi a^2=\frac{e}{2m}mav=\frac{e}{2m}L\right)$$

荷電粒子の軌道運動による角運動量から磁気モーメントが生じる．この古典電磁気学で得られた関係式は量子力学での荷電粒子である電子や原子核の軌道運動やスピンなどのふるまいを記述するうえでも使うことができる（6.3節）．

円電流による磁気モーメント$\boldsymbol{\mu}$[J T^{-1}]が磁束密度$\boldsymbol{B}$[T]の静磁場におかれたとき，この磁気モーメントのエネルギーE[J]は，$\boldsymbol{\mu}$と$\boldsymbol{B}$の内積（inner product, scalar product）

$$E=-\boldsymbol{\mu}\cdot\boldsymbol{B}=-|\boldsymbol{\mu}||\boldsymbol{B}|\cos\theta$$

で表される．θは2つのベクトルのなす角である．つまり，このポテンシャルエネルギーには，磁気モーメント$\boldsymbol{\mu}$の$\boldsymbol{B}$上への射影成分のみが寄与することになる．$\boldsymbol{B}$の向きはN→Sであり，$\boldsymbol{\mu}$はS→Nなので，$\boldsymbol{\mu}$と$\boldsymbol{B}$が同じ向きのときに異なる極どうしが向き合うことになりエネルギーは安定であるため，負符号がつく．磁気モーメントの磁場に対する角度によってエネルギーが異なることがゼーマン効果（21頁）の原因である．

例題1.6　磁気双極子モーメントの単位Wb m，磁気モーメントの単位J T^{-1}を次元解析せよ．

解　次元解析（dimensional analysis）とは，組み立て単位を単位変換して国際単位系（International System of Units, 略称SI）の基本単位（m, kg, s, A, K, mol, cd）で表現し，それぞれ次元の記号L, M, T, I, Θ, N, Jで表すことである．

$$[\mathrm{Wb\ m}] = [\mathrm{V\ s\ m}] = [\mathrm{m^3\ kg\ s^2\ A^{-1}}] = \mathrm{L^3\ M\ T^{-2}\ I^{-1}}$$
$$[\mathrm{J\ T^{-1}}] = [\mathrm{N\ m\ (N\ A^{-1}\ m^{-1})^{-1}}] = [\mathrm{m^2\ A}] = \mathrm{L^2\ I}$$

2つの単位は異なる次元をもっていて別の物理量であるが，磁場の源として磁荷があるという立場をとるか，すべての磁場は電流から生じるという立場をとるかの違いによって，磁化(magentization)の表現が違う．本書では，磁化を微小電流のつくる磁気モーメント(単位 $\mathrm{J\ T^{-1}}$)の集合体と考える．

SI基本単位

量	名　称	記号	次元
長さ　length	メートル(metre)	m	L
質量　mass	キログラム(kilogram)	kg	M
時間　time	秒(second)	s	T
電流　electric current	アンペア(ampere)	A	I
熱力学温度　thermodynamic temperature	ケルビン(kelvin)	K	Θ
物質量　amount of substance	モル(mole)	mol	N
光度　luminous intensity	カンデラ(candela)	cd	J

SI接頭辞(SI prefix, metric prefix)

倍　量 接頭辞		デカ deca	ヘクト hector	キロ kilo	メガ mega	ギガ giga	テラ tera	ペタ peta	エクサ exa	ゼタ zetta	ヨタ yotta
記　号		da	H	k	M	G	T	P	E	Z	Y
係　数	10^0	10^1	10^2	10^3	10^6	10^9	10^{12}	10^{15}	10^{18}	10^{21}	10^{24}

分　量 接頭辞		デシ deci	センチ centi	ミリ milli	マイクロ micro	ナノ nano	ピコ pico	フェムト femto	アト atto	ゼプト zepto	ヨクト yocto
記　号		d	C	m	μ	n	p	f	a	z	y
係　数	10^0	10^{-1}	10^{-2}	10^{-3}	10^{-6}	10^{-9}	10^{-12}	10^{-15}	10^{-18}	10^{-21}	10^{-24}

1.2　量子論誕生の背景

1.2.1　光の波動説

光の本質にせまる研究を最初に行ったのもニュートンである．17世紀の中頃，ニュートンは虹の色からヒントを得て白色光をプリズムで分け，白色光が混合色であるとして色と光の関係についても言及しているが，一方で光の直進性から光は粒子であると唱えた．偉大なニュートンが光の粒子説を唱えたため，18世紀では光の粒子説が主流であった．1800年頃にヤング(T. Young, 1773～1829)は，光源からの光を平行な2つのスリットを通すと衝立上に干渉縞(interference fringe)が生じることを示し，光が波動であることを主張した．板ガラスに数百から数千の細い溝をつけた回折格子(diffraction grating)を用いると，光は回折現象を示したことや，ニュートンが発見していたニュートンリングも波動説の立場をとって波の干渉縞であるとすると明快に説明できたことなどから，光は波であるという波動説が有力となった．当時は，光が波として宇宙空間を伝播するのであれば，何らかの媒質があるだろうと考えられ，その未知の媒質をエーテル(aetherまたはether)とよんだ．宇宙はエーテルで満たされており，その中を光が波として進むという，エーテル仮説が信じられていた．マクスウェルの方程式から，**光速**(speed of light) c は電気定数 ε_0 と磁気定数 μ_0 によって

$$c = \frac{1}{\sqrt{\varepsilon_0 \mu_0}} \tag{1.23}$$

の一定値に決まることが示されたが(12頁)，精度の高い測定ができれば，地球の運動方向によるエーテルの流れに影響されて光速の変化が観測される(ガリレイ変換が成り立つ)はずであると考えられていた．

マクスウェルの死後1887年に，米国のマイケルソン(A. A. Michelson, 1852～1931 : **1907物**)は，干渉計を開発して地球の運動によるエーテルの流れが光速に及ぼす影響を正確に求めようとした(マイケルソン－モーリーの実験)．しかしながら，光速は，光源や観測者の運動によって変化せず，一定値として観測されたため，エーテル仮説に対して大きな疑義が生じた．また翌1888年にはヘルツ(H. R. Hertz, 1857～1894)によって，光により電場および磁場が伝わっていくこと，すなわち，光が電磁波であることが実験的に確かめられたため，マクスウェルの電磁波理論の正しさが確定した．

マクスウェルの方程式は光速 c を含んでいるため，電磁気の慣性系の変換には，

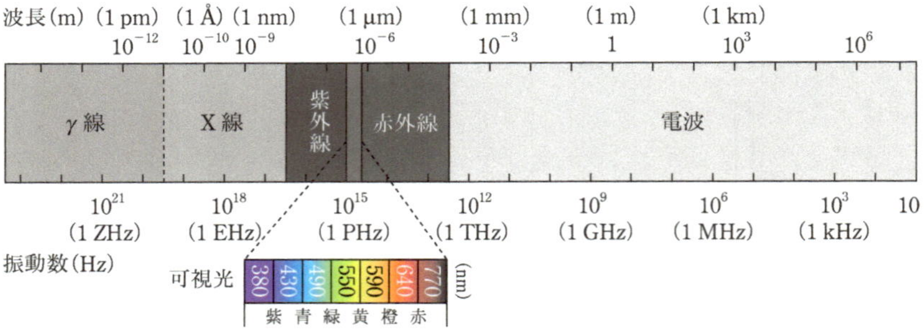

図1.6　光(電磁波)の波長と振動数

古典力学のガリレイ変換は使えないことがわかり，ローレンツ変換(Lorentz transformation)とよばれる座標変換がオランダのローレンツ(H. A. Lorentz, 1853〜1928 : 1902物)により考案された．真空中において光速は，互いに等速直線運動するすべての観測者にとって不変であるという，光速不変の原理は1905年のアインシュタインの特殊相対性理論(36頁コラム)の根幹となり，エーテル仮説は完全に否定されることになる．

SI基本単位のメートルが，1秒の299792458分の1の時間に光が真空中を伝わる行程の長さである，と1983年に定義されたため，現在では真空中の光速は

$$c = 2.99792458 \times 10^8 \text{ m s}^{-1} \qquad (1.24)$$

と定義されている．光の波長をλ，振動数を$\overset{ニュー}{\nu}$とすると，光の波の式は

$$c = \nu\lambda \qquad (1.25)$$

となる．光の波の式では，振動数はfではなくνを用いることが多い．図1.6に示すように光(電磁波)は波長によって名称が異なっている．光(電磁波)の波長ごとの強度の分布を**スペクトル**(spectrum)という．

例題1.7　青色LEDの光の波長は450 nmである．振動数νを求めよ．

解　$\nu = c/\lambda$に数値を代入して計算する．

$$\nu = \frac{3.00 \times 10^8 \text{ m s}^{-1}}{450 \times 10^{-9} \text{ m}} = 6.67 \times 10^{14} \text{ s}^{-1}$$

1.2.2　水素原子の輝線スペクトルにおける規則性の発見

太陽光をプリズムに通すと虹のように色が連続的に切れ目なく変化する連続スペクトルが観測される（図1.7（上））．1800年代の前半に，この太陽光の可視光スペクトルの中に複数の暗線（フラウンホーファー線）が存在することが報告され，主要な暗線について波長の長いものから順にAからKの記号がつけられ，回折格子を使って波長が測定された．その後，ドイツのキルヒホフ（G. R. Kirchhoff, 1824～1887）やブンゼン（R. W. Bunsen, 1811～1899）によって暗線は太陽の表面にある水素，ナトリウム，鉄，カルシウム，マグネシウムなどの元素（element）による太陽光の吸収（absroption）が原因であることが示された．例えば，2本のD線（589.6, 589.0 nm）はナトリウム由来のものである．

光や熱によって高いエネルギー状態となった原子から放射される光をプリズムで分光すると離散的な輝線スペクトルが得られる．水素原子の輝線スペクトルでは可視光領域に4本の線が観測され，それらは，フラウンホーファー線のC線（656.3 nm），F線（486.1 nm），G′線（434.1 nm），h線（410.2 nm）に対応していた（図1.7（下））．1885年にスイスのバルマー（J. J. Balmer, 1825～1898）は水素原子の輝線スペクトルの波長λの規則性を示す関係式

$$\lambda = A\frac{m^2}{m^2-4} \quad (m=3, 4, 5\cdots) \tag{1.26}$$

を提案し，$A=364.56$ nmと決めた．この関係式を満たす輝線スペクトルをバルマー系列（Balmer series）とよぶ．バルマーは波長λの規則性に注目していたため，$m=\infty$のときのλの値（限界波長）がAとなる式を考案した．さまざまな輝線スペクトルの規則性を研究していたスウェーデンのリュードベリ（J. Rydberg, 1854～1919）は，1890年に波長λの逆数である**波数**（wavenumber）$\tilde{\nu}$の規則性を示すリュードベリの公式を提案した．$\tilde{\nu}$はニューチルダと読む．

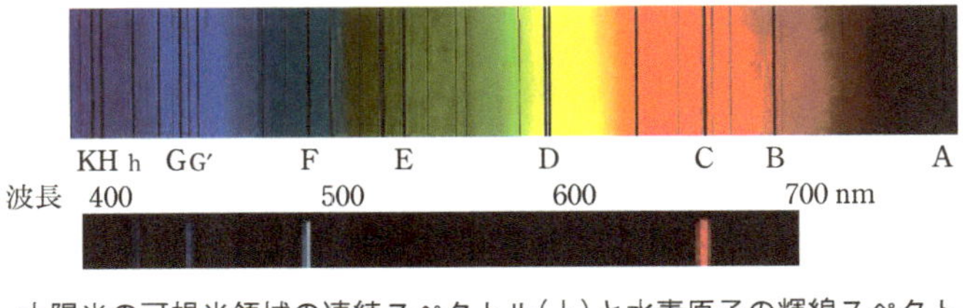

図1.7　太陽光の可視光領域の連続スペクトル（上）と水素原子の輝線スペクトル（下）
アルファベットはフラウンホーファー線の名称を示す．

$$\tilde{\nu} = \frac{1}{\lambda} = R_{\infty}\left\{\frac{1}{(n+c_1)^2} - \frac{1}{(m+c_2)^2}\right\} \tag{1.27}$$

リュードベリはさまざまな原子の輝線についてこの式を満たす定数R_{∞}, m, n, c_1, c_2を実験的に求めた．R_{∞}は**リュードベリ定数**(Rydberg constant)とよばれる原子の種類によらない定数で，現在のR_{∞}の値は

$$R_{\infty} = 1.09737 \times 10^7\ \mathrm{m}^{-1} \tag{1.28}$$

である．この時点では，バルマー系列以外の水素原子のスペクトル系列は観測されていなかったうえ，この規則性がどのような物理学的な意味をもつかわかっていなかった．しかしながら，後述するプランク−アインシュタインの式(2.1.2項)

$$E = h\nu = \frac{hc}{\lambda} = hc\tilde{\nu} \tag{1.29}$$

から明らかなように，波数$\tilde{\nu}$は光のエネルギーに比例しており，1908年のリュードベリ−リッツの結合原理(2.2.1項)，1913年のボーアの水素原子モデルの振動数条件へと発展する礎となった．ボーアの原子モデルによって水素原子スペクトル系列の波長についてのリュードベリの公式が

$$\frac{1}{\lambda} = R_{\infty}\left(\frac{1}{n^2} - \frac{1}{m^2}\right) \quad (m, n \text{は自然数}: m > n) \tag{1.30}$$

となることは高校の物理でも履修する．異なるスペクトル系列ではnが異なり，バルマー系列は$n = 2$の場合である．バルマー系列に属する輝線は，エネルギーが高いM殻以上の電子殻からエネルギーの低いL殻に電子が移る(落ち込む)ときに放出されたエネルギーが光として観測されたものである(電子殻モデルについては2.2節参照)．

例題1.8　バルマーの式におけるAの値とリュードベリ定数R_{∞}との関係式を書き，Aの値からR_{∞}を求めよ．

解　バルマー系列では$\frac{1}{\lambda} = R_{\infty}\left(\frac{1}{2^2} - \frac{1}{m^2}\right)$となる．バルマーの式(1.26)より

$$\frac{1}{\lambda} = \frac{m^2 - 4}{Am^2} = \frac{4}{A}\frac{m^2 - 4}{4m^2} = \frac{4}{A}\left(\frac{1}{2^2} - \frac{1}{m^2}\right)$$

$$\therefore R_{\infty} = \frac{4}{A} = \frac{4}{364.56\ \mathrm{nm}} = \frac{4}{364.56 \times 10^{-9}\ \mathrm{m}} = 1.097 \times 10^7\ \mathrm{m}^{-1}$$

例題1.9　バルマー系列の限界波長364.56 nmの波数$\tilde{\nu}$は何cm^{-1}かを求めよ．

解　波数のSI単位はm^{-1}（wavenumberと読む）であるが，CGS単位系のcm^{-1}がよく使用される．cm^{-1}には適切な読み方がなく，これもwavenumberと読まれる．カイザーと読まれることもあるが，日本だけである．

$$\tilde{\nu} = \frac{1}{\lambda} = \frac{1}{364.56\,\mathrm{nm}} = \frac{1}{364.56 \times 10^{-7}\,\mathrm{cm}} = 27430\,\mathrm{cm}^{-1}$$

1.2.3　電子の発見—粒子としての電子

1850年代以降，真空技術の発展によりガイスラー管（1855年）やクルックス管（1875年頃にクルックス（W. Crookes, 1832～1919）が開発）のような真空放電管（vacuum discharge tube）が作られた．真空放電とは，電極間に数千Vの電圧をかけると，管内に封じられている低圧（1～10^3 Pa程度）の気体から電子が放出され，電流が流れる現象である．10^2 Pa程度（ガイスラー管）で放電させると内部の気体が光り，気体の種類によってさまざまな色を示すが，1 Pa程度（クルックス管）まで減圧すると，中に入れた気体の種類に関係なくガラス管が黄緑色に光る．蛍光物質を塗った真空放電管に影が映ったり（図1.8(a)），管に磁石を近づけるとその影が曲がったりすることが発見され，陰極から何かが出ていると考えられたため，陰極線（cathode ray）と名づけられた．陰極線自身は目に見えないが蛍光板を入れることでその進路を見ることができた（図1.8(b)）．当時，荷電粒子の磁場中でのふるまいについての電磁気学による理論はローレンツによってすでに体系化されており，陰極線は負に帯電した粒子の流れで，粒子の比電荷に応じて電場や磁場の中で曲がると予測されていたが，真空度が低く確定できなかった．

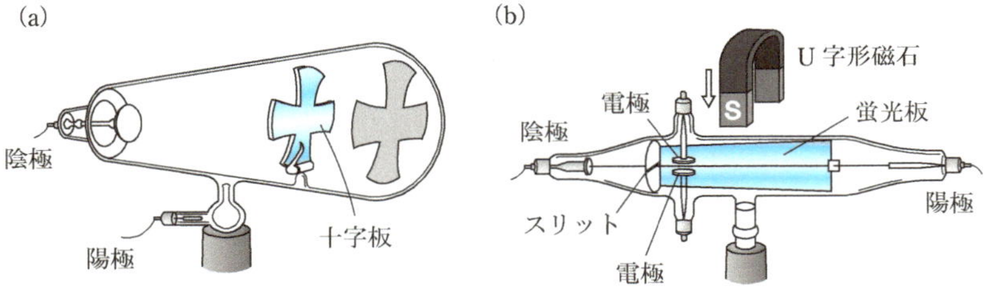

図1.8　クルックスの装置(a)と電場および磁場による陰極線の偏向観測用装置(b)

磁束密度$\boldsymbol{B}$の中を速度$\boldsymbol{v}$で進む電荷qに働くローレンツ力$\boldsymbol{F}$は

$$\boldsymbol{F} = q\boldsymbol{v} \times \boldsymbol{B} \tag{1.31}$$

である(図1.9). ここで, $\boldsymbol{F}$, $\boldsymbol{v}$, $\boldsymbol{B}$はベクトル量で, $\boldsymbol{v} \times \boldsymbol{B}$はベクトルの外積である. ローレンツ力の大きさは

$$q|\boldsymbol{v} \times \boldsymbol{B}| = q|\boldsymbol{v}||\boldsymbol{B}|\sin\theta \tag{1.32}$$

であり, 向きは右手回りである(図1.1).

1897年に英国のトムソン(J. J. Thomoson, 1856〜1940 : 1906物)は, 真空ポンプの開発などにより真空度を上げることに成功し, 陰極線の電場による曲がりと磁場による曲がりから粒子の比電荷e/m(mass-to-charge ratio)を求めた. 比電荷をもつことから陰極線は光ではなく, 負に帯電した粒子であり, その質量は水素原子の1/1000以下で, あらゆる物質から放出されることを確認した. この粒子は, 後に「電子(electron)」とよばれるようになった. 現在の電子の比電荷の値は

$$e/m = 1.759 \times 10^{11}\ \mathrm{C\ kg^{-1}} \tag{1.33}$$

と求まっている.

ローレンツの弟子のゼーマン(P. Zeeman, 1865〜1943 : 1902物)は1896年にナトリウム原子を磁場の中で発光させると, D線が数本に分かれることを発見した(図1.10). ただし, 当初は分光器の性能が良くなかったため2本のD線すらはっきり分裂しておらず, 磁場を印加したときにD線の線幅が変化することが判明しただけだった. 磁場がないときには単一波長であったスペクトル線が, 原子を磁

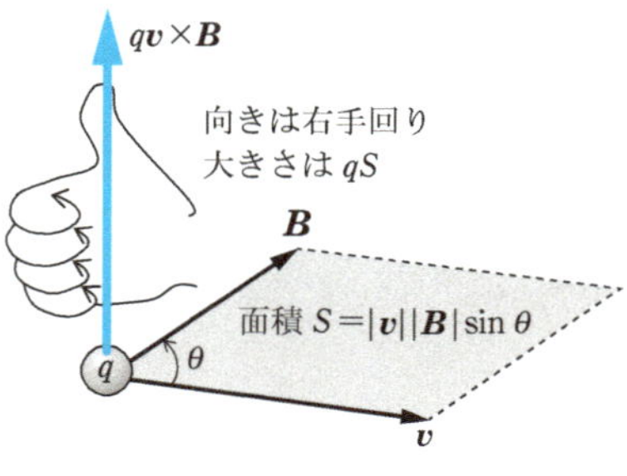

図1.9　磁場$\boldsymbol{B}$の中で速度$\boldsymbol{v}$で移動する電荷$+q$に働く力

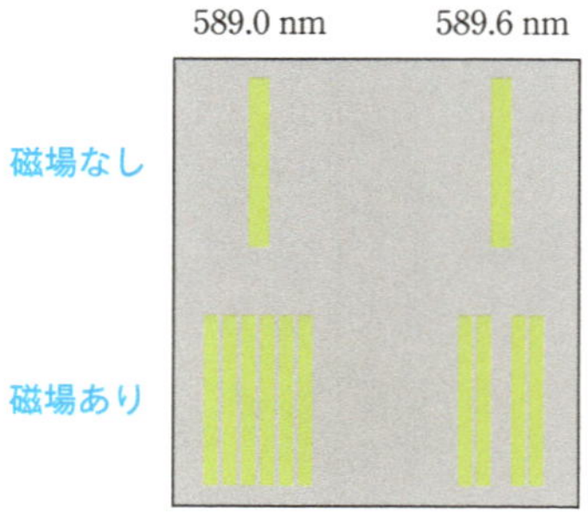

図1.10　2本のナトリウムD線の磁場中でのゼーマン効果

場中においた場合には複数のスペクトル線に分裂する現象は**ゼーマン効果**(Zeeman effect)とよばれるようになった．ゼーマンは，ナトリウム以外の原子についても輝線スペクトルの分裂幅を正確に測定して，ローレンツの電磁気学による理論をもとに，光を放射している荷電粒子は負の電荷をもち振動運動していると提唱し，その比電荷e/mをトムソンらとは独立に決定した．後にミリカン(R. A. Millikan, 1868～1953 : 1923物)が1909年に**電気素量**(elementary electric charge)eを決定して，電子の質量m_{e}も決められた．現在，eは定義値で，A(アンペア)の定義に関連する．

$$e = 1.602176634 \times 10^{-19}\,\mathrm{C}, \quad m_{\mathrm{e}} = 9.109 \times 10^{-31}\,\mathrm{kg} \tag{1.34}$$

ゼーマン効果は，原子中に振動する荷電粒子が存在することの証拠とされ，ゼーマンはローレンツとノーベル賞を同時受賞した．このゼーマン効果によるスペクトル線の分裂は新しい物理学―量子力学―の存在を明快に示す象徴的な観測事例であり，これを理論的に説明しようとする物理学者の努力が30年後の量子力学の完成に結実するのである．D線の磁場中でのゼーマン効果については11.1節で解説する．ゼーマン効果は磁場中での電子や原子核がもつ磁気モーメントの運動とエネルギーを検出する磁気共鳴分光法の基礎として分析機器に実用化されており，化学反応メカニズムの解明や，物質の構造決定に重要な役割を果たしている(第12章参照)．

例題1.10　電子(電荷$-e$，質量m_{e})が一様な電場$\boldsymbol{E}$の平行な電極間(長さL)にx軸に沿って速度$\boldsymbol{v}$で入射した．電子が電極間を出るときのz座標z_0を，vを用いて表せ．

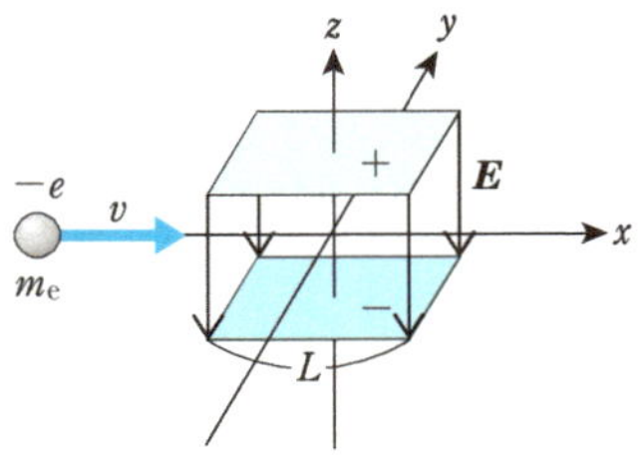

解　電場と逆向きの力が生じ，電場中ではz軸の正の向きの加速度が生じる．

$$\boldsymbol{F} = -e\boldsymbol{E} = m_{\mathrm{e}}\boldsymbol{a} \longrightarrow |\boldsymbol{a}| = -\frac{e|\boldsymbol{E}|}{m_{\mathrm{e}}}$$

電場の強さをE，電子の速さをvとすると

$$z_0 = \frac{1}{2}at^2 = \frac{1}{2}\left(\frac{eE}{m_{\mathrm{e}}}\right)\left(\frac{L}{v}\right)^2 = \frac{eEL^2}{2m_{\mathrm{e}}v^2}$$

例題1.11　例題1.10の図のy軸方向に磁束密度$\boldsymbol{B}$の一様な磁場をかけたところ，電子はx軸に沿って等速直線運動をした．$\boldsymbol{v}$を$\boldsymbol{B}$, $\boldsymbol{E}$で表せ．

解　電場と磁場中での電子の運動はクーロン力$-e\boldsymbol{E}$とローレンツ力$-e\boldsymbol{v}\times\boldsymbol{B}$によるものであり，電場の強さ$\boldsymbol{E}$と磁束密度$\boldsymbol{B}$の中を速度$\boldsymbol{v}$で進む電荷$-e$に働く力$\boldsymbol{F}$は

$$\boldsymbol{F} = -e\boldsymbol{E} + (-e)\boldsymbol{v}\times\boldsymbol{B}$$

となる．ここで，$\boldsymbol{F}, \boldsymbol{E}, \boldsymbol{v}, \boldsymbol{B}$はベクトル量で，$\boldsymbol{v}\times\boldsymbol{B}$はベクトルの外積である．

等速直線運動においては$\boldsymbol{F}=\boldsymbol{0}$であるので，電場から受けるクーロン力と磁場から受けるローレンツ力がつりあっている．

$$|\boldsymbol{v}| = \frac{|\boldsymbol{E}|}{|\boldsymbol{B}|}$$

コラム　放射線の発見

X線やγ線といった波長の短い，高エネルギーの電磁波は1890年代に相次いで発見された．レントゲン(W. C. Röntgen, 1845～1923 : 1901物)は，真空放電管の一種であるクルックス管から放出される放射線(radial ray)をX線と名づけた(1895年)．放射線は物質中を透過する力があり，物質を電離させる粒子線や電磁波の総称であり，放射線の発見当時は粒子線か電磁波かはわからなかった．フランスのベクレル(A. H. Becquerel, 1852～1908 : 1903物)はウランからも放射線が発生することをつきとめ(1896年)，その後，キュリー夫妻(P. Curie, 1859～1906 : 1903物，M. Curie, 1867～1934 : 1903物，1911化)は放射線を発する数多くの物質を発見した．

ニュージーランド生まれのラザフォード(E. Rutherford, 1871～1937, 1908化)はトムソンの下で原子物理学の研究を開始した．ウランからの放射線を電離作用や透過能力の違いでα線，β線，γ線とに区別した(1903年)．α線は電離作用が大きいため物質に吸収されやすく，薄い紙でも止まってしまうが，β線はこれよりも電離能力が小さく，透過力が大きい．γ線は電離作用は小さいが透過力は大きい．後に，α線はHe原子核(He^{2+})，β線は電子(e^-)，γ線は電磁波であることが実験的に証明された．

例題1.12 放射性物質の入った鉛の箱を磁場中においたときに右図に示すように箱から出てくる放射線1, 2, 3がα線，β線，γ線のどれにあたるかを理由とともに述べよ．

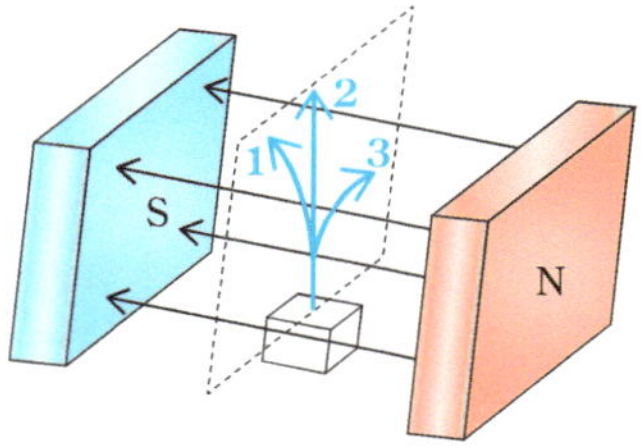

解 1：α線　2：γ線　3：β線

ヘリウムの原子核であるα線は正電荷を帯び，電子であるβ線は負電荷を帯びているため，磁場中でローレンツ力を受けて反対の方向に曲がる．γ線は電磁波であるため磁場中で直進する．ベクレルはβ線の曲がる向きが陰極線と同じであることを述べた．図ではα線も極端に曲がっているように描かれているが，ヘリウム原子核の質量は電子よりずっと重いのでα線を磁場や電場で曲げることは難しかった．1903年にラザフォードのグループによってα線は水素イオンの約2倍の比電荷をもつことが決められ，1909年にはヘリウムの原子核であることが証明された．

1.2.4 黒体放射スペクトルの理論式

19世紀当時の工業的な要請として，ガラスの溶解や製鉄に使う溶鉱炉の中の温度を色から判断することが求められていた．恒星の色と温度の関係から知られるように，物質を加熱して高温にしていくと，それが鉄であろうが炭素粒であろうが，物質の温度が低いときは赤く，温度が高くなれば青白くなる．これは電子やイオンが乱雑な激しい熱運動をし始め，電場と磁場が変動して物体からさまざまな波長の電磁波が放射されるからである．この放射は本来，物質の種類に関係なく温度だけで決まり，熱放射(thermal radiation)とよばれる．実際には，物質を加熱したときに放出される電磁波の波長は物質によって異なり，物質が吸収しやすい波長の電磁波の波長が放出されやすい．そのため，色が温度にのみ依存する物質，すなわちあらゆる波長の電磁波を吸収・放出する理想的な物体である**黒体**(black body)が求められた．黒体を加熱すると黒体の温度に応じた光が放射される．

1860年にキルヒホフは，黒体から放射される光を**黒体放射**(black body radiation)とよび，黒体の温度Tによって各波長(振動数)の強度が決まり，図1.11に示すスペクトルが得られることを言及した．1879年にウィーン大学のシュテファン(J. Stefan, 1835～1893)は黒体からの熱放射のエネルギーIが温度Tの4乗に比

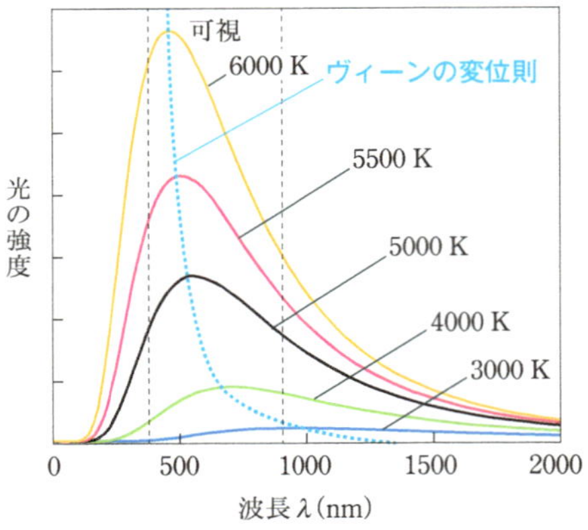

図 1.11　黒体放射のスペクトルの温度依存性

例することを実験的に明らかにした.

$$I \propto T^4 \tag{1.35}$$

ここで，Iは正確には放射発散度(radiant emittance, 単位 $\mathrm{W\,m^{-2}}$)であり，単位体積あたり1秒間に放射されるエネルギーである．その後1884年に，シュテファンの弟子のボルツマン(L. E. Boltzmann, 1844～1906)が統計力学に基づいて理論的に証明したため，式(1.35)はシュテファン－ボルツマンの法則とよばれる．温度が上昇すると光のエネルギーは急激に増加する.

黒体放射のスペクトル分布の正確な測定と近似はドイツのヴィーン(W. Wien, 1864～1928 : **1911物**)によってなされた．ヴィーンはすぐれた実験科学者で黒体放射スペクトルを正確に測定し，1893年に絶対温度Tにおいてもっとも強く放射される電磁波の波長$\lambda_{\max}$は，Tと反比例すること(ヴィーンの変位則)を発見した.

$$\lambda_{\max} T = 2.90 \times 10^{-3}\ \mathrm{m\,K} \tag{1.36}$$

さらに，黒体放射のスペクトルを解析し，黒体放射のエネルギー密度$R(\nu)$(単位は $\mathrm{J\,m^{-3}\,Hz^{-1}}$)の実験値と合うように比例定数($a, b$)を定めた式(ヴィーンの式)

$$R(\nu) = a\nu^3 \mathrm{e}^{-b(\nu/T)} \tag{1.37}$$

を提案した(1896年)．この式は振動数が高い短波長領域でよく実験値を再現して注目を集めたが，1899年頃に振動数が低い長波長領域の実験値が判明してくると不一致が明らかとなった．また，光散乱やアルゴンの発見などで名声の高かった英国のレイリー卿(J. W. Strutt, 3rd Baron Rayleigh, 1842～1919 : **1904物**)も統計力学の理論に基づいて黒体放射の解釈に取り組んでいた．黒体中の光を連続的な波としてとらえ，エネルギーを均分配することで，振動数が小さい長波長領域でよく実験値を再現する式

$$R(\nu)=\frac{8\pi\nu^2}{c^3}kT \tag{1.38}$$

を1900年に提案した．この式は1905年にレイリー－ジーンズの式として改訂されたが，結局，短波長領域では合わなかった．こうした結果から黒体放射スペクトルに対して新しい解釈が求められた．この黒体放射の解釈が量子力学の曙光となったのである．

例題1.13　太陽光のスペクトルにおいてもっとも強く放射される電磁波の波長は500 nmである．太陽の温度は何Kか．

解　ヴィーンの変位則を用いて計算する．

$$T=\frac{2.90\times10^{-3}\,\mathrm{m\,K}}{500\,\mathrm{nm}}=5800\,\mathrm{K}$$

例題1.14　白熱電球に電流を流すとタングステンのフィラメントの温度は2500～3000 K近くになる．そのスペクトルは黒体放射に近似できるとして，白熱電球を加熱したときの現象を説明せよ．

解　1500 K以下では可視光領域に放射が出ないのでフィラメントは光らない．2000 Kでは赤色，3000 Kぐらいになると黄色の光が強くなってくる．白熱電球の可視光領域の放射強度は全体の10%程度であり，目に見えない赤外放射がほとんどであるため白熱電球は発光効率が悪い．

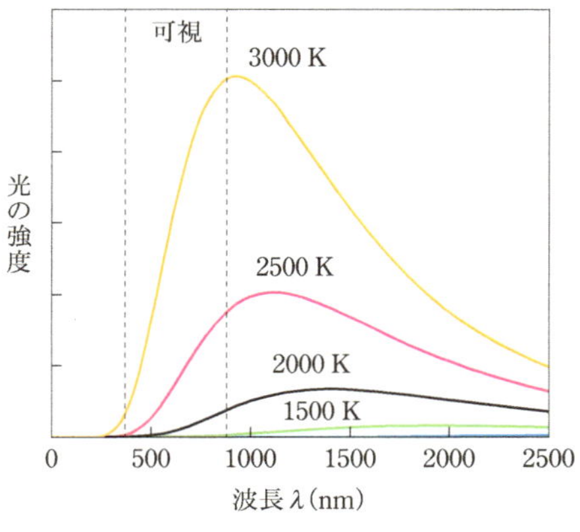

図　黒体放射スペクトル

章末問題

1.1　ニュートン力学における並進運動と回転運動を比較して説明せよ.

1.2　電気双極子と磁気双極子について説明せよ.

1.3　7つのSI基本単位について，その名称，記号，次元を書け.

1.4　単振動の振動数f，力の定数k，換算質量μの関係を書け.

1.5　光の波長λ，振動数ν，光速cの関係を書き，光の波長によって電磁波のよび方が変化することを説明せよ.

1.6　水素原子の輝線スペクトルの波長λの規則性を示すバルマーの関係式とリュードベリの公式を書いて説明せよ.

1.7　陰極線について図を描いて説明せよ.

1.8　ゼーマン効果について説明せよ.

1.9　黒体放射について述べよ.

第2章　前期量子論

古典物理学は，我々が生活している日常の世界(質量10^{-3}～10^{5} kg，長さ10^{-3}～10^{4} m，速さ10^{-6}～10^{4} m s^{-1})付近で成立する近似であり，原子(atom)や電子(electron)のような光速(3×10^{8} m s^{-1})に近い速さで動いている粒子などには適用できない．そのような微視的世界では量子力学が必要となる．量子力学では，物体のもつエネルギーは不連続で，離散的な(discrete)とびとびの値しかとりえない，というエネルギーの量子化(quantization)と，運動している粒子はすべて波動性(wave nature)をもつ，という波動と粒子の二重性の理解が鍵となる．系に許されたとびとびのエネルギーの状態を**エネルギー準位**(energy level)とよぶ．電子などは，粒子と考えなければ説明のつかない現象と，波動として考えなければ説明がつかない現象の両方を示す．

巨視的世界の現象を説明しうる古典物理学と，微視的世界の不可思議な現象との対応を説明する発見が相次いだ1900年から1920年代の前半までの量子論は前期量子論(old quantum theory)とよばれる．この時代は量子力学が生まれ，完成へと向かう過渡期であり，物理学にもっとも活気のあった面白い時代である．本章では，数多くの天才たちの思考過程を追うことで，それまでの科学の常識では説明できない現象に対して彼らがどのように立ち向かい，新しい世界を切り開いたかを見ていく．

表2.1　古典力学と量子力学の比較

	古典力学 ＝巨視的世界	量子力学 ＝微視的世界	説明できない現象 ➡ 新しい解釈
エネルギー	連　続	不連続	黒体放射 ➡ プランクの量子仮説
光	波	粒子性	光電効果 コンプトン効果 ➡ アインシュタインの光量子仮説
電子，陽子 中性子	粒　子	波動性	電子線回折 中性子線回折 ➡ ド・ブロイの物質波

2.1 プランクの量子仮説とアインシュタインの光量子仮説

2.1.1 プランクの量子仮説

「1.2.4　黒体放射スペクトルの理論式」で述べたように，振動数が高い短波長領域での黒体放射スペクトルはヴィーンの式

$$R(\nu)=a\nu^3\mathrm{e}^{-b(\nu/T)} \tag{2.1}$$

によりうまく再現されていたが，長波長領域では一致しないことが明らかとなった(図2.1)．1900年にプランク(M. Planck, 1858～1947：1918物)はヴィーンの式の比例定数を用いて振動数の低い長波長領域の黒体放射のエネルギー密度も説明できる式(プランクの放射公式：Planck's formula of radiation)

$$R(\nu)=a\nu^3\frac{1}{\mathrm{e}^{b(\nu/T)}-1} \tag{2.2}$$

を発表した．その後，統計力学を取り入れて理論的な解釈を進め，実際の測定値に合うように式(2.2)の比例定数を決めた．

$$R(\nu)=\frac{8\pi\nu^2}{c^3}\frac{h\nu}{\mathrm{e}^{h\nu/kT}-1},\quad h=6.62607015\times10^{-34}\ \mathrm{J\ s} \tag{2.3}$$

この定数hは後に**プランク定数**(Planck constant)とよばれるようになった量子力学の基本量である．現在では定義値で，質量の単位(kg)の定義に関連する．

プランクは自分の導出した放射公式が黒体放射スペクトルをなぜうまく説明できたのかを考えて，エネルギーの量子仮説(quantum hypothesis)に到達した．すなわち，どんな波長の振動もエネルギーを受け取ったり，渡したりすることが可能であるが，受け渡されるエネルギーEは$h\nu$またはその整数倍の値に限られて

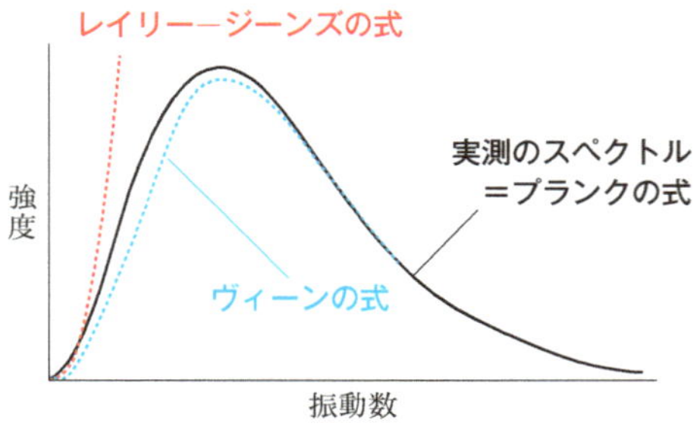

図2.1　黒体放射スペクトルの理論式の比較

いて，$h\nu$以下のエネルギーは受け取れない，というものであった．

$$E = nh\nu \quad (n = 1, 2, 3, \cdots) \tag{2.4}$$

当時は，放射される光のエネルギーが関連しているのは，放射の振幅(強度)であって振動数(波長)ではないと考えられていたので，プランクの考えはすぐには広まらなかった．またプランク自身も光そのものが離散的なエネルギーをもち，粒子としてエネルギーを伝播する性質を有している，とまでは考えていなかった．しかしながら，プランクによる量子論的概念はアインシュタインを触発し，1905年に発表される光量子仮説によって大きく発展して量子力学の形成に大きな役割を果たした．

例題2.1　プランクの放射公式は短波長領域ではヴィーンの式に一致し，長波長領域ではレイリー－ジーンズの式と一致することを示せ．

解　短波長領域では振動数が高く$h\nu \gg kT$となり，$e^{h\nu/kT} \gg 1$より

$$\frac{1}{e^{h\nu/kT}-1} = e^{-h\nu/kT}$$

となって，プランクの放射公式はヴィーンの式に一致する．長波長領域で振動数が低くなれば$\nu \to 0$となり，展開式$e^x = 1 + x + \frac{1}{2}x^2 + \cdots$の高次の項を無視して

$$e^{h\nu/kT} = 1 + \frac{h\nu}{kT}$$

とおくと，プランクの放射公式はレイリー－ジーンズの式と一致する．プランクもレイリー卿も黒体から発せられる光は，ある温度で熱平衡にある数多くの振動子が放出する振動エネルギーによるものだと考えて統計力学に基づいて提案した．レイリー卿は，その仮想的な振動子の分子分配関数(第10章参照)を，振動のエネルギー準位の多くが占有された連続なものとして(高温近似)積分で求めたため，どの振動数でもエネルギー値は振動エネルギーの均分値kTとなり高振動数側で合わなかった．プランクは，等間隔に並ぶとびとびのエネルギー準位に分布している級数として振動のエネルギー値を計算したので，実験値とよく合ったのである(10.2.3項)．

2.1.2　光電効果とアインシュタインの光量子仮説

光電効果(photoelectric effect)とは，金属に光を照射すると，金属表面から光電子(photoelectron)が放出される現象で，ヘルツ(1.2.1項参照)により1887年に発見された．発見からの約10年間にレーナルト(P. E. A. von Lenard, 1862〜1947 : 1905物)らによって研究が進められ，ある振動数の光を金属板C(カソード)に当てて電流が流れた場合には以下の結果が得られていた.

- 光を照射する金属板Cの電圧Vをマイナスに大きくしていくと，放出された電子はすべて対極Aに到達するので電流値Iは一定値に落ち着く．光の強度を強くすると放出される電子の数が増え，電流の一定値は増加する(図2.2(b)).
- Vをプラスに大きくしていくと電流値Iは徐々に小さくなり，ある電圧V_0以上にすると光の強度と無関係に電流は流れなくなる．すなわち，放出された電子は最大でeV_0に等しい運動エネルギーをもっている．同じ振動数であれば光の強度を強くしてもV_0は変化しない．つまり，光電子の運動エネルギーは光の強度に依存しない(図2.2(b)).
- 微弱な光でも金属板Cに当て始めると，すぐに電流が流れる．すなわち，光のエネルギーは瞬間的に金属表面の電子に与えられ，電子は放出される.
- 照射する光の振動数を高くするとV_0の値は大きくなる．逆に振動数を低くしていくと，ある一定の振動数(限界振動数)以下の光では光の強度を強くしたり，照射時間を長くしたりしても電子は放出されず，電流は流れない(図2.3).

当時の物理学者は光のエネルギーは振幅に依存して連続的でなめらかに変化すると考えていたため，光電効果を説明できず，大きな問題として注目を集めていた.

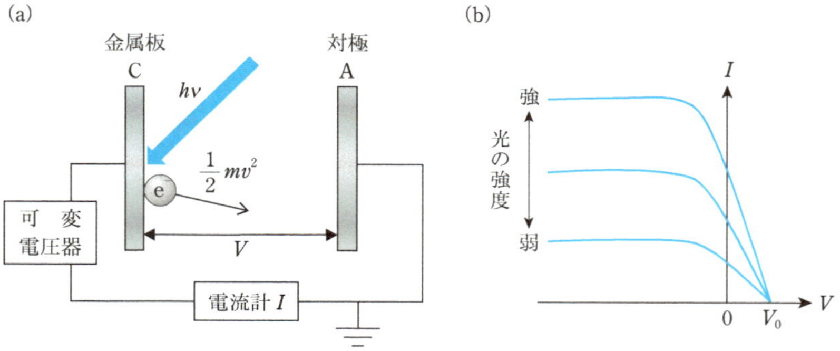

図2.2　光電効果の検出装置(a)と電圧変化にともなう電流変化(b)

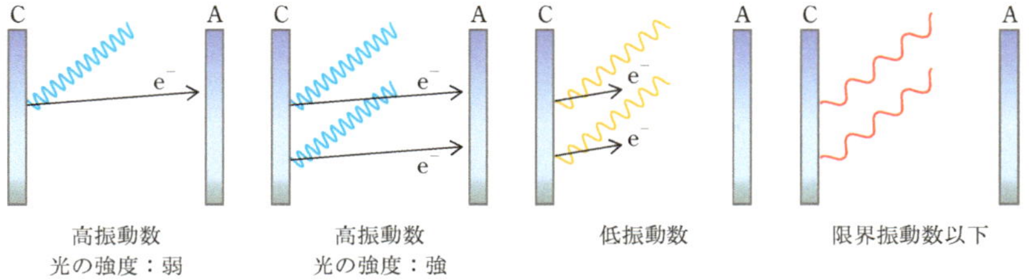

図 2.3　光電効果における照射する光の強度と振動数の影響

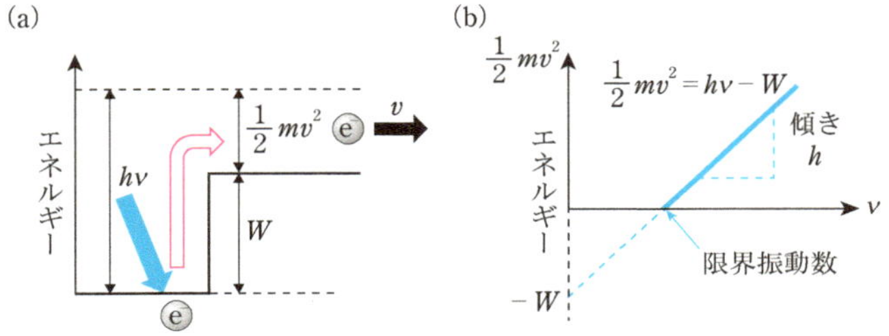

図 2.4　光電効果の原理 (a) と実験結果 (b)

アインシュタイン (A. Einstein, 1879〜1955 : 1921 物) は，プランクやレイリーの黒体放射スペクトルの式から，光量子 (light quantum) の存在を仮定した**光量子仮説** (light quantum hypothesis) を考えつき，学界的にインパクトの大きい光電効果の理論的な説明づけとして 1905 年に発表した．

光量子仮説とは，光は波ではなく粒子であり，光の粒子 1 個がもつエネルギーは光の振動数 ν にプランク定数 h をかけた $h\nu$ である，というものである．そして，光電効果を 1 個の光量子が 1 個の電子を瞬時に叩き出す現象であると解釈した．また，光の強度は光量子の数を意味しており，光量子の数を減らしても光量子が瞬時に電子を叩き出す現象は変わらないと説明した．

アインシュタインは，光電効果において電子を金属表面から放出させるために光のエネルギーの一部は使われ，残りが電子の運動エネルギー $\frac{1}{2}mv^2$ へと変化するとし，エネルギー保存則から

$$h\nu = \frac{1}{2}mv^2 + W \tag{2.5}$$

という式を提案した．W は金属表面から電子を放出させるのに必要なエネルギーで，仕事関数 (work function) とよばれる (図 2.4 (a))．W は金属の種類によって異

コラム　アインシュタインの奇跡の年

アインシュタインはドイツ生まれのユダヤ人でチューリッヒ工科大学を卒業したが，大学の教員のポストを得ることができなかったためにスイスの特許庁で働いていた．光電効果の理論を発表した1905年にアインシュタインは特殊相対性理論(special relativity)，ブラウン運動(Brownian motion)の理論などを立て続けに発表したため，1905年は「奇跡の年(*Annus mirabilis*)」とよばれる．

特殊相対性理論は，光速cはすべての観測者にとって不変であるとする光速不変の原理(1.2.1項)と，ローレンツ変換可能な慣性系において物理学の法則は同等に働くという相対性原理に基づいて考案された．慣性系のみで成立する理論であるため，「特殊」という言葉が用いられている．特殊相対性理論では，質量mの物質が運動量pをもつときのエネルギーEは

$$E^2 = (mc^2)^2 + (cp)^2$$

と表される．物体が静止している場合($p=0$)には，質量とエネルギーの等価性(mass-energy equivalence)の式

$$E = mc^2$$

が成立することを1907年に発表した．mc^2を静止質量エネルギー(rest energy)とよぶ．特殊相対性理論はプランクに大いに支持され，ブラウン運動の理論解析により，物質が原子，分子によって成り立っていることが明らかになったことから名声が高まった．しかしながら，アインシュタインを含むすべての物理学者が光の波動説の正当性を認めていたため，電磁波自体が粒子であるという光量子仮説に対してプランクをはじめとしてほとんどの物理学者は異を唱えた．電気素量を決定したミリカンもその一人であったが，光電効果の実験的検証を10年以上続け，光によって叩き出された電子の運動エネルギーの値を電圧値として精密に求めて，式(2.5)からプランク定数を計算した(1916年)．すると，黒体放射のプランク定数と心ならずも完全に一致したため，アインシュタインの光電効果理論の正しさが確かめられた．しかし，光電効果の説明によってアインシュタインがノーベル賞を受賞した1921年の時点でさえ，光量子仮説は受け入れられていなかった．その後，1923年にコンプトン効果の実験(3.1.1項)で，電磁波が波数に比例した運動量を運ぶことが示されるに至って，やっと光の粒子性が物理学者の間で認められたのである．光量子がルイス(G. N. Lewis, 1875～1946)によって**フォトン**(photon，光子)と名づけられたのは1926年である．

なる値であり，光のエネルギー $h\nu$ が W を超えない限り電子は放出されないとして限界振動数を解釈した．光の振動数 ν を高くしていくと，放出された電子の運動エネルギーは直線的に増加する．その傾きがプランク定数 h である(図 2.4(b))．

上述のように光量子仮説では，振動数 ν の光量子 1 個のエネルギー E は

$$E = h\nu \tag{2.6}$$

で表される．この式を**プランク－アインシュタインの式**という．光速 c, 振動数 ν, 波長 λ の間の関係式 $c = \nu\lambda$，波数 $\tilde{\nu}$ を用いて書き直すと

$$E = h\nu = \frac{hc}{\lambda} = hc\tilde{\nu} \tag{2.7}$$

となる．プランクの量子仮説から 5 年が過ぎて，光エネルギーの量子化がアインシュタインによって明確に提案されたのである．

例題 2.2　波長 450 nm の光のエネルギー E を以下の単位で求めよ．

（1）J　（2）kJ mol^{-1}　（3）eV　（4）cm^{-1}

ただし，プランク定数 $h = 6.63 \times 10^{34}$ J s，光速 $c = 3.00 \times 10^{8}$ m s^{-1}，アボガドロ定数 $N_A = 6.02 \times 10^{23}$ mol^{-1}，電気素量 $e = 1.60 \times 10^{-19}$ C とする．

解　波長 450 nm の光量子 1 個のエネルギーは c と h で計算できる．

$$E = h\nu = \frac{hc}{\lambda} = \frac{6.63 \times 10^{-34}\ \mathrm{J\,s} \times 3.00 \times 10^{8}\ \mathrm{m\,s^{-1}}}{450\ \mathrm{nm}} = 4.42 \times 10^{-19}\ \mathrm{J}$$

E[kJ mol^{-1}]の値は，1 mol あたりの光のエネルギーで，光量子 1 個のエネルギーに N_A をかけて求める．

$$E = 4.42 \times 10^{-19}\ \mathrm{J} \times 6.02 \times 10^{23}\ \mathrm{mol^{-1}} = 266\ \mathrm{kJ\,mol^{-1}}$$

E[eV]の値は，電気素量 $e = 1.60 \times 10^{19}$ C と 1 C V = 1 J の関係から 1 eV = 1.60 × 10^{-19} J であることを用いて求める．

$$E = \frac{4.42 \times 10^{-19}\ \mathrm{J}}{1.60 \times 10^{-19}\ \mathrm{J\,eV^{-1}}} = 2.76\ \mathrm{eV}$$

E[cm^{-1}] の値は，波長の逆数から求める．

$$E = \frac{1}{\lambda} = \frac{1}{450\ \mathrm{nm}} = \frac{1}{450 \times 10^{-7}\ \mathrm{cm}} = 2.22 \times 10^{4}\ \mathrm{cm^{-1}}$$

例題2.3　金属カリウムの仕事関数は2.25 eVである．波長が450 nmの光によって放出される電子の運動エネルギーEと速さvを計算せよ．また，金属カリウムに光電効果を起こすことのできる光の最大波長λを求めよ．

解　波長450 nmの光のエネルギーは2.76 eVであるので(**例題2.2**)，

$$E = 2.76\ \mathrm{eV} - 2.25\ \mathrm{eV} = 0.51\ \mathrm{eV}$$

電子の質量9.11×10^{-31} kgを用いて

$$v = \sqrt{\frac{2E}{m}} = \sqrt{\frac{2 \times 0.51\,\mathrm{eV}}{9.11 \times 10^{-31}\,\mathrm{kg}}} = \sqrt{\frac{2 \times 0.51 \times 1.60 \times 10^{-19}\,\mathrm{J}}{9.11 \times 10^{-31}\,\mathrm{kg}}} = 4.23 \times 10^{5}\,\mathrm{m\,s^{-1}}$$

光電効果を起こすためには2.25 eV以上のエネルギーをもつ光が必要であり，

$$E = \frac{hc}{\lambda} = 2.25\,\mathrm{eV} = 2.25 \times 1.60 \times 10^{-19}\,\mathrm{J}$$

より

$$\lambda = \frac{6.63 \times 10^{-34}\,\mathrm{J\,s} \times 3.00 \times 10^{8}\,\mathrm{m\,s^{-1}}}{2.25 \times 1.60 \times 10^{-19}\,\mathrm{J}} = 553\,\mathrm{nm}$$

例題2.4　ある金属に光電効果が生じたときに放出される電子の運動エネルギーは，波長が250 nmの光では2.65 eV，330 nmの光では1.45 eVであった．この金属の仕事関数Wとプランク定数hを計算せよ．

解　波長250および330 nmの光のエネルギーはそれぞれ4.95および3.75 eVであり，仕事関数は2.30 eVとなる．横軸に光の振動数をとり，縦軸に電子の運動エネルギーをとったときの直線の傾きがプランク定数hになる．

$$h = \frac{1.60 \times 10^{-19}\,\mathrm{J\,eV^{-1}} \times (2.65 - 1.45)\,\mathrm{eV}}{3.00 \times 10^{8}\,\mathrm{m\,s^{-1}} \times \left(\dfrac{1}{250\,\mathrm{nm}} - \dfrac{1}{330\,\mathrm{nm}}\right)} = 6.60 \times 10^{-34}\,\mathrm{J\,s}$$

2.2　ボーアの原子モデル

2.2.1　リュードベリ－リッツの結合原理

可視光領域のバルマー系列(1.2.2項)の規則性が発見された20年後の1906年に，紫外線領域でも水素原子の輝線スペクトルが発見され，ライマン系列と名づけられた(表2.2)．この水素の輝線スペクトルの規則性から，1908年にスイスのリッツ

表 2.2　水素原子のスペクトル系列

系列(発見年)	n	m	波長の領域
ライマン(1906年)	1	2, 3, 4, 5, …	紫外
バルマー(1885年)	2	3, 4, 5, 6, …	可視
パッシェン(1908年)	3	4, 5, 6, 7, …	赤外
ブラケット(1922年)	4	5, 6, 7, 8, …	赤外
フント(1924年)	5	6, 7, 8, 9, …	赤外

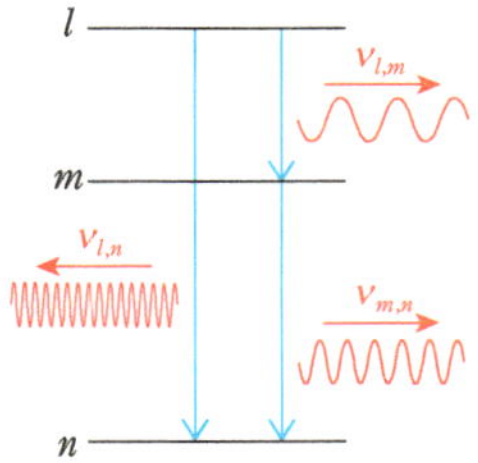

図 2.5　エネルギー準位と遷移

(W. Ritz, 1878～1909)は，すべての原子の輝線スペクトルに適用できるリュードベリーリッツの結合原理(Rydberg-Ritz combination principle)を導き出した．結合原理は，あらゆる元素について，輝線に含まれる振動数が，2つの異なる輝線の振動数の和または差として表される，というもので，次の式によって表現される．

$$\nu_{l,m} + \nu_{m,n} = \nu_{l,n} \quad \text{または} \quad \nu_{l,n} - \nu_{l,m} = \nu_{m,n} \tag{2.8}$$

この式はある振動数$\nu_{l,m}$の輝線と，別の振動数$\nu_{l,n}$の輝線が観測されたなら，2つの振動数の和もしくは差に等しい振動数をもった輝線も存在しうることを示している．結合原理は，図 2.5に示すように原子や分子のエネルギーも離散的な値しかとることができず，その離散的な準位間のエネルギー差に等しいエネルギーしか吸収，放出できないことを示唆しており，ボーアの原子モデルへとつながっていった．結合原理から予想されたとおり，赤外線領域でも水素原子スペクトル(パッシェン系列)が1908年に発見された．その他の系列については，測定機器の精度，感度の向上により1920年代に観測された．こうして水素原子のスペクトル系列の波長についてのリュードベリの公式

$$\frac{1}{\lambda} = R_\infty\left(\frac{1}{n^2} - \frac{1}{m^2}\right) \quad (m, n\text{は自然数}: m > n) \tag{2.9}$$

の物理学的な根拠が与えられたのである．

例題 2.5　リュードベリーリッツの結合原理を用いて，バルマー系列 656.3, 486.1, 434.1, 410.2 nm からパッシェン系列の輝線スペクトルの波長位置を予想せよ．

解　バルマー系列の隣り合った輝線の振動数の差をとることで，他の系列の一番波長の長い(エネルギーの小さい)輝線の出現波長λ'が予想できる．例えば，656.3 と 486.1 nm の波長を振動数に変換して差$\nu_{4,2} - \nu_{3,2} = \nu_{4,3}$をとり，

これを波長に変換すると，パッシェン系列のもっとも長い波長1874 nmが予想できる．これは，実測の1870 nmとよく合う．同様に，$\nu_{5,4}$からブラケット系列の4058 nm（実測4050 nm），$\nu_{6,5}$からフント系列の7451 nm（実測7460 nm）が得られる．

次に，$\nu_{5,4}$と$\nu_{4,3}$を用いて，振動数の和$\nu_{5,4}+\nu_{4,3}=\nu_{5,3}$をとり，これを波長に変換すると，パッシェン系列の2本目の1282 nmが得られ，これは実測の1280 nmとよく合う．同様に，パッシェン系列の3本目については1094 nm（実測1090 nm）が得られる．よって，バルマー系列の波長から，パッシェン系列の波長は1874, 1282, 1094, … nmと計算できる．

この例題では，ボーアの原子モデルから得られる水素原子の主量子数を使用して説明しているので簡単に見えるが，輝線スペクトルの波長だけから類推するのは容易ではなかった．

バルマー	3→2	4→2	5→2	6→2
λ(nm)	656.3	486.1	434.1	410.2
ν(Hz)	4.57×10^{14}	6.17×10^{14}	6.91×10^{14}	7.31×10^{14}

⊖　⊖　⊖

$\nu_{m,2}-\nu_{n,2}$(Hz)	1.60×10^{14}	7.39×10^{13}	4.03×10^{13}
λ'(nm)	1874	4058	7451
実測(nm)	1870 （パッシェン 4→3）	4050 （ブラケット 5→4）	7460 （フント 6→5）

⊕　⊕

$\nu_{m,n}+\nu_{n,3}$(Hz)	2.34×10^{14}	2.74×10^{14}
λ''(nm)	1282	1094
実測(nm)	1280 （パッシェン 5→3）	1090 （パッシェン 6→3）

2.2.2　ラザフォード散乱からボーアの原子モデルへ

原子核(atomic nucleus)の存在がわかっていなかった1904年にトムソン（1.2.3項参照）は，プラスの電荷のかたまりの中に，複数の電子が含まれているブドウパン型モデルとよばれる原子モデルを提案した．同じ年に長岡半太郎(1865～1950)は，大きなプラスの電荷のかたまりのまわりを複数の電子が回る土星型モデルを提案した．このモデルでは，電子が原子核のまわりを円運動していれば中心に向かって加速度をもつため，電子から電磁波が放出されてエネルギーを失い，原子核に引き寄せられて衝突する，という問題点があった．

原子の構造についてもっとも精力的に研究を進めていたのは，放射線による原子核の研究の第一人者であったラザフォード(1.2.3項コラム参照)であった．ラザフォードは元素の崩壊と放射線の研究によってすでに1908年にノーベル賞を受賞していたが，ガイガー(J. W. Geiger, 1882～1945)と弟子のマースデン(E. Marsden, 1889～1970)を指導して，1909年に金の薄膜に高エネルギーのα線を当てた実験において8000個に1個の割合で跳ね返るα粒子を観測した．この現象はラザフォード散乱(Rutherford scattering)とよばれる．この結果を受けてラザフォードは1911年に，原子には非常に小さな核となる部分があり，そこに正の電荷と質量が集中しているという，ラザフォードの原子モデルを発表した．金の場合，約100個の電子に対応する正の電荷が原子核にあるとした．しかし，このモデルでも，電子はエネルギーを失って原子核に引き寄せられてしまう，という問題が未解決であったため，それほど注目を集めなかった．

ラザフォードの元に留学し，原子の構造について考察を進めていたボーア(N. H. D. Bohr, 1885～1962 : 1922物)はデンマークに帰国後の1913年に**量子条件**(quantum condition)と**振動数条件**(frequency condition)を仮定したボーアの原子モデル(Bohr atomic model)を提案して水素原子のスペクトル系列の実験結果を説明した．

量子条件とは，電子は原子核との間のクーロン引力によって原子核のまわりを等速円運動するが，電子の角運動量の大きさ$m_\mathrm{e}rv$は$h/2\pi$の整数倍の値しかとりえない(角運動量の量子化)というもので，

$$m_\mathrm{e}rv = n\hbar = n\frac{h}{2\pi} \quad (n = 1, 2, 3, \cdots) \tag{2.10}$$

と表される．ここで，$\hbar$(エイチバーもしくはエイチクロスとよむ)は換算プランク定数(reduced Planck constant)とよばれ，$\hbar = h/2\pi = 1.0546\times10^{-34}$ J sである．この条件を満たす「円軌道(orbit)」では，電子は中心方向に加速度をもつにもかかわらず，電磁波を出さずに等速円運動し続けることができる，という大胆といえば聞こえがよいが，物理的な根拠の薄弱な仮定であった．ボーアは，量子条件を満たす電子の状態を**定常状態**(steady state)とよび，クーロン引力が円運動の向心力と等しいとおいて，量子条件を使って原子番号Zの水素類似原子(図2.6)の電子のエネルギー準位を求めた(**例題2.6**)．

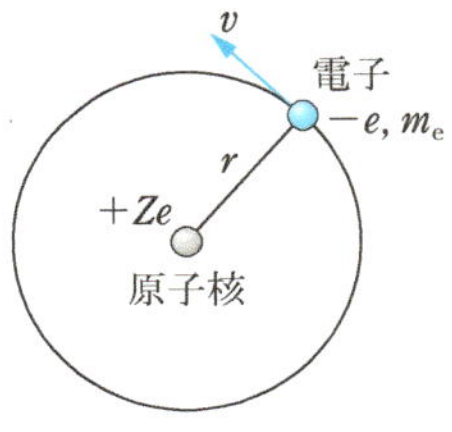

図2.6 水素類似原子

$$E_n = -\frac{m_e e^4}{8\varepsilon_0{}^2 h^2}\frac{Z^2}{n^2} \quad (n = 1, 2, 3, \cdots) \tag{2.11}$$

nは**主量子数**(principal quantum number)と名づけられ，$n=1$の状態を基底状態(ground state)といい，$n=2, 3, \cdots$の状態を励起状態(excited state)という．すなわち，定常状態にある電子は，角運動量が$\hbar, 2\hbar, 3\hbar, \cdots$という特定の値を示すため，結果として電子のエネルギーもとびとびとなる，としたのである．

後に明らかになるド・ブロイの関係式(3.1.2項)

$$\lambda = \frac{h}{p} = \frac{h}{mv} \tag{2.12}$$

を用いると，量子条件は定常状態の円軌道が波長の整数倍となること，すなわち$2\pi r = n\lambda$ $(n=1, 2, 3, \cdots)$と表される(**例題3.3**参照)．

一方，振動数条件とは，電子がある定常状態から別の定常状態へと不連続に移るときに放出される光のエネルギー$h\nu$は2つの定常状態のエネルギーの差に等しい，というもので，次式で表される．

$$E_m - E_n = h\nu \quad (E_m > E_n) \tag{2.13}$$

電子がある量子状態から別の量子状態へ不連続に移ることを量子跳躍(quantum jump)とよぶ．電子が水素原子の高いエネルギー準位E_m(主量子数m)から低いエネルギー準位E_n(主量子数n)へと電子遷移(spectroscopic transition)するときに自然放出(spontaneous emission)される光の波長λは

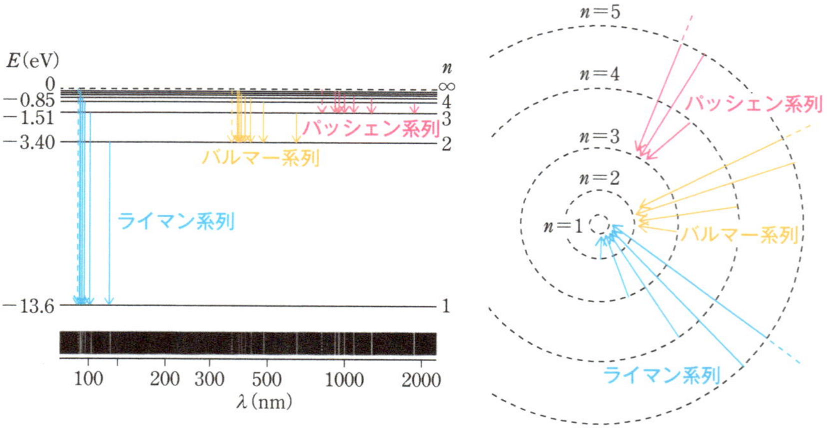

図2.7　水素原子のスペクトル系列と関連する電子遷移の概略図

$$\frac{1}{\lambda}=\frac{\nu}{c}=\frac{E_m-E_n}{ch}=\frac{m_e e^4 Z^2}{8\varepsilon_0{}^2 ch^3}\left(\frac{1}{n^2}-\frac{1}{m^2}\right)=R_\infty Z^2\left(\frac{1}{n^2}-\frac{1}{m^2}\right) \tag{2.14}$$

となる．ボーアは水素原子のスペクトル系列を，外側のエネルギーの高い軌道から内側のエネルギーの低い軌道へ遷移するときに，2つのエネルギー差に対応する光が放出されたとして説明し（図2.7），式中の係数はリュードベリ定数R_∞に完全に一致することを示した．量子条件，振動数条件により，ボーアはプランクによるエネルギーの量子化，アインシュタインによる光の量子化に続いて，原子の量子化を提案したのである．

例題2.6　ボーアの量子条件から水素原子のエネルギー

$$E_n=-\frac{m_e e^4}{8\varepsilon_0{}^2 h^2}\frac{1}{n^2}\quad (n=1,2,3,\cdots)$$

を導出せよ．

解　向心力とクーロン引力が等しいとおく．

$$\frac{m_e v^2}{r}=\frac{e^2}{4\pi\varepsilon_0 r^2} \tag{1}$$

ここで量子条件$m_e rv=n\hbar$ $(n=1,2,3,\cdots)$をvについて解き，式(1)に代入してrについて解くと

$$r=\frac{\varepsilon_0 h^2}{\pi m_e e^2}n^2\quad (n=1,2,3,\cdots) \tag{2}$$

となる．原子のエネルギーEは運動エネルギーとポテンシャルエネルギーの和で与えられ，式(1)を用いると

$$E=\frac{1}{2}m_e v^2-\frac{e^2}{4\pi\varepsilon_0 r}=-\frac{e^2}{8\pi\varepsilon_0 r}=-\frac{m_e e^4}{8\varepsilon_0{}^2 h^2 n^2}$$

となる．これに式(2)を代入すると，とびとびのエネルギー値が得られる．

例題2.7　ボーアの水素原子モデルにおける基底状態($n=1$)の電子について以下の問いに答えよ．

（1）半径a_0（ボーア半径）は何pmか．

（2）電子の速度vは何m s^{-1}か．

（3）運動エネルギーT，ポテンシャルエネルギーV，全エネルギーEは何eVか．

解　（1）$a_0=\dfrac{\varepsilon_0 h^2}{\pi m_e e^2}=52.9\,\mathrm{pm}$

（2）$v=\dfrac{e}{\sqrt{4\pi\varepsilon_0 m_e a_0}}=2.19\times10^6\,\mathrm{m\,s^{-1}}$

（3）$T=\dfrac{1}{2}m_e v^2=\dfrac{e^2}{8\pi\varepsilon_0 a_0}=2.18\times10^{-18}\,\mathrm{J}=13.6\,\mathrm{eV}$

$$V=-\frac{e^2}{4\pi\varepsilon_0 a_0}=-4.36\times10^{-18}\,\mathrm{J}=-27.2\,\mathrm{eV}$$

$$E=T+V=-\frac{e^2}{8\pi\varepsilon_0 a_0}=-2.18\times10^{-18}\,\mathrm{J}=-13.6\,\mathrm{eV}$$

クーロンポテンシャルを用いるボーアの原子モデルでは，TとVの間には$2T=-V$という**ビリアル定理**(virial theory)が成立する．ビリアル定理とは，ポテンシャルエネルギーが$V=ar^n$と表される場合に運動エネルギーTとの間に

$$2T=nV$$

の関係が成立するという，古典力学，量子力学の両方で成立する定理である．このことは，TとVのそれぞれが任意の値をとることはできないことを示す．

2.2.3　ボーアの原子理論の実験的検証

ボーアは水素原子の輝線スペクトルをうまく説明しようと，古典力学の道具立ての上に原子の量子化を行っていたため，発表直後は多くの物理学者からの非難を浴びた．ボーアの原子理論(Bohr atomic theory)が発表されたのと同じ1913年にラザフォードの弟子のモーズリー(H. G. J. Moseley, 1887～1915)は，高エネルギーの電子線を原子に当てたときに出てくる特性X線(characteristic X-ray)の波長λを測定し，波数$\tilde{\nu}$に換算して多くの金属元素について$\sqrt{4\tilde{\nu}/3R_\infty}$の値を求めた(その理由については**例題2.8**を参照)．この値は，周期律表を満たすように元素に便宜上割り振られていた原子番号Zの順に正確に1ずつ増加した．この結果から，原子核の正電荷には単位量があり，原子番号順に単位量ずつ正電荷が増えていくことを提案してZとλの関係式(モーズリーの法則)を導いた．

$$\frac{1}{\sqrt{\lambda}}=\sqrt{\frac{3}{4}R_\infty}(Z-1) \tag{2.15}$$

モーズリーはボーアの原子モデルが発表された直後の短期間に第4周期のすべて

の金属元素について実験してこの関係式を見いだし，ボーアの原子モデルが水素原子だけでなく，多くの元素に適用可能な共通原子構造であることを示した．ボーアはイギリスから帰国後もラザフォードやモーズリーと緊密に連絡をとっており，ラザフォードはボーアの強力なサポーターであった．

さらに翌1914年にフランク（J. Franck, 1882～1964 : 1925物）とヘルツ（G. L. Hertz, 1887～1975 : 1925物，光電効果を発見したH. R. Hertzの甥）によって，水銀原子（水銀の蒸気）を電場で加速された電子で励起した場合にも離散的なエネルギー吸収が生じることが報告された（フランク－ヘルツの実験，図2.8）．電圧1 Vで静止している電子を加速すると1 eVの運動エネルギーをもつ速度まで加速される．可変電圧により加速された電子が水銀原子に当たっても，水銀の基底状態から励起状態に上げるための最低エネルギー4.9 eV以下ではエネルギーは受け渡されない（弾性衝突）．4.9 eVになると電子は水銀原子にエネルギーを渡して水銀原子の最外殻電子が励起されるため（非弾性衝突），加速電子のもつエネルギーは急激に減少して，逆電圧を超えられずにグリッド電極につかまって電流は流れな

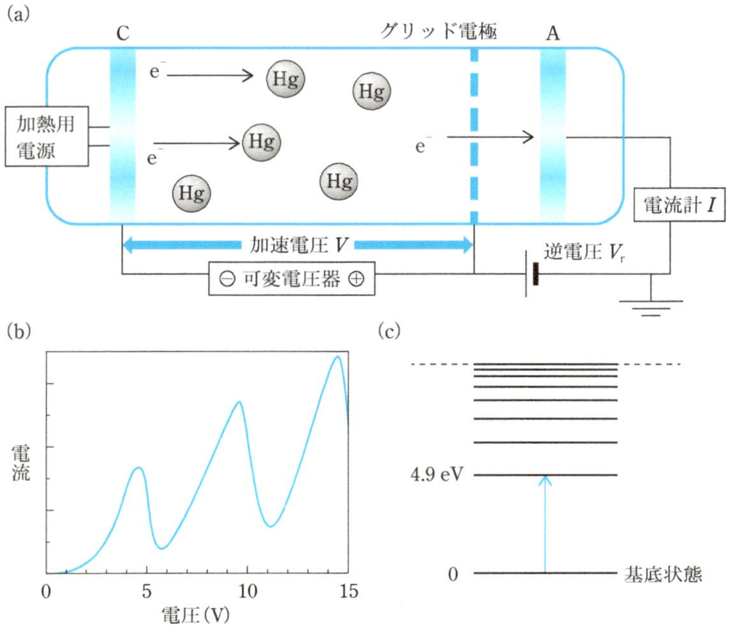

図2.8　フランク－ヘルツの実験装置（a）と実験結果（b）および水銀のエネルギー準位（c）

くなる．電場を強くしていくと電子はグリッド電極を透過して再び電流は流れ始めるが，$4.9\times 2=9.8$ eVまで加速すると，加速電子は水銀原子に2度衝突してエネルギーを渡して，再びエネルギーは急激に減少する．このように，4.9 eVごとにエネルギーの受け渡しが生じたことから，ボーアの量子条件と振動数条件が確かめられた．ボーアの原子モデルが受け入れられてボーアの名声は高まり，1921年にノーベル賞を受賞してコペンハーゲンは量子力学研究の一大拠点となっていった．

例題2.8　ボーアの原子理論の式(2.14)とモーズリーの法則の式(2.15)を比較してモーズリーの実験で生じた現象を説明せよ．

解　式(2.14)に$n=1$，$m=2$を代入して，Zに$Z-1$を入れて平方根をとるとモーズリーの式が得られる．

$$\frac{1}{\lambda}=R_\infty(Z-1)^2\left(\frac{1}{1^2}-\frac{1}{2^2}\right)\longrightarrow\frac{1}{\sqrt{\lambda}}=\sqrt{\frac{3}{4}R_\infty}(Z-1)$$

この式は，電子線を当てたことによりK殻の電子が1個叩き出され，空いた場所へL殻の電子が落ち込むときに出る特性X線を表している(図)．この特性X線のことをKα線とよぶ．なお，M殻の電子が落ち込んで出る特性X線(Kβ線)も観測されていた．原子核の電荷がZではなく，$Z-1$になる理由としては，K殻に電子が1個残っていて原子核の正電荷が遮蔽されているからだと考えられている(遮蔽効果については7.2.3項を参照)．

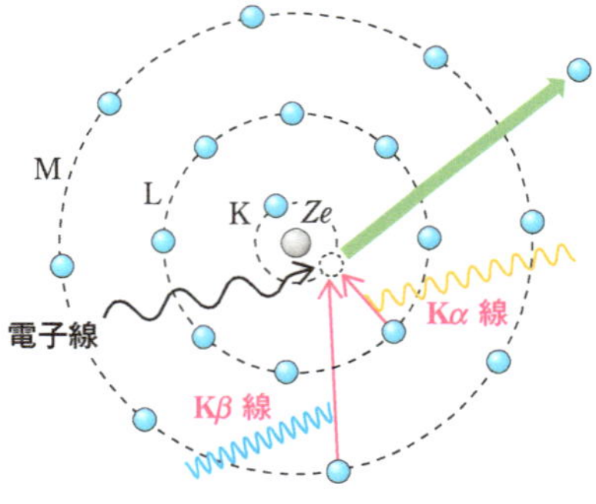

図　特性X線

特性X線は英国のバークラ(C. G. Barkla, 1877～1944 : 1917物)が1909年に発見していたが，物理的な解釈がなされていなかった．モーズリーの法則によって，原子番号が原子核の正電荷と関係し，周期表を原子量の順ではなく，原子番号順に並べる正当性が明確になった(7.1節参照)．モーズリーは特性X線の物理的な意味をボーアの原子モデルをもとに解明したが，直後に第一次世界大戦に従軍して戦死したためノーベル賞は受賞できなかった．

2.2.4 ボーアの原子理論の拡張と限界

単純な円軌道を仮定したボーアの原子理論によって水素類似原子のような1中心1電子系のエネルギー準位はうまく説明できたが，説明できない大きな問題があった．その問題とは次の2点である．

①水素原子の輝線スペクトルは微細構造(fine structure)を示し，さらに，磁場中で輝線スペクトルは数本に分裂する(ゼーマン効果，1.2.3項)．

②最終的にすべての電子は電磁波を放出してもっとも内側の安定な軌道を回るようになるはずであるが，実際には特定の軌道を回る電子の数は限られる．

問題①の磁場中での水素原子の輝線スペクトルの分裂については，1916年にドイツのゾンマーフェルト(A. J. Sommerfeld, 1868～1951)がボーアの量子条件を楕円軌道(elliptical orbit)へと拡張し，**軌道角運動量**(orbital angular momentum)に関係する**方位量子数**(azimuthal quantum number, orbital quantum number)と**磁気量子数**(magnetic quantum number)の概念を導入することで解決した．具体的には，エネルギー準位を決めるボーアの量子数nに加えて楕円(ellipse)の形状を決める方位量子数とその方向を決める磁気量子数を導入し，磁場中では磁気量子数に応じて輝線スペクトルが分裂するのだと説明した(コラム参照)．

第6章で示すように，水素原子の3次元のシュレーディンガー方程式を解くと，主量子数n(水素原子のエネルギー)は動径方向の量子数(動径量子数n_r)と角度方向の量子数(方位量子数l)の和

$$n = n_r + l + 1,\ n_r = 0, 1, 2, \cdots,\ l = 0, 1, 2, \cdots,\ n-1 \tag{2.16}$$

であることが示され，シュレーディンガー方程式の磁気量子数m_lはlを用いて

$$m_l = 0, \pm 1, \pm 2, \cdots, \pm l \tag{2.17}$$

と表される．磁気量子数によって，磁場中に電子がおかれたときの電子の軌道角運動量は$\hbar$の整数倍に量子化され，$m_l\hbar$の値をとる(6.2節)．

$$\text{量子化された軌道角運動量}: m_l\hbar,\ (m_l-1)\hbar,\ \cdots, 0,\ \cdots,\ -m_l\hbar$$

軌道角運動量により生じる磁気モーメント(13頁コラム参照)も量子化されてエネルギー準位が磁気量子数m_lの個数である$2l+1$本に分裂する(図2.9(a))．これによって，正常ゼーマン効果(normal Zeeman effect)とよばれる電子の軌道運動のみに由来するゼーマン効果(図2.9(b))についてはうまく説明できた．しかし，

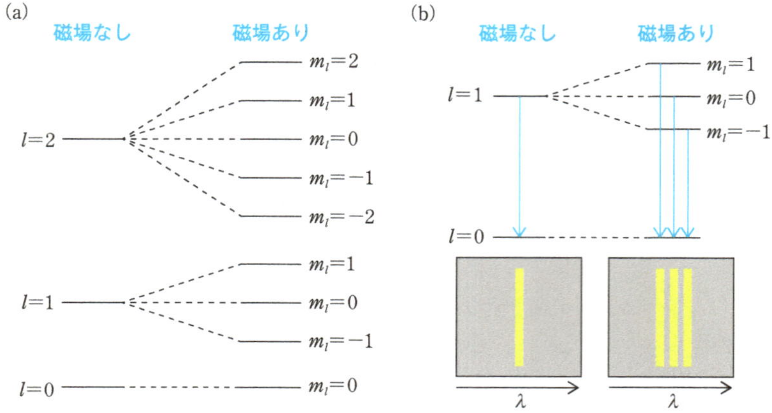

図2.9　磁場中でのエネルギー準位の分裂(a)と正常ゼーマン効果の例(b)
磁場中では$2l+1$本に分裂する.

多電子原子で観測されるさらに複雑なスペクトル線の分裂である異常ゼーマン効果(anomalous Zeeman effect)についての説明(236頁)は量子力学が成立するまで待たなければならなかった.

問題②については，多電子原子の基底状態においてそれぞれのボーア軌道に何個電子が入っているかもわかっていなかったが，1916年にゾンマーフェルトの下で働いていたコッセル(W. Kossel, 1888～1956)が周期表との整合性から8個の電子の集まりが安定であるという電子殻(electron shell)の考え方を発表した．ボーアは鋭い勘と原子の構造に対しての深い洞察力をもって，$n=1$の電子殻には2個，$n=2$には8個，$n=3$には18個，$n=4$には32個，…の電子の集まりが安定であると提唱して現在の電子殻のモデルに近づいた(第7章)．しかしながら，ボーアは電子殻が軌道の集まりであるとまでは考えていなかった．電子スピンの概念が提案され，ゾンマーフェルトの弟子であるパウリが排他原理を発表した1925年になってようやく量子数の組n, l, m_l(当時はn, k, m)が1つの軌道を表し，その軌道には2個までしか電子は入ることができない，という現在の軌道の概念が成立する(3.2節).

例題2.9　主量子数$n=3$に許される電子の量子数の組み合わせ(n, l, m_l)を書け.

解　(3, 0, 0)　(3, 1, 0)　(3, 1, 1)　(3, 1, −1)
(3, 2, 0)　(3, 2, 1)　(3, 2, −1)　(3, 2, 2)　(3, 2, −2)

コラム　ボーア–ゾンマーフェルトの原子モデル

ボーアの原子モデルで円軌道を回る粒子の運動量は，接線方向，すなわち，角度のみに依存し，向心力の方向の運動を含まない．それに対して，天体の運行のように楕円軌道で近似しても，角運動量および面積速度は一定に保たれる．楕円軌道を回る粒子の運動量の大きさは楕円上の位置で異なり，楕円の焦点と粒子を結ぶ距離が変化し，動径方向の運動量変化が生じる．ゾンマーフェルトは，このように楕円軌道を考えることで角度方向と動径方向が独立に量子化されうることを微積分を用いた「解析力学」に基づいて導出したのである．楕円の形状を角度方向の方位量子数k（自然数）によって変化させ，さらに，楕円の向きを考えることによって，同じ形の軌道でも空間へ広がる方向が違う$2k-1$個の状態（磁気量子数m）をとりうることを提案した（ボーア–ゾンマーフェルトの量子化条件）．量子数n, k, mの相互の関係，数値は以下のとおりである．

$$n=1, 2, 3, \cdots$$
$$k=1, 2, \cdots, n$$
$$m=0, \pm 1, \pm 2, \cdots, \pm(k-1)$$

1926年に水素原子のシュレーディンガー方程式が解かれると，電子の軌道は，ボーアやゾンマーフェルトの軌道（orbit）とはまったく異なる，空間に広がる確率分布であることがわかり，オービタル（orbital）とよばれるようになった（第6章参照）．オービタルには軌道角運動量が0になるs軌道（5.2.4項）が存在することが示されたため，方位量子数には，$k-1$であるl（$=0, 1, 2, \cdots, n-1$）がkの代わりに使用されるようになった．磁気量子数m_lはmと同一であるが，lで表すと，$m_l=0, \pm 1, \pm 2, \cdots, \pm l$となる．ボーア–ゾンマーフェルト理論では平面の楕円運動を仮定していたが，3次元シュレーディンガー方程式を解いて得られる情報の本質に迫っていたのである．

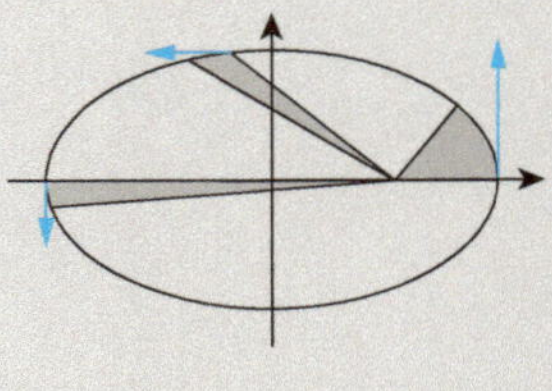
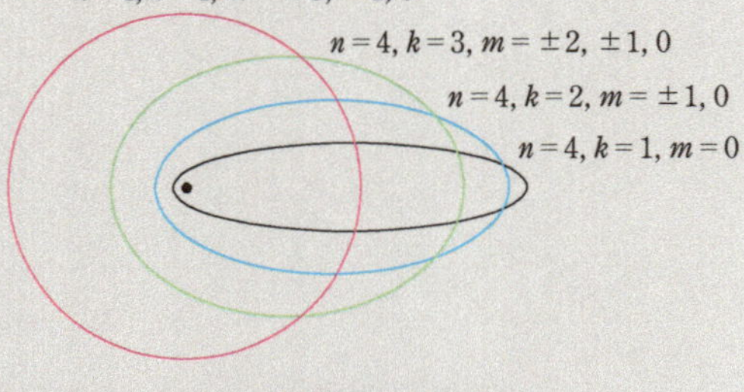

図　ボーア–ゾンマーフェルトの水素原子モデル

章末問題

2.1　プランクの量子仮説を説明せよ.

2.2　アインシュタインによって提案された光電効果の原理を説明せよ.

2.3　水素原子のスペクトル系列の名称と波長領域を述べよ.

2.4　ボーアの原子モデルにおける量子条件と振動数条件について述べよ.

2.5　フランク－ヘルツの実験について述べ，その意味を説明せよ.

2.6　ボーアの原子理論で解決できなかった問題を述べよ.

2.7　ボーア－ゾンマーフェルトの量子化条件について説明せよ.

2.8　正常ゼーマン効果について，方位量子数lおよび磁気量子数m_lを用いて説明せよ.

第3章　量子力学の確立

ボーア－ゾンマーフェルト理論は多電子原子や，もっとも簡単な分子である水素分子イオンH_2^+にも適用できないことがすぐに明らかになった．また，軌道運動によらない，電子が本来的にもつ固有の角運動量の存在が，シュテルン（O. Stern, 1888～1969：1943物）とゲルラッハ（W. Gerlach, 1889～1979）による銀原子ビームを不均一な磁場を通過させる実験（1922年）によって示唆された．銀原子の最外殻電子は軌道角運動量をもたないので，ビームはゼーマン分裂しないと考えられたが，ビームは磁場に引き寄せられるものと，磁場に反発するものの二方向に分裂した（図3.1）．このような磁場中での電子，原子のふるまいについてもそれまでの理論では説明できない現象が現れて，一時期物理学は混迷を極めた．その後，1923～27年にかけて新しいコンセプトの提案が相次ぎ，量子力学は一気に完成することになる．

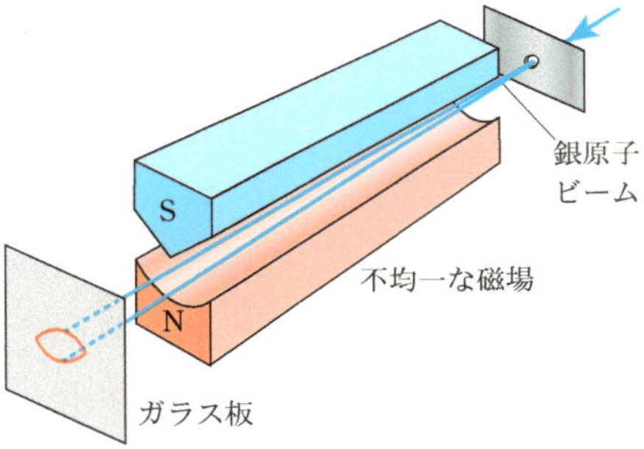

図3.1　シュテルン－ゲルラッハの実験

1923年　コンプトン効果
1924年　ド・ブロイの物質波
1925年　電子スピンの発見とパウリの排他原理
　　　　ハイゼンベルグの行列力学による量子力学の定式化
1926年　シュレーディンガーの波動力学
1927年　不確定性原理の発見
　　　　ディラック方程式

本章ではこうした一連の流れによる量子力学の完成の過程を見ていくことで量子力学の基本事項を学ぶ．

3.1　波動と粒子の二重性

3.1.1　コンプトン効果—光量子の運動量の証明

1915年にアインシュタインは，慣性系だけで成立する特殊相対性理論を発展させて，重力加速度と運動加速度は同じであるという等価原理(equivalence principle)と，慣性系だけでなく，加速度をもつ非慣性系においても物理法則は同等に働くという一般相対性理論(general relativity, general theory of relativity)を発表した．その後，ミリカンによる光電効果の検証(1916年)を受けて，光量子仮説(2.1.2項)と特殊相対性理論(32頁コラム)とを融合発展させて，光量子が運動量をもつことを提案した．すなわち，特殊相対性理論の式において，光の質量を0とおき静止質量エネルギー mc^2 を無視して，光のエネルギー E は cp に等しいとした．

$$\text{光量子仮説：} E = h\nu = \frac{hc}{\lambda} \tag{3.1}$$

$$\text{特殊相対性理論：} E^2 = m^2c^4 + c^2p^2 \xrightarrow{m=0} E = cp \tag{3.2}$$

これら2つの式のエネルギーを等しいとおいて，p について解くと次の関係が得られる．

$$E = \frac{hc}{\lambda} = cp \longrightarrow p = \frac{h}{\lambda} \tag{3.3}$$

光量子(波長 λ)はエネルギー $h\nu$ をもつだけでなく，質量がないにもかかわらず，光の進行方向に運動量 p をもっており，その値はプランク定数 h を波長 λ で割った h/λ および光量子のエネルギー $h\nu$ を光速 c で割った $h\nu/c$ に等しいと提案された．

この考えは，1923年に米国のコンプトン(A. H. Compton, 1892〜1962 : **1927物**)により実験的に証明された．コンプトンは，光量子仮説が正しいのであれば，物質中の電子が静止していると近似し，古典物理学の物体の弾性衝突の条件であるエネルギー保存則(光のエネルギーを $h\nu$ とする)および運動量保存則(光の運動量を h/λ と仮定)の両方が成立するとして導いた式

$$\Delta\lambda = \lambda' - \lambda = \frac{h}{mc}(1 - \cos\phi) \tag{3.4}$$

が，電子とX線の非弾性散乱の角度依存性の実験結果と合うはずだ，と考えたのである(**例題3.1**)．そして，実際に金属にX線を照射し，角度 ϕ の方向に散乱されたX線の波長 λ' を測定し，入射X線と散乱X線の波長の差($\Delta\lambda$)が当てる金属の

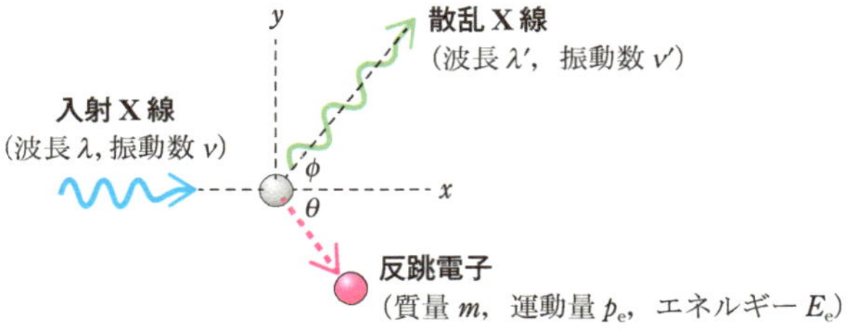

図 3.2　コンプトン効果

種類によらず散乱角ϕのみに依存するという**コンプトン効果**(Compton effect)を実証した(図 3.2)．このコンプトン効果の実証は大きなインパクトを与えながらヨーロッパ各国に伝わり，アインシュタインの光量子仮説は完全に受け入れられ，コンプトンはすぐに(1927年)ノーベル賞を受賞した．

例題3.1　コンプトン効果における運動量保存則とエネルギー保存則を示し，式(3.4)を導出せよ．

解　特殊相対性理論より反跳電子のエネルギーE_eと運動量p_eとの間には

$$E_e{}^2 = m^2c^4 + c^2p_e{}^2 \qquad (1)$$

が成立する．mは電子の静止質量である．エネルギー保存則より

$$h\nu + mc^2 = h\nu' + E_e \longrightarrow E_e = \left(\frac{h}{\lambda} - \frac{h}{\lambda'} + mc\right)c$$

が得られ，この式を式(1)に代入してE_eを消去すると

$$\left(\frac{h}{\lambda} - \frac{h}{\lambda'} + mc\right)^2 = m^2c^2 + p_e{}^2 \qquad (2)$$

となる．ここで運動量保存則をx, y軸方向に分割して考えると

$$x\text{軸方向：}\frac{h}{\lambda} = \frac{h}{\lambda'}\cos\phi + p_e\cos\theta \longrightarrow p_e\cos\theta = \frac{h}{\lambda} - \frac{h}{\lambda'}\cos\phi$$

$$y\text{軸方向：}0 = \frac{h}{\lambda'}\sin\phi - p_e\sin\theta \longrightarrow p_e\sin\theta = \frac{h}{\lambda'}\sin\phi$$

となる．これらの式の両辺を二乗して辺々加えてθを消去し，得られた$p_e{}^2$を式(2)に代入して整理すると，式(3.4)が得られる．

3.1.2　ド・ブロイの物質波—波動と粒子の二重性

コンプトンの散乱実験が報告された翌1924年，フランスの名門貴族であるド・ブロイ（L.-V. de Broglie, 1892～1987 : **1929物**）は，運動量pをもつ物体はすべて，以下の式で示される波長λの波とみなせる，という**波動と粒子の二重性**（wave-particle duality）を唱えた．

$$\lambda = \frac{h}{p} = \frac{h}{mv} \qquad (3.5)$$

ド·ブロイは光子だけでなく，運動しているすべての物質は波の性質をあわせもっていると提案したのである．この波は，後に**ド・ブロイ波**（de Broglie wave）あるいは**物質波**（matter wave）とよばれるようになった．ド・ブロイの仮説は当時としてもかなり突飛で，実験的な裏づけもなかったが，光の波動性と粒子性は統合できると考えていたアインシュタインによって激賞されたことにより認知され，シュレーディンガーによる波動力学の定式化（1926年）の基礎となって世の中に広く知られるようになった．

すべての粒子が波動性をもつ実験的な証拠として，1927年に米国のデヴィソン（C. J. Davisson, 1881～1958 : **1937物**）とジャマー（L. H. Germer, 1896～1971）によりニッケルの単結晶に「粒子」である電子線を当てると回折像が得られることが報告され，また同じ年にトムソン（G. P. Thomson, 1892～1975 : **1937物**）により金属多結晶に電子線を当てると回折・干渉像が得られることが報告された．このトムソンは，陰極線から電子の比電荷を正確に求めたJ. J. Thomsonの息子であり，父親が電子の粒子性を確定させ，息子が電子の波動性を確定させたことになる．電子線回折（electron diffraction）は，現在実用化されている電子顕微鏡の原理である．粒子である電子が回折現象を示したことにより，電子における波動と粒子の二重性の正当性が実証されたため，ノーベル賞がド・ブロイに授与された（1929年）．その後，電子より1000倍以上も重い中性子も中性子線としてビーム化されると，1940年代には回折現象を示すことが確かめられた．現在では中性子回折法（neutron diffraction）として実用化されている．

例題3.2　次の物質の物質波としての波長を求めよ．

（1）3000 km s^{-1}の速度をもつ300 kgの人工衛星

（2）1.00×10^8 m s^{-1}の速度をもつ電子（$m_e = 9.11 \times 10^{-31}$ kg）

解　(1) $\lambda = \dfrac{h}{mv} = \dfrac{6.63 \times 10^{-34}\,\mathrm{J\,s}}{300\,\mathrm{kg} \times 3000\,\mathrm{km\,s^{-1}}} = 7.37 \times 10^{-43}\,\mathrm{m}$

(2) $\lambda = \dfrac{h}{m_\mathrm{e} v} = \dfrac{6.63 \times 10^{-34}\,\mathrm{J\,s}}{9.11 \times 10^{-31}\,\mathrm{kg} \times 1.00 \times 10^{8}\,\mathrm{m\,s^{-1}}} = 7.28 \times 10^{-12}\,\mathrm{m} = 7.28\,\mathrm{pm}$

電子や中性子のような質量のミクロな物質では波動性が観測されるが，通常のマクロな物質において物質波は観測できない．

例題3.3　ボーアの量子条件 $m_\mathrm{e} r v = n\dfrac{h}{2\pi}$ $(n = 1, 2, 3, \cdots)$ にド・ブロイの式を代入し，電子の軌道は，電子の物質波としての波長の整数倍をもつ波となることを導出せよ．

解　電子の運動量を p_e とすると式(3.3)より

$$2\pi r = n\frac{h}{p_\mathrm{e}} = n\lambda \quad (n = 1, 2, 3, \cdots)$$

となる．この式は，右図の青線のように電子が波として軌道を一周したときに位相が元の位相と重なって定常波として残ることを示しており，ボーアの量子条件は，電子が波としてふるまうことを含有しているといえる(2.2.2項)．

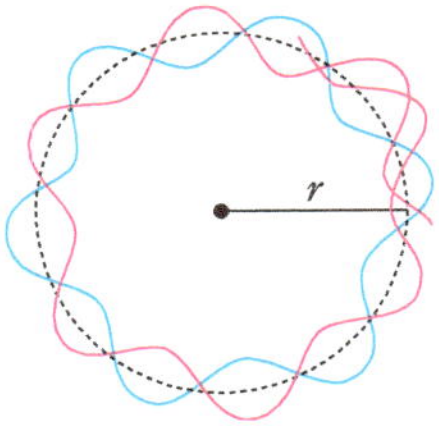

図　定常波(青線)と干渉によって消える波(赤線)

3.2　電子スピンとパウリの排他原理

3.2.1　シュテルン－ゲルラッハの実験

シュテルン－ゲルラッハの実験(図3.1)では，銀原子ビームは予想に反して磁場に引き寄せられるものと，磁場に反発するものの二方向にゼーマン分裂した．これは，銀原子，すなわち，銀の最外殻に1個だけある電子($l = 0$)が磁場に対して平行と反平行の2つの磁気モーメントを備えていて，磁気モーメントの源である角運動量が二方向に量子化されていることを意味した(6.3.1項および**例題7.5**参照)．

磁場中での磁場方向の軌道角運動量は，磁気量子数 m_l を用いて

$$m_l\hbar, \quad (m_l - 1)\hbar, \quad \cdots, \quad 0, \quad \cdots, \quad -m_l\hbar$$

に量子化され，個数は $2l+1$ 個(2.2.4項)である．実験で得られた二方向の角運動

量を説明しようとするならば，量子数をxとすると$2x+1=2$より$x=1/2$となるはずで，量子数は半整数になる．そのため，量子数(n, l, m_l)が整数しかとりえない電子の軌道運動に由来しない，磁場方向に$\hbar$の半整数倍$\pm\frac{1}{2}\hbar$に量子化されている固有角運動量をもつことが推察された．この固有角運動量は，電子の軌道運動による軌道角運動量と関係がなく，電子が本来的にもつ性質であることが示唆された(6.2節)．

例題3.4　シュテルンとゲルラッハによる銀原子ビームの実験において不均一な磁場を用いる理由を考察せよ．

解　均一な磁場では磁気モーメント$\boldsymbol{\mu}_S$(緑矢印)の向きが磁場に対してどちらであっても働く力の大きさは等しく，$\boldsymbol{\mu}_S$はトルクによって回転するが，ビームに偏向は生じない．図3.1のような磁場勾配のある磁石を用いた場合，上向きの$\boldsymbol{\mu}_S$は差し引きすると上への力を受け，下向きの$\boldsymbol{\mu}_S$は下への力を受ける．その力の大きさは中心からのずれが大きくなるほど大きくなるため，長い磁石をビームが通過しているうちに差が出てくる．

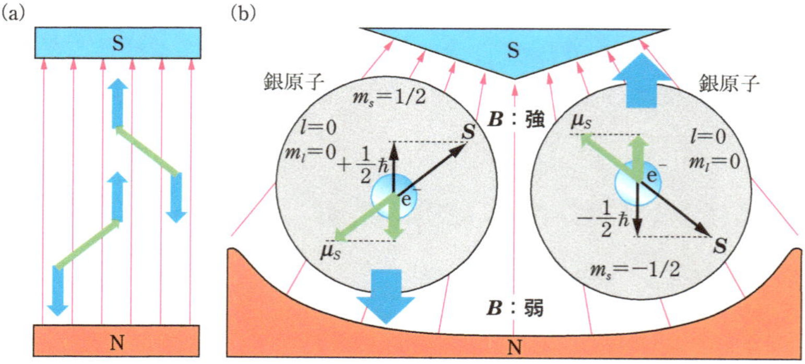

図　均一な磁場(a)および不均一な磁場(b)と磁気モーメントの相互作用
負電荷をもつ電子では固有角運動量$\boldsymbol{S}$と磁気モーメント$\boldsymbol{\mu}_S$の向きは逆である．

3.2.2　パウリの排他原理

1924年にパウリ(W. E. Pauli, 1900～1958：1945物)はシュテルン－ゲルラッハの実験で示された角運動量の「二価性」を説明するために，n, l, m_l(当時はn, k, m，2.2.4項コラム参照)に続く電子の第4の量子数を提案し，その量子数は2つの値しかもたない，とした．さらに原子の中の電子の量子状態を記述するためには，4つの量子数が必要であることを示した．このことは，翌1925年に

「2つ以上の電子は同一の量子状態を占めることはできない」

と表現された．これが**パウリの排他原理**(Pauli exclusion principle)である．この排他原理によって，ボーアの原子モデルで最内のもっともエネルギーの低い軌道をすべての電子が回らなくてもよくなったのである(「2.2.4 ボーアの原子理論の拡張と限界」の問題②)．排他原理は，

「量子数の組n, l, m_lが1つの軌道を表し，その軌道には2個までしか電子は入ることができない」

とも表現される．

量子力学と古典力学の対応原理の構築で有名なエーレンフェスト(P. Ehrenfest, 1880～1933)の研究室で大学院生であったウーレンベック(G. E. Uhlenbeck, 1900～1988)とハウトスミット(S. A. Goudsmit, 1902～1978)は，二方向に量子化されている角運動量を説明するモデルとして，電子は軌道運動するだけでなく，地球の自転のように回転(スピン)していることを提案し，それを**電子スピン**(electron spin)と表現した(1925年)．電子の2つの回転方向が二方向の量子化に対応すると説明したのである．電子は決して自転運動などはしていないことは発表当時から指摘されており，パウリは第4の量子数は古典力学では説明できない類の性質であると断じていた．しかしながら，スピンという言葉は広く受け入れられ，電子の固有角運動量は**スピン角運動量**(spin angular momentum)とよばれるようになり，スピン角運動量$\boldsymbol{S}$により生じる磁気モーメント$\boldsymbol{\mu}_S$は，スピン磁気モーメントともよばれることになった．スピン角運動量を電子の自転運動として説明することは物理的には正しくないが，納得しやすいので現在でもよく用いられる．

パウリの提案した第4の量子数は**スピン量子数**s(spin quantum number)とよばれるようになり，その空間分布を決める量子数は**スピン磁気量子数**m_s(spin magnetic quantum number)とよばれるようになった．スピン磁気量子数m_sはスピン角運動量$\boldsymbol{S}$の磁場に平行な成分の大きさを表す量子数であり(6.2.3項)，電子のスピン磁気モーメント$\boldsymbol{\mu}_S$の磁場との相互作用において重要な量子数である．電子のスピン量子数sは1/2であるため，電子のm_sは2つの値(±1/2)のみが許

される．しかしながら，sは一般には負でない整数または半整数であるため，

$$m_s = s, s-1, \cdots, \quad -s$$

の値が許され，m_sの個数は必ずしも2だけではない．

排他原理が成立するのは，電子や陽子（プロトン，proton）もスピン量子数$s=1/2$で半整数の粒子であり，こうした粒子は**フェルミ粒子**（Fermion）とよばれる．この名前はフェルミ（E. Fermi, 1901～1954 : 1938物）にちなんで名づけられた．排他原理があることで，電子は同じ電子軌道に2個までしか入ることができない（7.2.2項）．それに対し，フォトンや重水素などのスピン量子数が整数の粒子は**ボース粒子**（Boson）とよばれ，排他原理は成立しない．

排他原理が発見された後，すぐに量子力学が定式化されて電子の4つの量子数（n, l, m_l, m_s）は波動関数の形状や電子の存在確率と関連づけられた（3.3節）．スピンの概念は量子力学を根底から変え，軌道角運動量とスピン角運動量の相互作用によって，水素原子などの輝線スペクトルにおける微細構造が説明づけられた（6.3.2項）．原子核の周囲を複数の電子が回っている多電子原子の原子軌道だけではなく，分子の分子軌道においても排他原理は成立する．

例題3.5　主量子数$n=2$に許される電子の量子数の組み合わせ（n, l, m_l, m_s）を書け．

解　(2, 0, 0, 1/2)　(2, 0, 0, −1/2)　(2, 1, −1, 1/2)　(2, 1, −1, −1/2)
(2, 1, 0, 1/2)　(2, 1, 0, −1/2)　(2, 1, 1, 1/2)　(2, 1, 1, −1/2)

3.3　量子力学の定式化

3.3.1　ハイゼンベルグの行列力学とシュレーディンガーの波動力学

ゾンマーフェルトの弟子のハイゼンベルグ（W. K. Heisenberg, 1901～1976 : 1932物）は学位取得後にボルン（M. Born, 1882～1970 : 1954物），そしてボーアの下で研究し，1925年に**行列力学**（matrix mechanics）を用いて量子力学を初めて定式化した．具体的には，位置や運動量を行列で表現し，力学量も行列で表記してハイゼンベルグの運動方程式で時間発展させることで現象を記述した．当時は，行列というものが物理学者の間でよく知られていなかったうえ，物理的描像とし

ても難解であった(難解であるため詳細はコラム参照).

翌1926年1月に，オーストリアのシュレーディンガー(E. R. J. A. Schrödinger, 1887～1961：1933物)は，ド・ブロイの物質波のアイデアとアインシュタインの啓示により量子力学を波動方程式で定式化した**波動力学**(wave mechanics)を提案した．シュレーディンガーは，粒子でもある電子が波の性質をもっているならば，古典力学の波を表す式(1.1.2項)のλとνをド・ブロイの式とプランク－アインシュタインの式を用いて書き直せば，電子のふるまいを数式で記述できると考えた．量子力学の波を**波動関数**(wave function)とよび，Ψ(プサイ)(もしくはψ)で表す.

$$\text{古典力学：} \varphi(x,t) = Ae^{i\left(\frac{2\pi}{\lambda}x - 2\pi\nu t\right)} \xrightarrow[\nu=E/h]{\lambda=h/p} \text{量子力学：} \Psi(x,t) = Ae^{\frac{i}{\hbar}(px-Et)} \tag{3.6}$$

古典力学の場合と同じく，波動関数$\Psi(x, t)$を時間や位置で偏微分することで，波動関数が満たす波動方程式を導出した．物理学者は慣れ親しんでいた波動方程式を利用した波動力学を歓迎した.

量子力学の波動方程式では，運動量，エネルギーなどに対応する**演算子**(operator)と波動関数との積が，それぞれの物理量と同じ波動関数の積になる.

$$[\text{演算子}] \times \Psi(x, t) = [\text{物理量}] \times \Psi(x, t) \tag{3.7}$$

一般的に，この形の方程式を固有値方程式(eigenvalue equation)とよび，実数である物理量を固有値(eigenvalue)，この式を満たす波動関数を固有関数(eigenfunction)とよぶ．物理量は観測可能な実数値であり，実数値を固有値として与える演算子はエルミート演算子とよばれる(詳しくは4.1.3項参照)．系の全エネルギーE(これも物理量)の演算子を$\hat{H}$(「エイチハット」という)と記述し，古典力学と同じく**ハミルトニアン**(Hamiltonian)とよぶ．エネルギーの演算子であるハミルトニアンも，もちろんエルミート演算子であり，$\hat{H}$を波動関数$\Psi(x, t)$に作用させると$\Psi(x, t)$のE倍に等しくなる.

$$\hat{H}\Psi(x, t) = E\Psi(x, t) \tag{3.8}$$

この形の波動方程式を**シュレーディンガー方程式**(Schrödinger equation)とよぶ．ハミルトニアン$\hat{H}$は，時間の偏微分を用いて

$$\hat{H} = -\frac{\hbar}{i}\frac{\partial}{\partial t} \tag{3.9}$$

と表現できる(**例題3.6**).この演算子を用いれば時間と位置に依存するシュレーディンガー方程式は偏微分方程式として

$$-\frac{\hbar}{\mathrm{i}}\frac{\partial}{\partial t}\Psi(x,t)=E\Psi(x,t) \tag{3.10}$$

と表される.上の式は,位置xと時間tの関数である$\Psi(x,t)$をtで一階偏微分して$(-\hbar/\mathrm{i})$をかけると固有値に実数であるエネルギーが出てくる固有値方程式になっている.一階微分で同じ関数Ψが出てくることから波動関数は三角関数ではなく「本質的」に複素指数関数である.古典力学の実在波の式も複素指数関数で表記されうるが(6頁),古典力学の波動方程式に代入しても数学的に同じ結果を与え,便利だからという理由であり,本質的には三角関数である.波動力学が量子の世界で観測される現象をうまく説明したとしても,複素指数関数である波動関数自身は観測可能な物理的な波ではない(もっともシュレーディンガーはいずれ観測できると考えていたのだが).

波動方程式を時間tに関連する部分と位置xに関連する部分に変数分離(4.1.1項)することで,時間に依存しないシュレーディンガー方程式が得られる.時間に依存しない波とは,両端が固定されているなど,波に**境界条件**(boundary condition)のある場合につくられる定常波(図1.3)のようなものである.1次元の運動エネルギーの演算子$\hat{T}$を計算すると

$$\hat{T}=-\frac{\hbar^2}{2m}\frac{\partial^2}{\partial x^2} \tag{3.11}$$

となる(**例題3.7**).$\hat{T}$とポテンシャルエネルギーの演算子$\hat{V}$の和で$\hat{H}$が表されるとすると

$$\hat{H}=\hat{T}+\hat{V}=-\frac{\hbar^2}{2m}\frac{\partial^2}{\partial x^2}+V(x) \tag{3.12}$$

となり,時間に依存しない1次元のシュレーディンガー方程式は$\psi(x)$を用いて

$$\left[-\frac{\hbar^2}{2m}\frac{\partial^2}{\partial x^2}+V(x)\right]\psi(x)=E\psi(x) \tag{3.13}$$

と書くことができる.これを3次元座標$\boldsymbol{r}=(x,y,z)$に拡張した波動方程式は

$$\left[-\frac{\hbar^2}{2m}\left(\frac{\partial^2}{\partial x^2}+\frac{\partial^2}{\partial y^2}+\frac{\partial^2}{\partial z^2}\right)+V(\boldsymbol{r})\right]\psi(\boldsymbol{r})=E\psi(\boldsymbol{r}) \tag{3.14}$$

となる.この式のポテンシャルエネルギー$V(\boldsymbol{r})$に水素原子核の電荷と電子とのクーロン相互作用を入れてシュレーディンガー方程式を解いて求められた波動関

数は，水素原子の離散的なエネルギー準位を３つの量子数 n, l, m_l を使ってうまく説明できた(第６章で詳説)．しかし，エネルギーをはじめとする系のあらゆる物理量の観測に関わるが，それ自身は観測できない波である波動関数とはいったい何なのか，そして，物理現象にどのように関わっているのか，という問いが生じた．

例題3.6　波動関数

$$\Psi(x,t) = A\mathrm{e}^{\frac{\mathrm{i}}{\hbar}(px-Et)}$$

を位置 x と時間 t でそれぞれ偏微分して，１次元の運動量演算子 $\hat{p}_x$ とエネルギー演算子 $\hat{H}$ を求めよ．

解　$\Psi(x,t)$ を x で偏微分すると

$$\frac{\partial}{\partial x}\Psi(x,t) = \frac{\mathrm{i}}{\hbar}pA\mathrm{e}^{\frac{\mathrm{i}}{\hbar}(px-Et)} = \frac{\mathrm{i}}{\hbar}p\Psi(x,t)$$

$$\frac{\hbar}{\mathrm{i}}\frac{\partial}{\partial x}\Psi(x,t) = p\Psi(x,t)$$

$\Psi(x,t)$ を t で偏微分すると

$$\frac{\partial}{\partial t}\Psi(x,t) = -\frac{\mathrm{i}}{\hbar}EA\mathrm{e}^{\frac{\mathrm{i}}{\hbar}(px-Et)} = -\frac{\mathrm{i}}{\hbar}E\Psi(x,t)$$

$$-\frac{\hbar}{\mathrm{i}}\frac{\partial}{\partial t}\Psi(x,t) = E\Psi(x,t)$$

よって，$\hat{p}_x = \dfrac{\hbar}{\mathrm{i}}\dfrac{\partial}{\partial x}$，$\hat{H} = -\dfrac{\hbar}{\mathrm{i}}\dfrac{\partial}{\partial t}$ となる．

例題3.7　質量 m の１次元の粒子の運動エネルギー演算子

$$\hat{T}_x = -\frac{\hbar^2}{2m}\frac{\partial^2}{\partial x^2}$$

を運動量演算子 $\hat{p}_x$ から導出せよ．

解　$T_x = \dfrac{{p_x}^2}{2m}$ に，運動量 p の演算子 $\hat{p}_x = \dfrac{\hbar}{\mathrm{i}}\dfrac{\partial}{\partial x}$ を代入すると

$$\hat{T}_x = \frac{1}{2m}\left(\frac{\hbar}{\mathrm{i}}\frac{\partial}{\partial x}\right)^2 = -\frac{\hbar^2}{2m}\frac{\partial^2}{\partial x^2} = -\frac{h^2}{8\pi^2 m}\frac{\partial^2}{\partial x^2}$$

コラム　行列力学

波動力学では状態を波動関数ψで表し，ψが時間変化する立場(シュレーディンガー表示)をとるのに対し，行列力学では物理量の演算子が時間とともに変化する立場(ハイゼンベルグ表示)をとる．ハイゼンベルグ表示では，状態は行列(matrix)で表される．ある物理量の演算子$\hat{A}$の時間変化は，系のエネルギー量にあたるハミルトニアン$\hat{H}$を用いて，

$$-\frac{\hbar}{\mathrm{i}}\frac{\mathrm{d}\hat{A}}{\mathrm{d}t}=[\hat{A},\hat{H}]$$

と表される．この式をハイゼンベルグの運動方程式という．式中の[　]は**交換子**(commutator)とよばれ，行列の交換関係，すなわち

$$[\hat{A},\hat{H}]=\hat{A}\hat{H}-\hat{H}\hat{A}$$

を示す．一般的には，2つの異なる行列$\boldsymbol{A}$と$\boldsymbol{B}$の積$\boldsymbol{AB}$と$\boldsymbol{BA}$は等しくないため，演算子の交換関係も多くの場合

$$[\hat{A},\hat{B}]=\hat{A}\hat{B}-\hat{B}\hat{A}\neq 0$$

となる．このとき両者は可換(commute)ではないといい，2つの物理量が同時に観測できないことを示している．$\hat{A}$と$\hat{H}$が可換である場合は$[\hat{A},\hat{H}]=0$となるので

$$\frac{\mathrm{d}\hat{A}}{\mathrm{d}t}=0$$

となり，$\hat{A}$は時間変化せずに一定で，物理量もエネルギーも観測可能である．

古典物理学が成立する世界では2つの量を同時に決定可能であるが，量子力学の世界では必ずしも可能ではない．ハイゼンベルグは，位置の演算子$\hat{x}$と運動量の演算子$\hat{p}$の交換関係について

$$[\hat{x},\hat{p}]=\hat{x}\hat{p}-\hat{p}\hat{x}=\mathrm{i}\hbar$$

が成り立つことが量子条件であると示した．これは位置と運動量は同時に決定できないことを意味しており，2年後の不確定性原理に結実することになる．

1926年夏に25歳のハイゼンベルグと39歳のシュレーディンガーは討論した．ハイゼンベルグの兄弟子にあたるパウリは行列力学を用いて水素原子の輝線スペクトルを導出して行列力学をサポートしていたが，シュレーディンガーの波動力学は行列力学よりも解析的，直感的で，解釈がやさしいため多くの支持を集めた．

しかしながら，この討論の直前に行列力学と波動力学の等価性はシュレーディンガー本人や，パウリらによって証明されており，表現の違いだけであることもわかっていた．量子力学の物理的な解釈においてシュレーディンガーとハイゼンベルグは鋭く対立した．ハイゼンベルグは電子の粒子性や，電磁波を放射しながらエネルギー準位間を不連続に遷移する量子跳躍が量子力学の物理的解釈に重要だと考えていたのに対し，シュレーディンガーは粒子性，不連続性，量子跳躍などは認めない立場をとったからである．

例題3.8　1次元の粒子の位置の演算子 $\hat{x}$ と運動量演算子 $\hat{p}_x$ との交換関係 $[\hat{x}, \hat{p}_x] = \mathrm{i}\hbar$ を示せ．

解　任意の波動関数を ψ とし，運動量演算子 $\hat{p}_x = \dfrac{\hbar}{\mathrm{i}}\dfrac{\partial}{\partial x}$ を代入する．

$$
\begin{aligned}
[\hat{x}, \hat{p}_x]\psi = \hat{x}\hat{p}_x\psi - \hat{p}_x\hat{x}\psi &= \hat{x}\frac{\hbar}{\mathrm{i}}\frac{\partial}{\partial x}\psi - \frac{\hbar}{\mathrm{i}}\frac{\partial}{\partial x}(\hat{x}\psi) \\
&= \hat{x}\frac{\hbar}{\mathrm{i}}\frac{\partial\psi}{\partial x} - \left(\frac{\hbar}{\mathrm{i}}\psi + \hat{x}\frac{\hbar}{\mathrm{i}}\frac{\partial\psi}{\partial x}\right) = -\frac{\hbar}{\mathrm{i}}\psi
\end{aligned}
$$

よって，$[\hat{x}, \hat{p}_x] = \mathrm{i}\hbar$ となる．

3.3.2　波動関数の確率解釈

ハイゼンベルグの行列力学の成立に深く関わっていたボルンは，シュレーディンガーの波動力学を根本から解釈し直して，1926年冬に波動関数の統計的解釈(statistical interpretation)を発表した．それは，シュレーディンガー方程式で得られる波動関数 ψ 自身は，何らかの物理的現象や実在波を表すものではなく，

「波動関数の絶対値の二乗 $|\psi(\boldsymbol{r})|^2$ は位置 $\boldsymbol{r}$ における確率密度であり，位置 $\boldsymbol{r}$ の微小な体積 $\mathrm{d}\tau$ 中に粒子を見いだす確率は $|\psi(\boldsymbol{r})|^2\mathrm{d}\tau$ に比例する」

とする波動関数の確率解釈である(**ボルンの規則**：Born rule)．ここで，$\mathrm{d}\tau = \mathrm{d}x\,\mathrm{d}y\,\mathrm{d}z$ である．波動関数 ψ は複素指数関数であるので，確率密度 $|\psi|^2$ は，ψ の複素共役関数 ψ^*(complex conjugate function)と ψ の積

$$|\psi|^2 = \psi^* \psi \tag{3.15}$$

であり，0または正の実数となって確率密度の要件を満たす．ボルンの確率解釈を受け入れれば，実験事実をうまく説明できるが，なぜ $|\psi|^2$ が確率密度になるのかという問いに対して量子力学の前提条件からの演繹的な答えはない．この確率解釈はボーア，ハイゼンベルグらの量子力学の根幹となったが，シュレーディンガー，アインシュタインらは認めようとせず，議論は平行線を辿った．シュレーディンガー自身は当初，波動関数そのものが電荷や質量などの何らかの物理量と関係していると考えていたようだが，最終的にはボルンの解釈を受け入れた．

例題3.9　ボルンの規則が成立する場合に波動関数 ψ が満たす式を書け．

解　全空間で粒子を見いだす確率は1であるので，全空間で $|\psi(r)|^2 \mathrm{d}\tau$ を積分した値は1になる必要がある．

$$\int |\psi|^2 \mathrm{d}\tau = \int \psi^* \psi \mathrm{d}\tau = 1$$

3次元座標系 (x, y, z) において，$\mathrm{d}\tau = \mathrm{d}x\mathrm{d}y\mathrm{d}z$ とし，上の式を多重積分（multiple integral）で表すと以下のようにも書ける．

$$\int_{-\infty}^{\infty}\int_{-\infty}^{\infty}\int_{-\infty}^{\infty} \psi^* \psi \mathrm{d}x\mathrm{d}y\mathrm{d}z = 1$$

3.3.3　不確定性原理

行列力学で量子力学を先に確立したハイゼンベルグであったが，シュレーディンガーの波動力学の方が扱いやすく，さらに，それらは数学的に等価であることが証明され，追い込まれた状態になっていた．しかし，シュレーディンガー方程式には不連続性や量子跳躍の概念は含まれていないために波動力学から抜け落ちている量子力学の本質があるとしてハイゼンベルグは1927年に**不確定性原理**（uncertainty principle）を発表した．

「位置 x と運動量 p は同時に観測できる精度に限界があり，ある粒子の位置が厳密に決められている場合には運動量を正確に決定することができなくなり，逆に，運動量が厳密に指定されている場合は粒子の位置を予測することは不可能である」

この不確定性原理を定量的に式で表すと，換算プランク定数$\hbar$（$=h/2\pi$）を含んだ以下の式となる．

$$\Delta x \Delta p \geq \frac{\hbar}{2} \tag{3.16}$$

ここで，Δxは位置の不確定性，Δpは運動量の不確定性を表しており，それぞれ，平均値からの根平均二乗偏差である．

$$\Delta x = \sqrt{\langle x^2 \rangle - \langle x \rangle^2}, \quad \Delta p = \sqrt{\langle p^2 \rangle - \langle p \rangle^2} \tag{3.17}$$

この関係は，交換しない2つの演算子$\hat{A}$, $\hat{B}$に対応する物理量を同時に測定したとき，一般に成立する．すなわち，

$$\begin{aligned} &[\hat{A}, \hat{B}] = \hat{A}\hat{B} - \hat{B}\hat{A} = c \quad (c\text{は0でない定数})\text{ならば} \\ &\Delta A \Delta B \geq \frac{|c|}{2} \quad \left(\Delta A = \sqrt{\langle \hat{A}^2 \rangle - \langle \hat{A} \rangle^2}, \quad \Delta B = \sqrt{\langle \hat{B}^2 \rangle - \langle \hat{B} \rangle^2}\right) \end{aligned} \tag{3.18}$$

となる．エネルギーEと時間tの間にも不確定性原理が成立するとして以下の式が示された．

$$\Delta E \Delta t \geq \frac{\hbar}{2} \tag{3.19}$$

このエネルギーと時間の不確定性原理については，式(3.16)に示されるΔxとΔpの不確定性とは本質的に異なっている．ΔxとΔpは同時刻におけるそれぞれの不確定性を表しているが，ある時刻のエネルギーEの値は正確に測定できる．すなわち，ΔEは2つの異なる時刻における2つの正確な測定値の差であり，ある時刻のEの不確定性ではない．また時間tは系の演算子ではなく，ΔxとΔpの不確定性のように式(3.17)では計算できない．そのためΔEとΔtの不確定性ついては，アインシュタインとボーア，ハイゼンベルグらの間でも議論されたが，現在に至るまでさまざまな解釈があっていまだ定説はない．式(3.19)を単純に解釈するならば，$\Delta t \to \infty$とすればΔEを非常に正確に決めることができるが，$\Delta t \to 0$とすればΔEは大きくならざるをえない，ということである．このΔEとΔtの不確定性原理の応用としては，電子励起状態からの寿命τと発光のスペクトルの自然幅（エネルギー分布幅）ΔEの間に$\tau \Delta E \approx \hbar$という関係があることなどがあげられる．

例題3.10　交換しない2つの演算子$\hat{A}, \hat{B}$は同じ固有関数をもつことはできないことを証明せよ．

解　演算子$\hat{A}, \hat{B}$が同じ固有関数に対して実数の固有値a, bをもつとすると

$$\hat{A}\psi = a\psi, \quad \hat{B}\psi = b\psi$$

$$[\hat{A}, \hat{B}]\psi = (\hat{A}\hat{B} - \hat{B}\hat{A})\psi = ab\psi - ba\psi = 0$$

から$[\hat{A}, \hat{B}] = 0$となり，$\hat{A}, \hat{B}$は可換となり仮定に反する．

不確定性原理は，交換しない演算子に対応する物理量を同時に厳密に確定することは不可能であることを意味している．

コラム　量子力学の物理的解釈

1927〜1930年にかけてボーアとアインシュタインの間で量子力学の物理的解釈についての思考実験による論争が繰り広げられた．1個の電子の二重スリット透過実験（**例題3.11**）において電子は粒子性と波動性を示すが，それらは互いに排他的で同時に現れることはなく，どちらか一方の性質が観測に現れてくるものであるとボーアは唱え，これを**相補性**(complementarity)とよんだ．ボーアは不確定性原理と相補性を関連づけて量子力学の物理的解釈を進めた．確率論に立脚したボーア，ハイゼンベルグ，パウリらの考えはコペンハーゲン解釈とよばれ，量子力学の本流となったが，あらゆる物理現象は空間と時間の中で因果的に進行するという古典物理学の因果律を否定し，観測者から独立した普遍的な存在は何もない，というものであった．アインシュタインはこの確率論に支配された量子力学を受容できず,「神はサイコロを振らない」という有名な言葉で反対した．ボーアらの量子力学を不完全なものとするアインシュタイン，シュレーディンガーとの間で議論は続き,「シュレーディンガーの猫」とよばれる思考実験などが提案された．確率論によって状態が重なり合っているというボーアらの量子力学の解釈が不完全なものであると指摘するために，シュレーディンガーは「1時間に1個だけが1/2の確率で崩壊する放射性粒子と猫を箱に閉じ込め, 粒子が崩壊したときに猫が殺されるようにした装置」を考えた．この場合，猫は生きているか，死んでいるかのどちらかであり，生きている猫と死んでいる猫が確率的に混じり合って存在する, ということはありえない, と指摘した．微視的な量子力学の世界で成立している現象を巨視的な世界に持ち込み，量子力学の不完全性を証明しようとした思考実験であった．

例題3.11　ヤングの二重スリット実験を，電子を1個ずつ通して行うと干渉縞が得られるか，また，2つのスリットの片方を閉じると干渉縞はどうなるかを予想し，物質の粒子性と波動性について述べよ．

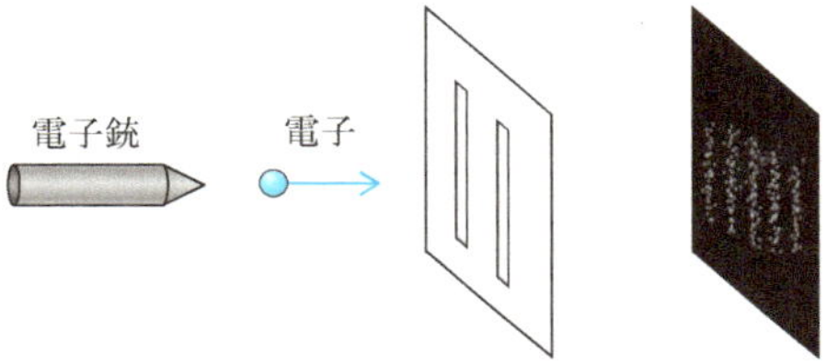

図　1個の電子によるヤングの二重スリット実験

解　ヤングの二重スリット実験を多数の電子で行っても1個の電子だけで行っても同じ干渉縞が得られ，2つのスリットの片方を閉じると干渉縞は消える．このことから1個の電子は2つのスリットを実際に通り抜けており，それが写真乾板に当たったときにはじめて粒子としての位置が決まる．粒子の位置は観測されているときだけに決まっていて，観測される前の粒子の位置は決めることができないが，「現実に」複数の場所に位置しており，その確率を与えるのが定式化された量子力学である，と解釈するのがボーアらの考えである．

3.3.4　ディラック方程式

シュレーディンガーは当初，相対性理論($E^2 = m^2c^4 + c^2p^2$)を取り入れて相対論的な波動方程式を立てて解こうと試みたが成功しなかったため，シュレーディンガー方程式に相対論は含まれず，電子スピンの性質も現れない．フェルミ粒子である電子のふるまいを記述する波動関数には，スピンやパウリの排他原理を説明しうる要素が必要であり，相対性理論の要請を取り入れた量子力学の定式化が求められた．1927年に相対論的なシュレーディンガー方程式としてクライン－ゴードン方程式が提案された．

$$-\hbar^2 \frac{\partial^2}{\partial t^2}\psi = \left\{-\hbar^2 c^3 \left(\frac{\partial^2}{\partial x^2} + \frac{\partial^2}{\partial y^2} + \frac{\partial^2}{\partial z^2}\right) + m^2 c^4\right\}\psi \qquad (3.20)$$

この方程式は一見すると，相対論のエネルギー項を導入するために時間に依存するシュレーディンガー方程式の二階微分の形をしている．そのため，波動関数から得られる確率密度が負の値になる場合や，負のエネルギーが解として出てくる場合があるうえ，フェルミ粒子である電子スピンを記述することはできなかった．パウリはシュレーディンガーの波動関数に電子スピンの効果を入れるため，パウリ行列(Pauli matrices)とよばれる 2 × 2 行列

$$\sigma_x = \begin{pmatrix} 0 & 1 \\ 1 & 0 \end{pmatrix}, \quad \sigma_y = \begin{pmatrix} 0 & -\mathrm{i} \\ \mathrm{i} & 0 \end{pmatrix}, \quad \sigma_z = \begin{pmatrix} 1 & 0 \\ 0 & -1 \end{pmatrix} \tag{3.21}$$

を導入して 4 つの量子数(n, l, m_l, m_s)によって電子状態を記述することに成功した．ほぼ同時期の1928年に，英国のディラック(P. A. M. Dirac, 1902〜1984 : 1933物)は，相対論的なディラック方程式を発表した．

$$-\frac{\hbar}{\mathrm{i}}\frac{\partial}{\partial t}\psi = \left\{-\mathrm{i}\hbar c\left(\alpha_x \frac{\partial}{\partial x} + \alpha_y \frac{\partial}{\partial y} + \alpha_z \frac{\partial}{\partial z}\right) + \beta mc^2\right\}\psi \tag{3.22}$$

ディラック方程式は，ハミルトニアン中に静止質量エネルギー mc^2 を含む一階微分の波動方程式であり，この微分方程式を満たす係数 $\alpha_x, \alpha_y, \alpha_z, \beta$ を決定してエルミートなハミルトニアンを得ることで波動関数が求められる．$\alpha_x, \alpha_y, \alpha_z, \beta$ の間で成立しなければならない関係式は，式(3.22)の両辺を二乗して，クライン－ゴードン方程式と比較することで以下のように求められた．

$$\alpha_i^2 = \beta^2 = 1 \quad \text{および} \quad i \neq j \text{のとき} \quad \alpha_i\alpha_j + \alpha_j\alpha_i = \alpha_i\beta + \beta\alpha_i = 0 \tag{3.23}$$

このような関係式を満たす α_i や β はスカラーでは ±1 だけで意味のある解を与えないが，行列ならば可能である．得られる波動関数 ψ も 4 つの波動関数を要素としてもつ行列で表される．ディラック方程式からスピン状態を記述するパウリ行列が導き出されたため，広く受け入れられた．

例題3.12　パウリ行列の σ_i^2, $[\sigma_i, \sigma_j] = \sigma_i\sigma_j - \sigma_j\sigma_i$ を計算せよ．

解　行列のかけ算

$$AB = \begin{pmatrix} a & b \\ c & d \end{pmatrix}\begin{pmatrix} e & f \\ g & h \end{pmatrix} = \begin{pmatrix} ae+bg & af+bh \\ ce+dg & cf+dh \end{pmatrix}$$

を用いる．

$$\sigma_x^2 = \begin{pmatrix} 0 & 1 \\ 1 & 0 \end{pmatrix}\begin{pmatrix} 0 & 1 \\ 1 & 0 \end{pmatrix} = \begin{pmatrix} 1 & 0 \\ 0 & 1 \end{pmatrix} = E \quad (\text{単位行列})$$

同様に，$\sigma_y{}^2 = \sigma_z{}^2 = E$

$$[\sigma_x, \sigma_y] = \sigma_x\sigma_y - \sigma_y\sigma_x = \begin{pmatrix} \mathrm{i} & 0 \\ 0 & -\mathrm{i} \end{pmatrix} - \begin{pmatrix} -\mathrm{i} & 0 \\ 0 & \mathrm{i} \end{pmatrix} = \begin{pmatrix} 2\mathrm{i} & 0 \\ 0 & -2\mathrm{i} \end{pmatrix} = 2\mathrm{i}\sigma_z$$

同様に，$[\sigma_y, \sigma_z] = 2\mathrm{i}\sigma_x$, $[\sigma_z, \sigma_x] = 2\mathrm{i}\sigma_y$（交換関係）

2×2 行列であるパウリ行列はディラック方程式を満たす 4×4 行列の構成成分であり，スピン角運動量と深い関連がある（第12章273頁コラム）.

コラム　ディラックのブラ－ケット記法

ディラックは，量子状態を記述する方法として**ブラ－ケット記法**（bra-ket notation）を提案し，2 つの状態（波動関数など）の内積を次のように表した.

$$内積 = \langle\phi|\varphi\rangle$$

$\langle\phi|$ をブラベクトル，$|\varphi\rangle$ をケットベクトルとよぶ．ケットベクトル $|\varphi\rangle$ は

$$|\varphi\rangle = \begin{pmatrix} a_0 \\ a_1 \\ \vdots \\ a_n \end{pmatrix}$$

のように列ベクトルで表され，ブラベクトル $\langle\phi|$ は行ベクトルで表される.

$$\langle\phi| = (b_0 \quad b_1 \quad \cdots \quad b_n)$$

よって，内積は以下のように計算できる.

$$\langle\phi|\varphi\rangle = a_0b_0 + a_1b_1 + \cdots + a_nb_n$$

ブラ－ケット記法を用いた行列表現と波動関数表現の間の関係はハミルトニアン $\hat{H}$ を用いて

$$\langle\phi|\hat{H}|\varphi\rangle = \int \phi^* \hat{H}\varphi \mathrm{d}\tau$$

と書かれる．ハイゼンベルグ，シュレーディンガー，ディラックらによる量子力学の定式化により，量子力学は数学的に完成されたが，量子力学の物理的解釈については議論が続いた.

章末問題

3.1　アインシュタインの式 $p=h/\lambda$ がどのように考え出されたかを説明せよ.

3.2　ド・ブロイの物質波について式を用いて説明せよ.

3.3　位置の行列 $\boldsymbol{X}$ と運動量の行列 $\boldsymbol{P}$ の交換関係について書け.

3.4　古典力学の波の式にド・ブロイの式とプランク−アインシュタインの式を代入して量子力学の波動方程式を導出せよ.

3.5　時間に依存しない1次元のシュレーディンガー方程式を書け.

3.6　ボルンの規則について述べよ.

3.7　パウリの排他原理の表現をいくつかあげ，それらについて説明せよ.

3.8　位置の不確定性 Δx，運動量の不確定性 Δp を用いて不確定性原理について説明せよ.

3.9　「シュレーディンガーの猫」という思考実験について述べよ.

第4章　シュレーディンガー方程式

ハミルトニアンを用いて一般的な形でシュレーディンガー方程式を書くと

$$\hat{H}\psi = E\psi \tag{4.1}$$

となる．シュレーディンガー方程式を解くと，固有値である系のエネルギーEと固有関数である波動関数ψが求められ，確率密度$|\psi|^2$から電子などの粒子の存在確率を知ることができる．また，エネルギーだけでなく，系の観測可能なさまざまな物理量，例えば，位置，運動量，角運動量などを，それらに対応する演算子とψとの積をとることで求めることができ，系を完全に記述することができる(3.3節)．

$$[\text{演算子}]\psi = [\text{物理量}]\times\psi$$

本章では，シュレーディンガー方程式の性質について学び，第6章で水素原子の波動関数を解くための準備をする．

4.1　シュレーディンガー方程式の構成および波動関数の要件

4.1.1　シュレーディンガー方程式の構成

第3章でも述べたように，シュレーディンガー方程式には，大きく分けると，時間に依存する式と時間に依存しない式がある(3.3.1項)．時間に依存する波動方程式は，ポテンシャルエネルギー$V(\boldsymbol{r})$が時間に依存しないとすれば

$$-\frac{\hbar}{\mathrm{i}}\frac{\partial}{\partial t}\Psi(\boldsymbol{r},t) = \left[-\frac{\hbar^2}{2m}\nabla^2 + V(\boldsymbol{r})\right]\Psi(\boldsymbol{r},t) \tag{4.2}$$

$$\nabla^2 = \frac{\partial^2}{\partial x^2} + \frac{\partial^2}{\partial y^2} + \frac{\partial^2}{\partial z^2} \tag{4.3}$$

と書ける．式(4.2)の括弧内の第1項は運動エネルギーを表している．∇^2はラプラシアン(Laplacian)，「ナブラの二乗」(del squared)ともよばれる二階偏導関数の和であり，Δ(デルタ)と書かれることもある．∇^2はベクトル微分演算子∇(ナブラ：nabra)の内積である．

$$\nabla=\left(\frac{\partial}{\partial x},\ \frac{\partial}{\partial y},\ \frac{\partial}{\partial z}\right) \tag{4.4}$$

式(4.2)を解いて得られる波動関数は系の座標と時間の関数である．波動関数$\Psi(\boldsymbol{r}, t)$を求めるためには$\Psi(\boldsymbol{r}, t)$が座標だけの部分と時間だけの部分の積

$$\Psi(\boldsymbol{r},t)=\psi(\boldsymbol{r})f(t) \tag{4.5}$$

で表せる場合についてシュレーディンガー方程式を解き，そこから一般解を考えるのが常道である．そのためにまず，式(4.5)を式(4.2)に代入する．

$$-\frac{\hbar}{\mathrm{i}}\frac{\partial}{\partial t}\psi(\boldsymbol{r})f(t)=\left[-\frac{\hbar^2}{2m}\nabla^2+V(\boldsymbol{r})\right]\psi(\boldsymbol{r})f(t) \tag{4.6}$$

上の式で，左辺では$\psi(\boldsymbol{r})$が定数で，右辺では$f(t)$が定数であるため，両辺を$\psi(\boldsymbol{r})f(t)$で割ると

$$-\frac{\hbar}{\mathrm{i}}\left[\frac{1}{f(t)}\frac{\partial}{\partial t}f(t)\right]=\frac{1}{\psi(\boldsymbol{r})}\left[-\frac{\hbar^2}{2m}\nabla^2+V(\boldsymbol{r})\right]\psi(\boldsymbol{r}) \tag{4.7}$$

となり，左辺は時間tだけの関数，右辺は座標$\boldsymbol{r}$だけの関数となる式が得られる．この操作を変数分離(コラム参照)という．左辺の値はtによって変化し，右辺の値は$\boldsymbol{r}$によって変化する．あらゆるtと$\boldsymbol{r}$の組み合わせにおいて両辺が等しくなるのは，左辺からはtが消え，右辺からは$\boldsymbol{r}$が消えて，同じ定数になる場合だけである．その定数をEとおくと，

$$-\frac{\hbar}{\mathrm{i}}\left[\frac{1}{f(t)}\frac{\partial}{\partial t}f(t)\right]=E,\quad \frac{1}{\psi(\boldsymbol{r})}\left[-\frac{\hbar^2}{2m}\nabla^2+V(\boldsymbol{r})\right]\psi(\boldsymbol{r})=E \qquad (4.8)\,(4.9)$$

となる．１つめの微分方程式は簡単に解けて$f(t)$が求められる．

$$f(t)=\mathrm{e}^{-\frac{\mathrm{i}}{\hbar}Et} \tag{4.10}$$

オイラーの式($\mathrm{e}^{\pm\mathrm{i}\theta}=\cos\theta\pm\mathrm{i}\sin\theta$)を考えると$f(t)$は時間変化する振動関数(ocillatory function)のようなものであり，大きさ(絶対値の二乗)は変化しない．２つめの式は時間に依存しないシュレーディンガー方程式である．

$$\left[-\frac{\hbar^2}{2m}\nabla^2+V(\boldsymbol{r})\right]\psi(\boldsymbol{r})=E\psi(\boldsymbol{r}) \tag{4.11}$$

ここで，左辺の括弧内の演算子はハミルトニアンであるので，定数Eはエネルギーとなる．波動関数自身は物理的な実在波ではなく，観測することはできないが，時間に依存しない状態$\psi(\boldsymbol{r})$のエネルギーを明らかにすることで，任意の時刻の

コラム　変数分離法

変数分離法(separation of variable technique)は微分方程式を解く際に使用される一般的な方法である．例えば，微分方程式がxだけの関数$p(x)$とyだけの関数$q(y)$の積で表されるような場合には積分の形にして解くことができる．

$$\frac{\mathrm{d}y}{\mathrm{d}x} = p(x)q(y) \rightarrow \int \frac{\mathrm{d}y}{q(y)} = \int p(x)\,\mathrm{d}x$$

ただし，変数分離して解ける微分方程式ばかりではない．シュレーディンガー方程式は複数の独立変数からなる偏微分方程式である．複数の独立変数$\alpha, \beta, \cdots$からなる偏微分方程式において，

$$(H_1(\alpha)+H_2(\beta)+\cdots)\,\phi(\alpha,\beta,\cdots)=0$$

のように演算子部分が独立変数ごとに分離されている場合には，変数分離によりそれぞれの独立変数の微分方程式に分離して解くことができる．まず，固有関数$\phi(\alpha, \beta, \cdots)$が$\phi_1(\alpha)\,\phi_2(\beta)\cdots$の積の形で書けるとして偏微分方程式に代入した後，両辺を$\phi_1(\alpha)\,\phi_2(\beta)\cdots$で割る．

$$\frac{H_1(\alpha)\phi_1(\alpha)}{\phi_1(\alpha)}+\frac{H_{21}(\beta)\phi_2(\beta)}{\phi_2(\beta)}+\cdots=0$$

この式が独立変数$\alpha, \beta, \cdots$のあらゆる値において成立するためには各項が定数になる必要がある．

$$\frac{H_1(\alpha)\phi_1(\alpha)}{\phi_1(\alpha)}=\varepsilon_1, \quad \frac{H_2(\beta)\phi_2(\beta)}{\phi_2(\beta)}=\varepsilon_2, \quad \cdots$$

それぞれの独立変数についての微分方程式を解くことで$\phi_1(\alpha)$, $\phi_2(\beta)$, $\cdots$が得られ，それらの積をとることで$\phi(\alpha, \beta, \cdots)$を求めることができる．

状態$\boldsymbol{\Psi}(\boldsymbol{r}, t)$のエネルギーを知ることができる．$V(\boldsymbol{r})$の式が与えられて式(4.11)が解かれ，$E_i$と$\psi_i(\boldsymbol{r})$ $(i=1, 2, \cdots)$が求められると，$\Psi_i(\boldsymbol{r}, t)$は

$$\Psi_i(\boldsymbol{r},t)=\psi_i(\boldsymbol{r})\mathrm{e}^{-\frac{\mathrm{i}}{\hbar}E_i t} \tag{4.12}$$

で表される．この波動関数は式(4.2)の解のうちで変数分離できる解の1つであり，式(4.2)の一般解$\Psi'(\boldsymbol{r}, t)$は，E_iに対して得られる波動関数$\Psi_i(\boldsymbol{r}, t)$を重ね合わせた波動関数，すなわち$\Psi_i(\boldsymbol{r}, t)$の線形結合で表される(4.1.3項)．

$$\Psi'(\boldsymbol{r},t)=\sum_i c_i\Psi_i(\boldsymbol{r},t)=\sum_i c_i\psi_i(\boldsymbol{r})\mathrm{e}^{-\frac{\mathrm{i}}{\hbar}E_it} \tag{4.13}$$

ここで，c_iは複素数である．$\Psi'(\boldsymbol{r}, t)$もシュレーディンガー方程式（式(4.2)）を満たす．この重要な性質を**重ね合わせの原理**(superposition theory)とよぶ．

4.1.2　波動関数に対する要件

$\Psi(\boldsymbol{r}, t)$は時間依存部分$f(t)$が複素指数関数であるために，それ自身は観測可能な物理的な波を表すことはない．ボルンの規則(3.3.2項)によれば，波動関数の二乗$|\psi|^2$は確率密度であり，体積要素(volume element)とよばれる微小な体積$\mathrm{d}\tau$に粒子を見いだす確率は$|\psi|^2\mathrm{d}\tau$に比例する．波動関数ψは複素関数であるので，確率密度$|\psi|^2$は複素共役関数ψ^*を用いて

$$|\psi|^2=\psi^*\psi \tag{4.14}$$

と表記される．複素共役の関数を作るには，複素数の複素共役を作るのと同じく，虚数因子iをすべて－iで置換すればよく，確率密度は必ず正の値になる．例えば，$Z=3-\mathrm{i}$の複素共役は$Z^*=3+\mathrm{i}$であり，$|Z|^2=ZZ^*=10$となる．波動関数$\Psi(\boldsymbol{r}, t)$を二乗すると複素指数関数$f(t)$が消えて，時間に依存しない波動関数$\psi(\boldsymbol{r})$の二乗に等しくなる．

$$\Psi^*(\boldsymbol{r},t)\Psi(\boldsymbol{r},t)=\psi^*(\boldsymbol{r})\mathrm{e}^{\frac{\mathrm{i}}{\hbar}Et}\psi(\boldsymbol{r})\mathrm{e}^{-\frac{\mathrm{i}}{\hbar}Et}=\psi^*(\boldsymbol{r})\psi(\boldsymbol{r}) \tag{4.15}$$

ボルンの規則は，$\Psi(\boldsymbol{r}, t)$から時間tの複素指数関数部分の影響を取り去って，位置だけの関数（定常波みたいなもの）とし，その影響だけを考慮しても，エネルギーEが求まり，波動関数が系を完全に記述しうるという事実を統計学的に解釈したものである．時間に依存しないシュレーディンガー方程式（式(4.11)）を解いて求められる$\psi(\boldsymbol{r})$は，複素関数の場合もあれば，実関数の場合もある．実関数の場合には$\psi^*(\boldsymbol{r})=\psi(\boldsymbol{r})$より，式(4.14)は

$$|\psi(\boldsymbol{r})|^2=\psi(\boldsymbol{r})^2 \tag{4.16}$$

と表記される．波動関数ψは正と負の両方の符号をとりうるが，符号自体は物理的な意味をもたず，正の値である$|\psi|^2$だけが物理量との直接的な関連をもつ．ただし，波動関数の正負の符号は，波動関数どうしの重なりにおいて強めあったり，打ち消しあったりする要因であり，特に共有結合の形成において重要な概念とな

る（第 8 章）．

確率密度に体積をかけることで，その体積において粒子を見いだす確率を求めることができる．全空間で粒子を見いだす確率が 1 であるためには，波動関数 ψ は以下の式を満たす必要がある．

$$\int \psi^* \psi \mathrm{d}\tau = 1, \quad \int_{-\infty}^{\infty}\int_{-\infty}^{\infty}\int_{-\infty}^{\infty} \psi^* \psi \mathrm{d}x\mathrm{d}y\mathrm{d}z = 1 \tag{4.17}$$

位置を (x, y, z) で表す直交座標（Cartetian coordinate）では $\mathrm{d}\tau$ は $\mathrm{d}x\mathrm{d}y\mathrm{d}z$ となる．この条件を満たす波動関数は**規格化**（normalization）されているという．規格化されていない波動関数 ψ' は次式で与えられる定数 N をかけて規格化できる．この定数 N を**規格化定数**（normalization constant）とよぶ．

$$\int (N\psi')^*(N\psi')\mathrm{d}\tau = 1, \quad N = \frac{1}{\sqrt{\int \psi'^* \psi' \mathrm{d}\tau}} \tag{4.18}$$

シュレーディンガー方程式を満たす波動関数 ψ は，式からわかるように（1）すべての点において二階微分が可能である必要があり，また，ボルンの解釈によって，粒子を見いだす確率は各点において 1 つであることから，（2）ψ は連続で 1 価の関数でなくてはならず，さらに，（3）全空間で積分したときに $\psi^*\psi\mathrm{d}\tau$ が有限の値とならなければならない．これらが波動関数に対する要件である．

これらの要件を満たすような関数の形状は限られるうえ，ポテンシャルエネルギー V を含むシュレーディンガー方程式の固有関数であり，その固有値は実数値（エネルギー）でなければならない，という制約も加わる．こうした波動関数に対する種々の制約により，エネルギー値はとびとびの値をとらざるをえなくなり，エネルギーの量子化が生じる．具体例については第 5 章で述べる．

例題 4.1　$0 \leq x \leq L$ の範囲で時間に依存しない 1 次元の波動関数 ψ' が

$$\psi'(x) = \sin\left(\frac{2\pi}{L}x\right)$$

の形状をもつとき，規格化定数を求めよ．

解　規格化定数を N とすると

$$\int_0^L (N\psi')^*(N\psi')\mathrm{d}x = N^2\int_0^L \sin^2\left(\frac{2\pi}{L}x\right)\mathrm{d}x = N^2 \times \frac{L}{2} = 1, \quad N = \sqrt{\frac{2}{L}}$$

例題4.2　以下の関数の形状が1次元の波動関数として不適格な理由を述べよ．

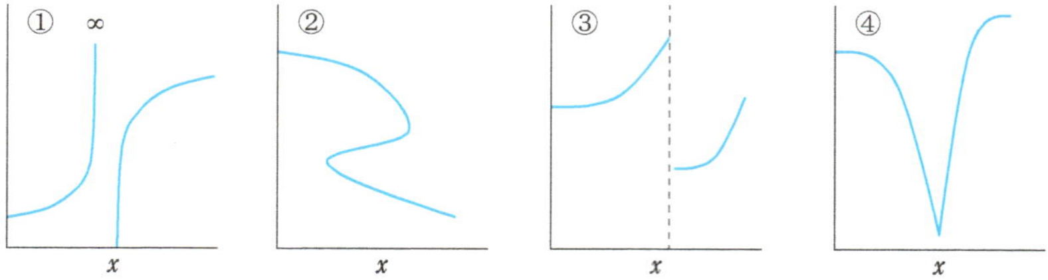

解　①有限領域で無限大に発散している．②1価関数でない．③連続でない．④微分可能でない点がある．

4.1.3　エルミート演算子と波動関数の直交

ある観測可能な物理量（オブザーバブル：observable）に対応する演算子を波動関数に作用させたときに意味をもつ固有値は，実数のものだけである．すなわち，演算子$\hat{A}$の固有関数がϕで，固有値が実数aとなるならば，

$$\hat{A}\phi = a\phi \quad かつ \quad a = a^* \tag{4.19}$$

が成立しなければならない．この条件を満たす演算子は任意の2つの波動関数fとgについて

$$\int f^* \hat{A} g \mathrm{d}x = \left(\int g^* \hat{A} f \mathrm{d}x \right)^* \tag{4.20}$$

を満たすという必要十分条件がある．ここでは示さないが，これは数学的に導出できる．この式を満たす演算子$\hat{A}$を**エルミート演算子**（Hermitian operator）もしくは単にエルミート（Hermitian）とよぶ．ある観測可能な物理量に対応する演算子はすべてエルミート演算子であり，エネルギーの演算子であるハミルトニアンも，もちろんエルミートである．

一方，波動関数ψがある物理量に対応するエルミート演算子$\hat{A}$の固有関数である場合には

$$\hat{A}\psi = [物理量] \times \psi \tag{4.21}$$

という固有値方程式から実数の物理量が得られる．ψが固有関数でない場合には，固有値は実数にならないため，式(4.21)は成立しない．なぜなら，演算子$\hat{A}$を作用させて実数の物理量を固有値として返すことができるのは$\hat{A}$の固有関数だけだ

からである．$\hat{A}$の固有関数群をϕ_k $(k=1, 2, \cdots)$とし，$\hat{A}$を作用させたときのそれぞれの固有値をa_kとするならば，以下のすべての式が成立する．

$$\hat{A}\phi_1 = a_1\phi_1, \quad \hat{A}\phi_2 = a_2\phi_2, \quad \cdots, \quad \hat{A}\phi_k = a_k\phi_k \tag{4.22}$$

実数の固有値が複数個存在し，それぞれに固有関数が存在するのは，2行2列の行列の固有値問題を解いたときに2つの解が得られることから連想できる．固有関数でないψについてエルミート演算子$\hat{A}$に対する固有値を求めるためには，波動関数ψにこれら複数のϕ_kを用いて表記した関数を用いて計算を行う．

$$\psi = c_1\phi_1 + c_2\phi_2 + \cdots + c_k\phi_k + \cdots \tag{4.23}$$

このψの表式を，ϕ_kの**一次結合**もしくは**線形結合**(linear combination)といい，もとになるϕ_kを基底関数(basis function)とよぶ．単に基底関数の和をとるのではなく，係数c_kをかけて和をとることが重要である．すべてのϕ_kが規格化されていて，ψも規格化されている場合，この一次結合の式は，以下のことを意味している．

「観測値a_1が得られる確率は$|c_1|^2$であり，a_2が得られる確率は$|c_2|^2$，a_kが得られる確率は$|c_k|^2$となり，これらすべての確率の和は1である」

$$|c_1|^2 + |c_2|^2 + \cdots + |c_k|^2 + \cdots = 1 \tag{4.24}$$

係数の二乗が観測される確率になる理由は，ϕ_kが規格化されていて，$\hat{A}$が観測可能な物理量に対応するエルミート演算子であり，エルミート演算子には，

「同じエルミート演算子の異なる固有値に対応する固有関数の積は0である」

$$\int \phi_i^* \phi_j \mathrm{d}\tau = 0 \quad ただし \quad i \neq j \tag{4.25}$$

という性質があるからである(**例題4.3**)．これを，波動関数は直交する(orthogonal)といい，式(4.25)を波動関数の**直交条件**という．

波動関数ψにエルミート演算子$\hat{A}$を作用させると

$$\hat{A}\psi = c_1 a_1 \phi_1 + c_2 a_2 \phi_2 + \cdots \tag{4.26}$$

となり，この両辺に左からψの複素共役関数$\psi^* = c_1^*\phi_1^* + c_2^*\phi_2^* + \cdots$をかけると

$$\psi^* \hat{A}\psi = (c_1^*\phi_1^* + c_2^*\phi_2^* + \cdots)(c_1 a_1\phi_1 + c_2 a_2 \phi_2 + \cdots) \tag{4.27}$$

となる．上式の両辺を全空間で積分して，先ほどの直交条件を使うと，異なる波

動関数の積の項は0になるので，積分の括弧の中の式は簡単になる．

$$\int \psi^* \hat{A} \psi \mathrm{d}\tau = \int (a_1 c_1^* c_1 \phi_1^* \phi_1 + a_2 c_2^* c_2 \phi_2^* \phi_2 + \cdots) \mathrm{d}\tau \tag{4.28}$$

ここで規格化条件を用いると

$$\int \psi^* \hat{A} \psi \mathrm{d}\tau = a_1 |c_1|^2 + a_2 |c_2|^2 + \cdots + a_k |c_k|^2 + \cdots \tag{4.29}$$

となる．この式の右辺は，観測値a_kとその確率$|c_k|^2$との積をすべて足し合わせたものであり，観測される物理量の**期待値**(expectation value)にあたる．一般に，演算子$\hat{A}$を波動関数に作用させたときに得られる期待値$\langle A \rangle$は

$$\langle A \rangle = \int \psi^* \hat{A} \psi \mathrm{d}\tau = \sum_k a_k |c_k|^2 \tag{4.30}$$

と表記される. 規格化されていない波動関数ψについては,期待値は次のようになる.

$$\langle A \rangle = \frac{\int \psi^* \hat{A} \psi \mathrm{d}\tau}{\int \psi^* \psi \mathrm{d}\tau} \tag{4.31}$$

エルミート演算子の固有値はすべて実数であるので，期待値も実数となる．

例題4.3　エルミート演算子$\hat{A}$に2つの固有関数ψ_1とψ_2がある，すなわち

$$\hat{A}\psi_1 = a_1\psi_1, \quad \hat{A}\psi_2 = a_2\psi_2$$

を満たし，これらの固有値が等しくない$(a_1 \neq a_2)$場合，ψ_1とψ_2が直交することを示せ．

解　ψ_1に関する固有値方程式に左から複素共役の波動関数ψ_2^*をかけて全空間で積分すると

$$\int \psi_2^* \hat{A} \psi_1 \mathrm{d}\tau = a_1 \int \psi_2^* \psi_1 \mathrm{d}\tau$$

となる．上式の左辺を，エルミート演算子の性質(式(4.20))を利用して変形し，エルミート演算子の固有値は実数である$(a_2^* = a_2)$という条件を用いると

$$(\text{左辺}) = \left(\int \psi_1^* \hat{A} \psi_2 \mathrm{d}\tau \right)^* = \int (\psi_1^* a_2 \psi_2)^* \mathrm{d}\tau = a_2^* \int \psi_1 \psi_2^* \mathrm{d}\tau = a_2 \int \psi_2^* \psi_1 \mathrm{d}\tau$$

となる．$a_1 \neq a_2$ならば$\int \psi_2^* \psi_1 \mathrm{d}\tau = 0$であり, 式(4.25)より$\psi_1$と$\psi_2$は直交する．

4.2　シュレーディンガー方程式の近似

シュレーディンガー方程式を解いて波動関数$\psi(\boldsymbol{r}_1, \boldsymbol{r}_2, \cdots)$を求めることができれば，その波動関数を用いて系を完全に記述することができる，と述べたが，現実に存在する原子，分子についてシュレーディンガー方程式を厳密に解くことは数学的に不可能である．そのため，ポテンシャルエネルギーVをモデル化し，1つの粒子のふるまいを近似的に解く試みがなされる．シュレーディンガー方程式を近似的に解くことで得られる固有値(エネルギーE)と固有関数(波動関数ψ)からでも，原子，分子のさまざまな物性や，化学反応性などに関する知見を得ることができる．この節では，電子，原子，さらに，分子におけるシュレーディンガー方程式を解くうえで用いられる近似についてまとめておく．

4.2.1　粒子の性質や座標軸の設定

粒子の電荷については考慮する場合としない場合がある．原子のように正電荷の原子核と負電荷の電子のクーロン力が働く系では粒子の電荷を考慮するが，それ以外では考慮しない．質量については，質量m_1とm_2をもつ二粒子系では二体問題を一体問題にするために**換算質量**(reduced mass)μが用いられる．

$$\mu = \frac{1}{\dfrac{1}{m_1} + \dfrac{1}{m_2}} = \frac{m_1 m_2}{m_1 + m_2} \tag{4.32}$$

μは化学結合の振動の解析などでは重要になる．ただし，電子と原子核の二粒子系についての換算質量は，電子の質量m_eが原子核の質量m_nの1/1000以下であるために，次式のように電子の質量に近似されることが多い．

$$\mu = \frac{m_\mathrm{e} m_\mathrm{n}}{m_\mathrm{e} + m_\mathrm{n}} \cong \frac{m_\mathrm{e} m_\mathrm{n}}{m_\mathrm{n}} = m_\mathrm{e} \tag{4.33}$$

モデルの次元や座標軸に関しては，1次元座標(x方向)だけの波動関数とエネルギー値を計算し，それを変数分離法を用いて2次元，さらにx, y, z方向の3次元の直交座標へと拡張することが多い．

クーロンポテンシャルのように3次元の全方向にポテンシャルが均等に広がっている場合には，シュレーディンガー方程式を図4.1に示す**極座標**(polar coordinates)で表示することが多い．調和振動子の波動関数は直交座標でも極座標でも解くことができるが(5.2節)，水素原子の波動関数は極座標表示して解く(6.1節)．

また，回転運動における角運動量を量子化する際，2次元(x, y方向)で得られた結果を3次元に拡張することになるが，計算では極座標表示が用いられる(6.2節)．水素分子イオン(H_2^+)の波動関数とエネルギーは，直交座標表示でも極座標表示でもうまく解くことができないが，8.2節で示すように**回転楕円体座標**(spheroidal coordinates，図8.2)を用いて空間の点をP(ϕ, ξ, η)で表して解くことができる．

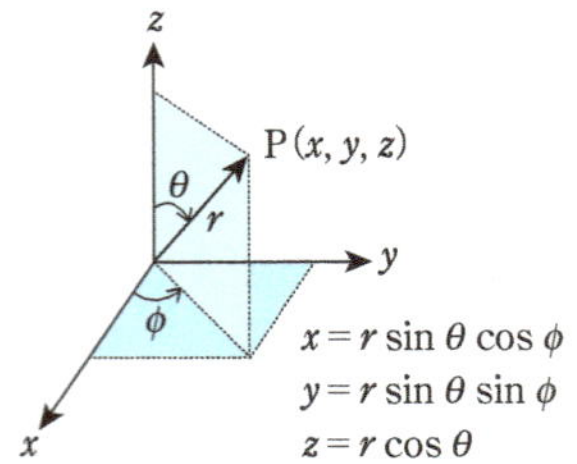

図4.1　極座標表示

4.2.2　ポテンシャルエネルギーと波動関数の基本形状

シュレーディンガー方程式においてポテンシャルエネルギーを考慮する際には，井戸型，調和振動子型，クーロンポテンシャルなどを用いて粒子のポテンシャルエネルギーを近似する．

(i) 井戸型および矩形ポテンシャル

ある有限の範囲($0 \leq x \leq L$)においてポテンシャルエネルギーが一定値V_1で，その他の範囲のポテンシャルエネルギーが一定値V_2($V_1 \neq V_2$)をとる場合に，$V_1 < V_2$のときは井戸型(square well)，$V_1 > V_2$の場合は矩形(rectangular)ポテンシャルとよぶ．

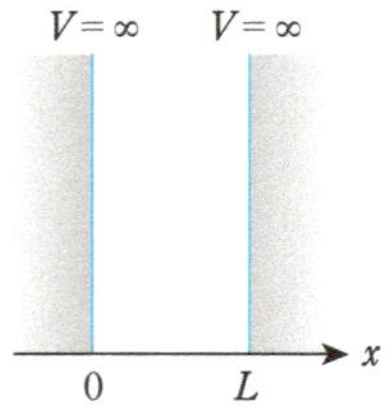

図4.2　井戸型ポテンシャル

図4.2に示す無限の深さをもつ井戸型ポテンシャルの場合のポテンシャルエネルギーは

$$V(x) = \begin{cases} 0 & (0 \leq x \leq L) \\ \infty & (x < 0, \quad L < x) \end{cases} \tag{4.34}$$

と書くことができる．このポテンシャルについてシュレーディンガー方程式を解くと，量子数nに応じてとびとびのエネルギーの値をもち，節の数が異なる正弦関数が得られる(5.1節)．

$$\psi_n(x) = \sqrt{\frac{2}{L}} \sin\left(\frac{n\pi}{L}x\right), \quad E_n = \frac{h^2}{8mL}n^2 \quad (n = 1, 2, 3, \cdots) \qquad (4.35)(4.36)$$

このような簡単な井戸型ポテンシャルによって得られる量子化されたエネルギー準位からでも共役ポリエンやナノ粒子中のエネルギー準位や電子のふるまいをモデル化できる．また，井戸型や矩形ポテンシャルの高さや範囲を有限にすると

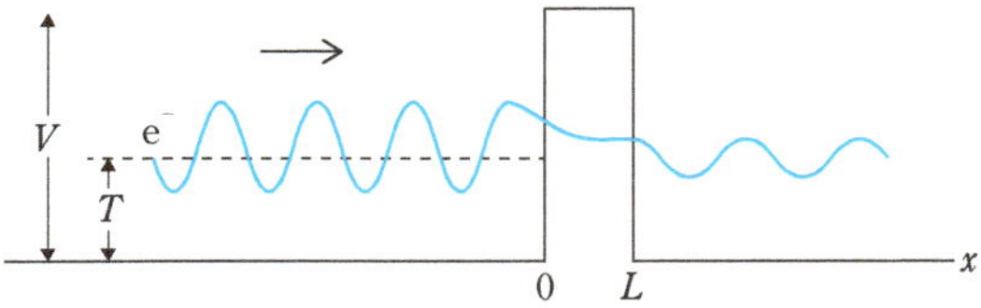

図4.3　有限の矩形ポテンシャルにおけるトンネル効果

トンネル効果(tunnelling effect, 図4.3)の説明が可能になる．トンネル効果とは，電子の運動エネルギーTがポテンシャルエネルギーVより小さくても電子はポテンシャルの外側で観測できるという量子力学的な現象であり，半導体の研究において江崎玲於奈(1925〜，**1973物**)が最初に発見した．

(ii) 調和振動子型ポテンシャル

調和振動子(harmonic oscillator)型ポテンシャルは中心点からの変位rにより決まり，ポテンシャルエネルギーは

$$V(r)=\frac{1}{2}kr^2 \tag{4.37}$$

と表される．kは力の定数である．調和振動子型ポテンシャルはばねの復元作用におけるポテンシャルエネルギー(**例題1.3**)を模したものであり，ある点からの力によって束縛されていて，運動エネルギーとポテンシャルエネルギーの和が一定となるような粒子のふるまいが記述できる．量子力学でも調和振動子型ポテンシャルは粒子の振動の描像を与える．シュレーディンガー方程式を解くと，とびとびのエネルギーの値をもち，指数に$-ar^2$($a>0$)の入ったガウス関数(Gaussian function)型の波動関数が得られる(4.2.3項，図4.6(b))．

$$\psi=P(r)\mathrm{e}^{-ar^2},\quad E_v=\left(v+\frac{1}{2}\right)\hbar\omega\quad(v=0,1,2,\cdots) \qquad (4.38)(4.39)$$

ここで，$P(r)$はrの多項式である(5.1.4項)．

(iii) クーロンポテンシャル

正電荷($+Ze$)をもつ原子核と負電荷($-e$)をもつ電子の間の距離をrとすれば，クローンポテンシャル(Coulomb potential)エネルギーは

$$V(r)=-\frac{Ze^2}{4\pi\varepsilon_0 r} \tag{4.40}$$

と表される．He^+などの電子を1個しかもたない水素類似原子については，クーロンポテンシャルを考慮してシュレーディンガー方程式を解くと，エネルギーは

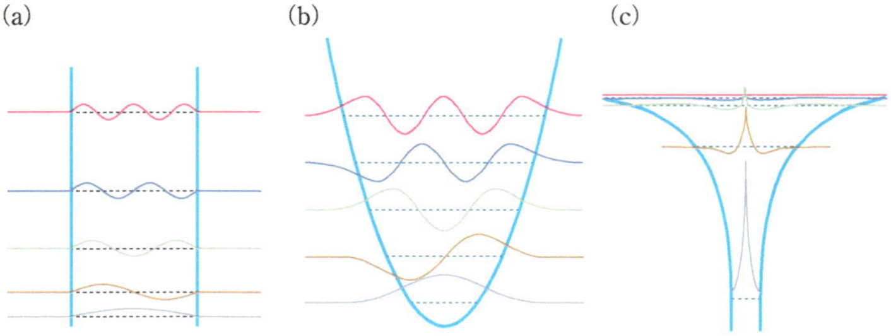

図4.4　ポテンシャル(青の実線)の違いによる波動関数の形状およびエネルギー準位の変化
井戸型ポテンシャル(a)，調和振動子型ポテンシャル(b)，クーロンポテンシャル(c)

量子化され，指数に $-ar(a>0)$ の入った波動関数が得られる(6.1節).

$$\psi = P(r)\mathrm{e}^{-ar}, \quad E_n = -\frac{m_\mathrm{e}e^4}{8\varepsilon_0{}^2h^2}\frac{Z^2}{n^2} \quad (n=1,2,3\cdots) \qquad (4.41)(4.42)$$

この形の波動関数が水素類似原子の基底関数として使用される(6.1.2項).

ポテンシャルによって粒子の動きには制限が加わり，境界条件によりエネルギー，角運動量などが量子化される．波動関数はエネルギー準位が上がれば上がるほど，節が増える(5.1節)．それぞれのポテンシャルにおける波動関数の形状およびエネルギー準位を図4.4に示す．ポテンシャル中の横棒はエネルギー準位を示している．井戸型ポテンシャルでは波動関数はsin型で，エネルギー準位の間隔はだんだん広くなる(図4.4(a))．二次関数で近似される調和振動子型ポテンシャルでは，波動関数はガウス関数型でエネルギー準位は等間隔となるが(図4.4(b))，ポテンシャルが二次関数より急激に広がるクーロンポテンシャルではエネルギー準位の間隔は狭くなり，波動関数は中心から離れると e^{-ar} で減衰する(図4.4(c))．無限に深い井戸型ポテンシャルでは，波動関数の節がポテンシャルの境界に生じるが，調和振動子型ポテンシャルやクーロンポテンシャルでは，トンネル効果によって波動関数はポテンシャルの外側に広がっている．これらはシュレーディンガー方程式を解いて直接的に波動関数が解析的に得られる稀なケースである.

(iv) レナード＝ジョーンズポテンシャル，モースポテンシャル

2つの原子間の相互作用により生じるポテンシャルは，レナード＝ジョーンズポテンシャル(Lennard-Jones potential)やモースポテンシャル(Morse potential)により近似される(図4.5)．レナード＝ジョーンズポテンシャルは引力項と斥力項

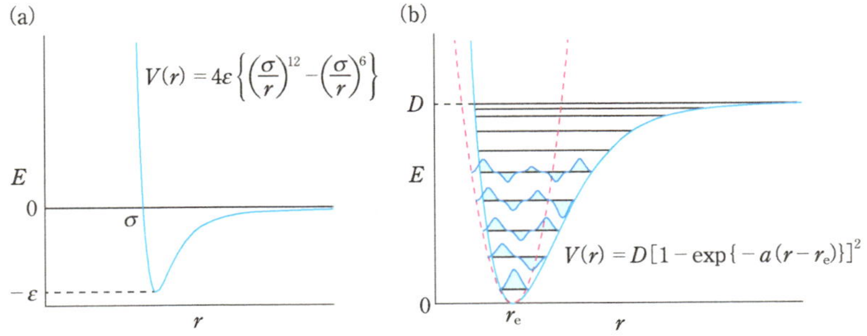

図4.5　レナード＝ジョーンズポテンシャル(a)とモースポテンシャル(b)
(b)の赤点線は調和振動子型ポテンシャルを表す.

によって表現される原子間，分子間のファンデルワールス相互作用によるポテンシャルである．原子間距離をrとしたとき，双極子―双極子(dipole-dipole)，双極子―誘起双極子(dipole-induced dipole)，分散(dispersion)相互作用(無極性分子に瞬間的に生じる電子の偏りによる双極子相互作用)など(1.1.3項コラム参照)の引力により生じるポテンシャルエネルギーには－6乗の項を用い，斥力には$r\to 0$のときに引力より大きくなるようにその倍の－12乗の項を用いた式

$$V(r)=4\varepsilon\left\{\left(\frac{\sigma}{r}\right)^{12}-\left(\frac{\sigma}{r}\right)^{6}\right\}=Ar^{-12}-Br^{-6} \tag{4.43}$$

のAおよびBに最適な値を当てはめて利用される．εは安定化エネルギーである．このポテンシャルは，二原子分子の電子構造の研究(8.3節)で有名なレナード＝ジョーンズ(J. E. Lennard-Jones, 1894～1954)により1924年に提案された．

モースポテンシャルは，原子間の振動を近似する調和振動子型ポテンシャルの改良として1929年にモース(P. M. Morse, 1903～1985)によって発表された．原子間が離れていく方向では相互作用が徐々に弱くなり，無限遠では相互作用がなくなることを以下のポテンシャルエネルギーの式で表した．

$$V(r)=D[1-\exp\{-a(r-r_e)\}]^2 \tag{4.44}$$

ここで，Dは結合解離エネルギー，r_eは平衡結合距離である．$r\to\infty$のときに$V\to D$となり，$r\to r_e$のときにVは極小値をとることになる．モースポテンシャルはエネルギーの低いところではほぼ等間隔のエネルギー準位を示すが，エネルギーが高くなるとエネルギー準位の間隔はだんだん狭くなる．

例題4.4　次の関数の極値を求めよ．

$$V(r)=\left(\frac{1}{r}\right)^{12}-\left(\frac{1}{r}\right)^{6}$$

解　微分して $dV/dr=0$ とおくと $r=\sqrt[6]{2}=1.12$ となり，極値は $(\sqrt[6]{2}, -0.25)$

4.2.3　基底関数による波動関数の線形近似

複雑な波動関数は簡単な関数の線形近似で置き換えて計算される．水素原子の波動関数（式(4.41)）の多項式部分 $P(r)$ を単なる r のべき乗で置き換えて簡単にした

$$\psi_{\mathrm{STO}}=Ar^{n-1}\mathrm{e}^{-ar}\quad(a>0)\tag{4.45}$$

の形の近似関数は，スレーター型の波動関数（Slater type orbital function, STO）とよばれ，基底関数として多電子原子の波動関数の近似などに使用される（図4.6(a)）．STOは1930年に米国のスレーター（J. C. Slater, 1900～1976）が提案した近似波動関数であり，動径方向に節をもたないが，中心から離れた場所，すなわち，結合や反応に関係する場所で原子の波動関数をうまく近似する．水素類似原子の1s軌道や2p軌道などの波動関数はSTOの形をしている．その後，計算化学の進展とともに，調和振動子型ポテンシャルの基底関数であるガウス関数型の波動関数（式(4.38)）の $P(r)$ を r のべき乗で置き換えた

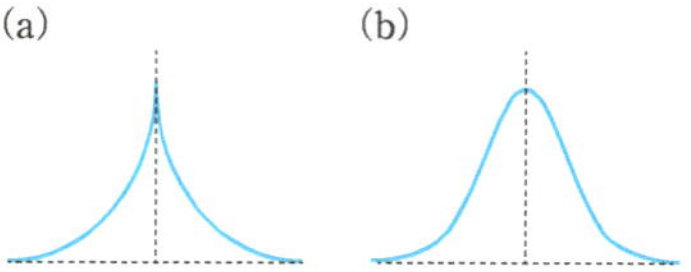

図4.6　スレーター型(a)とガウス型(b)関数の形状

$$\psi_{\mathrm{GTO}}=Br^{n-1}\mathrm{e}^{-ar^2}\quad(a>0)\tag{4.46}$$

の形をもつガウス関数型軌道関数（Gaussian type orbital function, GTO）が近似関数として考案された（図4.6(b)）．GTOはコンピュータによる計算がSTOより容易であるが，原子の波動関数の形状に合わない．そのため実際には，GTOの線形結合をとりSTOに似せることで計算がなされる．

4.2.4　原子－電子間および電子間における相互作用の近似

シュレーディンガー方程式のハミルトニアンにおいて，原子－電子間相互作用を簡単化するボルン－オッペンハイマー近似と，電子間相互作用を簡単化する一

電子近似について述べる．

（i）ボルン−オッペンハイマー近似（Born-Oppenheimer approximation）

原子核と電子の質量差が非常に大きいため，電子と原子核の運動を別々に記述するという近似法である．電子の運動を考える際には原子核の位置は変動しないとして，原子核の正電荷の影響のみを考慮し，原子核の運動を考える場合には，電子の作る平均的ポテンシャルエネルギーのみを考慮する．**断熱近似**（adiabatic approximation）ともよばれる．例えば，水素原子のように原子核（陽子）と電子が1個ずつ存在する場合の本来のハミルトニアンは，原子核と電子の運動エネルギー演算子$\nabla_{\mathrm{n}}{}^2$，$\nabla_{\mathrm{e}}{}^2$，原子核と電子の質量M, mとポテンシャルエネルギー$V(r)$により

$$\hat{H} = -\frac{\hbar^2}{2M}\nabla_{\mathrm{n}}{}^2 - \frac{\hbar^2}{2m}\nabla_{\mathrm{e}}{}^2 + V(r) \tag{4.47}$$

と表されるが，核の運動エネルギーは電子の運動エネルギーに比べて無視できる大きさとなるので，核が固定されていると仮定したハミルトニアン$\hat{H}_{\mathrm{e}}$

$$\hat{H}_{\mathrm{e}} = -\frac{\hbar^2}{2m}\nabla_{\mathrm{e}}{}^2 + V(r) \tag{4.48}$$

を用いて電子のエネルギーを求めることができる（6.1節）．

（ii）一電子近似（one electron approximation）

複数の原子，電子が存在する場合に，それぞれのポテンシャルエネルギーの影響を考えるのではなく，1つの平均的ポテンシャルエネルギーがあるとみなし，その平均的ポテンシャルエネルギーにおける1個の電子のシュレーディンガー方程式を解いて波動関数とエネルギーを求める近似法である．そして，計算で求まったエネルギー準位に対して電子を排他原理に従って詰めていくことで全体のエネルギーを求める．一電子近似で計算するときには，n個の粒子からなる系全体の波動関数Ψを，個々の粒子の直交波動関数の積$\prod \varphi_k$で表す一電子軌道関数近似（オービタル近似ともよばれる）が用いられる．もっとも簡単なものはSTOの積をとったハートリー積（Hartree product）とよばれる以下の表記である．

$$\Psi(r_1, r_2, \cdots r_n) = \varphi_1(r_1)\varphi_2(r_2)\cdots\varphi_n(r_n) \tag{4.49}$$

多電子原子の電子軌道（atomic orbital, AO）を求める際に一電子近似を使用するハートリー近似（7.2節）はこの近似のもっとも簡単なものである．

4.2.5　摂動法と変分法

分子構造モデルを簡素化するためにさまざまな近似法が提案された一方で，シュレーディンガー方程式の解を求める過程においては以下に示す摂動法や変分法といった計算法が用いられる．

(ⅰ) 摂動法(perturbation method)

摂動法とは，シュレーディンガー方程式の解の固有値(エネルギー値)と固有関数(波動関数)が正確に得られている系に対して，系にそれほど大きな影響を及ぼさない追加の条件(摂動)を加えたときのエネルギー値の補正項を近似的に求める方法である．元々は太陽のまわりを回る惑星の運動において，他の惑星からの小さな影響を計算する方法である．

摂動のない系のハミルトニアンが$\hat{H}^\circ$でそのエネルギーE°と固有関数ψ°が厳密に得られている系

$$\hat{H}^\circ\psi^\circ = E^\circ\psi^\circ \tag{4.50}$$

に，摂動のハミルトニアン$\hat{H}'$が加わって$\hat{H} = \hat{H}^\circ + \hat{H}'$となったときのエネルギー$E$と波動関数$\psi$は，摂動エネルギー$E'$と摂動の波動関数$\psi'$を用いて

$$E = E^\circ + E', \quad \psi = \psi^\circ + \psi' \tag{4.51}$$

と表すことができる．摂動エネルギーE'は摂動のない系の波動関数ψ°を用いて

$$E' = \int \psi^{\circ *}\hat{H}'\psi^\circ \mathrm{d}\tau \tag{4.52}$$

で近似的に計算する(**例題5.5**参照)．摂動のハミルトニアンが複数の項で

$$\hat{H} = \hat{H}^\circ + \hat{H}' + \hat{H}'' + \hat{H}''' + \cdots \tag{4.53}$$

と記述される場合には，どこまで摂動を詳しく考慮するかによって，一次の摂動エネルギー，二次の摂動エネルギーを計算していくことになる．

(ⅱ) 変分法(calculus of variations, variational methods)

変分法とは，関数を要素としてもつ関数(=「関数の関数」)である汎(はん)関数(functional)の変動に対する微分による解析法である．シュレーディンガー方程式を直接解くことができず，摂動法も使えないような系のエネルギー近似値を求める際に有用である．波動関数$\boldsymbol{\Phi}$を直交規格化された波動関数ϕの線形結合によって

$$\Phi = c_1\phi_1 + c_2\phi_2 + \cdots + c_k\phi_k + \cdots \tag{4.54}$$

と表すとき，Φは関数ϕの関数である汎関数といえる.

系のハミルトニアン$\hat{H}$に対する真のエネルギーをE，真の波動関数をψとする. シュレーディンガー方程式を解いてこれらを求めることができないとき，ψの近似関数として，波動関数の要件（連続，1価，有限）を満たす関数Φを採用し，以下の式でエネルギー値（$\hat{H}$の期待値）の近似計算を行う.

$$E(\Phi) = \frac{\int \Phi^* \hat{H} \Phi \, d\tau}{\int \Phi^* \Phi \, d\tau} \tag{4.55}$$

得られたエネルギー値$E(\Phi)$は真の値Eより必ず大きくなる.

$$E(\Phi) \geq E \tag{4.56}$$

これを**変分原理**（variation principle）という. 直交規格化された波動関数ϕの係数c_kを調節して$E(\Phi)$がもっとも低くなる極小値の条件

$$\frac{\partial E}{\partial c_1} = 0, \quad \frac{\partial E}{\partial c_2} = 0, \quad \cdots, \quad \frac{\partial E}{\partial c_k} = 0, \quad \cdots \tag{4.57}$$

を見いだし，得られた$E(\Phi)$の最小値$E_{\min}(\Phi)$を系のエネルギーの近似値とする. 関数Φの要素ϕ_kが$\hat{H}$の固有関数である場合には，$\Phi = \psi$となって$E_{\min}(\Phi) = E$が成り立つが，それ以外の場合には，$E_{\min}(\Phi) > E$である. もし，逆にEよりも小さい$E(\Phi)$の値が得られた場合には関数Φなどの要件が不適切である.

変分法は，結合定理（2.2.1項）を発見したリッツが編み出した数値解析法でリッツの変分法ともいわれ，分子軌道法（第8章）の計算によく用いられる. 分子軌道法では，STOやGTOの波動関数の一次結合

$$\psi = c_1\phi_1 + c_2\phi_2 + \cdots + c_k\phi_k + \cdots \tag{4.58}$$

で表した波動関数をシュレーディンガー方程式に代入して，エネルギー値が最小となるように係数c_nを決める. 分子軌道法では，分子中の電子は共有結合間に局在化しているのではなく，分子全体に広がっている分子軌道（MO）に入っているという近似で，それぞれのMOは，分子を構成する原子の原子軌道（AO）の一次結合で表すことから，変分法の適用に都合がよい.

章末問題

4.1　波動関数の規格化および直交条件について式を用いて説明せよ.

4.2　規格化されていない波動関数ψについての物理量Aの期待値を求める式を演算子$\hat{A}$を用いて書け.

4.3　3次元の直交座標x, y, zと極座標r, θ, ϕの変換を書け.

4.4　無限に深い井戸型ポテンシャル，二次関数で近似される調和振動子型ポテンシャル，クーロンポテンシャルについてシュレーディンガー方程式を解いたときに得られるエネルギー準位と波動関数の形状を図に描いて説明せよ.

4.5　レナード＝ジョーンズポテンシャルおよびモースポテンシャルについて式と概形を書いて説明せよ.

4.6　ボルン－オッペンハイマー近似について述べよ.

4.7　一電子近似について述べよ.

4.8　摂動法について式を用いて説明せよ.

4.9　変分法について式を用いて説明せよ.

第 5 章　量子化学の基礎

量子化学とは量子力学の諸原理に基づいて，さまざまな分子の構造，分光学的特性，化学反応性を理論的に説明する学問である．コンピュータが発達していなかった1980年以前は，分子を量子化学で理解することとは，すなわち原子核と電子で構成される多体問題についてシュレーディンガー方程式の近似解を求めることであった．分子構造や相互作用を簡素化し，モデル化するためにさまざまな近似法が提案され，また波動方程式の解を求める過程においては摂動法や変分法といった計算法(4.2.5項)が用いられた．その当時，量子化学では定性的(qualitative)な説明しかなしえなかったが，理論的説明が困難であった分子分光学と分子構造との関連づけを可能にし，原子構造(第 6 章，第 7 章)，共有結合や分子間力の原理の解明(第 8 章)，分子の電子構造(第 9 章)や半定性的な化学反応の理解などに大きく貢献した．

1980年代以降の急速なコンピュータの発展により量子化学の適用範囲は定性的なものから定量的(quantitative)なものへと進んでいる．近年は量子化学により分子構造とエネルギーやエントロピーとの関連づけ，分子間相互作用の解明，化学反応のポテンシャルエネルギー面の計算による反応経路の予測などを定量的に行うことが可能になった．

本章では，さまざまなモデルについてシュレーディンガー方程式を解きながら量子化学の適用により得られる情報の具体例を見ていくことで基礎を学ぶ．

5.1　シュレーディンガー方程式の適用例

5.1.1　1 次元の自由粒子の運動

まず基本的な系として，質量mをもつ 1 次元(x方向)の自由粒子の運動を考える．運動を記述するために，運動エネルギーの演算子(第 3 章)

$$\hat{T} = -\frac{\hbar^2}{2m}\frac{\mathrm{d}^2}{\mathrm{d}x^2} \tag{5.1}$$

だけを用いて時間に依存しないシュレーディンガー方程式をたてると次のような

簡単な式になる.

$$\left[-\frac{\hbar^2}{2m}\frac{\mathrm{d}^2}{\mathrm{d}x^2}\right]\psi(x)=E\psi(x) \tag{5.2}$$

この微分方程式では二階微分して同じ関数が出てくるので，解を$\mathrm{e}^{\lambda x}$とおくことができる．これを上式に代入してλを求めると

$$\lambda=\pm\mathrm{i}\frac{\sqrt{2mE}}{\hbar} \tag{5.3}$$

となる．$k=\frac{\sqrt{2mE}}{\hbar}$とすると，波動関数とエネルギーは得られた2つの解を用いて

$$\psi(x)=A\mathrm{e}^{\mathrm{i}kx}+B\mathrm{e}^{-\mathrm{i}kx},\quad E=\frac{\hbar^2k^2}{2m} \qquad (5.4)(5.5)$$

となる．これは，境界条件のない自由粒子の波動関数の一般解である．この一般解は連続で，kの値に制限はないのでどのようなエネルギー値をとることもできる．つまり，自由粒子の並進エネルギーは量子化されていない．

式(5.4)の波動関数$\psi(x)$には2つの項があるが，それぞれはxの正の方向と負の方向に向かう進行波であり，それらの線形結合で表されているということは，自由粒子が正と負の直線運動量をもつことを意味する．オイラーの式$\mathrm{e}^{\mathrm{i}\theta}=\cos\theta+\mathrm{i}\sin\theta$を用いると式(5.4)は

$$\psi(x)=A\mathrm{e}^{\mathrm{i}kx}+B\mathrm{e}^{-\mathrm{i}kx}=(A+B)\cos kx+\mathrm{i}(A-B)\sin kx \tag{5.6}$$

となるので，$A+B=A$, $\mathrm{i}(A-B)=B$と置き直して，三角関数を用いて以下のように表示することもできる．

$$\psi(x)=A\cos kx+B\sin kx,\quad E=\frac{\hbar^2k^2}{2m} \qquad (5.7)(5.8)$$

例題5.1　運動量演算子$\hat{p}_x=\frac{\hbar}{\mathrm{i}}\frac{\partial}{\partial x}$を波動関数$\psi(x)=A\mathrm{e}^{\mathrm{i}kx}$に作用させたときの運動量を求めよ．

解　運動量演算子$\hat{p}_x$を波動関数に作用させて計算すると

$$\hat{p}_x\psi(x)=\frac{\hbar}{\mathrm{i}}\frac{\partial}{\partial x}A\mathrm{e}^{\mathrm{i}kx}=k\hbar A\mathrm{e}^{\mathrm{i}kx}=k\hbar\psi(x)$$

となり，運動量演算子の固有値は$k\hbar$となる．これは，進行する波の直線運動量である．

5.1.2 有限の矩形ポテンシャルにおける粒子の運動：トンネル効果

次に高さVの矩形ポテンシャルが$0 \leq x \leq L$の範囲にあるときに，$x=-\infty$から正の向きに粒子が入射した場合について考えてみる．この場合は，$x<0$, $0 \leq x \leq L$, $L<x$の3つの領域に分けてシュレーディンガー方程式をたてる．

領域A ($x<0$) と領域C ($L<x$) においては$V=0$であるので先に述べた自由粒子の運動である．ポテンシャルエネルギーV(一定)がある領域B ($0 \leq x \leq L$) におけるシュレーディンガー方程式は

$$\left[-\frac{\hbar^2}{2m}\frac{\mathrm{d}^2}{\mathrm{d}x^2}+V\right]\psi(x)=E\psi(x) \tag{5.9}$$

よって

$$\left[-\frac{\hbar^2}{2m}\frac{\mathrm{d}^2}{\mathrm{d}x^2}\right]\psi(x)=(E-V)\psi(x) \tag{5.10}$$

となる．得られる波動関数はEがVより大きい場合と小さい場合で異なる．

$E<V$(粒子のエネルギーがポテンシャルエネルギーより低い場合)という条件では，古典力学的に考えると粒子のエネルギーがポテンシャルより低ければ$x=0$で粒子は完全に跳ね返されるが，量子力学では一部だけが跳ね返り，さらに領域BおよびCにも粒子が観測される(図5.1)．これがトンネル効果である(4.2.2項)．領域Bでのシュレーディンガー方程式は

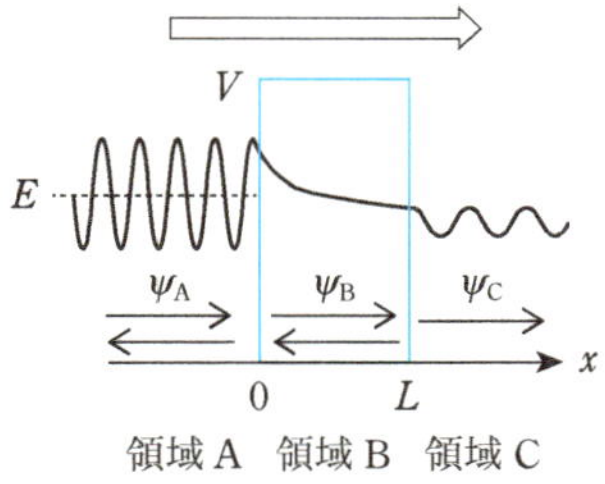

図5.1 矩形ポテンシャルにおけるトンネル効果

$$\frac{\hbar^2}{2m}\frac{\mathrm{d}^2}{\mathrm{d}x^2}\psi(x)=(V-E)\psi(x) \tag{5.11}$$

となるので，求まる波動関数は複素関数ではなく減衰する指数関数になる．領域Bから抜け出てくる粒子だけを考慮すれば領域Cでは正の直線運動量をもつ複素関数となる(**例題5.1**)．

$$\begin{aligned}
\psi_A(x)&=A_+\mathrm{e}^{\mathrm{i}k_0x}+A_-\mathrm{e}^{-\mathrm{i}k_0x} && (x<0)\\
\psi_B(x)&=B_+\mathrm{e}^{k_1x}+B_-\mathrm{e}^{-k_1x} && (0\leq x\leq L)\\
\psi_C(x)&=C_+\mathrm{e}^{\mathrm{i}k_0x} && (L<x)
\end{aligned} \tag{5.12}$$

$$k_0=\frac{\sqrt{2mE}}{\hbar}, \quad k_1=\frac{\sqrt{2m(V-E)}}{\hbar}$$

それぞれの境界条件，すなわち波動関数は$x=0$と$x=L$において連続かつ微分可能であるという条件から定数の関係は以下のように求められる．

$$\begin{aligned}
&\psi_A(0)=\psi_B(0) &&\longrightarrow\ A_+ + A_- = B_+ + B_- \\
&\frac{d}{dx}\psi_A(0)=\frac{d}{dx}\psi_B(0) &&\longrightarrow\ ik_0(A_+ - A_-)=k_1(B_+ - B_-) \\
&\psi_B(L)=\psi_C(L) &&\longrightarrow\ B_+e^{k_1L}+B_-e^{-k_1L}=C_+e^{ik_0L} \\
&\frac{d}{dx}\psi_B(L)=\frac{d}{dx}\psi_C(L) &&\longrightarrow\ k_1(B_+e^{k_1L}-B_-e^{-k_1L})=ik_0C_+e^{ik_0L}
\end{aligned} \tag{5.13}$$

トンネル効果を考えるときに得たい情報は透過率Tと反射率Rであり，それらは波動関数の係数の二乗(確率)の比として表される．

$$T=\frac{|C_+|^2}{|A_+|^2},\quad R=\frac{|A_-|^2}{|A_+|^2} \qquad (5.14)(5.15)$$

式(5.13)からB_+とB_-を消去してC_+とA_-をA_+で表してTとRを計算すると

$$T=\frac{|C_+|^2}{|A_+|^2}=\frac{1}{1+\dfrac{V^2}{16E(V-E)}(e^{k_1L}-e^{-k_1L})^2}=\frac{1}{1+\dfrac{V^2\sinh^2(k_1L)}{4E(V-E)}} \tag{5.16}$$

$$R=\frac{|A_-|^2}{|A_+|^2}=\frac{\dfrac{V^2}{16E(V-E)}(e^{k_1L}-e^{-k_1L})^2}{1+\dfrac{V^2}{16E(V-E)}(e^{k_1L}-e^{-k_1L})^2}=\frac{1}{1+\dfrac{4E(V-E)}{V^2\sinh^2(k_1L)}} \tag{5.17}$$

$$\boxed{\sinh x=\frac{e^x-e^{-x}}{2}\quad \text{(hyperbolic関数)}}$$

となる．このTとRは$T+R=1$を満たす．$E \ll V$の場合は，古典論のように$T\to 0$，$R\to 1$となる．

例題5.2　有限の矩形ポテンシャルにおける粒子の運動において，$E>V$，すなわち，粒子のエネルギーがポテンシャルエネルギーより高い場合について述べよ．

解　古典力学では粒子のエネルギーがポテンシャルエネルギーより高ければ完全に乗り越えて領域Cへ進むことになるが，量子力学ではたとえ低いポテンシャルエネルギーでも$x=0$で一部は跳ね返され，領域Bでは直線運動量は小さくなる．すなわち，領域Bではポテンシャルエネルギーがある分だけ運動エネルギーは減少する(右下図).

$$\psi_A(x) = A_+ e^{ik_0 x} + A_- e^{-ik_0 x} \qquad (x<0)$$

$$\psi_B(x) = B_+ e^{ik_1 x} + B_- e^{-ik_1 x} \qquad (0 \leq x \leq L)$$

$$\psi_C(x) = C_+ e^{ik_0 x} \qquad (L<x)$$

$$k_0 = \frac{\sqrt{2mE}}{\hbar}, \quad k_1 = \frac{\sqrt{2m(E-V)}}{\hbar}$$

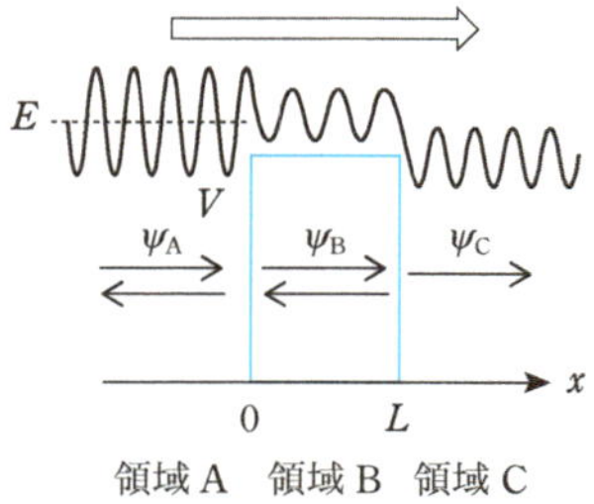

波動関数は$x=0$と$x=L$において連続かつ微分可能であるという境界条件を満たすならば,

$$\psi_A(0) = \psi_B(0) \longrightarrow A_+ + A_- = B_+ + B_-$$

$$\frac{d}{dx}\psi_A(0) = \frac{d}{dx}\psi_B(0) \longrightarrow ik_0(A_+ - A_-) = ik_1(B_+ - B_-)$$

$$\psi_B(L) = \psi_C(L) \longrightarrow B_+ e^{ik_1 L} + B_- e^{-ik_1 L} = C_+ e^{ik_0 L}$$

$$\frac{d}{dx}\psi_B(L) = \frac{d}{dx}\psi_C(L) \longrightarrow ik_1(B_+ e^{ik_1 L} - B_- e^{-ik_1 L}) = ik_0 C_+ e^{ik_0 L}$$

である．これらを解くとTとRが得られ，$T+R=1$であり，$0 \leq T \leq 1$, $0 \leq R \leq 1$となる．T, Rには正弦(sin)関数が現れるためEがVより大きくなる過程でTは脈動し，あるエネルギーで共鳴透過(resonance transmission)という現象が生じて$T=1$となる場合がある(下図)．$E \gg V$の場合は，古典論のように$T \to 1$, $R \to 0$, $k_1 \to k_0$となる.

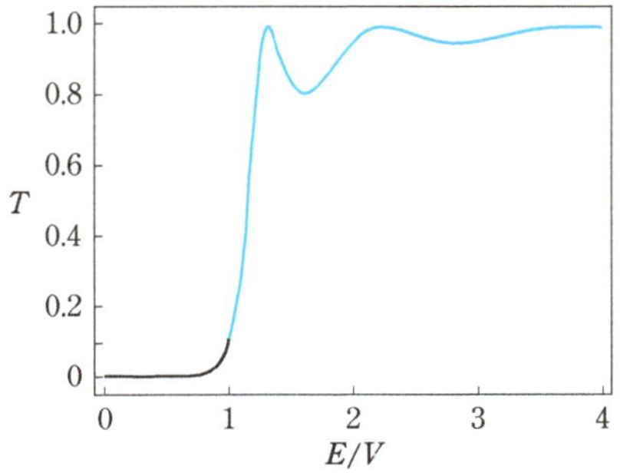

$$T = \frac{1}{1 + \dfrac{V^2 \sin^2(k_1 L)}{4E(E-V)}}$$

$$R = \frac{1}{1 + \dfrac{4E(E-V)}{V^2 \sin^2(k_1 L)}}$$

5.1.3　1次元井戸型ポテンシャル内の粒子の運動

無限の深さをもつ1次元の井戸型ポテンシャル(図5.2)によって $0 \leq x \leq L$ に閉じ込められた，質量 m の自由な粒子($V(x)=0$)の波動関数とエネルギーは，時間に依存しないシュレーディンガー方程式

$$\left[-\frac{\hbar^2}{2m}\frac{\mathrm{d}^2}{\mathrm{d}x^2}\right]\psi(x)=E\psi(x) \tag{5.18}$$

を解くことで求められる．この微分方程式は1次元の自由粒子のシュレーディンガー方程式と同じであり，波動関数とエネルギーは次のようになる．

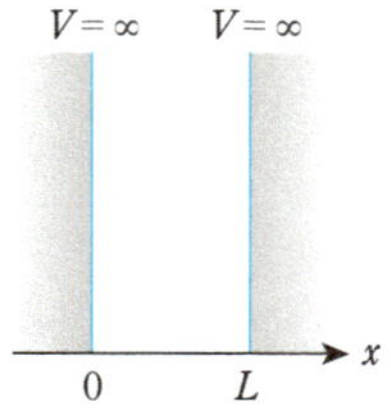

図5.2　井戸型ポテンシャル

$$\psi(x)=A\mathrm{e}^{\mathrm{i}kx}+B\mathrm{e}^{-\mathrm{i}kx},\quad k=\frac{\sqrt{2mE}}{\hbar} \tag{5.19}$$

$$E=\frac{\hbar^2k^2}{2m} \tag{5.20}$$

これに波動関数の境界条件が加わることで波動関数が制限され，エネルギーにも影響が及ぶ．境界条件は

$$x<0,\ L<x\ \text{では}\ \psi(x)=0 \tag{5.21}$$

であり，さらに $x=0$ と $x=L$ においても波動関数は連続，すなわち

$$\psi(0)=\psi(L)=0 \tag{5.22}$$

でなくてはならない．よって，

$$A+B=0,\quad A\mathrm{e}^{\mathrm{i}kL}+B\mathrm{e}^{-\mathrm{i}kL}=0 \tag{5.23}$$

となる．$A\neq 0$, $B\neq 0$ であるので($A=0$ とすると B も0になるので)

$$\mathrm{e}^{\mathrm{i}kL}-\mathrm{e}^{-\mathrm{i}kL}=0 \tag{5.24}$$

となる．ここでオイラーの式 $\mathrm{e}^{\mathrm{i}\theta}=\cos\theta+\mathrm{i}\sin\theta$ を用いると

$$\sin kL=0 \tag{5.25}$$

となる．つまり，境界条件があるために，波動関数は n を整数として

$$kL = n\pi \tag{5.26}$$

を満たす必要がある．ただし，$n=0$ については $k=0$ となり波動関数が定数になってしまうので不適である．波動関数は n の絶対値が等しければ正でも負でも x 軸対称になるだけで実質同じなので，正の数 n を用いて次のように記述できる．

$$\psi(x) = A(e^{ikx} - e^{-ikx}) = 2iA\sin\left(\frac{n\pi}{L}x\right) \quad (n=1, 2, 3, \cdots) \tag{5.27}$$

これを規格化すると，

$$\psi_n(x) = \sqrt{\frac{2}{L}}\sin\left(\frac{n\pi}{L}x\right) \quad (n=1, 2, 3, \cdots) \tag{5.28}$$

が得られる（**例題4.1**）．

得られた波動関数は実関数の正弦（sin）波であるが，ある瞬間に実関数として現れた波動関数の１つの形でしかない（4.1.2項参照）．波動関数は実関数ではなく複素指数関数であり，実部と虚部の二乗和（大きさ）が一定の状態で振動している描像を書いた方が式には対応している（図5.3）．虚部が正弦波となり，実部が０となる瞬間（図中の点線）もあるはずで，実部だけを考えれば定常波のように時間とともに振動するといえる．

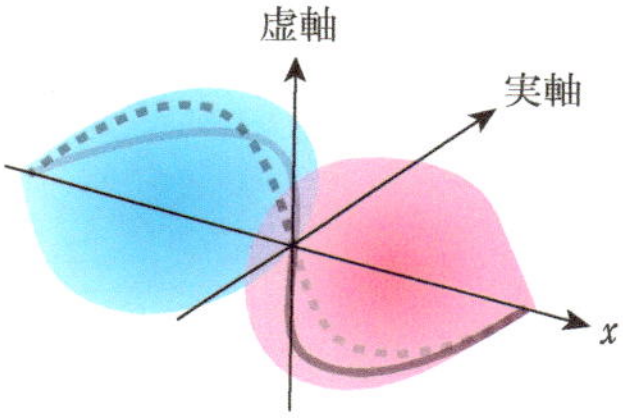

図5.3　波動関数の概念図

井戸型ポテンシャルの波動関数の確率密度を表す式は

$$|\psi_n(x)|^2 = \frac{2}{L}\sin^2\left(\frac{n\pi}{L}x\right) \tag{5.29}$$

となる．位置によって確率密度は変化し，波動関数が０になる点においては確率密度が０になる．この点を古典力学の定常波と同じく節とよぶ．量子数の増加とともに節の数は多くなり，エネルギーが高くなる．位置の違いによる確率密度の変化の度合いは，n が小さいときにはとても大きく，$n=1$ の場合には，粒子は箱の真ん中で見いだされる確率が高く，両端にはほとんど存在しないという，やや想像しにくい状況が生じる．しかし，n が大きな数になると確率密度は $0 \leq x \leq L$ の範囲で全体に均一になり，古典力学と対応する．

$k = \dfrac{n\pi}{L}$ を $E = \dfrac{\hbar^2 k^2}{2m}$ に代入すると，n が自然数なのでエネルギーもとびとびに

なることがわかる.

$$E_n = \frac{\pi^2\hbar^2}{2mL^2}n^2 = \frac{h^2}{8mL^2}n^2 \quad (n = 1, 2, 3, \cdots) \tag{5.30}$$

エネルギーの間隔は，nが大きくなるに従って大きくなる．ただし，エネルギーは空間の広がりLに依存しており，Lに古典力学の範囲の数値を代入して計算すると，エネルギーの間隔は非常に小さい値となる．なお，極低温(0 K付近)であれば，箱(ポテンシャル)の中の自由粒子におけるエネルギーの量子化を観測できる可能性はある．最小のnの値は1であるので，一番低い基底状態のエネルギー準位でも

$$E_1 = \frac{\pi^2\hbar^2}{2mL^2} = \frac{h^2}{8mL^2} \tag{5.31}$$

のエネルギーもつことになる．このように，絶対零度でも粒子が静止せずにもっているエネルギーを零点エネルギー(zero-point energy)とよぶ.

例題5.3　長さがLである1次元の箱の中の自由粒子について$n = 1 \sim 4$のときのエネルギー準位，波動関数，確率密度の概要を示せ.

解

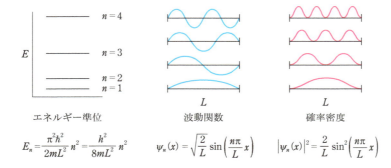

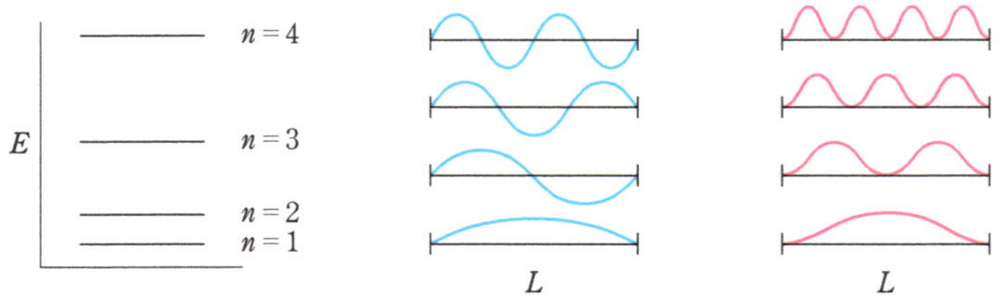

エネルギー準位　　波動関数　　確率密度

$E_n = \frac{\pi^2\hbar^2}{2mL^2}n^2 = \frac{h^2}{8mL^2}n^2$　　$\psi_n(x) = \sqrt{\frac{2}{L}}\sin\left(\frac{n\pi}{L}x\right)$　　$|\psi_n(x)|^2 = \frac{2}{L}\sin^2\left(\frac{n\pi}{L}x\right)$

波動関数は + sin 波で表記するのが一般的であるが，− sin 波で表しても間違いではない．いずれを用いても波動関数が実関数として現れた一瞬を表記しているだけである．エネルギー準位はnの二乗に比例し，波動関数は両端が節で量子数の増加とともに節の数が1つずつ増加する．確率密度は波動関数の節のところで0となる.

例題5.4 長さがLである1次元の箱の中の自由粒子の波動関数

$$\psi_n(x)=\sqrt{\frac{2}{L}}\sin\left(\frac{n\pi}{L}x\right)\quad(n\text{は自然数})$$

を用いて期待値$\langle x\rangle$, $\langle x^2\rangle$, $\langle p\rangle$, $\langle p^2\rangle$を求め，位置の不確定性Δx，運動量の不確定性Δpを計算して不確定性原理

$$\Delta x\Delta p\geq\frac{\hbar}{2}\qquad\text{ただし}\qquad \Delta x=\sqrt{\langle x^2\rangle-\langle x\rangle^2},\quad \Delta p=\sqrt{\langle p^2\rangle-\langle p\rangle^2}$$

が成立していることを示せ．

解 以下の三角関数の公式と部分積分法を使って計算する．

$$\sin^2 x=(1-\cos 2x)/2\qquad 2\sin x\cos x=\sin 2x$$
$$\int x\cos x\mathrm{d}x=x\sin x+\cos x+C\qquad \int x^2\cos x\mathrm{d}x=(x^2-2)\sin x+2x\cos x+C$$

$$\langle x\rangle=\int_0^L\sqrt{\frac{2}{L}}\sin\left(\frac{n\pi}{L}x\right)x\sqrt{\frac{2}{L}}\sin\left(\frac{n\pi}{L}x\right)\mathrm{d}x=\frac{L}{2}$$

$$\langle x^2\rangle=\int_0^L\sqrt{\frac{2}{L}}\sin\left(\frac{n\pi}{L}x\right)x^2\sqrt{\frac{2}{L}}\sin\left(\frac{n\pi}{L}x\right)\mathrm{d}x=\frac{L^2}{3}-\frac{L^2}{2\pi^2n^2}$$

$$\langle p\rangle=\int_0^L\sqrt{\frac{2}{L}}\sin\left(\frac{n\pi}{L}x\right)\left(\frac{\hbar}{\mathrm{i}}\frac{\mathrm{d}}{\mathrm{d}x}\right)\sqrt{\frac{2}{L}}\sin\left(\frac{n\pi}{L}x\right)\mathrm{d}x=0$$

$$\langle p^2\rangle=\int_0^L\sqrt{\frac{2}{L}}\sin\left(\frac{n\pi}{L}x\right)\left(-\hbar^2\frac{\mathrm{d}^2}{\mathrm{d}x^2}\right)\sqrt{\frac{2}{L}}\sin\left(\frac{n\pi}{L}x\right)\mathrm{d}x=2mE_n=\left(\frac{\pi\hbar n}{L}\right)^2$$

位置の平均値$\langle x\rangle$はnによらずxの範囲の中心$L/2$となる．$\langle p\rangle$が0となるのは右向きと左向きの運動量が等しいためであり，$\langle p^2\rangle$は$E=p^2/2m$の関係からエネルギー値と関連している．

$$\Delta x=\sqrt{\langle x^2\rangle-\langle x\rangle^2}=L\sqrt{\frac{1}{12}-\frac{1}{2\pi^2n^2}},\quad \Delta p=\sqrt{\langle p^2\rangle-\langle p\rangle^2}=\frac{\pi\hbar n}{L}$$

$$\Delta x\Delta p=\frac{\hbar}{2}\sqrt{\frac{\pi^2n^2-6}{3}}$$

ここで，nは自然数より

$$\sqrt{\frac{\pi^2n^2-6}{3}}\geq 1$$

よって，不確定性原理は成立している．$n=1$のとき$\Delta x\Delta p$はもっとも小さい．

例題5.5　右図のような1次元の箱の中を運動する自由粒子におけるハミルトニアンを

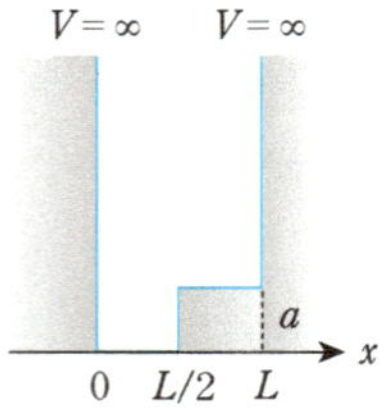

$$\hat{H} = \hat{H}^{\circ} + \hat{H}'$$

$$\hat{H}' = \begin{cases} 0 & (0 \leq x < L/2) \\ a & (L/2 \leq x \leq L) \end{cases}$$

として摂動法を用いて零点エネルギーを求めよ．$\hat{H}^{\circ}$は摂動のない系のハミルトニアンである．

解　摂動のない系のエネルギーE_n°と固有関数ψ_n°は

$$E_n^{\circ} = \frac{\pi^2 \hbar^2}{2mL^2} n^2, \quad \psi_n^{\circ}(x) = \sqrt{\frac{2}{L}} \sin\left(\frac{n\pi}{L} x\right) \quad (n\text{は自然数})$$

である．一次の摂動エネルギーE'は摂動のない系の波動関数$\psi_n^{\circ}(x)$を用いて

$$E' = \int \psi_n^{\circ}(x) H' \psi_n^{\circ}(x) \mathrm{d}x = \frac{2a}{L} \int_{L/2}^{L} \sin^2\left(\frac{n\pi}{L} x\right) \mathrm{d}x$$
$$= \frac{a}{L} \int_{L/2}^{L} \left\{1 - \cos\left(\frac{2n\pi}{L} x\right)\right\} \mathrm{d}x = \frac{a}{2}$$

となる．摂動のハミルトニアン$\hat{H}'$が加わったときのエネルギーE_nは

$$E_n = E_n^{\circ} + E'$$

と表すことができるので，摂動があるときの零点エネルギーは

$$E_1 = \frac{\pi^2 \hbar^2}{2mL^2} + \frac{a}{2}$$

となる．

5.1.4　1次元調和振動子型ポテンシャルにおける粒子の運動

ニュートン力学における1次元調和振動子の運動方程式は

$$F = m \frac{\mathrm{d}^2 x}{\mathrm{d}t^2} = -kx \tag{5.32}$$

であり，これを解くと，運動エネルギーTとポテンシャルエネルギーVの和は一定という結果が得られる（**例題1.3**参照）．

$$T=\frac{p^2}{2m}=\frac{1}{2}mv^2,\quad V=-\int F\mathrm{d}x=\int kx\mathrm{d}x=\frac{1}{2}kx^2 \tag{5.33}$$

$$E=T+V=\frac{1}{2}mv^2+\frac{1}{2}kx^2=\frac{1}{2}m\omega^2A^2,\quad \omega=\sqrt{\frac{k}{m}} \tag{5.34}$$

量子力学で1次元調和振動子を取り扱う際にもポテンシャルエネルギーは古典力学と同じ表現になる.

$$\left[-\frac{\hbar^2}{2m}\frac{\mathrm{d}^2}{\mathrm{d}x^2}+\frac{1}{2}kx^2\right]\psi(x)=E\psi(x) \tag{5.35}$$

無限遠ではポテンシャルエネルギー$\frac{1}{2}kx^2$が無限大になるので，波動関数ψは無限遠で0になる，ということを境界条件とする．先ほどの井戸型ポテンシャルと違って調和振動子型ポテンシャルはゆっくりと無限大になっていくので，波動関数もゆっくりと0に近づく．無限遠で波動関数が0に近づくためには，ハミルトニアンを見ると，波動関数$\psi(x)$を二階微分したときに$x^2\psi(x)$の項が現れて$\frac{1}{2}kx^2$を打ち消さなければならない．そのため，調和振動子の波動関数は図5.4に示すガウス関数$\mathrm{e}^{-ax^2}(a>0)$の形を含まなければならない．

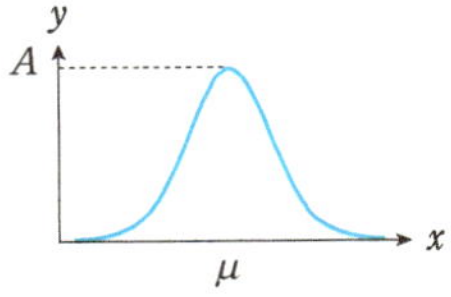

図5.4 ガウス関数

例題5.6 以下の波動関数は1次元の調和振動子型ポテンシャルを含むシュレーディンガー方程式の固有関数となりうる.

(1) $\psi_0(x)=N_0\mathrm{e}^{-ax^2}$　　(2) $\psi_1(x)=N_1x\mathrm{e}^{-ax^2}$

波動関数の係数を定め，エネルギー値を求めよ.

解 波動関数$\psi_0(x)$をシュレーディンガー方程式(5.35)に代入すると

$$\left[-\frac{\hbar^2}{2m}\frac{\mathrm{d}^2}{\mathrm{d}x^2}+\frac{1}{2}kx^2\right]\mathrm{e}^{-ax^2}=E_0\mathrm{e}^{-ax^2}$$

$$\left[\frac{a\hbar^2}{m}+\left(\frac{1}{2}k-\frac{2a^2\hbar^2}{m}\right)x^2\right]\mathrm{e}^{-ax^2}=E_0\mathrm{e}^{-ax^2}$$

> ガウス関数の積分①
>
> $$\int_{-\infty}^{\infty}\mathrm{e}^{-ax^2}\,\mathrm{d}x=\sqrt{\frac{\pi}{a}}\quad(a>0)$$

となる．$x\to\infty$において上の式が成立するためには角括弧の中のx^2の係数が0にならなければならない．その条件を満たすaを求める.

$$\frac{1}{2}k - \frac{2a^2\hbar^2}{m} = 0 \quad \therefore a = \frac{\sqrt{mk}}{2\hbar} = \frac{m\omega}{2\hbar}$$

$\psi_0(x)$のエネルギーE_0，規格化定数N_0は

$$E_0 = \frac{a\hbar^2}{m} = \frac{1}{2}\hbar\omega, \quad N_0 = \sqrt[4]{\frac{2a}{\pi}} = \sqrt[4]{\frac{m\omega}{\pi\hbar}}$$

となる．ただし，$\int_{-\infty}^{\infty}\left|N_0 e^{-ax^2}\right|^2 dx = 1$をガウス関数の積分①を使って解く．

同様に，$\psi_1(x)$を入れてシュレーディンガー方程式を解くとaは上で求めたものと同じ値となり，エネルギーE_1は$\hbar\omega$だけ大きくなる．規格化定数N_1はガウス関数の積分②を使って求めることができる．

$$a = \frac{m\omega}{2\hbar}, \quad E_1 = \frac{3a\hbar^2}{m} = \frac{3}{2}\hbar\omega$$

$$N_1 = \sqrt[4]{\frac{32a^3}{\pi}} = \sqrt[4]{\frac{m\omega}{\pi\hbar}}\sqrt{\frac{2m\omega}{\hbar}}$$

ガウス関数の積分②

$$\int_{-\infty}^{\infty} x^{2n} e^{-ax^2} dx = \frac{1\times3\times5\times\cdots\times(2n-1)}{2^n a^n}\sqrt{\frac{\pi}{a}} \quad (a>0)$$

$$\int_{-\infty}^{\infty} x^2 e^{-ax^2} dx = \frac{1}{2a}\sqrt{\frac{\pi}{a}}$$

例題5.6の結果からガウス関数e^{-ax^2}とxe^{-ax^2}を含む$\psi_0(x)$と$\psi_1(x)$は調和振動子型ポテンシャルを含むシュレーディンガー方程式の固有関数であることが示された．式を簡単にするために$\xi = x\sqrt{m\omega/\hbar}$とおいて波動関数とシュレーディンガー方程式を$\xi$の関数で表す．1次元調和振動子の波動関数の一般解をξの多項式$H(\xi)$とガウス関数との積

$$\psi(\xi) = NH(\xi)e^{-\frac{1}{2}\xi^2} \tag{5.36}$$

とおく．ここで，Nは規格化定数である．調和振動子のシュレーディンガー方程式（式(5.35)）を$k = m\omega^2$を使ってξで表すと簡単な式

$$\frac{d^2}{d\xi^2}\psi(\xi) + \left(\frac{2E}{\hbar\omega} - \xi^2\right)\psi(\xi) = 0 \tag{5.37}$$

となり，これに式(5.36)を代入して整理すると$H(\xi)$の微分方程式が得られる．

$$\frac{\mathrm{d}^2}{\mathrm{d}\xi^2}H(\xi)-2\xi\frac{\mathrm{d}}{\mathrm{d}\xi}H(\xi)+\left(\frac{2E}{\hbar\omega}-1\right)H(\xi)=0 \tag{5.38}$$

上式を満たす関数$H(\xi)$は，数学でよく知られているエルミート微分方程式とよばれる微分方程式

$$\left(\frac{\mathrm{d}^2}{\mathrm{d}\xi^2}-2\xi\frac{\mathrm{d}}{\mathrm{d}\xi}+2n\right)H_n(\xi)=0 \quad (n\text{は微分の階数}:n=0,1,2,\cdots) \tag{5.39}$$

を解いて得られるエルミート多項式(Hermite polynominal)にほかならない．エルミート多項式は

$$H_n(\xi)=(-1)^n\mathrm{e}^{\xi^2}\frac{\mathrm{d}^n}{\mathrm{d}\xi^n}\mathrm{e}^{-\xi^2} \tag{5.40}$$

と表される．nの小さい方からいくつかを表5.1にあげる．エルミート多項式は以下の関係式

$$H_{n+1}(\xi)=2\xi H_n(\xi)-2nH_{n-1}(\xi),\quad \frac{\mathrm{d}}{\mathrm{d}\xi}H_n(\xi)=2nH_{n-1}(\xi) \tag{5.41}$$

を満たすことが知られており，以下の式が導出される．

$$m\neq n\text{ のとき }\int_{-\infty}^{\infty}H_m(\xi)H_n(\xi)\mathrm{e}^{-\xi^2}\mathrm{d}\xi=0 \tag{5.42}$$

式(5.38)と式(5.39)の第3項を比較して，微分の階数nを**振動量子数**(vibration quantum number)υで置き換えるとエネルギー値は

$$E_\upsilon=\left(\upsilon+\frac{1}{2}\right)\hbar\omega \quad (\upsilon=0,1,2,\cdots) \tag{5.43}$$

と求められ，量子化される．量子化された理由を振り返れば，調和振動子のポテンシャルの形状から波動関数がガウス関数型をとり，無限遠ではエネルギーが0になる境界条件があるためである．エネルギー準位の間隔は

$$E_{\upsilon+1}-E_\upsilon=\hbar\omega \tag{5.44}$$

となるので，すべての隣り合ったエネルギー準位の間隔は等しくなる．nの最小値0を代入するともっとも低いエネルギー準位は

$$E_0=\frac{1}{2}\hbar\omega \tag{5.45}$$

表5.1　エルミート多項式

$H_0(\xi)=1$
$H_1(\xi)=2\xi$
$H_2(\xi)=4\xi^2-2$
$H_3(\xi)=8\xi^3-12\xi$
$H_4(\xi)=16\xi^4-48\xi^2+12$
$H_5(\xi)=32\xi^5-160\xi^3+120\xi$
$H_6(\xi)=64\xi^6-480\xi^4+720\xi^2-120$

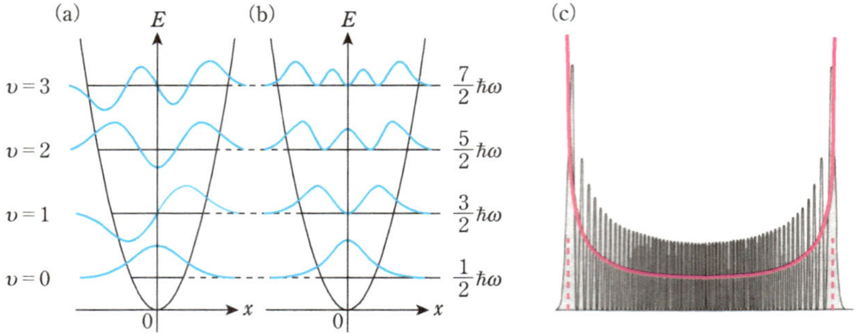

図5.5　調和振動子(υ=0〜3)の波動関数(a)と確率密度(b)およびυ=60の確率密度(c)
赤の実線は古典力学の調和振動子の存在確率密度，赤の点線はポテンシャルの境界線を示す．

となり，調和振動子型ポテンシャルにおける粒子の運動にも零点エネルギーが存在する．調和振動子の運動エネルギーT_υとポテンシャルエネルギーV_υをシュレーディンガー方程式で計算すると

$$T_\upsilon = V_\upsilon = \frac{1}{2}\left(\upsilon + \frac{1}{2}\right)\hbar\omega = \frac{1}{2}E_\upsilon \tag{5.46}$$

となり，古典力学の調和振動子と同じくビリアル定理($V = ar^n$のとき$2T = nV$)が成り立つ．調和振動子の波動関数は

$$\psi_\upsilon(\xi) = N_\upsilon H_\upsilon(\xi)\mathrm{e}^{-\frac{1}{2}\xi^2}$$

$$\xi = x\sqrt{\frac{m\omega}{\hbar}},\quad N_\upsilon = \sqrt[4]{\frac{m\omega}{\pi\hbar}}\frac{1}{\sqrt{2^\upsilon \upsilon!}}\quad (\upsilon = 0, 1, 2, \cdots) \tag{5.47}$$

となる．ここで，N_υは規格化定数である．調和振動子の波動関数はガウス関数の形状をもち，エルミート多項式の性質(式(5.42))から直交性をもつ．

$$m \neq n \text{ のとき } \int_{-\infty}^{\infty}\psi_m(x)\psi_n(x)\mathrm{d}x = 0 \tag{5.48}$$

波動関数には，井戸型ポテンシャルのときと同じく節があり，ここでも量子数の増加とともに節の数が多くなり，エネルギーが高くなる．図5.5に示されている波動関数は，**例題5.3**と同じく，ある瞬間に実関数で表記された波動関数の形状でしかない．古典力学の調和振動子と違って，波動関数はトンネル効果でポテンシャルの外側までいくらか染み出している．また，確率密度についてもυ=0

の場合には，粒子はポテンシャルの中心付近で見つけられる確率が高く，両端にはほとんど存在しない．これもまた，古典力学の調和振動子の運動とはかけ離れた結果となるが，vが大きな数になってくると両端における確率密度が大きくなり，中央部分の確率密度が小さくなり，古典力学の調和振動子の運動と対応する．

例題5.7　1次元調和振動子の基底状態（$v=0$）の波動関数

$$\psi_0(x)=N_0\mathrm{e}^{-\frac{1}{2}b^2x^2}\quad\left(b=\sqrt{\frac{m\omega}{\hbar}},\quad N_0=\sqrt[4]{\frac{b^2}{\pi}}\right)$$

を用いて期待値 $\langle x\rangle$, $\langle x^2\rangle$, $\langle p\rangle$, $\langle p^2\rangle$ を求め，位置の不確定性Δxと運動量の不確定性Δpを計算して不確定性原理が成立していることを示せ．

$$\Delta x\Delta p\geq\frac{\hbar}{2}\quad ただし\quad \Delta x=\sqrt{\langle x^2\rangle-\langle x\rangle^2},\quad \Delta p=\sqrt{\langle p^2\rangle-\langle p\rangle^2}$$

解　例題5.6のガウス関数の積分①, ②と部分積分法を使って計算する．

$$\int_{-\infty}^{\infty}x^{2n+1}\mathrm{e}^{-ax^2}\mathrm{d}x=0\quad（被積分関数が奇関数であるので積分は0）$$

$$\langle x\rangle=N_0{}^2\int_{-\infty}^{\infty}\mathrm{e}^{-\frac{1}{2}b^2x^2}x\mathrm{e}^{-\frac{1}{2}b^2x^2}\mathrm{d}x=N_0{}^2\int_{-\infty}^{\infty}x\mathrm{e}^{-b^2x^2}\mathrm{d}x=0$$

$$\langle x^2\rangle=N_0{}^2\int_{-\infty}^{\infty}x^2\mathrm{e}^{-b^2x^2}\mathrm{d}x=\sqrt{\frac{b^2}{\pi}}\frac{1}{2b^2}\sqrt{\frac{\pi}{b^2}}=\frac{1}{2b^2}$$

$$\langle p\rangle=N_0{}^2\int_{-\infty}^{\infty}\mathrm{e}^{-\frac{1}{2}b^2x^2}\frac{\hbar}{\mathrm{i}}\frac{\mathrm{d}}{\mathrm{d}x}\mathrm{e}^{-\frac{1}{2}b^2x^2}\mathrm{d}x=\mathrm{i}\hbar b^2N_0{}^2\int_{-\infty}^{\infty}\mathrm{e}^{-\frac{1}{2}b^2x^2}x\mathrm{e}^{-\frac{1}{2}b^2x^2}\mathrm{d}x=\mathrm{i}\hbar b^2\langle x\rangle=0$$

$$\langle p^2\rangle=N_0{}^2\int_{-\infty}^{\infty}\mathrm{e}^{-\frac{1}{2}b^2x^2}\frac{\hbar}{\mathrm{i}}\frac{\mathrm{d}}{\mathrm{d}x}\left(\frac{\hbar}{\mathrm{i}}\frac{\mathrm{d}}{\mathrm{d}x}\mathrm{e}^{-\frac{1}{2}b^2x^2}\right)\mathrm{d}x=\hbar^2b^2N_0{}^2\int_{-\infty}^{\infty}\mathrm{e}^{-\frac{1}{2}b^2x^2}\frac{\mathrm{d}}{\mathrm{d}x}\left(x\mathrm{e}^{-\frac{1}{2}b^2x^2}\right)\mathrm{d}x$$

$$=\hbar^2b^2N_0{}^2\left(\int_{-\infty}^{\infty}\mathrm{e}^{-b^2x^2}\mathrm{d}x-b^2\int_{-\infty}^{\infty}x^2\mathrm{e}^{-b^2x^2}\mathrm{d}x\right)=\frac{1}{2}\hbar^2b^2$$

井戸型ポテンシャルの場合（**例題5.3**）と同じく，位置の平均は振動の中心で，右向きと左向きの運動量が等しいので運動量の期待値は0になる．

$$\Delta x\Delta p=\sqrt{\langle p^2\rangle-\langle p\rangle^2}\sqrt{\langle x^2\rangle-\langle x\rangle^2}=\frac{\hbar}{2}$$

よって，不確定性原理は成立している．

5.2　シュレーディンガー方程式の 2 次元，3 次元への拡張

5.2.1　変数分離法による 2 次元，3 次元への拡張

1 次元の x 方向のシュレーディンガー方程式

$$\left[-\frac{\hbar^2}{2m}\frac{\mathrm{d}^2}{\mathrm{d}x^2}+V(x)\right]\psi_{n_1}(x)=\hat{H}_x\psi(x)=E_{n_1}\psi_{n_1}(x) \tag{5.49}$$

から，エネルギー値 E_{n_1} と波動関数 ψ_{n_1}（n_1 は量子数）が得られ，y 方向についても同様な式

$$\left[-\frac{\hbar^2}{2m}\frac{\mathrm{d}^2}{\mathrm{d}y^2}+V(y)\right]\psi_{n_2}(y)=\hat{H}_y\psi(y)=E_{n_2}\psi_{n_2}(y) \tag{5.50}$$

が成立するとする．2 次元のシュレーディンガー方程式の波動関数を $\psi_{n_1,n_2}(x, y)$，エネルギーを E_{n_1,n_2} と書くと，$\hat{H}_{x,y}\psi_{n_1,n_2}(x, y)=E_{n_1,n_2}\psi_{n_1,n_2}(x, y)$ より

$$\left[-\frac{\hbar^2}{2m}\frac{\partial^2}{\partial x^2}-\frac{\hbar^2}{2m}\frac{\partial^2}{\partial y^2}+V(x)+V(y)\right]\psi_{n_1,n_2}(x, y)=E_{n_1,n_2}\psi_{n_1,n_2}(x, y) \tag{5.51}$$

となる．ハミルトニアンは $\hat{H}_{x,y}=\hat{H}_x+\hat{H}_y$ と書けるので変数分離が可能であり，1 次元のシュレーディンガー方程式の結果を 2 次元へと拡張することができる．2 次元の波動関数を $\psi_{n_1,n_2}(x, y)=\psi_{n_1}(x)\psi_{n_2}(y)$ とおくと，2 次元シュレーディンガー方程式は変形でき，

$$\begin{aligned}\hat{H}_{x,y}\psi_{n_1,n_2}(x, y)&=(H_x+H_y)\psi_{n_1}(x)\psi_{n_2}(y)\\&=E_{n_1}\psi_{n_1}(x)\psi_{n_2}(y)+E_{n_2}\psi_{n_1}(x)\psi_{n_2}(y)\\&=(E_{n_1}+E_{n_2})\psi_{n_1,n_2}(x, y)\end{aligned} \tag{5.52}$$

となる．すなわち，2 次元のシュレーディンガー方程式のエネルギー E_{n_1,n_2} は 1 次元のシュレーディンガー方程式のエネルギーの和（$E_{n_1}+E_{n_2}$）に等しく，$\psi_{n_1,n_2}(x, y)$ は 1 次元の波動関数の積となる．

2 次元の井戸型と調和振動子型ポテンシャルを含むシュレーディンガー方程式のエネルギーは

$$\text{井戸型}：\frac{\pi^2\hbar^2}{2m}\left(\frac{{n_1}^2}{{L_1}^2}+\frac{{n_2}^2}{{L_2}^2}\right)\quad(n_i=1, 2, \cdots) \tag{5.53}$$

$$\text{調和振動子型}：\hbar\omega_1\left(\upsilon_1+\frac{1}{2}\right)+\hbar\omega_2\left(\upsilon_2+\frac{1}{2}\right)\quad(\upsilon_i=0, 1, 2, \cdots) \tag{5.54}$$

と得られる（図 5.6）．2 次元の井戸型ポテンシャル中の粒子について $L_1=L_2$ の場

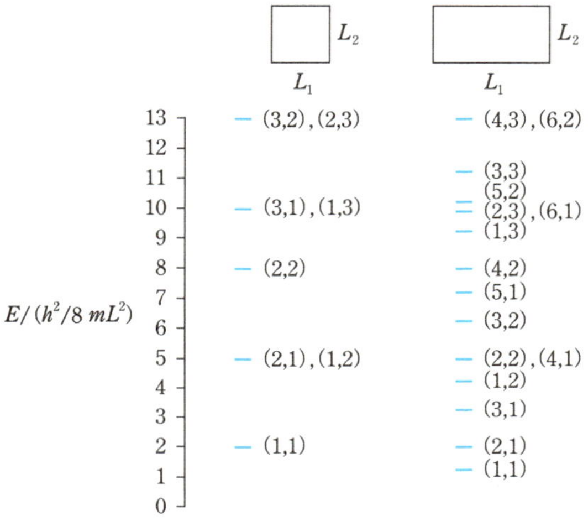

図5.6　2次元井戸型ポテンシャル中の自由粒子のエネルギー準位と量子数
（左）$L_1 = L_2$,　（右）$L_1 = 2L_2$

合には，$(n_1, n_2) = (2, 1), (1, 2)$のように，同じエネルギーでも量子数の組が異なり，波動関数が違う場合が生じる（図5.6（左））．これを**縮退**（degeneracy）という．縮退は系の対称性と関連していて，$L_1 \neq L_2$の場合には縮退が解けてエネルギー準位に差が生じる．波動関数の振動数が高くなってくるとエネルギーが高くなる．例えば，$L_1 = 2L_2$の場合，(2, 1)より(1, 2)の方が高いエネルギーとなる（図5.6（右））．

例題5.8　長さが$L_1 = L_2$である2次元の箱の中の自由粒子について$(n_1, n_2) =$ (1, 1), (2, 1), (1, 2), (2, 2)の波動関数の形状を符号がわかるように示せ．

解　波動関数の縦軸，横軸への射影の符号を＋と－で表す．2次元の箱の中の粒子の波動関数において青は正を，黒は負を示す．

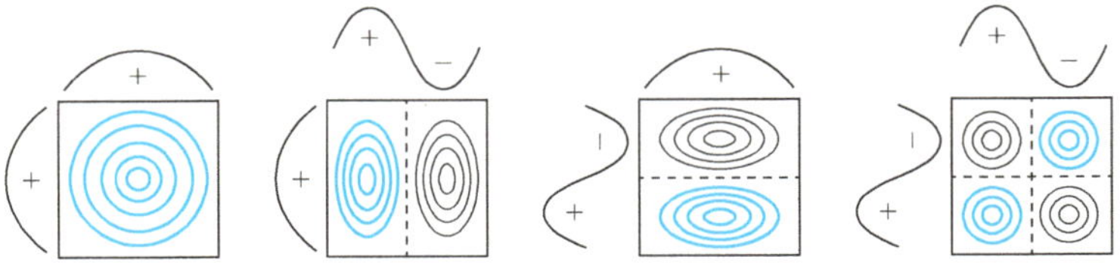

(1,1)　(2,1)　(1,2)　(2,2)

例題5.9　$\omega_1 = \omega_2 = \omega$のときの2次元の調和振動子のエネルギー準位$E$を量子数$\upsilon_1, \upsilon_2$を用いて示せ．

解　2次元の調和振動子のエネルギー準位は

$$E = \hbar\omega(\upsilon_1 + \upsilon_2 + 1) \quad (\upsilon_i = 0, 1, 2, \cdots)$$

となり，一番下のエネルギー準位以外は縮退している．

3次元への拡張についても，

$$\psi(x, y, z) = X(x)Y(y)Z(z) \tag{5.55}$$

とおくことでシュレーディンガー方程式を変数分離して，1次元の固有値問題に帰することができる．3次元の波動関数のエネルギーは

$$E_{n_1, n_2, n_3} = E_{n_1} + E_{n_2} + E_{n_3} \tag{5.56}$$

と得られる．3次元の井戸型と調和振動子型ポテンシャルの場合の波動関数のエネルギーは，それぞれ3つの量子数で表される．

$$\text{井戸型：}\frac{\pi^2\hbar^2}{2m}\left(\frac{n_1{}^2}{L_1{}^2} + \frac{n_2{}^2}{L_2{}^2} + \frac{n_3{}^2}{L_3{}^2}\right) \quad (n_i = 1, 2, 3, \cdots) \tag{5.57}$$

$$\text{調和振動子型：}\hbar\omega_1\left(\upsilon_1 + \frac{1}{2}\right) + \hbar\omega_2\left(\upsilon_2 + \frac{1}{2}\right) + \hbar\omega_3\left(\upsilon_3 + \frac{1}{2}\right) \quad (\upsilon_i = 0, 1, 2, \cdots) \tag{5.58}$$

上式において，$L_1 = L_2 = L_3 = L$や，$\omega_1 = \omega_2 = \omega_3 = \omega$となる場合には，エネルギーは

$$\text{井戸型：}\frac{\pi^2\hbar^2}{2mL^2}(n_1{}^2 + n_2{}^2 + n_3{}^2) \tag{5.59}$$

$$\text{調和振動子型：}\hbar\omega\left(\upsilon_1 + \upsilon_2 + \upsilon_3 + \frac{3}{2}\right) \tag{5.60}$$

となり，多数の縮退が生じる．

例題5.10　$\omega_1 = \omega_2 = \omega_3 = \omega$のときの3次元の調和振動子のエネルギー準位について，下から3つのエネルギー値E_1, E_2, E_3とその量子数の組$(\upsilon_1, \upsilon_2, \upsilon_3)$を示せ．

解　3次元の調和振動子のエネルギーとその量子数の組は

$$E_1=\frac{3}{2}\hbar\omega\ :(0,0,0)$$

$$E_2=\frac{5}{2}\hbar\omega\ :(1,0,0)(0,1,0)(0,0,1)$$

$$E_3=\frac{7}{2}\hbar\omega\ :(2,0,0)(0,2,0)(0,0,2)(1,1,0)(1,0,1)(0,1,1)$$

となる．波動関数の形状については5.2.5項，表5.3に示す．

例題5.11　$L_1=L_2=L_3=L$のときの3次元井戸型ポテンシャル中のエネルギー準位を図5.6にならって示せ．水素原子の電子の運動エネルギーは13.6 eVである．これは何nmの立方体に電子を閉じ込めたときの零点エネルギーに相当するかを求めよ．電子の質量を9.1×10^{-31} kg，プランク定数を6.6×10^{-34} J sとする．

解　3次元井戸型ポテンシャルのエネルギー準位は下図のようになる．

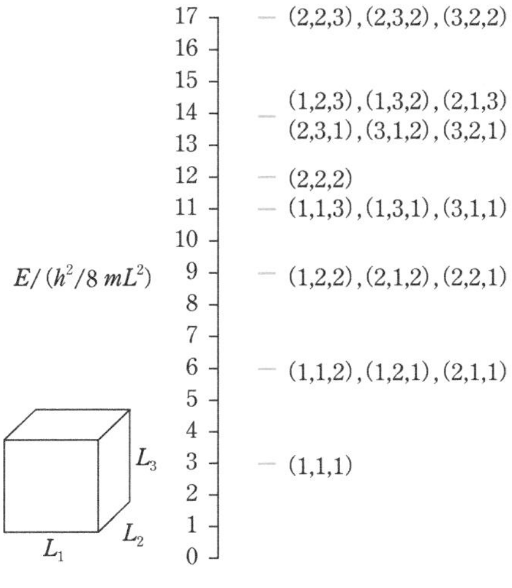

$$E=\frac{h^2}{8mL^2}({n_1}^2+{n_2}^2+{n_3}^2)=\frac{(6.6\times10^{-34}\ \mathrm{J\,s})^2}{8\times9.1\times10^{-31}\ \mathrm{kg}\times(L\ \mathrm{nm})^2}(1^2+1^2+1^2)=13.6\ \mathrm{eV}$$

$$L=0.29$$

水素原子のボーア半径a_0(0.053 nm)の4倍程度の範囲に1s軌道の電子が存在していること(6.1節参照)を考えれば0.29 nmはかなり良い近似である．電子を狭い範囲に閉じ込めると運動エネルギーは激増する．

5.2.2 シュレーディンガー方程式の極座標表示

空間のある1点からの距離rにポテンシャルが依存している場合には，x, y, zの代わりにr, θ, ϕで表す極座標表示を用いる方が便利である．このときには3次元の座標や演算子を極座標で表し，変数分離法によってシュレーディンガー方程式を解くことになる．

まず，シュレーディンガー方程式を極座標表示に変換してみる．ポテンシャルエネルギーが$V(r)$で表されるシュレーディンガー方程式は

$$\left[-\frac{\hbar^2}{2m}\nabla^2+V(r)\right]\psi=E\psi,\quad \nabla=\left(\frac{\partial}{\partial x},\frac{\partial}{\partial y},\frac{\partial}{\partial z}\right) \tag{5.61}$$

であり，∇^2を極座標表示する必要がある．∇^2を極座標表示するためには，ベクトル微分演算子∇のx, y, z成分を極座標で表した

$$\begin{aligned}&x=r\sin\theta\cos\phi,\quad y=r\sin\theta\sin\phi,\quad z=r\cos\theta\\ &r=\sqrt{x^2+y^2+z^2},\quad \theta=\tan^{-1}\left(\frac{\sqrt{x^2+y^2}}{z}\right),\quad \phi=\tan^{-1}\left(\frac{y}{x}\right)\end{aligned} \tag{5.62}$$

により微分の連鎖律を用いて偏微分を行う．計算は手間がかかるが

$$\begin{aligned}\frac{\partial}{\partial x}&=\frac{\partial r}{\partial x}\frac{\partial}{\partial r}+\frac{\partial\theta}{\partial x}\frac{\partial}{\partial\theta}+\frac{\partial\phi}{\partial x}\frac{\partial}{\partial\phi}=\sin\theta\cos\phi\frac{\partial}{\partial r}+\frac{\cos\theta\cos\phi}{r}\frac{\partial}{\partial\theta}-\frac{\sin\phi}{r\sin\theta}\frac{\partial}{\partial\phi}\\ \frac{\partial}{\partial y}&=\frac{\partial r}{\partial y}\frac{\partial}{\partial r}+\frac{\partial\theta}{\partial y}\frac{\partial}{\partial\theta}+\frac{\partial\phi}{\partial y}\frac{\partial}{\partial\phi}=\sin\theta\sin\phi\frac{\partial}{\partial r}+\frac{\cos\theta\sin\phi}{r}\frac{\partial}{\partial\theta}+\frac{\cos\phi}{r\sin\theta}\frac{\partial}{\partial\phi}\\ \frac{\partial}{\partial z}&=\frac{\partial r}{\partial z}\frac{\partial}{\partial r}+\frac{\partial\theta}{\partial z}\frac{\partial}{\partial\theta}+\frac{\partial\phi}{\partial z}\frac{\partial}{\partial\phi}=\cos\theta\frac{\partial}{\partial r}-\frac{\sin\theta}{r}\frac{\partial}{\partial\theta}\end{aligned} \tag{5.63}$$

が得られる．∇^2の極座標表示は上の結果を

$$\nabla^2=\frac{\partial^2}{\partial x^2}+\frac{\partial^2}{\partial y^2}+\frac{\partial^2}{\partial z^2} \tag{5.64}$$

に代入して計算すれば，かなり手間がかかるが最終的に以下のように求められる．

$$\nabla^2=\frac{\partial^2}{\partial r^2}+\frac{2}{r}\frac{\partial}{\partial r}+\frac{1}{r^2}\left[\frac{1}{\sin\theta}\frac{\partial}{\partial\theta}\left(\sin\theta\frac{\partial}{\partial\theta}\right)+\frac{1}{\sin^2\theta}\frac{\partial^2}{\partial\phi^2}\right] \tag{5.65}$$

ここで，角度θとϕだけに依存する部分を

$$\Lambda^2=\frac{1}{\sin\theta}\frac{\partial}{\partial\theta}\left(\sin\theta\frac{\partial}{\partial\theta}\right)+\frac{1}{\sin^2\theta}\frac{\partial^2}{\partial\phi^2} \tag{5.66}$$

とおく．Λ^2はルジャンドリアン(legendrian)とよばれる角度θとϕだけに関係した演算子である．Λ^2を用いてシュレーディンガー方程式を書くと

$$\left[-\frac{\hbar^2}{2m}\left(\frac{\partial^2}{\partial r^2}+\frac{2}{r}\frac{\partial}{\partial r}+\frac{1}{r^2}\Lambda^2\right)+V(r)\right]\psi=E\psi \tag{5.67}$$

と簡潔に表されるが，この式を解いてψとEを求めるには変数分離法を用いる必要がある．ポテンシャルエネルギーVがrのみに依存している場合には，波動関数は，**球面調和関数**(spherical harmonics)とよばれるrに依存しない関数$Y(\theta,\phi)$と，**動径波動関数**(radial wave function)とよばれるrにのみ依存する関数$R(r)$の積

$$\psi(r,\theta,\phi)=R(r)Y(\theta,\phi) \tag{5.68}$$

になることを使う．これをシュレーディンガー方程式に代入すると

$$\left[-\frac{\hbar^2}{2m}\left(\frac{\partial^2}{\partial r^2}+\frac{2}{r}\frac{\partial}{\partial r}+\frac{1}{r^2}\Lambda^2\right)+V(r)\right]R(r)Y(\theta,\phi)=ER(r)Y(\theta,\phi) \tag{5.69}$$

となって，極座標表示されたシュレーディンガー方程式が得られる．

例題5.12　一定半径r_0の円周上を質量mの粒子が自由に動く条件

$r=r_0$のとき$V=0$　$r\neq r_0$のとき$V=\infty$

について，シュレーディンガー方程式を解いてエネルギーと波動関数を求めよ．ただし，2次元の極座標表示($x=r\cos\theta, y=r\sin\theta$)のラプラシアンは

$$\nabla^2=\frac{\partial^2}{\partial r^2}+\frac{1}{r}\frac{\partial}{\partial r}+\frac{1}{r^2}\frac{\partial^2}{\partial\theta^2}$$

である(2次元でもラプラシアンを導出する計算はかなり大変である)．

解　$r=r_0$(一定)で$V=0$なので，rの偏微分であるラプラシアンの第1項，第2項が消えて第3項だけとなり，シュレーディンガー方程式は

$$-\frac{\hbar^2}{2mr_0^{\ 2}}\frac{\partial^2}{\partial\theta^2}\psi=E\psi$$

となる．この微分方程式は，二階微分して同じ関数が出てくるので1次元の井戸型ポテンシャルの問題(5.1.3項)と同じ形の波動関数になる．

$$\psi(\theta)=A\mathrm{e}^{ik\theta}+B\mathrm{e}^{-ik\theta},\quad k=\frac{r_0\sqrt{2mE}}{\hbar}$$

θが2π増加するごとに$\psi(\theta)$は連続でなくてはならないという境界条件から

$$\psi(\theta)=\psi(\theta+2n\pi)\quad (n\text{は整数})$$

が成立しなければならない．井戸型ポテンシャルのような固定端の境界条件と違って，1周回った後に波の位相が元と同じ値である必要があるため，**周期的境界条件**(periodic boundary condition)とよばれる．ここで，

$$Ae^{ik\theta}(1-e^{ik2n\pi})+Be^{-ik\theta}(1-e^{-ik2n\pi})=0$$

となるので，周期的境界条件が成立するためには

$$e^{\pm ik2n\pi}=1$$

とならなければならない．オイラーの式 $e^{i\theta}=\cos\theta+i\sin\theta$ を考えれば，k は整数である．よって，波動関数とエネルギーは

$$\psi(\theta)=Ae^{ik\theta}+Be^{-ik\theta},\ E=\frac{\hbar^2k^2}{2mr_0{}^2}\quad (k=0,\pm1,\pm2,\cdots)$$

となる．A および B は任意の規格化定数である．つまり，波動関数は進行方向が反対の複素指数関数の2つの波からなる．円周上の回転方向も任意である．$k=0$ のときは $E=0$ であり，回転運動には零点エネルギーは存在しない．このとき，波動関数は角度依存性を失って一定値となるが，これは円周上に均一に存在する波長が無限大の波にあたる．$\psi(\theta)$ は一方だけの波で

$$\psi(\theta)=Ae^{ik\theta}$$

と書いても周期的境界条件を満たすので，これを $0\leq\theta\leq2\pi$ の範囲で規格化して A を求めると次のようになる．

$$\psi(\theta)=\frac{1}{\sqrt{2\pi}}e^{ik\theta}\quad (k=0,\pm1,\pm2,\cdots)$$

5.2.3 球面調和関数の導出

球面調和関数とは，一定半径 r_0 の球面上のみを粒子が自由に動くという条件

$$r=r_0 \text{のとき} V=0,\quad r\neq r_0 \text{のとき} V=\infty$$

を満たす球面を覆う波の式である(**例題5.12**)．球面調和関数 $Y(\theta,\phi)$ を θ と ϕ の関数の積 $Y(\theta,\phi)=\Theta(\theta)\,\Phi(\phi)$ で表し，上の条件についてのシュレーディンガー方程式に代入して変数分離して解くことで，$Y(\theta,\phi)$ を求めることができる．

$V=0$ なので，シュレーディンガー方程式は

$$-\frac{\hbar^2}{2m}\left(\frac{\partial^2}{\partial r^2}+\frac{2}{r}\frac{\partial}{\partial r}+\frac{1}{r^2}\Lambda^2\right)R(r)Y(\theta,\phi)=ER(r)Y(\theta,\phi) \tag{5.70}$$

となり，$r=r_0$（一定）なので，∇^2 の極座標表示

$$\nabla^2=\frac{\partial^2}{\partial r^2}+\frac{2}{r}\frac{\partial}{\partial r}+\frac{1}{r^2}\Lambda^2 \tag{5.71}$$

において，r の偏微分である第1項，第2項が消えて第3項のみが残る．

$$\nabla^2=\frac{1}{r^2}\Lambda^2,\quad \Lambda^2=\frac{1}{\sin\theta}\frac{\partial}{\partial\theta}\left(\sin\theta\frac{\partial}{\partial\theta}\right)+\frac{1}{\sin^2\theta}\frac{\partial^2}{\partial\phi^2} \tag{5.72}$$

距離が一定なので波動関数 $\psi=R(r)Y(\theta,\phi)$ の動径部分は定数となり，シュレーディンガー方程式の両辺から除くことができる．

$$-\frac{\hbar}{2mr_0{}^2}\Lambda^2Y(\theta,\phi)=EY(\theta,\phi) \tag{5.73}$$

ルジャンドリアンの固有値方程式を解くために固有値を C とおく．

$$\Lambda^2Y(\theta,\phi)=CY(\theta,\phi)\quad(C\text{は実数}) \tag{5.74}$$

上の式に $Y(\theta,\phi)=\Theta(\theta)\Phi(\phi)$ を代入して，左辺に θ に関係する式を，右辺に ϕ に関係する式を集めるように変数分離する．

$$\frac{\sin\theta}{\Theta(\theta)}\frac{\partial}{\partial\theta}\left(\sin\theta\frac{\partial\Theta}{\partial\theta}\right)-C\sin^2\theta=-\frac{1}{\Phi(\phi)}\frac{\partial^2\Phi}{\partial\phi^2} \tag{5.75}$$

どちらも自由に変えられる θ と ϕ に対して上式が常に成立するのは，両辺が同じ定数になる場合である．定数を m_l^2 とおくと θ と ϕ に関する2つの微分方程式

$$\frac{\sin\theta}{\Theta(\theta)}\frac{\partial}{\partial\theta}\left(\sin\theta\frac{\partial\Theta}{\partial\theta}\right)-C\sin^2\theta=m_l{}^2,\quad -\frac{1}{\Phi(\phi)}\frac{\partial^2\Phi}{\partial\phi^2}=m_l{}^2 \qquad (5.76)(5.77)$$

が得られる．関数 $\Theta(\theta)$ と $\Phi(\phi)$ は1周回ったときに連続で，微分可能でなくてはならないという周期的境界条件を満たす必要がある．$\Phi(\phi)$ に関する微分方程式は簡単に解け，周期的境界条件から m_l は量子化される．規格化された $\Phi(\phi)$ は

$$\Phi_{m_l}(\phi)=\left(\frac{1}{2\pi}\right)^{1/2}\mathrm{e}^{\mathrm{i}m_l\phi}\quad(m_l=0,\pm1,\pm2,\cdots) \tag{5.78}$$

と表される（**例題5.13**）．

一方，$\Theta(\theta)$ の微分方程式の解法は複雑で，**ルジャンドル陪関数**(associated Legendre polynomials) とよばれる関数 $P_l^{|m_l|}$ を用いる必要がある．微分方程式を

解く過程において負でない整数lをもつ必要が生じ，周期的境界条件からlとm_lの間の関係は以下のようになる．

$$\Theta_{l,m_l}(\theta)=(-1)^{\frac{m_l+|m_l|}{2}}\sqrt{\frac{2l+1}{2}}\sqrt{\frac{(l-|m_l|)!}{(l+|m_l|)!}}\times P_l^{|m_l|}(\cos\theta) \tag{5.79}$$

$$(l=0,\ 1,\ 2,\ \cdots,\ m_l=0,\ \pm1,\ \pm2,\ \cdots,\ \pm l)$$

$\Theta_{l,m_l}(\theta)$と$\Phi_{l,m_l}(\phi)$の積である$Y(\theta,\phi)$もlとm_lを含むことになる．量子数lは方位量子数であり，m_lは磁気量子数である．規格化された球面調和関数を表5.2に

表5.2　球面調和関数

l	m_l	記号	$Y_{l,m_l}(\theta,\phi)$	実関数表示
0	0	s	$\left(\frac{1}{4\pi}\right)^{1/2}$	$\left(\frac{1}{4\pi}\right)^{1/2}$
1	0	p	$\left(\frac{3}{4\pi}\right)^{1/2}\cos\theta$	$\left(\frac{3}{4\pi}\right)^{1/2}\cos\theta$
	±1		$\mp\left(\frac{3}{8\pi}\right)^{1/2}\sin\theta\ e^{\pm i\phi}$	$\left(\frac{3}{4\pi}\right)^{1/2}\sin\theta\cos\phi$, $\left(\frac{3}{4\pi}\right)^{1/2}\sin\theta\sin\phi$
2	0	d	$\left(\frac{5}{16\pi}\right)^{1/2}(3\cos^2\theta-1)$	$\left(\frac{5}{16\pi}\right)^{1/2}(3\cos^2\theta-1)$
	±1		$\mp\left(\frac{15}{8\pi}\right)^{1/2}\cos\theta\sin\theta\ e^{\pm i\phi}$	$\left(\frac{15}{8\pi}\right)^{1/2}\cos\theta\sin\theta\cos\phi$, $\left(\frac{15}{8\pi}\right)^{1/2}\cos\theta\sin\theta\sin\phi$
	±2		$\left(\frac{15}{32\pi}\right)^{1/2}\sin^2\theta\ e^{\pm2i\phi}$	$\left(\frac{15}{16\pi}\right)^{1/2}\sin^2\theta\cos2\phi$, $\left(\frac{15}{16\pi}\right)^{1/2}\sin^2\theta\sin2\phi$
3	0	f	$\left(\frac{7}{16\pi}\right)^{1/2}(5\cos^3\theta-3\cos\theta)$	$\left(\frac{7}{16\pi}\right)^{1/2}(5\cos^3\theta-3\cos\theta)$
	±1		$\mp\left(\frac{21}{64\pi}\right)^{1/2}(5\cos^2\theta-1)\sin\theta\ e^{\pm i\phi}$	$\left(\frac{21}{32\pi}\right)^{1/2}(5\cos^2\theta-1)\sin\theta\cos\phi$, $\left(\frac{21}{32\pi}\right)^{1/2}(5\cos^2\theta-1)\sin\theta\sin\phi$
	±2		$\left(\frac{105}{32\pi}\right)^{1/2}\sin^2\theta\cos\theta\ e^{\pm2i\phi}$	$\left(\frac{105}{16\pi}\right)^{1/2}\sin^2\theta\cos\theta\cos2\phi$ $\left(\frac{105}{16\pi}\right)^{1/2}\sin^2\theta\cos\theta\sin2\phi$
	±3		$\mp\left(\frac{35}{64\pi}\right)^{1/2}\sin^3\theta\ e^{\pm3i\phi}$	$\left(\frac{35}{32\pi}\right)^{1/2}\sin^3\theta\cos3\phi$, $\left(\frac{35}{32\pi}\right)^{1/2}\sin^3\theta\sin3\phi$

示す．最終的に，球面調和関数$Y_{l,m_l}(\theta, \phi)$に対するΛ^2の固有値Cは$-l(l+1)$となって，固有値方程式は

$$\Lambda^2 Y_{l,m_l}(\theta, \phi) = -l(l+1) Y_{l,m_l}(\theta, \phi) \quad (l = 0, 1, 2, \cdots) \tag{5.80}$$

となる．Λ^2は固有値が負の整数値$-l(l+1)$ $(l=0, 1, 2, \cdots)$となるエルミート演算子で，固有関数は球面調和関数になっている．

例題5.13　球面調和関数を変数分離して得られる次式を解いてΦを求めよ．

$$-\frac{1}{\Phi}\frac{\partial^2 \Phi}{\partial \phi^2} = m_l^2$$

解　微分方程式の一般解は**例題5.12**と同じで，波動関数は以下のようになる．

$$\Phi(\phi) = A\mathrm{e}^{\mathrm{i}m_l\phi} + B\mathrm{e}^{-\mathrm{i}m_l\phi}$$

この関数は，周期的境界条件$\Phi(\phi) = \Phi(\phi + 2n\pi)$（$n$は整数）から$\mathrm{e}^{\mathrm{i}m_l 2n\pi} = 1$を満たす必要があるので，$m_l = 0, \pm 1, \pm 2, \cdots$となる．$\Phi(\phi) = A\mathrm{e}^{\mathrm{i}m_l\phi}$と書いて$0 \leq \theta \leq 2\pi$の範囲で規格化定数$A$を計算すると

$$\int_0^{2\pi} \Phi^*(\phi)\Phi(\phi)\,\mathrm{d}\phi = \int_0^{2\pi} A\mathrm{e}^{-\mathrm{i}m_l\phi} A\mathrm{e}^{\mathrm{i}m_l\phi}\,\mathrm{d}\phi = 1 \rightarrow A = \left(\frac{1}{2\pi}\right)^{1/2}$$

例題5.14　一定半径r_0の球面上のみを粒子が自由に動く条件

$$r = r_0 \text{のとき} V = 0, \quad r \neq r_0 \text{のとき} V = \infty$$

における回転のエネルギーを求めよ．

解　半径r_0の球面上に束縛されている粒子のシュレーディンガー方程式は

$$-\frac{\hbar^2}{2mr_0^{\ 2}}\Lambda^2 Y_{l,m_l}(\theta, \phi) = EY_{l,m_l}(\theta, \phi)$$

となる．**例題5.12**の結果と，Λ^2の固有値は$-l(l+1)$であること，および慣性モーメント$I = mr^2$を用いて回転のエネルギーEを書くと

$$E = \frac{\hbar^2}{2mr_0^{\ 2}}l(l+1) = \frac{\hbar^2}{2I}l(l+1) \quad (l = 0, 1, 2, \cdots)$$

となる．回転のエネルギーはlのみに依存し，m_lの個数である$(2l+1)$重に縮退している．$l=0$のとき$E=0$となるので，3次元の回転のエネルギーに

も零点エネルギーがない．古典物理学における角運動量Lで回転する粒子のエネルギー

$$E=\frac{1}{2}I\omega^2=\frac{L^2}{2I}$$

との対応を考えると，演算子$-\hbar^2\Lambda^2$の固有値は角運動量の二乗になることが示唆される(6.2.3項参照)．

5.2.4　球面調和関数の基本形状

球面調和関数Y_{l,m_l}には球面上を動く自由粒子という周期的境界条件があるため，方位量子数lと磁気量子数m_lが式に現れる．

$$Y_{l,m_l}(\theta,\phi)=\Theta_{l,m_l}(\theta)\Phi_{m_l}(\phi)\quad(l=0,1,2,\cdots,\quad m_l=0,\pm1,\pm2,\cdots,\pm l)\qquad(5.81)$$

Y_{l,m_l}は互いに直交しており，これらの線形結合を使えば，球面上に存在するあらゆる波を表すことができる，という完全直交性(complete orthogonal)をもつ．$m_l=0$のときは$\exp(-\mathrm{i}m_l\phi)$の項が消えるのでϕ依存性はなく実関数であるが，$m_l\neq0$のときは$Y_{l,\pm m_l}$は複素関数である(表5.2)．ただし，複素共役の関係にある$Y_{l,+m_l}$と$Y_{l,-m_l}$の線形結合から2つの直交する実関数の組に変換できる(**例題5.15**)．球面調和関数は，波(粒子)が球面上のどの方向にどれだけ分布しているかの情報を示しており，それを1つの球面上に疎密で表示したのが図5.7である．例えば，l=1，$m_l=0$の球面には，北極と南極の両極にもっとも高く分布し，赤道方向は分布が0で節となる．関数の符号によって正と負が生じ，位相変化によっ

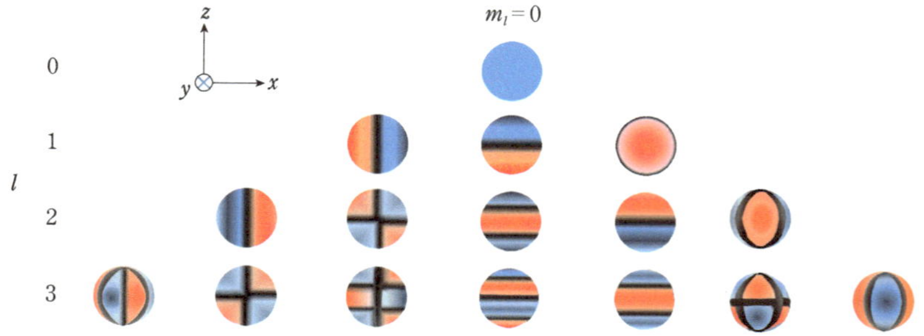

図5.7　球面調和関数(実関数)の球表示
色の違いは波動関数の符号の違いを示す．

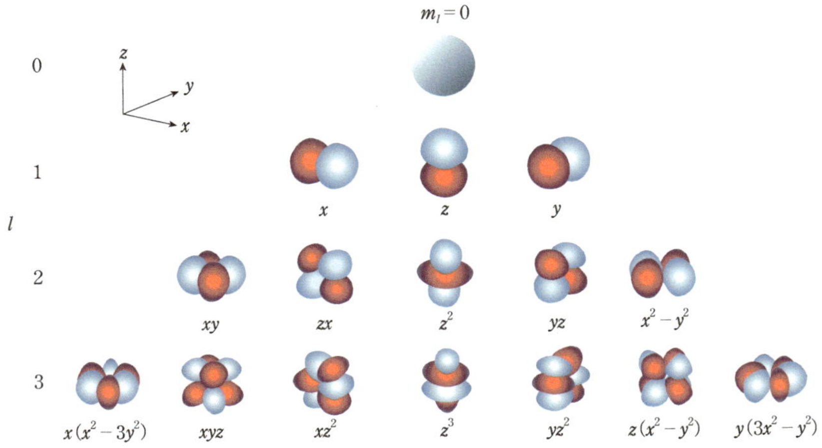

図5.8　球面調和関数(実関数)の確率分布 $Y^*_{l,m_l}Y_{l,m_l}$

て球面上に節(球面の黒い線)が生じる．lは軌道の基本形状を規定し，それぞれの基本形状がもつ節(方位節，angular node)の数でもある．$l=1$の場合には球面は2つの半球に分割される．lとm_lは軌道角運動量の量子化と関係している(6.2節)．

球面調和関数の二乗$|Y_{l,m_l}|^2=Y^*_{l,m_l}Y_{l,m_l}$(ただし，$m_l\neq 0$の場合は$Y_{l,\pm m_l}$の線形結合で得られる実関数の二乗)を求めて，球面上の確率密度の分布を可視化するために，(θ,ϕ)方向において原点からの距離が$|Y_{l,m_l}|^2$となる点を結んで3次元座標で表記すると図5.8のようになる．lによって基本形状は異なり，$l=0, 1, 2, 3$はそれぞれs(sharp)軌道，p(principal)軌道，d(diffuse)軌道，f(fundamental)軌道とよばれる．これらの図形には3次元空間の距離情報は含まれておらず，角度(θ,ϕ)方向への分布の大きさを示していることに注意する．図5.7の球面に現れた方位節が図5.8の図形では節面となっており，二乗する前の実関数の正負の符号の情報を色の違いで示してある．

(i) s軌道($l=0$)

s軌道にはϕ依存性はなく，基本形状は原点を中心にした球対称の形となる．

(ii) p軌道($l=1$)

$l=1$ではm_lは$-1, 0, +1$の3つの値をとる．このことはp軌道が3重に縮退していることを示している．p軌道は互いに直交する3つの軌道からなり，同じエネルギー固有値をもつ．$l=1$で$m_l=0$のときの$Y_{1,0}$は実関数でϕ依存性はなく，

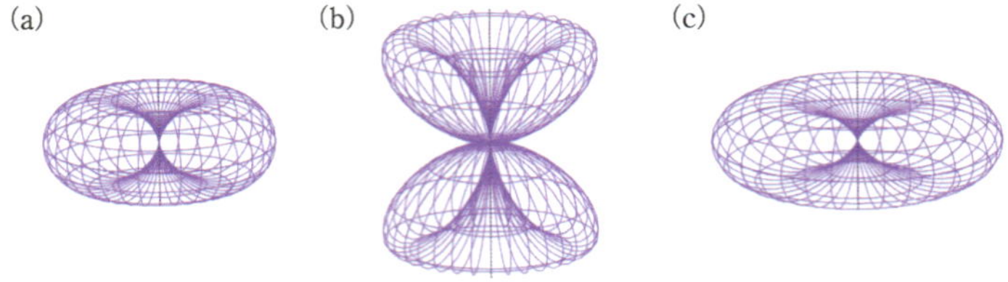

図5.9　球面調和関数の確率分布 ($Y^*_{l,m_l}\,Y_{l,m_l}$)
(a) $l=1, m_l=\pm 1$,　(b) $l=2, m_l=\pm 1$,　(c) $l=2, m_l=\pm 2$

$|Y_{1,0}|^2$ はp軌道では原点のところで節面を1つもち，z軸回りで回転対称なダンベルのような形となる．$l=1, m_l=\pm 1$ のときの関数 $Y_{1,\pm 1}$ は虚部をもつが（表5.2），二乗すると ϕ への依存性はなくなり，これも z 軸回りの回転体となる．$Y_{1,\pm 1}$ の複素共役には $Y^*_{1,1}=-Y_{1,-1}$，$Y^*_{1,-1}=-Y_{1,1}$ の関係があるため $Y^*_{1,1}Y_{1,1}=Y^*_{1,-1}Y_{1,-1}$ となり，二乗は同じ関数でその形状は中央部分がへこんだ穴の開いていないドーナツのような形状（トーラス：torus）になる（図5.9(a)）．縮退している波動関数には数学的に多くの表現が可能であり，**例題5.15**のように線形結合をとって空間的に互いに直交する3つの実関数を基底関数として表すことが多い．3つの波動関数に空間の添え字 x, y, z をつけて p_x, p_y, p_z と表記される（図5.8）．極座標表示したときの天頂角 θ を z 軸からの角度としてとることが多いので，p_z を $m_l=0$ にあてるのが一般的であるが，まったく便宜上の問題である．

(iii) d軌道 ($l=2$)

$l=2$ であるd軌道はM殻以上だけにあり，5重に縮退した軌道 ($m_l=0, \pm 1, \pm 2$) である．表5.2のd軌道の関数も $l=2, m_l=0$ では実関数で，二乗 $Y^*_{l,m_l}\,Y_{l,m_l}$ の形状はダンベルに輪が通った面白い形になる（図5.8）．$l=2, m_l=\pm 1$ の形状は中国ゴマを立てたような形になり（図5.9(b)），$l=2, m_l=\pm 2$ の形状は平たいトーラス体になる（図5.9(c)）．p軌道を空間的に直交する3つの方向で表したのと同じく，d軌道も空間的な広がりの方向の違いによって，d_{z^2}, d_{yz}, d_{zx}, $d_{x^2-y^2}$, d_{xy} という表記で代表することが多い．d軌道は節面を2つもち，$m_l=0$ である d_{z^2} 以外は，四つ葉のクローバーのような形をしている．$l=2, m_l=\pm 1$ を代表する波動関数の組は d_{yz} と d_{zx}, $l=2, m_l=\pm 2$ は $d_{x^2-y^2}$ と d_{xy} で代表される．

(iv) f軌道 ($l=3$)

$l=3$ であるf軌道はN殻以上だけにあり，それぞれのf軌道について m_l が7つ ($m_l=0, \pm 1, \pm 2, \pm 3$) で，その形状はかなり複雑であり，節面は3つである．f軌道の$Y^*_{l,m_l}Y_{l,m_l}$もz軸回りの4つの回転体に集約されるが，7つの実関数f_{z^3}，f_{xz^2}，f_{yz^2}，$\mathrm{f}_{z(x^2-y^2)}$，f_{xyz}，$\mathrm{f}_{x(x^2-3y^2)}$，$\mathrm{f}_{y(3x^2-y^2)}$で表記されることが多い．

例題5.15　$Y_{1,\pm1}(\theta,\phi)=\mp\left(\dfrac{3}{8\pi}\right)^{1/2}\sin\theta\ \mathrm{e}^{\pm\mathrm{i}\phi}$の線形結合をとって実関数の式を求めよ．

解　オイラーの式$\mathrm{e}^{\mathrm{i}\theta}=\cos\theta+\mathrm{i}\sin\theta$を用いて複素指数関数を三角関数に変換し，規格化定数を求めると表5.2の実関数の式が得られる．

$$\mathrm{p}_x:\frac{1}{\sqrt{2}}(Y_{1,-1}-Y_{1,1})=\left(\frac{3}{4\pi}\right)^{1/2}\sin\theta\cos\phi$$

$$\mathrm{p}_y:\frac{\mathrm{i}}{\sqrt{2}}(Y_{1,-1}+Y_{1,1})=\left(\frac{3}{4\pi}\right)^{1/2}\sin\theta\sin\phi$$

5.2.5 極座標表示されたシュレーディンガー方程式の解法

極座標表示されたシュレーディンガー方程式

$$\left[-\frac{\hbar^2}{2m}\left(\frac{\partial^2}{\partial r^2}+\frac{2}{r}\frac{\partial}{\partial r}+\frac{1}{r^2}\Lambda^2\right)+V(r)\right]R(r)Y_{l,m_l}(\theta,\phi)=ER(r)Y_{l,m_l}(\theta,\phi) \tag{5.82}$$

に対して球面調和関数$Y_{l,m_l}(\theta,\phi)$のΛ^2に対応する固有値が$-l(l+1)$であることを用いると，演算子は距離rのみを変数にもつために両辺を$Y_{l,m_l}(\theta,\phi)$で割ることができるので，両辺から$Y_{l,m_l}(\theta,\phi)$が消えて

$$\left[-\frac{\hbar^2}{2m}\left\{\frac{\partial^2}{\partial r^2}+\frac{2}{r}\frac{\partial}{\partial r}-\frac{l(l+1)}{r^2}\right\}+V(r)\right]R(r)=ER(r) \tag{5.83}$$

となる．このポテンシャルエネルギー$V(r)$を含んだrのみの式を**動径波動方程式**(radial wave equation)という．$V(r)$に依存して動径波動関数の形状は変化し，$V(r)$がクーロンポテンシャルの場合には水素原子の動径波動関数を与える(第6章で詳説する)．3次元の調和振動子型ポテンシャルならば

$$\left[-\frac{\hbar^2}{2m}\left\{\frac{\partial^2}{\partial r^2}+\frac{2}{r}\frac{\partial}{\partial r}-\frac{l(l+1)}{r^2}\right\}+\frac{1}{2}kr^2\right]R(r)=ER(r) \tag{5.84}$$

を解くことによって$R(r)$が得られる．3次元調和振動子の$R(r)$は方位量子数lのほかに，無限遠ではエネルギーが0になるという境界条件により動径方向の量子数である動径量子数n_r ($n_r=0, 2, 4, \cdots$)を含む．n_rは動径波動関数の節(動径節，radial node)の数を表していて，動径節の増加とともにエネルギーは増加する．

$R_{n_r,l}$ に Y_{l,m_l} をかけることで3次元の調和振動子の波動関数を極座標表示でも得ることができる．

以上のように，球面調和関数はポテンシャルが空間の1点からの距離 r にのみ依存しているシュレーディンガー方程式の固有関数には必ず現れてくる基本形状であり，ポテンシャルの形状にはよらない．ポテンシャルが空間の1点からの距離だけに依存している場合には，変数分離して動径波動方程式を解くことで系のエネルギー E と固有関数 $R(r)$ が求められ，最終的に波動関数 ψ は $R(r)$ と $Y(\theta, \phi)$ の積として求められる．

コラム　3次元調和振動子の波動関数の形状と量子数

3次元調和振動子の波動関数は，直交座標によって x, y, z 方向の量子数 v_1, v_2, v_3 ($v_i = 0, 1, 2, \cdots$) を用いて ψ_{v_1,v_2,v_3} と表記できるが，極座標表示で解いて，球面調和関数の量子数 l, m_l と動径波動関数の量子数 n_r ($n_r = 0, 2, 4, \cdots$) を用いて ψ_{n_r,l,m_l} とも表記できる珍しい例である．エネルギーと量子数の関係は，直交座標では

$$E = \hbar\omega(v_1 + v_2 + v_3) + \frac{3}{2}\hbar\omega$$

と表記でき，極座標では

$$E = \hbar\omega(n_r + l) + \frac{3}{2}\hbar\omega$$

で表記できる．$n = v_1 + v_2 + v_3 = n_r + l$ とおくと，主量子数 n によってエネルギーが決まる．波動関数 ψ_{v_1,v_2,v_3} と $R_{n_r,l}Y_{l,m_l}$ ($= \psi_{n_r,l,m_l}$) との対応を量子数でまとめたものが表5.3である．一番低いエネルギーにあたる $n = 0$ のときの $\Psi_{0,0,0}$ は極座標では $R_{0,0}Y_{0,0}$ で表されるため，基本形状はsで球対称であることがわかる．$n = 1$ のとき $\psi_{1,0,0}$, $\psi_{0,1,0}$, $\psi_{0,0,1}$ は縮退していて，それらはすべて $R_{0,1}Y_{1,m_l}$ で表されるので，基本形状はpである．ただし，ψ_{v_1,v_2,v_3} と ψ_{n_r,l,m_l} は1対1対応ではなく，**例題5.15**のように，$\psi_{0,0,1}$ は $R_{0,1}Y_{1,0}$ に対応しているものの，$\psi_{1,0,0}$, $\psi_{0,1,0}$ はそれぞれ $R_{0,1}Y_{1,1}$ と $R_{0,1}Y_{1,-1}$ の線形結合で表される．$n = 2$ のときは6重に縮退している．それらは $R_{2,0}Y_{0,0}$, $R_{0,2}Y_{2,0}$, $R_{0,2}Y_{2,\pm1}$, $R_{0,2}Y_{2,\pm2}$ の6つの波動関数の線形結合で表される．$\psi_{1,1,0}$, $\psi_{1,0,1}$, $\psi_{0,1,1}$ は $R_{0,2}Y_{2,m_l}$ の線形結合だけで表記されてdのみからなるが，$\psi_{2,0,0}$, $\psi_{0,2,0}$, $\psi_{0,0,2}$ は，$R_{2,0}Y_{0,0}$ と $R_{0,2}Y_{2,m_l}$ の線形結合で表記されるのでsとdをあわせもっている．$n = 3$ のときは10重に縮退している．$R_{0,3}Y_{3,m_l}$ と $R_{2,1}Y_{1,m_l}$ の線形結合で表記されるのでfとpの組み合わせである．ただし，$\psi_{1,1,1}$ だけは $R_0Y_{3,\pm2}$ の線形結合で表記されるので，fだけからなる．

表 5.3　3次元調和振動子の波動関数における量子数と形状の関係

n	(v_1, v_2, v_3)	形　状	n_r	l	m_l
0	(0, 0, 0)	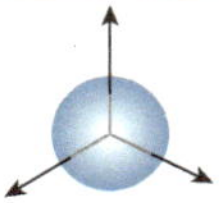	0	0	0
1	(1, 0, 0) (0, 1, 0) (0, 0, 1)	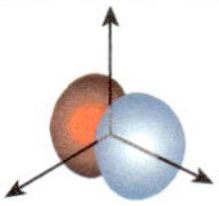	0	1	0 ±1
2	(1, 1, 0) (1, 0, 1) (0, 1, 1)	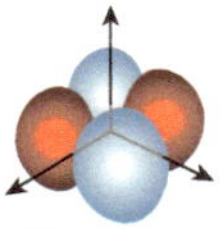	0	2	0 ±1 ±2
	(2, 0, 0) (0, 2, 0) (0, 0, 2)	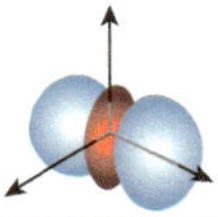	2	0	0
3	(2, 1, 0) (2, 0, 1) (1, 2, 0) (1, 0, 2) (0, 1, 2) (0, 2, 1)	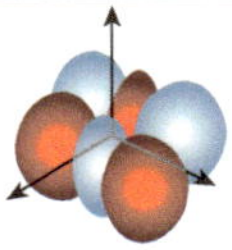	0	3	0 ±1 ±2 ±3
	(3, 0, 0) (0, 3, 0) (0, 0, 3)	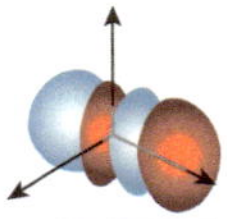			
	(1, 1, 1)	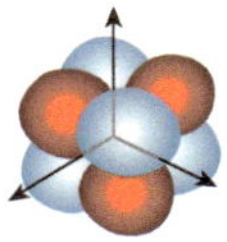	2	1	0 ±1

例題 5.16　$n=4$ の 3 次元調和振動子の波動関数の縮退度を述べよ．

解　v_1, v_2, v_3 の組み合わせで考えると，(4, 0, 0)，(3, 1, 0)，(2, 2, 0)，(2, 1, 1) の 4 通りがあり，それぞれが 3, 6, 3, 3 重に縮退しているので 15 重に縮退している．n_r, l の組み合わせから考えると，$n_r=0, l=4$; $n_r=2, l=2$; $n_r=4, l=0$ の 3 通りで，それぞれ 9, 5, 1 重の合計 15 重に縮退している．

章末問題

5.1 空間のある1点からの距離のみに依存するポテンシャル（例えば，調和振動子型ポテンシャルやクーロンポテンシャル）の下でシュレーディンガー方程式を解いたときに出てくる2つの波動関数について述べよ．

5.2 質量 m の1次元の自由粒子の運動の一般解を求めよ．

5.3 高さ V の矩形ポテンシャルが $0 \leq x \leq L$ の範囲にあるときに，$x = -\infty$ から正の向きに V よりエネルギー E が低い粒子が入射した場合のトンネル効果について述べよ．ただし，領域 $x < 0$ と $L < x$ では $V = 0$ とせよ．

5.4 $L_1 = L_2$ および $L_1 = 2L_2$ の2次元井戸型ポテンシャル中の質量 m の自由粒子のエネルギー準位と量子数を図示せよ．

5.5 1次元調和振動子の波動関数と確率密度の形状を $\upsilon = 0, 1, 2, 3$ のときについて書け．

5.6 ルジャンドリアン Λ^2 の固有関数の名称と固有値を答えよ．

5.7 球面調和関数の量子数 l, m_l と記号 s, p, d, f および節の数の関係について述べよ．

5.8 球面調和関数の3次元波動関数表示（$|Y_{l,m_l}|^2$）を $l = 0, 1, 2, 3$ について書け．

5.9 以下の球面調和関数の二乗 $Y^*_{l,m_l} Y_{l,m_l}$ の形状を描け．

(1) $l = 1, m_l = \pm 1$　(2) $l = 2, m_l = \pm 1$　(3) $l = 2, m_l = \pm 2$

5.10 直交座標表示で求めたときの3次元調和振動子のエネルギーを波動関数の量子数 $\upsilon_1, \upsilon_2, \upsilon_3$ で表せ．また，極座標表示で求めたときのエネルギーを波動関数の量子数 n_r, l, m_l で表せ．

第6章　水素類似原子の電子軌道

前章では，さまざまなモデルについてのシュレーディンガー方程式を解き，得られる情報の具体例を学んだ．本章ではまず，シュレーディンガー方程式を用いて水素原子の波動関数とエネルギーを求め，ボーアの原子モデルの結果を確認して電子軌道の形状の特徴を学ぶ．その後，水素原子の輝線スペクトルにおける微細構造を説明するために必要な角運動量について学ぶ．

電子の波動関数（＝電子軌道）は，1932年にマリケン（R. S. Mulliken, 1896〜1986, 1966化）によって**オービタル**（orbital）と名づけられた．その形状は$|\psi|^2$に従って空間に広がる確率分布で示される．それは軌道（orbit）とよべるようなものではないが，日本ではオービタルも「軌道」と訳されている．原子の電子軌道は**原子軌道**（atomic orbital, AO）と呼ばれ，分子の電子軌道は，**分子軌道**（molecular orbital, MO）とよばれる．原子軌道については第7章で，分子軌道については第8章で詳細に説明する．

6.1　水素類似原子のシュレーディンガー方程式

原子番号がZで，電子を1個だけもつ水素類似原子におけるポテンシャルエネルギーは，電子と原子核（陽子）によるクーロンポテンシャルである．原子核と電子は別々に運動しているが，それらの間の相対的な位置関係だけに注目して次のシュレーディンガー方程式を解く（ボルン−オッペンハイマー近似，4.2.4項）．

$$\left[-\frac{\hbar^2}{2\mu}\nabla^2-\frac{Ze^2}{4\pi\varepsilon_0 r}\right]\psi(\boldsymbol{r})=E\psi(\boldsymbol{r}) \tag{6.1}$$

ここで，μは換算質量であるが，陽子と電子の質量比（1840 : 1）から，ほぼ電子の質量m_eに等しい．この方程式の解法については次節で述べるが，得られた水素原子の基底状態（1s軌道）の波動関数から電子の確率分布を求めると，ボーア半径（$a_0 = 0.053$ nm）において分布が一番高くなる（**例題6.2**）．これは，クーロンポテンシャルエネルギーVによって電子は原子核になるべく近づいて安定になろうとするが，ボーア半径より狭い範囲に電子を閉じ込めると電子の運動エネルギー

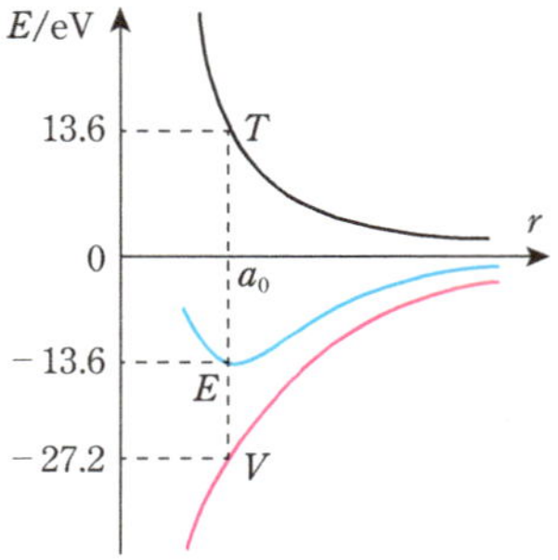

図6.1　水素原子の基底状態のエネルギー

Tは急激に大きくなり(**例題5.11**)，Vの減少量を上回るために，TとVの和であるEに極小値が現れることによる(図6.1)．ボーア半径では$V=-2T$のビリアル定理(**例題2.7**)が成立している．運動エネルギーとクーロンエネルギーの兼ね合いによって生じるエネルギーの極小値が存在するために，電子が原子核に引きつけられずに一定の軌道を回るとしたボーアの量子条件(2.2.2項)は成立する．

6.1.1　水素類似原子の動径波動関数と動径分布関数

クーロンポテンシャルエネルギーは中心からの距離rに依存するので，r, θ, ϕを用いた極座標で表す．波動関数$\psi(r, \theta, \phi)$を角度に依存する球面調和関数$Y_{l,m_l}(\theta, \phi)$と，距離に依存する動径波動関数$R(r)$の積で表し，それをシュレーディンガー方程式に代入すると動径波動方程式

$$\left[-\frac{\hbar^2}{2m_\mathrm{e}}\left\{\frac{\partial^2}{\partial r^2}+\frac{2}{r}\frac{\partial}{\partial r}-\frac{l(l+1)}{r^2}\right\}-\frac{Ze^2}{4\pi\varepsilon_0 r}\right]R(r)=ER(r)\quad(l=0,1,2,\cdots)\qquad(6.2)$$

が得られる(5.2.5項参照)．動径波動方程式は$Y_{l,m_l}(\theta, \phi)$のΛ^2に対応する固有値$-l(l+1)$を含んでいるため，得られる電子のエネルギーEと動径波動関数$R(r)$はlの値によって異なる．動径波動関数の計算においては，簡略化のためにボーア半径をa_0とし，rの代わりにρ_nを導入する．

$$a_0=\frac{4\pi\varepsilon_0\hbar^2}{m_\mathrm{e}e^2}=52.9\ \mathrm{pm},\quad \rho_n=\frac{2Z}{na_0}r\qquad(6.3)$$

水素類似原子の$R(r)$を決定する計算においては，次の2つを境界条件とする．

- 原子核と電子の間の距離rが大きいところで，$R(r)$は0に漸近する．
- $l=0$のとき$R(r)$は原点で値をもつが，$l\neq 0$のときは原点付近で$R(r)$は0に収束する．

これらの境界条件を満たすためには，$R(r)$は動径量子数n_r（$=0, 1, 2, \cdots$）を含む必要がある（5.2.5項）．n_rは$R(r)$の動径節の数に対応しており，動径方向へのエネルギー変化に関連している．固有値であるエネルギーEは量子数としてn_rとlを含む

$$E = -\frac{Z^2 \mu e^4}{32\pi^2 \varepsilon_0{}^2 \hbar^2 (n_r + l + 1)^2} \quad (n_r = 0, 1, 2, \cdots, \quad l = 0, 1, 2, \cdots) \tag{6.4}$$

と表される．ここで，主量子数$n = n_r + l + 1$とするとボーアモデルによる水素類似原子のエネルギーの式

$$E_n = -\frac{Z^2 \mu e^4}{32\pi^2 \varepsilon_0{}^2 \hbar^2 n^2} \quad (n = 1, 2, 3, \cdots) \tag{6.5}$$

と一致し，$l = n - n_r - 1$より$l \leq n - 1$の条件も出てきて，$l = 0, 1, \cdots, n-1$となる．球面調和関数の性質（5.2.4項）から，それぞれのlに対して$m_l = 0, \pm 1, \cdots, \pm l$の$2l+1$個の$m_l$の状態が縮退しているため，水素類似原子のエネルギー準位図は図6.2のようになる．主量子数nが水素類似原子の軌道の大きさとエネルギーを規定し，$n = 1, 2, 3, \cdots$がそれぞれK殻，L殻，M殻，…に対応するため，エネルギーは主量子数nだけで決まると表現されるが，実際は，方位量子数lはnの中に含まれていて（$n = n_r + l + 1$），動径量子数n_rとともに主量子数nに関与している．

動径波動関数もnとlを用いて$R_{n,l}(r)$と表されるのが一般的であり，$R_{n,l}(r)$は

$$R_{n,l}(r) = N_{n,l} \mathrm{e}^{-\rho/2} \rho_n{}^l L_{n+l}^{2l+1}(\rho_n) \tag{6.6}$$

と略記される（表6.1）．$N_{n,l}$は規格化定数，$L_{n+l}^{2l+1}(\rho_n)$は**ラゲール陪多項式**（associated Laguerre polynomials）とよばれる関数で，ラゲールの微分方程式の解である

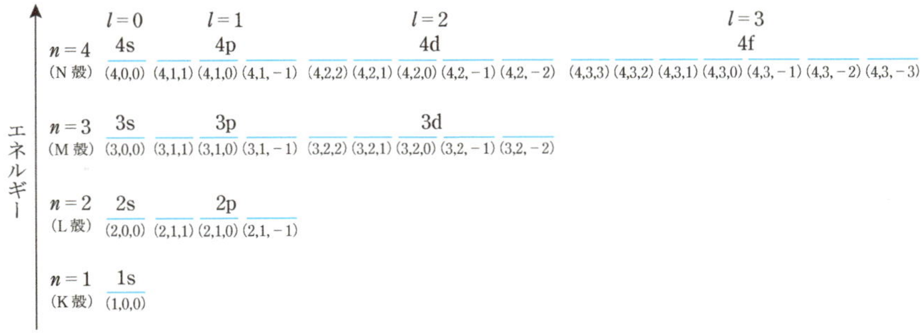

図6.2　水素類似原子のエネルギー準位と量子数n, l, m_l

表6.1　動径波動関数と量子数の対応

軌道	動径波動関数 $R_{n,l}(r)$	n_r	l	n
1s	$R_{10}(r)=\left(\dfrac{Z}{a_0}\right)^{3/2}\mathrm{e}^{-\rho_n/2}\cdot 2$	0	0	1
2s	$R_{20}(r)=\left(\dfrac{Z}{a_0}\right)^{3/2}\mathrm{e}^{-\rho_n/2}\cdot\dfrac{1}{2\sqrt{2}}(2-\rho_n)$	1	0	2
2p	$R_{21}(r)=\left(\dfrac{Z}{a_0}\right)^{3/2}\mathrm{e}^{-\rho_n/2}\cdot\dfrac{1}{2\sqrt{6}}\rho_n$	0	1	2
3s	$R_{30}(r)=\left(\dfrac{Z}{a_0}\right)^{3/2}\mathrm{e}^{-\rho_n/2}\cdot\dfrac{1}{9\sqrt{3}}(6-6\rho_n+\rho_n{}^2)$	2	0	3
3p	$R_{31}(r)=\left(\dfrac{Z}{a_0}\right)^{3/2}\mathrm{e}^{-\rho_n/2}\cdot\dfrac{1}{9\sqrt{6}}(4-\rho_n)\rho_n$	1	1	3
3d	$R_{32}(r)=\left(\dfrac{Z}{a_0}\right)^{3/2}\mathrm{e}^{-\rho_n/2}\cdot\dfrac{1}{9\sqrt{30}}\rho_n{}^2$	0	2	3
4s	$R_{40}(r)=\left(\dfrac{Z}{a_0}\right)^{3/2}\mathrm{e}^{-\rho_n/2}\cdot\dfrac{1}{96}(24-36\rho_n+12\rho_n{}^2-\rho_n{}^3)$	3	0	4
4p	$R_{41}(r)=\left(\dfrac{Z}{a_0}\right)^{3/2}\mathrm{e}^{-\rho_n/2}\cdot\dfrac{1}{32\sqrt{15}}(20-10\rho_n+\rho_n{}^2)\rho_n$	2	1	4
4d	$R_{42}(r)=\left(\dfrac{Z}{a_0}\right)^{3/2}\mathrm{e}^{-\rho_n/2}\cdot\dfrac{1}{96\sqrt{5}}(6-\rho_n)\rho_n{}^2$	1	2	4
4f	$R_{43}(r)=\left(\dfrac{Z}{a_0}\right)^{3/2}\mathrm{e}^{-\rho_n/2}\cdot\dfrac{1}{96\sqrt{35}}\rho_n{}^3$	0	3	4

ラゲールの多項式から導出される．この解法はかなり複雑だが，エルミート微分方程式を満たすエルミート多項式を用いて調和振動子の波動関数を求めた手順(5.1.4節)とよく似た手法である．$R_{n,l}(r)$はrが小さいところでは，ρ_n^lが0に漸近する(ただし$l\neq 0$)．そのため，$l\geq 1$であるp, d, f軌道は原点付近で$R_{n,l}(r)$はすべて0となるが，$l=0$であるs軌道は原点付近で値をもつ．

エネルギーのもっとも低い$n=1$のときは，$n_r=l=0$であり$R(r)$も$Y(\theta,\phi)$も節をもたない．$n=2$のときは，$n_r=1, l=0$(2s軌道)と$n_r=0, l=1$(2p軌道)が縮退している．2s軌道は$R(r)$に動径節を1つもつが$Y(\theta,\phi)$には方位節がなく，2p軌道は$R(r)$には動径節をもたないが$Y(\theta,\phi)$に方位節を1つもつ．$n=3$の3s, 3p, 3d軌道では，$Y(\theta,\phi)$と$R(r)$の節の数の和は2であり，$n=4$では3つの節がある．

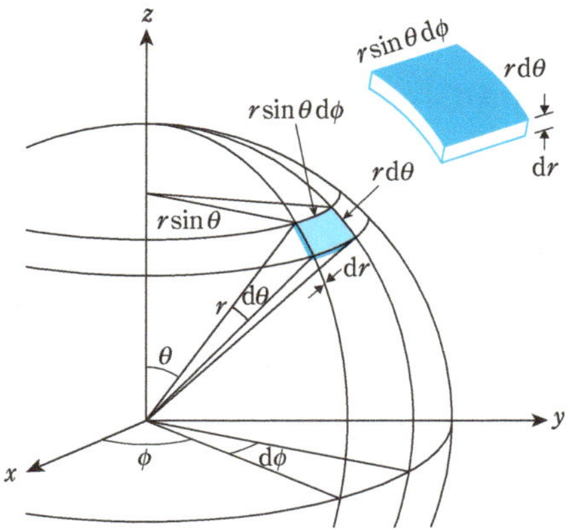

図 6.3　極座標表示の体積要素

量子数が大きくなると，節の数が多くなりエネルギーが高くなるのは，井戸型ポテンシャルや調和振動子型ポテンシャルを含むシュレーディンガー方程式を解いたときに得られた結果(第 5 章)と同じである．

波動関数を極座標で規格化するときには，図 6.3 に示す極座標表示の体積要素 $\mathrm{d}\tau$

$$\mathrm{d}\tau = r^2 \mathrm{d}r \sin\theta\, \mathrm{d}\theta\, \mathrm{d}\phi \tag{6.7}$$

が用いられる．波動関数の規格化条件は

$$\int_0^\infty \int_0^\pi \int_0^{2\pi} \psi^*(r, \theta, \phi)\psi(r, \theta, \phi) r^2\, \mathrm{d}r \sin\theta\, \mathrm{d}\theta\, \mathrm{d}\phi = 1 \tag{6.8}$$

であり，変数分離された波動関数を代入すると

$$\int_0^\infty R^*(r)R(r)r^2\, \mathrm{d}r \int_0^\pi \int_0^{2\pi} Y^*(\theta, \phi)Y(\theta, \phi)\sin\theta\, \mathrm{d}\theta\, \mathrm{d}\phi = 1 \tag{6.9}$$

と表される．規格化定数は，変数分離した次の式から $R(r)$ と $Y(\theta, \phi)$ の両方が規格化条件を満たすように決める．

$$\int_0^\infty R^*(r)R(r)r^2\, \mathrm{d}r = 1, \quad \int_0^\pi \int_0^{2\pi} Y^*(\theta, \phi)Y(\theta, \phi)\sin\theta\, \mathrm{d}\theta\, \mathrm{d}\phi = 1 \tag{6.10}$$

例題6.1　$R_{1,0}=N\mathrm{e}^{-r/a_0}$，$Y_{0,0}=N$，$Y_{1,0}=N\cos\theta$ の規格化定数を求めよ．

解　動径波動関数の規格化定数を求めるためには，部分積分法および次の公式を使用する．

$$\int_0^\infty x^n \mathrm{e}^{-ax}\,\mathrm{d}x=\frac{n!}{a^{n+1}}\quad(a>0)$$

$$\int_0^\infty |R_{1,0}|^2 r^2\,\mathrm{d}r=N^2\int_0^\infty r^2\mathrm{e}^{-2r/a_0}\mathrm{d}r=2^{-2}{a_0}^3N^2=1,\quad N=2\left(\frac{1}{a_0}\right)^{3/2}$$

$$\int_0^\pi\int_0^{2\pi}|Y_{0,0}|^2\sin\theta\,\mathrm{d}\theta\,\mathrm{d}\phi=N^2\int_0^\pi\sin\theta\,\mathrm{d}\theta\int_0^{2\pi}\mathrm{d}\phi=4\pi N^2=1,\quad N=\left(\frac{1}{4\pi}\right)^{1/2}$$

$$\int_0^\pi\int_0^{2\pi}|Y_{1,0}|^2\sin\theta\,\mathrm{d}\theta\,\mathrm{d}\phi=N^2\int_0^\pi\cos^2\theta\sin\theta\,\mathrm{d}\theta\int_0^{2\pi}\mathrm{d}\phi=\frac{4\pi}{3}N^2=1,$$

$$N=\left(\frac{3}{4\pi}\right)^{1/2}$$

原子核から距離r離れた空間における電子の存在確率は**動径分布関数**(radial function) $D(r)$ とよばれ，動径波動関数 $R(r)$ の規格化条件から明らかなように，次式で定義される．

$$D(r)=r^2R_{n,l}(r)^2 \tag{6.11}$$

ns軌道($l=0$, $m_l=0$)の動径分布関数は，球面調和関数 $Y_{0,0}=(1/4\pi)^{1/2}$ が定数なので，全体の波動関数 $\psi_{n,0,0}$ の半径rの球面上に電子が存在する確率として

$$D(r)=4\pi r^2{\psi_{n,0,0}}^2 \tag{6.12}$$

と書くことができる．動径分布関数をs, p, d軌道ごとにまとめたのが図6.4である．原子核($r=0$)での存在確率は0になる．lが同じ値の場合は，主量子数が大きくなるに従って節が1つずつ増え，原子核からの距離が遠くなるとともに分布が大きく広がる．同じ主量子数のs, p, d, f軌道について極大値をもつ距離を比較すると，s＞p＞d＞f軌道の順となっている．s軌道はp軌道の内側に分布をもっており，p軌道はd軌道の内側に分布をもっている．この原子核に近い部分の分布により多電子原子では同じ主量子数においてはs, p, d, f軌道の順に電子が入る(第7章)．

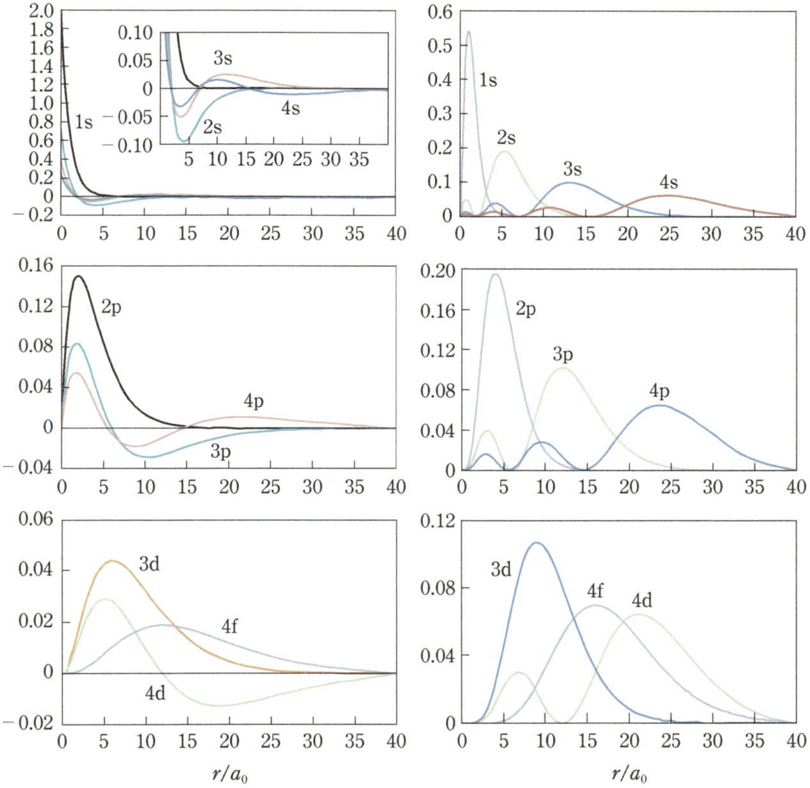

図6.4　動径波動関数$R(r)$（左）と動径分布関数$D(r)$（右）

例題6.2　水素原子の1s軌道の動径波動関数$R_{1,0}(r)$について以下の問いに答えよ．

（1）電子の存在確率がもっとも高い距離rを求めよ．

（2）原子が$0 \leq r \leq 2a_0$の範囲にある確率を求めよ．

解　動径波動関数は，ボーア半径a_0を用いて

$$R_{1,0}(r) = 2\left(\frac{1}{a_0}\right)^{3/2} e^{-r/a_0}$$

となる．動径分布関数は$D(r) = r^2 R_{n,l}(r)^2$で定義される．

（1）$D(r)$が極大値をとる距離は，一次微分 $\mathrm{d}D/\mathrm{d}r=0$ として求める．

$$\frac{\mathrm{d}}{\mathrm{d}r}\left[r^2\left\{2\left(\frac{1}{a_0}\right)^{3/2}\mathrm{e}^{-r/a_0}\right\}^2\right]=\frac{4}{{a_0}^3}\frac{\mathrm{d}}{\mathrm{d}r}(r^2\mathrm{e}^{-2r/a_0})$$

$$=\frac{4}{{a_0}^3}\left(2r\mathrm{e}^{-2r/a_0}-\frac{2r^2}{a_0}\mathrm{e}^{-2r/a_0}\right)=0$$

$$2r-\frac{2r^2}{a_0}=0$$

よって，$r=a_0$ で極大になる．

同様な計算を行えば，2s軌道は$(3\pm\sqrt{5})a_0$で極大，$2a_0$で極小（節）となり2p軌道は$4a_0$で極大となる．

（2）部分積分を2回行って求める．

$$\int x^n\mathrm{e}^{-ax}\mathrm{d}x=\frac{x^n\mathrm{e}^{-ax}}{-a}+\frac{n}{a}\int x^{n-1}\mathrm{e}^{-ax}\mathrm{d}x \quad (a>0)$$

$$\int_0^{2a_0}|R_{1,0}|^2r^2\,\mathrm{d}r=\frac{4}{{a_0}^3}\int_0^{2a_0}r^2\mathrm{e}^{-2r/a_0}\,\mathrm{d}r$$

$$=\frac{4}{{a_0}^3}\left[\left(\frac{-r^2a_0}{2}+\frac{-r{a_0}^2}{2}+\frac{-{a_0}^3}{4}\right)\mathrm{e}^{-2r/a_0}\right]_0^{2a_0}=0.76$$

例題6.3　下図の①～⑥は水素原子の1s, 2s, 2p, 3s, 3p, 3d軌道の動径分布関数である．形状からその軌道名を答えよ．

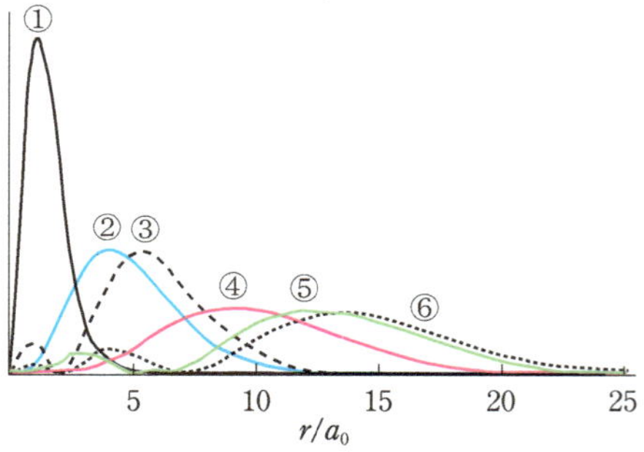

図　動径分布関数

解　①1s　②2p　③2s　④3d　⑤3p　⑥3s

6.1.2 水素類似原子の波動関数の3次元形状

規格化された水素類似原子の$R_{n,l}(r)$，$\Theta_{l,m_l}(\theta)$，$\Phi_{m_l}(\phi)$を次に示す．

$$R_{n,l}(r)=-\left(\frac{Z}{a_0}\right)^{3/2}\frac{2}{n^2}\sqrt{\frac{(n-l-1)!}{\{(n+l)!\}^3}}\times \mathrm{e}^{-\rho/2}\rho_n{}^l L_{n+l}^{2l+1}(\rho_n) \tag{6.13}$$

$$\Theta_{l,m_l}(\theta)=(-1)^{\frac{m_l+|m_l|}{2}}\sqrt{\frac{2l+1}{2}}\sqrt{\frac{(l-|m_l|)!}{(l+|m_l|)!}}\times P_l^{|m_l|}(\cos\theta) \tag{6.14}$$

$$\Phi_{m_l}(\phi)=\frac{1}{\sqrt{2\pi}}\mathrm{e}^{\mathrm{i}m_l\phi} \tag{6.15}$$

$$(n=1,\,2,\,3,\,4,\,\cdots,\ l=0,\,1,\,2,\,\cdots,\,n-1,\ m_l=0,\ \pm1,\ \pm2,\cdots,\ \pm l)$$

水素類似原子の波動関数（オービタル）$\psi_{n,l,m_l}(r,\theta,\phi)$はこれら$R_{n,l}(r)$，$\Theta_{l,m_l}(\theta)$，$\Phi_{m_l}(\phi)$の積であり，波動関数の3次元の形状は，$|\psi_{n,l,m_l}|^2$を電子が90％の確率で見つかる点を結んだ形で描かれることが多く，ψ_{n,l,m_l}の正負の符号は色で表される（表6.2）．それらは，球面調和関数の確率分布$|Y_{l,m_l}|^2$の基本形状であるs, p, d, f軌道関数（図5.8）に動径分布関数をかけたものになる．この3次元空間における電子の存在確率は**電子密度**（electron density）を表している．s軌道であれば，球対称の形状はすべてのs軌道に共通であるが，主量子数が大きくなるにつれて動径方向の節面の数が多くなり，波動関数の符号は内側から＋，−，＋，−，…と変わっていく．p軌道では，主量子数が増加すると内側に節面の数だけくびれをもつダンベル型となる．p軌道の波動関数は同じ形状であり，それらが空間的に互いに直交している．2p軌道を例にとると

$$\begin{aligned}\psi_{2,1,0}=\psi_{2\mathrm{p}_z}&=R_{21}(r)\times Y_{1,0}(\theta,\phi)\\&=\left(\frac{1}{32\pi}\right)^{1/2}\left(\frac{Z}{a_0}\right)^{5/2}\mathrm{e}^{-\frac{Zr}{2a_0}}r\cos\theta=f(r)\times r\cos\theta=zf(r)\end{aligned} \tag{6.16}$$

$$\begin{aligned}\psi_{2,1,\pm1}&=R_{21}(r)\times Y_{1,\pm1}(\theta,\phi)\\&=\mp\left(\frac{1}{64\pi}\right)^{1/2}\left(\frac{Z}{a_0}\right)^{5/2}\mathrm{e}^{-\frac{Zr}{2a_0}}r\sin\theta\ \mathrm{e}^{\pm\mathrm{i}\phi}=\mp\frac{1}{\sqrt{2}}f(r)r\sin\theta\,\mathrm{e}^{\pm\mathrm{i}\phi}\end{aligned} \tag{6.17}$$

と表される．これらは直交規格化されており，どれも$\hat{l}^2$については同じ固有値$2\hbar^2$をとる．$\psi_{2,1,1}$と$\psi_{2,1,-1}$は複素関数で扱いにくいので，球面調和関数の実関数表示（**例題5.15**）と同じように両者の線形結合をとって

$$\psi_{2\mathrm{p}_x}=xf(r),\quad \psi_{2\mathrm{p}_y}=yf(r) \tag{6.18}$$

表6.2　量子数n, l, m_lと水素類似原子の原子軌道

電子殻	n	l	m_l	軌道	形状
K	1	0	0	1s	
L	2	0	0	2s	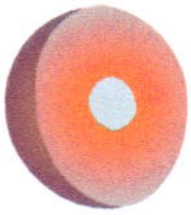
		1	0 ±1	$2p_z$ $2p_x$, $2p_y$	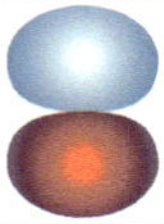
M	3	0	0	3s	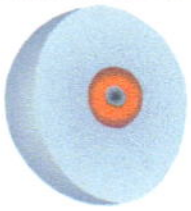
		1	0 ±1	$3p_z$ $3p_x$, $3p_y$	
		2	0 ±1 ±2	$3d_{z^2}$ $3d_{yz}$, $3d_{zx}$ $3d_{xy}$, $3d_{x^2-y^2}$	
N	4	0	0	4s	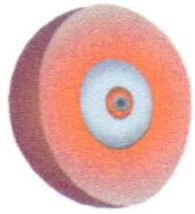
		1	0 ±1	$4p_z$ $4p_x$, $4p_y$	
		2	0 ±1 ±2	$4d_{z^2}$ $4d_{yz}$, $4d_{zx}$ $4d_{xy}$, $4d_{x^2-y^2}$	
		3	0 ±1 ±2 ±3	$4f_{z^3}$ $4f_{yz^2}$, $4f_{xz^2}$ $4f_{xyz}$, $4f_{z(x^2-y^2)}$ $4f_{x(x^2-3y^2)}$, $4f_{y(3x^2-y^2)}$	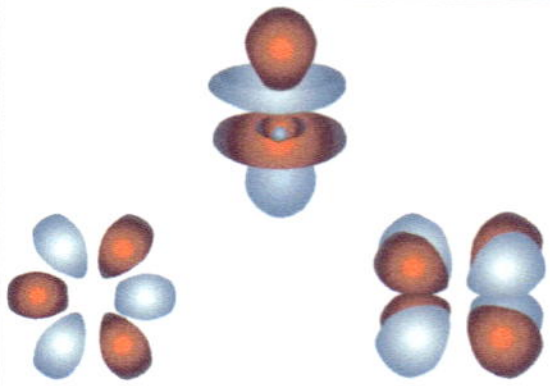

とし，実関数で表すことが一般的である(**例題6.4**).

d軌道もp軌道と同様に，d_0, $d_{\pm1}$, $d_{\pm2}$の線形結合をとって実関数の形で表すことができる．d軌道の実関数d_{xy}, d_{yz}, d_{zx}, $d_{x^2-y^2}$, d_{z^2}は

$$\psi_{d_{xy}} = xyg(r), \quad \psi_{d_{yz}} = yzg(r), \quad \psi_{d_{zx}} = zxg(r)$$
$$\psi_{d_{x^2-y^2}} = \frac{x^2-y^2}{2}g(r), \quad \psi_{d_{z^2}} = \frac{1}{2\sqrt{3}}(3z^2-r^2)g(r) \tag{6.19}$$

となり，動径方向は共通した関数$g(r)$となる．これらの確率分布は，d_{xy}, d_{yz}, d_{zx}, $d_{x^2-y^2}$は同じ四つ葉のクローバーの形で，d_{z^2}だけはp_z軌道にドーナツ様の構造が組み合わさった形をしている．

例題6.4　$\psi_{2,1,1}$と$\psi_{2,1,-1}$の線形結合をとって

$$\psi_{2p_x} = xf(r), \quad \psi_{2p_y} = yf(r)$$

となることを示せ．

解　$\psi_{2,1,1}$と$\psi_{2,1,-1}$の線形結合により，直交する2つの実関数$2p_x$と$2p_y$は

$$\psi_{2p_x} = -\frac{1}{\sqrt{2}}(\psi_{2,1,-1}-\psi_{2,1,1}) = r\sin\theta\cos\phi f(r) = xf(r)$$
$$\psi_{2p_y} = \frac{i}{\sqrt{2}}(\psi_{2,1,-1}+\psi_{2,1,1}) = r\sin\theta\sin\phi f(r) = yf(r)$$

となる．動径方向の形状は同じ$f(r)$である．$\psi_{2,1,1}$と$\psi_{2,1,-1}$は直交規格化されており，ψ_{2p_x}, ψ_{2p_y}も直交する．

例題6.5　d_{z^2}が$d_{x^2-y^2}$と同じ形状をもつ$d_{z^2-x^2}$と$d_{y^2-z^2}$の線形結合によって表されることを示せ．

解　$r^2 = x^2+y^2+z^2$より

$$\psi_{d_{z^2}} = \frac{1}{2\sqrt{3}}(3z^2-r^2)g(r) = \frac{1}{2\sqrt{3}}\{3z^2-(x^2+y^2+z^2)\}g(r)$$
$$= \frac{1}{2\sqrt{3}}\{(z^2-x^2)-(y^2-z^2)\}g(r)$$
$$= \frac{1}{\sqrt{3}}(\psi_{d_{z^2-x^2}}-\psi_{d_{y^2-z^2}})$$

例題6.6　d_{xy}と$\mathrm{d}_{x^2-y^2}$が回転によって重なることを示せ．

解　(x, y)を正（反時計回り）に45°回転させた点を(x', y')とすると

$$x' = \frac{x-y}{\sqrt{2}}, \quad y' = \frac{x+y}{\sqrt{2}}$$

となる．よって，$\mathrm{d}_{x^2-y^2}$をz軸の回りに45°回転させたものがd_{xy}である．

6.2　角運動量の量子化と極座標表示

第2章でも述べたが，高分解能の分光計で水素原子の輝線スペクトルを観測すると微細構造が観測される．これはゾンマーフェルト，ディラックにより，軌道角運動量とスピン角運動量の合成によって説明された．このスピン－軌道相互作用について理解するために，まず角運動量の量子化について考えてみよう．

6.2.1　角運動量の量子化

角運動量ベクトル$\boldsymbol{L}$は，位置ベクトル$\boldsymbol{r}$と運動量ベクトル$\boldsymbol{p}$との外積で表される．質量mの質点の回転運動においては，

$$\boldsymbol{L} = \boldsymbol{r} \times \boldsymbol{p} = m\boldsymbol{r} \times \boldsymbol{v} \tag{6.20}$$

である．$\boldsymbol{L}$の方向は，回転運動している面に対して垂直で，右ねじの進行方向であり，回転の向きが逆だと，ベクトルの向きは反対になる．質量mの粒子が，ある1点を中心としてxy平面内で円運動するときには，角運動量の大きさLと回転の角周波数ω（$= v/r$，単位は$\mathrm{rad\ s^{-1}}$）との間には

$$L = mrv = mr^2\omega = I\omega \tag{6.21}$$

の関係がある．I（$= mr^2$）は慣性モーメント（1.1.1項）とよばれる，回転を加速するときに加えるモーメントに対して抵抗として働く量の指標である．回転する粒子のエネルギーEは，LとIを用いて

$$E = \frac{1}{2}I\omega^2 = \frac{L^2}{2I} \tag{6.22}$$

と表される．

ボーアの量子条件では，半径rの円周上を円運動する電子（質量m）の角運動量

の大きさ $L(=mrv)$ が $\hbar$ の整数倍に限定され，角運動量が量子化されている(2.2節)．また，**例題3.3**で示したように，電子が波として軌道を1周したときに位相が元の位相と重なって定常波を形成する条件も含んでいる．

$$2\pi r = n\lambda, \quad mrv = n\hbar \quad (n = 1, 2, 3, \cdots) \tag{6.23}$$

一定半径の円周上を粒子が自由に動く条件(**例題5.12**)について，角運動量の量子化を確認してみよう．運動量 p をもち円運動している粒子の角運動量には2つの向きがあり，

$$L = \pm rp \tag{6.24}$$

と書ける．ド・ブロイの式 $\lambda = h/p$ とボーアの量子条件 $2\pi r = n\lambda$ を用いて角運動量を書きなおし，$\pm n$ を0を含む量子数 k で置き換えると

$$L = \pm\frac{hr}{\lambda} = \pm\frac{nhr}{2\pi r} = k\hbar \quad (k = 0, \pm 1, \pm 2, \cdots) \tag{6.25}$$

となり，角運動量は $\hbar$ の整数倍に量子化されることが確認できる．$k=0$ のときは $L=0$ で，粒子は円周上に均一に存在する．さらに，回転のエネルギー

$$E = \frac{L^2}{2I} = \frac{k^2\hbar^2}{2I} \quad (k = 0, \pm 1, \pm 2, \cdots) \tag{6.26}$$

も量子化されることがわかる．回転の向き(k の符号)によらずエネルギーは同じであり，$|k|$ が等しい2つの状態はエネルギー的に縮退している(図6.5)．

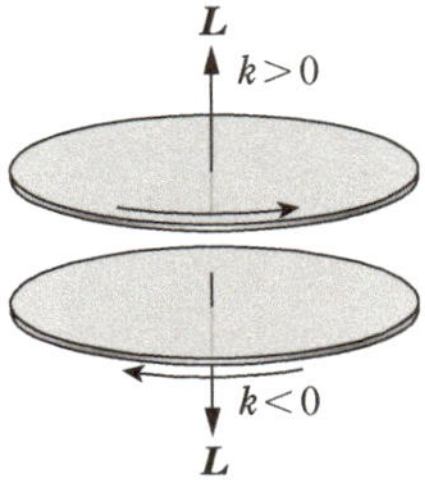

図6.5　回転運動

6.2.2　角運動量の演算子

3次元の球面上に束縛されている粒子の回転運動について角運動量の演算子を用いてシュレーディンガー方程式を解くと，波動関数は球面調和関数 $Y_{l,m_l}(\theta, \phi)$ になることを第5章で述べた．すなわち，球面調和関数は量子数として方位量子数 l と磁気量子数 m_l を含む．ここでは，角運動量の演算子を求め，$Y_{l,m_l}(\theta, \phi)$ との関係を見てみよう．角運動量の定義

$$\boldsymbol{L} = \boldsymbol{r} \times \boldsymbol{p} \tag{6.27}$$

から角運動量ベクトル (l_x, l_y, l_z) の成分を位置ベクトル (x, y, z) と運動量ベクトル

(p_x, p_y, p_z)の成分で表示すると

$$l_x = yp_z - zp_y, \quad l_y = zp_x - xp_z, \quad l_z = xp_y - yp_x \tag{6.28}$$

となる．これらを角運動量のベクトル演算子$\hat{l}$の成分$\hat{l}_x, \hat{l}_y, \hat{l}_z$に置き換えると

$$\hat{l}_x = y\hat{p}_z - z\hat{p}_y, \quad \hat{l}_y = z\hat{p}_x - x\hat{p}_z, \quad \hat{l}_z = x\hat{p}_y - y\hat{p}_x \tag{6.29}$$

となり，運動量のベクトル演算子の成分

$$\hat{p}_x = \frac{\hbar}{\mathrm{i}}\frac{\partial}{\partial x}, \quad \hat{p}_y = \frac{\hbar}{\mathrm{i}}\frac{\partial}{\partial y}, \quad \hat{p}_z = \frac{\hbar}{\mathrm{i}}\frac{\partial}{\partial z} \tag{6.30}$$

を代入して成分$\hat{l}_x, \hat{l}_y, \hat{l}_z$を表すと，

$$\hat{l}_x = \frac{\hbar}{\mathrm{i}}\left(y\frac{\partial}{\partial z} - z\frac{\partial}{\partial y}\right), \quad \hat{l}_y = \frac{\hbar}{\mathrm{i}}\left(z\frac{\partial}{\partial x} - x\frac{\partial}{\partial z}\right), \quad \hat{l}_z = \frac{\hbar}{\mathrm{i}}\left(x\frac{\partial}{\partial y} - y\frac{\partial}{\partial x}\right) \tag{6.31}$$

となる．これらの成分の間には3.3節で述べた交換関係は成立しない(**例題6.7**)．すなわち，角運動量の2つ以上の成分を同時に決定することはできない．

$$[\hat{l}_x, \hat{l}_y] = \mathrm{i}\hbar\hat{l}_z, \quad [\hat{l}_y, \hat{l}_z] = \mathrm{i}\hbar\hat{l}_x, \quad [\hat{l}_z, \hat{l}_x] = \mathrm{i}\hbar\hat{l}_y \tag{6.32}$$

角運動量の大きさは，角運動量の二乗の演算子$\hat{l}^2$

$$\hat{l}^2 = \hat{l}_x^{\,2} + \hat{l}_y^{\,2} + \hat{l}_z^{\,2} \tag{6.33}$$

を波動関数に作用させて，得られた固有値の平方根として求めることができる．$\hat{l}^2$は，$\hat{l}_x, \hat{l}_y, \hat{l}_z$のいずれとも交換可能である．すなわち，角運動量の大きさと成分のうちの1つだけは同時に観測可能である(**例題6.8**)．

$$[\hat{l}^2, \hat{l}_i] = 0 \quad (i = x, y, z) \tag{6.34}$$

例えば，$\hat{l}^2$が$\hat{l}_z$と交換関係にあって同時に物理量が確定できる場合には，$\hat{l}^2$は$\hat{l}_x$，$\hat{l}_y$とは交換関係になく，$\hat{l}_x, \hat{l}_y$の値を決定することはできない．

例題6.7　角運動量のベクトル演算子$\hat{l}$の成分$\hat{l}_x, \hat{l}_y, \hat{l}_z$の間には交換関係は成立しないことを示せ．

解　$\hat{l}_x$と$\hat{l}_y$の間の交換関係を調べると，

$$
\begin{aligned}
[\hat{l}_x, \hat{l}_y] &= \left(\frac{\hbar}{\mathrm{i}}\right)^2 \left[\left(y\frac{\partial}{\partial z} - z\frac{\partial}{\partial y}\right)\left(z\frac{\partial}{\partial x} - x\frac{\partial}{\partial z}\right) - \left(z\frac{\partial}{\partial x} - x\frac{\partial}{\partial z}\right)\left(y\frac{\partial}{\partial z} - z\frac{\partial}{\partial y}\right)\right] \\
&= \left(\frac{\hbar}{\mathrm{i}}\right)^2 \left[\left(y\frac{\partial}{\partial x} + yz\frac{\partial^2}{\partial z \partial x} - xy\frac{\partial^2}{\partial z^2} - z^2\frac{\partial^2}{\partial x \partial y} + zx\frac{\partial^2}{\partial y \partial z}\right)\right. \\
&\qquad \left. - \left(yz\frac{\partial^2}{\partial z \partial x} - z^2\frac{\partial^2}{\partial x \partial y} - xy\frac{\partial^2}{\partial z^2} + x\frac{\partial}{\partial y} + zx\frac{\partial^2}{\partial y \partial z}\right)\right] \\
&= \mathrm{i}\hbar\left(\frac{\hbar}{\mathrm{i}}\right)\left(x\frac{\partial}{\partial y} - y\frac{\partial}{\partial x}\right) \\
&= \mathrm{i}\hbar \hat{l}_z
\end{aligned}
$$

となり，交換関係は成立しない．同様に以下の関係が成り立つ．

$$
[\hat{l}_y, \hat{l}_z] = \mathrm{i}\hbar\hat{l}_x, \quad [\hat{l}_z, \hat{l}_x] = \mathrm{i}\hbar\hat{l}_y
$$

例題6.8 角運動量の大きさの二乗$\hat{l}^2$は，$\hat{l}_x$, $\hat{l}_y$, $\hat{l}_z$のいずれとも交換可能である．角運動量の大きさと成分のうちの１つだけは同時に観測可能であることを示せ．

解 $\hat{l}^2$と$\hat{l}_z$の間の交換関係を調べると，

$$
\begin{aligned}
[\hat{l}^2, \hat{l}_z] &= [\hat{l}_x{}^2 + \hat{l}_y{}^2 + \hat{l}_z{}^2, \hat{l}_z] = [\hat{l}_x{}^2, \hat{l}_z] + [\hat{l}_y{}^2, \hat{l}_z] + [\hat{l}_z{}^2, \hat{l}_z] \\
&= \hat{l}_x[\hat{l}_x, \hat{l}_z] + [\hat{l}_x, \hat{l}_z]\hat{l}_x + \hat{l}_y[\hat{l}_y, \hat{l}_z] + [\hat{l}_y, \hat{l}_z]\hat{l}_y \\
&= -\mathrm{i}\hbar\hat{l}_x\hat{l}_y - \mathrm{i}\hbar\hat{l}_y\hat{l}_x + \mathrm{i}\hbar\hat{l}_y\hat{l}_x + \mathrm{i}\hbar\hat{l}_x\hat{l}_y \\
&= 0
\end{aligned}
$$

となり，可換である．x, y成分に対しても同様に可換であることが示される．すなわち，$\hat{l}^2$と$\hat{l}_x$, $\hat{l}_y$, $\hat{l}_z$のうちのどれか１つは同時に決定できる．

6.2.3 角運動量の極座標表示と空間量子化

天頂角θをz軸からとって$\hat{l}_x$, $\hat{l}_y$, $\hat{l}_z$を極座標で表し，$\hat{l}^2$の極座標表示を求めると

$$
\hat{l}_x = \mathrm{i}\hbar\left(\sin\phi\frac{\partial}{\partial\theta} + \frac{\cos\phi}{\tan\theta}\frac{\partial}{\partial\phi}\right), \quad \hat{l}_y = \mathrm{i}\hbar\left(-\cos\phi\frac{\partial}{\partial\theta} + \frac{\sin\phi}{\tan\theta}\frac{\partial}{\partial\phi}\right), \quad \hat{l}_z = -\mathrm{i}\hbar\frac{\partial}{\partial\phi}
$$

$$
\hat{l}^2 = \hat{l}_x{}^2 + \hat{l}_y{}^2 + \hat{l}_z{}^2 = -\hbar^2\left[\frac{1}{\sin\theta}\frac{\partial}{\partial\theta}\left(\sin\theta\frac{\partial}{\partial\theta}\right) + \frac{1}{\sin^2\theta}\frac{\partial^2}{\partial\phi^2}\right] \tag{6.35}
$$

となる．$\hat{l}^2$の最右辺の角括弧の中は，シュレーディンガー方程式の極座標表示のときにハミルトニアン中に角度部分として出てきたルジャンドリアンΛ^2で，$\hat{l}^2$は

$$\hat{l}^2 = -\hbar^2 \Lambda^2 \tag{6.36}$$

となる．Λ^2は球面調和関数$Y_{l,m_l}(\theta, \phi)$を固有関数としてもち，その固有値は$-l(l+1)$である(5.2.3項)．

$$\Lambda^2 Y_{l,m_l}(\theta, \phi) = -l(l+1) Y_{l,m_l}(\theta, \phi) \quad (l = 0, 1, 2, \cdots) \tag{6.37}$$

変数分離した波動関数に$\hat{l}^2$を作用させると，$\hbar^2 l(l+1)$が固有値として得られる．

$$\hat{l}^2\psi = -\hbar^2 \Lambda^2 R(r_0) Y_{l,m_l}(\theta, \phi) = \hbar^2 l(l+1) R(r_0) Y_{l,m_l}(\theta, \phi) = \hbar^2 l(l+1)\psi \tag{6.38}$$

よって，粒子の3次元の回転運動における軌道角運動量の大きさLは

$$L = \hbar\sqrt{l(l+1)} \tag{6.39}$$

となる(**例題5.14**参照)．Lはlのみに依存し，rやm_lには依存しない．

$\hat{l}_z$を先ほどの波動関数に作用させて，z方向の軌道角運動量の大きさを求めると

$$\hat{l}_z\psi = -\mathrm{i}\hbar\frac{\partial}{\partial\phi}\{R(r) Y_{l,m_l}(\theta, \phi)\} = -\mathrm{i}\hbar R(r)\frac{\partial}{\partial\phi} Y_{l,m_l}(\theta, \phi) \tag{6.40}$$

となる．表5.2の球面調和関数$Y_{l,m_l}(\theta, \phi)$において，$l \neq 0$のϕの関数はすべて$\mathrm{e}^{\mathrm{i}m_l\phi}$の形をしているので，$\phi$で偏微分すると，

$$\hat{l}_z\psi = m_l\hbar\psi \tag{6.41}$$

となり，軌道角運動量のz成分は必ず$m_l\hbar$となる．同じ波動関数に対して$\hat{l}^2$と$\hat{l}_z$が実数の固有値をもつことになるため，これらは可換であり，同時に観測可能である(3.3節)．$\hat{l}_x$, $\hat{l}_y$の固有値は実数とならない．$\hat{l}_z$だけが実数の固有値をもつのは，極座標表示として

$$x = r\sin\theta\cos\phi, \quad y = r\sin\theta\sin\phi, \quad z = r\cos\theta \tag{6.42}$$

を選んだために，表6.1で表される波動関数が$\hat{l}_z$の固有関数になっているからである．以上をまとめると，軌道角運動量の大きさLは方位量子数lのみで決まり，角運動量の1つの成分(ここではz成分とする)l_zはm_lで決まる．

$$L = \hbar\sqrt{l(l+1)}, \quad l_z = m_l\hbar \tag{6.43}$$

lとm_lの間にはそれぞれのlに対して$m_l = 0, \pm 1, \pm 2, \cdots, \pm l$の関係があるため，ある$l$に対して$2l+1$個の$m_l$があり，それらに応じて$L$と$l_z$には以下の組み合わせが生じる．そして，$l = 0, 1, 2, 3$がs, p, d, f軌道に対応している（5.2節）．

s軌道：$l = 0$　$m_l = 0$　$L = 0$　$l_z = 0$

p軌道：$l = 1$　$m_l = 0, \pm 1$　$L = \sqrt{2}\,\hbar$　$l_z = 0, \pm\hbar$

d軌道：$l = 2$　$m_l = 0, \pm 1, \pm 2$　$L = \sqrt{6}\,\hbar$　$l_z = 0, \pm\hbar, \pm 2\hbar$

f軌道 ：$l = 3$　$m_l = 0, \pm 1, \pm 2, \pm 3$　$L = \sqrt{12}\,\hbar$　$l_z = 0, \pm\hbar, \pm 2\hbar, \pm 3\hbar$

$l = 0, m_l = 0$のとき，波動関数は球面上へ一様に分布しており，軌道角運動量の大きさは0で，z成分も0となる．$l \neq 0$の場合，Lとl_zの関係は図6.6のように，軌道角運動量ベクトルのz方向への射影によって表される．これは軌道角運動量ベクトルが空間の決まった位置にしか向くことができないことを示しており，軌道角運動量の**空間量子化**（space quantization）とよばれる．l_xとl_yは決まらないので軌道角運動量ベクトルの軌跡は円錐で示される．$l \neq 0$で$m_l = 0$のときは，軌道角運動量ベクトルがxy平面上にあり，z成分の大きさは0である．一方，$l \neq 0$の場合に$L = l_z$となることはない．なぜなら，その場合は$l_x = l_y = 0$となり，可換でないはずの軌道角運動量の3成分がすべて決定されてしまうからである．

角運動量の空間量子化は，電子スピンや核スピンのスピン角運動量においても生じる．例えば，電子のスピン量子数sは1/2であり，スピン磁気量子数m_sには2つの値±1/2が許される（図6.7）．$m_s = +1/2$の電子スピンは，αスピンや上向きスピン（↑）とよばれ，$m_s = -1/2$はβスピンや下向きスピン（↓）などとよばれ

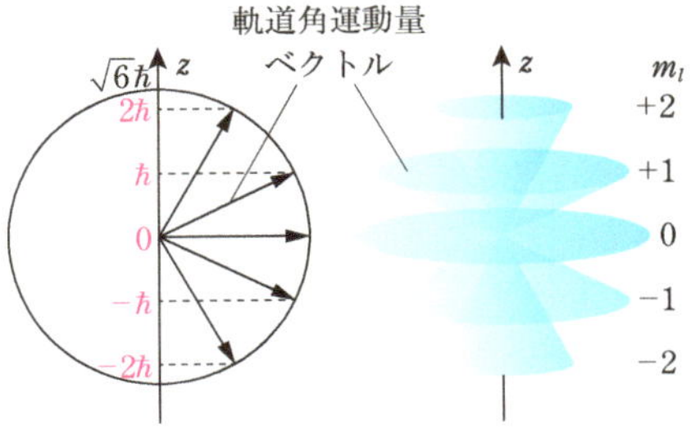

図6.6　l=2の場合の軌道角運動量の空間量子化

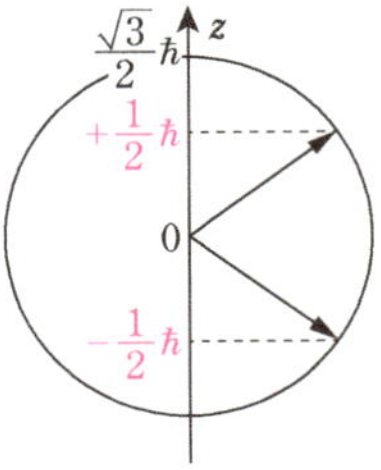

図6.7　スピン角運動量の空間量子化

表6.3　核スピン量子数I

I	質量数	原子番号	例
半整数	奇数	奇数	$I=1/2$: ^{1}H, ^{15}N, ^{19}F, ^{31}P, ^{109}Ag $I=3/2$: ^{7}Li, ^{23}Na　$I=5/2$: ^{27}Al, ^{55}Mn $I=7/2$: ^{45}Sc, ^{59}Co　$I=9/2$: ^{93}Nb
半整数	奇数	偶数	$I=1/2$: ^{13}C, ^{29}Si, ^{111}Cd, ^{113}Cd $I=3/2$: ^{9}Be, ^{33}S　$I=5/2$: ^{17}O, ^{25}Mg
整数	偶数	奇数	$I=1$: ^{2}D, ^{6}Li, ^{14}N　$I=3$: ^{10}B
0	偶数	偶数	^{12}C, ^{16}O, ^{24}Mg, ^{28}Si, ^{32}S, ^{40}Ca

る．このスピン角運動量の大きさSとそのz成分S_zは$s=1/2$, $m_s=\pm 1/2$ より

$$S=\hbar\sqrt{s(s+1)}=\frac{\sqrt{3}}{2}\hbar,\quad S_z=\pm\frac{1}{2}\hbar \tag{6.44}$$

となる．スピン角運動量は粒子に元々備わっている固有角運動量であり，負電荷をもつ電子だけではなく，陽子，中性子もスピン量子数 1/2 をもつ．光量子であるフォトンのスピン量子数は 1 である(11.1.3項参照)．陽子と中性子からなる原子核の核スピン量子数Iはさまざまな値を示す(表6.3)．電子のスピン量子数sは 1/2 であるため，スピン磁気量子数m_sは ±1/2 だけであるが，核スピン量子数Iと核スピン磁気量子数m_Iの一般的な関係は

$$m_I=I,\, I-1,\, \cdots,\, -(I-1),\, -I \tag{6.45}$$

である．例えば，$I=5/2$ をもつ粒子であれば$m_I=\pm 5/2,\ \pm 3/2,\ \pm 1/2$となり，整数スピンをもつ粒子であれば$m_I=0$ が現れる．重水素^{2}Hは$I=1$ であり$m_I=\pm 1,\ 0$ をとる．核スピン量子数は第12章で述べるNMR分光法において重要となる．

例題6.9　$I=1/2$の粒子のスピン角運動量とz軸とのなす角度θを求めよ．

解　$S=\hbar\sqrt{I(I+1)}$ に$I=1/2$ を代入して

$$S=\frac{\sqrt{3}}{2}\hbar,\ S_z=\pm\frac{1}{2}\hbar \ \text{より}\ \cos\theta=\frac{1}{\sqrt{3}} \quad \therefore \theta=54.7°$$

この角度はマジックアングルとよばれ，固体NMR測定においては試料管をこの角度に傾けて高速回転する(magic angle spinning, MAS)ことで高分解能スペクトルが測定できる．

例題6.10　^{23}Naの核スピン量子数Iは3/2である．核スピンの角運動量の大きさとz成分のとりうる値をすべて記せ．

解　角運動量の大きさは$\frac{\sqrt{15}}{2}\hbar$となり，z成分は$\pm\frac{1}{2}\hbar$, $\pm\frac{3}{2}\hbar$となる．

6.3　角運動量と磁気的性質

6.3.1　角運動量と磁気モーメント

古典電磁気学では，質量m_e，電荷$-e$の電子が円運動すると角運動量に比例する磁気モーメントが生じる（1.1.4項コラム）．量子力学では，電子の軌道角運動量ベクトル$\boldsymbol{L}$により生じる軌道磁気モーメント$\boldsymbol{\mu}_L$は古典電磁気学の式を満たし，

$$\boldsymbol{\mu}_L = \left(-\frac{e}{2m_e}\right)\boldsymbol{L}, \quad |\boldsymbol{\mu}_L| = \frac{e\hbar}{2m_e}\sqrt{l(l+1)} \tag{6.46}$$

となる．ここで，角運動量と磁気モーメントの比を**磁気回転比**（magnetogyric ratio）とよぶ．負電荷をもつ電子の場合は，$\boldsymbol{L}$と$\boldsymbol{\mu}_L$の向きは逆向きであり，磁気回転比は負の値をもつ（図6.8（a））．磁気モーメントの次元をもつ部分$e\hbar/2m_e$を**ボーア磁子**（Bohr magneton）

$$\mu_B = \frac{e\hbar}{2m_e} = 9.247\times10^{-24}\ \mathrm{J\,T^{-1}} \tag{6.47}$$

という定数で置き換え，$\boldsymbol{\mu}_L$のz軸方向の成分$\boldsymbol{\mu}_{L,z}$をμ_Bで表すと

$$\boldsymbol{\mu}_L = \left(-\frac{\mu_B}{\hbar}\right)\boldsymbol{L}, \quad |\boldsymbol{\mu}_{L,z}| = |m_l|\mu_B \tag{6.48}$$

となる．磁気モーメントの観測においては，外部磁場に平行な成分によるエネルギー分裂を観測するために$\boldsymbol{\mu}_{L,z}$を磁気モーメントの大きさとする（**例題6.11**）．

一方，電子の軌道運動によらない固有角運動量であるスピン角運動量$\boldsymbol{S}$とスピン磁気モーメント$\boldsymbol{\mu}_S$の関係を求めると，スピンが古典的な運動で説明できない量子力学的な現象であるために，磁気回転比が軌道角運動量の場合の2倍の大きさになった（図6.8（b））．そのため，g値（g value）もしくはg因子（g factor）とよばれる補正値を導入してボーア磁子μ_Bと$\boldsymbol{\mu}_S$および$\boldsymbol{S}$が結びつけられた．

$$\boldsymbol{\mu}_S = g_e\left(-\frac{\mu_B}{\hbar}\right)\boldsymbol{S}, \quad |\boldsymbol{\mu}_{S,z}| = |m_s|g_e\mu_B = \frac{1}{2}g_e\mu_B \tag{6.49}$$

式中のg_eは電子のg値とよばれる．ディラック方程式からg_eを導出すると正確に

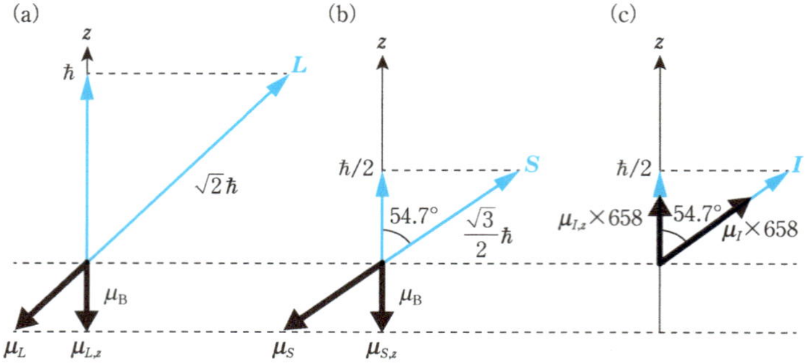

図6.8　角運動量ベクトルと磁気モーメントの関係
(a) 電子の軌道角運動量 $\boldsymbol{L}$ ($l = 1$, $m_l = 1$)，(b) 電子スピン角運動量 $\boldsymbol{S}$ ($s = 1/2$, $m_s = 1/2$)，(c) [1]H核スピン角運動量 $\boldsymbol{I}$ ($I = 1/2$, $m_I = 1/2$)

2になるが，核スピンの影響などを考慮した量子電磁力学(quantum electrodynamics, QED)によれば2より少しだけ大きな値が示唆され，実測でも $g_e = 2.0023193\cdots$ という値が求められている．$\boldsymbol{\mu}_S$ と $\boldsymbol{S}$ の磁気回転比は電子の磁気回転比 γ_e とよばれ，

$$\boldsymbol{\mu}_S = \gamma_e \boldsymbol{S}, \quad \gamma_e = -g_e \frac{\mu_B}{\hbar} = -1.761 \times 10^{11}\ \mathrm{rad\,s^{-1}\,T^{-1}} \tag{6.50}$$

で表される．以前は，式(6.46)の $\boldsymbol{\mu}_L$ と $\boldsymbol{L}$ の磁気回転比($-e/2m_e$)を電子の磁気回転比としていたが，最近では $\boldsymbol{\mu}_S$ と $\boldsymbol{S}$ の磁気回転比を γ_e とするのが慣例となっている．また，磁気回転比を統一的な形で表記するために，軌道角運動量の g 因子 g_L ($g_L = 1$)を用いて $\boldsymbol{\mu}_L$ と $\boldsymbol{L}$ の磁気回転比を $-g_L\mu_B/\hbar$ と表すようになっている．

銀原子は最外殻の5s軌道($l = 0$)に電子を1個だけもつ．軌道角運動量は0だが，磁場に平行な方向に $m_s\hbar$ ($= \pm\frac{1}{2}\hbar$)の大きさの固有角運動量をもつため，銀原子は磁気モーメントをもつ．これが，シュテルンとゲルラッハが銀原子ビームを不均一な磁場を通過させた実験(3.2.1項)においてビームが正反対の二方向に分裂した理由である．空間量子化した角運動量に由来する磁気モーメントの存在はゼーマン効果の原因であり，磁気共鳴分光法の原理でもある(第12章参照)．

原子核の固有角運動量である核スピン角運動量 $\boldsymbol{I}$ と磁気モーメント $\boldsymbol{\mu}_I$ も比例関係にあり，核の磁気回転比 γ_N が比例定数として用いられる．

$$\boldsymbol{\mu}_I = \gamma_N \boldsymbol{I}, \quad |\mu_{I,z}| = |m_I \gamma_N| \hbar \tag{6.51}$$

γ_Nは核種によって異なり，正の値をもつ核種(^{1}H, ^{13}C, ^{19}F, ^{31}Pなど)や，負の値をもつ核種(^{15}N, ^{17}O, ^{29}Siなど)が存在する．γ_Nの表記を電子の表記に統一するために，水素核の質量m_pと電荷eにより決まる**核磁子**(nuclear magneton) μ_N

$$\mu_N = \frac{e\hbar}{2m_p} = 5.051 \times 10^{-27}\,\mathrm{J\,T^{-1}} \tag{6.52}$$

が用いられ，$\gamma_N = g_N \mu_N / \hbar$と表される．ここで，$g_N$は核の$g$因子である．

$$\boldsymbol{\mu}_I = \gamma_N \boldsymbol{I} = \frac{g_N \mu_N}{\hbar}\boldsymbol{I}, \quad |\mu_{I,z}| = |m_I g_N| \mu_N \tag{6.53}$$

g_Nもγ_Nと同じく核種によって正負の値をもつ．NMRの場合は異なる核種を測定するので，g因子よりも磁気回転比で議論されることの方が多い．

例題6.11　ボーア磁子μ_Bと核磁子μ_Nの比を求め，電子と水素原子(^{1}H)核の磁気モーメントの値について述べよ．$g_e = 2.0023$, $g_H = 5.586$とする．

解　μ_Bはμ_Nの1836倍である．電子と水素原子核のスピン量子数はともに1/2で，両者のスピン角運動量は等しいので，電子のスピン磁気モーメントは水素原子核のスピン磁気モーメントの$\dfrac{g_e \mu_B}{g_H \mu_N} = 658$倍大きい(図6.8(c))．磁気モーメントの実験値として報告されている値は，電子は$-9.2848 \times 10^{-24}\,\mathrm{J\,T^{-1}}$，陽子は$1.4106 \times 10^{-26}\,\mathrm{J\,T^{-1}}$であり，角運動量の一方向の成分，例えば$z$成分の大きさである$|\mu_{S,z}| = \frac{1}{2} g_e \mu_B$, $|\mu_{I,z}| = \frac{1}{2} g_H \mu_N$が実験値として使用されている．$g_e \simeq 2$で$|\mu_{S,z}| \approx \mu_B$となるので，電子のスピン磁気モーメントはボーア磁子にほぼ等しい値である，と表現されることがある．

6.3.2 角運動量の合成と水素原子の輝線スペクトルの微細構造の解析

水素原子の輝線スペクトルに現れる微細構造を説明するためには，原子の中の電子がもつ磁気モーメント，そして，磁気モーメントの源である角運動量を考える必要がある．電子の角運動量については，軌道角運動量$\boldsymbol{L}$だけでなく，スピン角運動量$\boldsymbol{S}$を考慮し，それらの合成である**全角運動量**$\boldsymbol{J}$を決める必要がある(図6.9)．水素類似原子のように電子が1個だけある場合の全角運動量は以下のような手順で決定される．

方位量子数lとスピン量子数sから**全角運動量量子数**jをクレブシューゴードン(Clebsch-Gordan)級数とよばれる以下の式

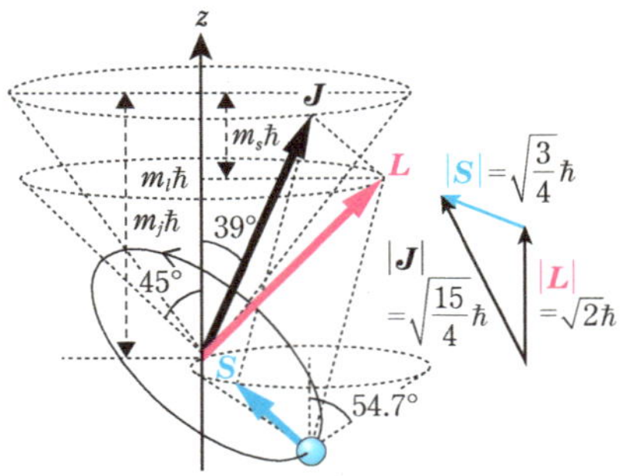

図6.9　角運動量の合成
$\boldsymbol{L}$(l=1, m_l=1)と$\boldsymbol{S}$(s=1/2, m_s=1/2)による$\boldsymbol{J}$(j=3/2)の例

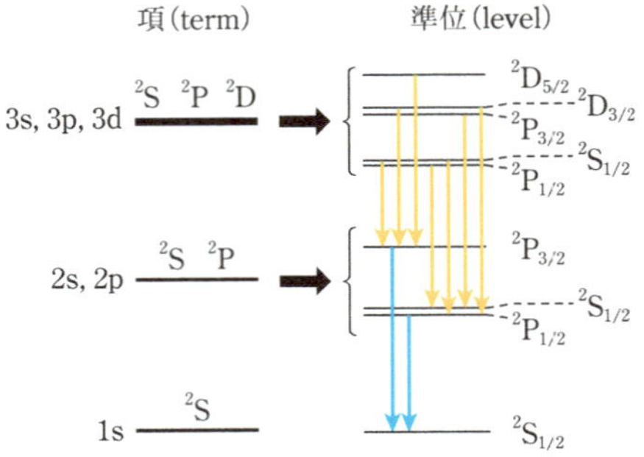

図6.10　水素原子のエネルギー準位の微細構造
輝線スペクトルに現れる遷移は選択律(11.1.3項)によって決まる.

$$j = l+s,\ l+s-1,\ \cdots,\ |l-s|, \quad m_j = j,\ j-1,\ j-2,\ \cdots,\ -j \tag{6.54}$$

から求めて，角運動量の大きさ$\hbar\sqrt{j(j+1)}$を決定し，jに対応するm_jを決めて角運動量のz成分の大きさ$m_j\hbar$を決定する．$l=0$の場合は$j=s$となり$j=1/2$, $m_j=\pm 1/2$となるが，$l \geq 1$の場合にはjは必ず2つあり，$l=1$の場合は$j=3/2$, 1/2, $l=2$の場合は$j=5/2$, 3/2, $l=3$の場合は$j=7/2$, 5/2となる．

lとsの組み合わせを**項**(term)といい，項の記号は，$l=0$, 1, 2, 3に対してそれぞれ大文字(立体)のS, P, D, Fをあてる．項の記号の前には上付きで**多重度**(multiplicity)$2s+1$を書く．K殻($n=1$)に電子($s=1/2$)が1個だけある$1s^1$の項は^{2}Sと表記される．L殻($n=2$)に電子が1個だけある場合は2種類の項が生じる．$1s^0 2s^1$($l=0$)は^{2}S, $1s^0 2p^1$($l=1$)は^{2}Pである．第7章で述べる多電子原子と異なり，水素類似原子だけは2sと2p軌道が縮退しているため，この^{2}Sと^{2}Pは同じエネルギーになる．

同じ項のjの違いを区別するために，項の後ろに下付きで全角運動量量子数jを書く．$1s^0 2s^1$と$1s^0 2p^1$についてそれぞれjとm_jを求めると

$1s^0 2s^1 : l=0, s=1/2 \quad j=1/2, m_j=\pm 1/2 \quad \rightarrow \quad {}^2S_{1/2}$

$1s^0 2p^1 : l=1, s=1/2 \quad j=3/2, m_j=\pm 1/2, \pm 3/2 \quad \rightarrow \quad {}^2P_{3/2}$

$\qquad j=1/2, m_j=\pm 1/2 \quad \rightarrow \quad {}^2P_{1/2}$

となる．lとsとjの組み合わせを**準位**(level)という．$l=0$, 1, 2についての準位の表記は以下のようになる．

$$l=0:{}^{2s+1}\mathrm{S}_j \quad l=1:{}^{2s+1}\mathrm{P}_j \quad l=2:{}^{2s+1}\mathrm{D}_j$$

さらに，l, s, j, m_j の組み合わせを**状態**(state)という．$1s^0 2s^1$ と $1s^0 2p^1$ ではスピン−軌道相互作用により3つの準位が生じ，8(=2+2+4)の状態がある．j の違う項はエネルギーが異なり，水素原子の場合は j の小さい方がエネルギー準位は低くなる．

図6.10に示すように水素原子の $n=2$ のエネルギー準位は，2s軌道($l=0$, $m_l=0$)と3つの2p軌道($l=1$, $m_l=0$, ±1)が縮退しており，状態($m_j=\pm1/2$)まで考慮すれば8重に縮退している．スピン−軌道相互作用を考慮して j を導入すれば，4重に縮退した $j=3/2$ (${}^2\mathrm{P}_{3/2}$)と，同じく4重に縮退した $j=1/2$ (${}^2\mathrm{S}_{1/2}$ と ${}^2\mathrm{P}_{1/2}$)に分裂する．${}^2\mathrm{P}_{3/2}$ は ${}^2\mathrm{S}_{1/2}$ や ${}^2\mathrm{P}_{1/2}$ よりエネルギーが高い．状態は磁場をかけるとさらに分裂する．そのため，水素原子の輝線スペクトルには微細構造の分裂が現れる．

1947年に，米国のラム(W. E. Lamb, Jr., 1913～2008, 1955物)とクッシュ(P. Kusch, 1911～1993, 1955物)により $j=1/2$ の ${}^2\mathrm{S}_{1/2}$ と ${}^2\mathrm{P}_{1/2}$ がわずかに分裂(${}^2\mathrm{P}_{1/2}$ が安定)していることが発見された．微細分裂よりさらに細かいスペクトル線の分裂である超微細構造(hyperfine structure)はラムシフト(Lamb shift)と名づけられた．それらの分裂は，量子電磁力学に基づいて朝永振一郎(1906～1979, 1965物)，ファインマン(R. P. Feynman, 1918～1988, 1965物)らにより説明され，バルマーから始まった水素原子の輝線スペクトルの解析は完成した．

例題6.12　水素原子のM殻($n=3$)に電子が1個だけある場合，エネルギー準位の微細構造に関する項とスピンを考慮した縮退度について述べよ．

解　$n=3$ では $l=0, 1, 2$ であり，それぞれにおいて j と m_j を求めると

$1s^0 2s^0 2p^0 3s^1$：　$l=0, s=1/2$　$j=1/2, m_j=\pm1/2 \rightarrow {}^2\mathrm{S}_{1/2}$

$1s^0 2s^0 2p^0 3s^0 3p^1$：　$l=1, s=1/2$　$j=3/2, m_j=\pm1/2, \pm3/2 \rightarrow {}^2\mathrm{P}_{3/2}$

　　$j=1/2, m_j=\pm1/2 \rightarrow {}^2\mathrm{P}_{1/2}$

$1s^0 2s^0 2p^0 3s^0 3p^0 3d^1$：$l=2, s=1/2$　$j=5/2, m_j=\pm1/2, \pm3/2, \pm5/2 \rightarrow {}^2\mathrm{D}_{5/2}$

　　$j=3/2, m_j=\pm1/2, \pm3/2 \rightarrow {}^2\mathrm{D}_{3/2}$

となり，5つの項が生じる．エネルギー準位は，4重に縮退した $j=1/2$ (${}^2\mathrm{S}_{1/2}$, ${}^2\mathrm{P}_{1/2}$)，8重に縮退した $j=3/2$ (${}^2\mathrm{P}_{3/2}$, ${}^2\mathrm{D}_{3/2}$)，6重に縮退した $j=5/2$ (${}^2\mathrm{D}_{5/2}$)の3つに分裂し，$j=1/2, 3/2, 5/2$ の順で高くなる．超微細構造まで考えると同じ j の2つの項のエネルギー準位がさらに分裂する．

章末問題

6.1　水素原子の基底状態(1s軌道)の波動関数がボーア半径において確率密度が最大になる理由を電子の運動エネルギーとポテンシャルエネルギーの関係から述べよ．

6.2　1s, 2s, 2p, 3s, 3p, 3d, 4s, 4p, 4d, 4f軌道について，n, n_r, lの値を答えよ．

6.3　動径波動関数，球面調和関数の規格化条件を表す式を書け．

6.4　水素原子の1s, 2s, 2p, 3s, 3p, 3d軌道の動径分布関数の概容を描け．

6.5　角運動量ベクトルの成分(l_x, l_y, l_z)を位置ベクトルの成分(x, y, z)と運動量ベクトルの成分(p_x, p_y, p_z)で表せ．

6.6　$[\hat{l}_y, \hat{l}_z] = \mathrm{i}\hbar\hat{l}_x$を示せ．

6.7　f軌道の角運動量の大きさと交換する成分l_zを求めよ．

6.8　$l = 1$の場合の角運動量の空間量子化を図示せよ．

6.9　ボーア磁子μ_Bの値を計算して求めよ．

6.10　水素原子のエネルギー準位に微細構造が現れる理由を述べよ．

第7章　多電子原子の電子軌道

周期表(periodic table)の第1～7周期は電子殻(electron shell)のK殻，L殻，M殻，N殻，…にそれぞれ対応し，族は価電子(valence electron)の数に対応している．高校の化学では，電子殻モデル，すなわち，原子核を中心に，電子が2個入るK殻の円，8個入るL殻およびM殻の円を描いて原子の電子配置が説明される．しかしながら，こうした表記は原子に電子が8個入る軌道が存在するかのような印象を与えるため適切ではない．正しい多電子原子の電子配置は，水素類似原子で得られたオービタルに電子を2個ずつ入れていくことで表現される．

第6章で述べたように水素(類似)原子のシュレーディンガー方程式を解くことで得られた波動関数とエネルギーが輝線スペクトルなどの実験結果と完全に一致したことから，波動関数から得られる原子軌道の形状などの正当性が示された．しかしながら，電子が2個以上になり電子間の相互作用が入ってくるとヘリウム原子${}_2$Heでさえシュレーディンガー方程式を厳密に解くことは不可能である．本章では周期表に現れる周期律(periodic rule)の由来を量子化学を用いて解説する．その後，多電子原子の波動関数を求めるために用いられる近似法と電子配置を決める方法を学ぶ．

7.1　周期律と電子配置

7.1.1　周期律の発見

質量保存の法則で有名なラヴォアジエ(A.-L. de Lavoisier, 1743～1794)は，1789年に著した"*Traité élémentaire de chimie*(*Elementary Treatise of Chemistry*)"において，それ以上分割できない物質として，酸素，窒素，水素，イオウ，リン，炭素など30あまりの元素をあげた．1800年代になって発見された元素の数は増えたが，当時は原子の構造が明らかになっていなかったために混乱が生じた．1860年にドイツのカールスルーエで開かれた最初の国際化学会議において元素の原子量(atomic weight)や，二原子分子の構造について議論され，原子量順に元素を並べることで周期性を見いだす試みがなされた．1869年にメンデレーエフ

(D. I. Mendelejev, 1834～1907)は，元素を原子量の順に並べたうえで，さらに，酸化物や水素化物からわかる原子価によって元素を組み分けした周期表を発表した．（ほぼ同時にマイヤー(J. L. Meyer, 1830～1895)も周期表を独自に発表した．）当時は希ガスが発見されていなかったため，現在の1～17族の元素についての周期表であった．メンデレーエフは，未発見の元素(スカンジウム，ガリウム，ゲルマニウム)の存在を予測して，それらの性質を同じ族の元素から類推した．1870～80年代に，それらの元素が次々に発見されてメンデレーエフの周期表は広く受け入れられるようになった．

1895年にレイリー卿とラムゼー(W. Ramsay, 1852～1916 : 1904化)によりアルゴンが発見され，残りの希ガスも続けて発見された．これらの希ガスは原子価が0なので，周期表の右端のハロゲンとアルカリ金属の間に入れられた．He, Ne, Arなどの最外殻(outermost shell)が電子で詰まった状態を**閉殻**(closed shell)という．一方，原子量と原子価に基づいて周期表は作られたため，いくつかの元素の並び(ArとK，CoとNi，TeとI)で原子量の順番になっていないという問題が生じていた．そこで，周期律に合うように原子量とは別の通し番号である原子番号(atomic number)が元素に割り振られた．1910年代になって原子が原子核とそれをとりまく電子からできていることが明らかになり，原子量ではなく原子番号が原子核の正電荷量と関連していることが示され(モーズリーの法則，2.2.3項)，周期表の問題は解決した(図7.1)．

周期＼族	1	2	3	4	5	6	7	8	6	10	11	12	13	14	15	16	17	18
1	1 H $1s^1$																	2 He $1s^2$
2	3 Li $2s^1$	4 Be $2s^2$											5 B $2p^1$	6 C $2p^2$	7 N $2p^3$	8 O $2p^4$	9 F $2p^5$	10 Ne $2p^6$
3	11 Na $3s^1$	12 Mg $3s^2$											13 Al $3p^1$	14 Si $3p^2$	15 P $3p^3$	16 S $3p^4$	17 Cl $3p^5$	18 Ar $3p^6$
4	19 K $4s^1$	20 Ca $4s^2$	21 Sc $4s^23d^1$	22 Ti $4s^23d^2$	23 V $4s^23d^3$	24 Cr $4s^13d^5$	25 Mn $4s^23d^5$	26 Fe $4s^23d^6$	27 Co $4s^23d^7$	28 Ni $4s^23d^8$	29 Cu $4s^13d^{10}$	30 Zn $4s^23d^{10}$	31 Ga $4p^1$	32 Ge $4p^2$	33 As $4p^3$	34 Se $4p^4$	35 Br $4p^5$	36 Kr $4p^6$
5	37 Rb $5s^1$	38 Sr $5s^2$	39 Y $5s^24d^1$	40 Zr $5s^24d^2$	41 Nb $5s^14d^4$	42 Mo $5s^14d^5$	43 Tc $5s^24d^5$	44 Ru $5s^14d^7$	45 Rh $5s^14d^8$	46 Pd $5s^04d^{10}$	47 Ag $5s^14d^{10}$	48 Cd $5s^24d^{10}$	49 In $5p^1$	50 Sn $5p^2$	51 Sb $5p^3$	52 Te $5p^4$	53 I $5p^5$	54 Xe $5p^6$
6	55 Cs $6s^1$	56 Ba $6s^2$	ランタノイド	72 Hf $6s^25d^2$	73 Ta $6s^25d^3$	74 W $6s^25d^4$	75 Re $6s^25d^5$	76 Os $6s^25d^6$	77 Ir $6s^25d^7$	78 Pt $6s^15d^9$	79 Au $6s^15d^{10}$	80 Hg $6s^25d^{10}$	81 Ti $6p^1$	82 Pb $6p^2$	83 Bi $6p^3$	84 Po $6p^4$	85 At $6p^5$	86 Rn $6p^6$
7	87 Fr $7s^1$	88 Ra $7s^2$	アクチノイド	104	105	106	107	108	109	110	111	112	113	114	115	116		

ランタノイド	57 La $6s^2$ $5d^14f^0$	58 Ce $6s^2$ $5d^14f^1$	59 Pr $6s^2$ $5d^04f^3$	60 Nd $6s^2$ $5d^04f^4$	61 Pm $6s^2$ $5d^04f^5$	62 Sm $6s^2$ $5d^04f^6$	63 Eu $6s^2$ $5d^04f^7$	64 Gd $6s^2$ $5d^14f^7$	65 Tb $6s^2$ $5d^04f^9$	66 Dy $6s^2$ $5d^04f^{10}$	67 Ho $6s^2$ $5d^04f^{11}$	68 Er $6s^2$ $5d^04f^{12}$	69 Tm $6s^2$ $5d^04f^{13}$	70 Yb $6s^2$ $5d^04f^{14}$	71 Lu $6s^2$ $5d^14f^{14}$
アクチノイド	89 Ac $7s^2$ $6d^17f^0$	90 Th $7s^2$ $6d^25f^0$	91 Pa $7s^2$ $6d^15f^2$	92 U $7s^2$ $6d^15f^3$	93 Np $7s^2$ $6d^15f^4$	94 Pu $7s^2$ $6d^05f^6$	95 Am $7s^2$ $6d^05f^7$	96 Cm $7s^2$ $6d^15f^7$	97 Bk $7s^2$ $6d^05f^9$	98 Cf $7s^2$ $6d^05f^{10}$	99 Es $7s^2$ $6d^05f^{11}$	100Fm $7s^2$ $6d^05f^{12}$	101Md $7s^2$ $6d^05f^{13}$	102No $7s^2$ $6d^05f^{14}$	103Lr $7s^2$ $6d^15f^{14}$

図7.1　周期表と最外殻電子の軌道

ラザフォードは第2周期の軽元素にα線(He原子核)を衝突させると，どの元素からも正電荷をもつ水素原子核が叩き出されたことから，どの原子核も$+\mathrm{e}$の正電荷をもつ水素原子核を構成要素としていることを示した(2.2.2項)．また，ラザフォードは水素原子核を陽子(proton，プロトン)と名づけ(1920年)，原子核中の陽子の個数が原子番号に等しいことを示した．さらに，陽子とほとんど同じ質量で，電荷をもたない中性子(neutron)の存在も予言した．中性子はラザフォードの弟子のチャドウィック(J. Chadwick, 1891〜1974 : 1935物)によって発見された(1932年)．その3年後には湯川秀樹(1907〜1981, 1949物)が原子核の中で陽子と中性子を強く結合させている中間子(meson)の存在を予言し，1947年にπ中間子が発見された後，日本人初のノーベル賞を受賞した．

7.1.2 電子殻と周期表

3.2節で述べたように，1925年にパウリの排他原理

「3つの量子数n, l, m_lにスピン磁気量子数m_sを加えた4つの量子数の組(n, l, m_l, m_s)によって電子の状態は表され，2つ以上の電子は同一の量子状態を占めることはできない」

が示された．電子のスピン量子数は$s=1/2$であり，スピン磁気量子数m_sは$\pm 1/2$のどちらかしかとりえないため，ある(n, l, m_l)の組によって決まる原子軌道には，電子は2個までしか入ることができない．すなわち，パウリの排他原理は，m_sを除いた形で，次のようにも表現される．

「1つの軌道に電子は2個までしか入ることができない」

第6章でも述べたように，主量子数nが電子軌道(オービタル)の大きさとエネルギーを規定し，$n=1, 2, 3, 4, \cdots$がそれぞれK殻，L殻，M殻，N殻，…に対応する．$_2$Heの2個の電子は1s軌道$(n, l, m_l)=(1, 0, 0)$に

$$(n, l, m_l, m_s)=(1, 0, 0, +1/2) \quad (1, 0, 0, -1/2)$$

として入ることができるが，リチウム原子^{3}Liの3個目の電子は1s軌道には入ることができない．$n=2$以上の軌道については，周期表との関連から方位量子数$l=0, 1, 2, 3, \cdots$に対応するs, p, d, f, …軌道の順番で原子軌道に電子が入っていくことが予想された(図7.2)．これらを電子殻(主殻ともよばれる)に対して**副殻**

(subshell)という．この予想の正しさは，次に述べるハートリー−フォック近似およびスレーター則によって示された．軌道とその最大収容電子数の関係は表7.1のようになる．軌道の数はm_lの数($=2l+1$)に等しく，それぞれの軌道に異なる2個の電子が入ることができるので，副殻の最大収容電子数は$2(2l+1)$である．電子殻の最大収容電子数は主量子数nにのみに関係し，$2n^2$となる(表7.2)．

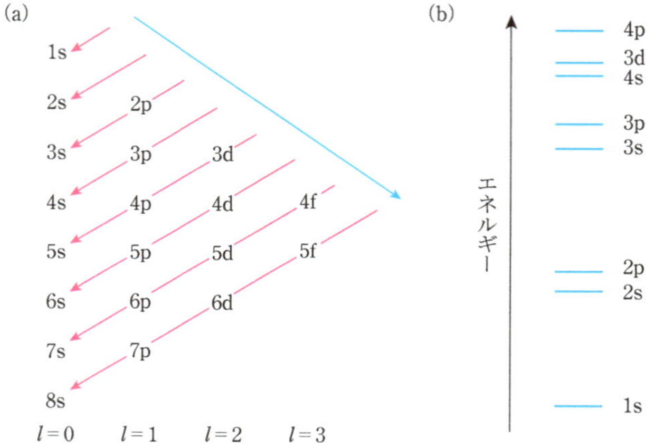

図7.2　多電子原子の基底状態への電子配置の順序(a)と$_{19}$K〜$_{30}$Znにおけるエネルギー準位(b)

表7.1　副殻の軌道の数と最大収容電子数

軌道	l	軌道の数($2l+1$)	最大収容電子数$2(2l+1)$
s	0	1	2
p	1	3	6
d	2	5	10
f	3	7	14

表7.2　電子殻と最大収容電子数

電子殻	n	副殻の種類	最大収容電子数($2n^2$)
K	1	1s	2
L	2	2s, 2p	8 = 2 + 6
M	3	3s, 3p, 3d	18 = 2 + 6 + 10
N	4	4s, 4p, 4d, 4f	32 = 2 + 6 + 10 + 14
O	5	5s, 5p, 5d, 5f, 5g	50 = 2 + 6 + 10 + 14 + 18
P	6	6s, 6p, 6d, 6f, 6g, 6h	72 = 2 + 6 + 10 + 14 + 18 + 22

例題 7.1　主量子数 n の電子殻の最大収容電子数は $2n^2$ であることを示せ．

解　主量子数 n の軌道には方位量子数 $l=0, 1, 2, \cdots, (n-1)$ の n 個の副殻があり，l のそれぞれに対して，磁気量子数 m_l は $0, \pm 1, \pm 2, \cdots, \pm l$ の $(2l+1)$ 個が許される．よって，主量子数 n の軌道の数は

$$\sum_{l=0}^{n-1}(2l+1) = 2\sum_{l=0}^{n-1} l + n = (n-1)n + n = n^2$$

となる．パウリの排他原理から，それぞれの軌道には電子が 2 個ずつ入るから，主量子数 n の軌道に入りうる電子の最大数は $2n^2$ となる．

7.2　多電子原子の軌道エネルギーを求める方法

7.2.1　ヘリウム原子のエネルギー近似計算

水素類似原子に関するシュレーディンガー方程式が解かれ，波動関数(オービタル)およびエネルギーが解明された後，多電子原子の軌道エネルギーを求める試みがなされた．中心電荷 $+Ze$ で電子 1 と電子 2 が存在するヘリウム類似原子のシュレーディンガー方程式は，2 個の電子の運動エネルギーとそれぞれの電子と核との間のクーロン引力のポテンシャルエネルギーに電子間のクーロン斥力によるポテンシャルエネルギーを加えて以下のように記述できる．

$$\left[-\frac{\hbar^2}{2m_1}\nabla_1{}^2 - \frac{\hbar^2}{2m_2}\nabla_2{}^2 - \frac{Ze^2}{4\pi\varepsilon_0 \boldsymbol{r}_1} - \frac{Ze^2}{4\pi\varepsilon_0 \boldsymbol{r}_2} + \frac{e^2}{4\pi\varepsilon_0 |\boldsymbol{r}_2 - \boldsymbol{r}_1|}\right]\Psi(\boldsymbol{r}_1, \boldsymbol{r}_2) = E\Psi(\boldsymbol{r}_1, \boldsymbol{r}_2) \tag{7.1}$$

ハミルトニアンの最後の項が電子間の反発項である．このシュレーディンガー方程式は水素原子のように解析的に解くことはできない．反発項がなければ変数分離できて，式(7.1)は 2 個の水素類似原子の波動関数とエネルギーを与えるが，反発項があるために解析的に計算ができない．電子間の反発項をいかに考慮して，どのような波動関数を用いて近似計算するかが問題になる．

そこで水素類似原子の波動関数で多電子原子の軌道を近似し，エネルギーを求める方法が提案された．具体的には電子 1 と 2 が水素類似原子の 1s 軌道 ψ

$$\psi(\boldsymbol{r}) = \frac{1}{\sqrt{\pi}}\left(\frac{Z}{a_0}\right)^{3/2} \mathrm{e}^{-Zr/a_0} \tag{7.2}$$

にあると仮定し，さらに，反発項があるために本来はできないが，波動関数 Ψ を

$\psi(\boldsymbol{r}_1)$と$\psi(\boldsymbol{r}_2)$の積(ハートリー積，4.2.4項)で近似する.

$$\Psi(\boldsymbol{r}_1, \boldsymbol{r}_2) = \psi(\boldsymbol{r}_1)\psi(\boldsymbol{r}_2) \tag{7.3}$$

ここから，変分法や摂動法(4.2.5項)を使ってHe原子のエネルギーの近似解を求めることができる.

変分法では，$\Psi(\boldsymbol{r}_1, \boldsymbol{r}_2)$中の$Z$を変分パラメーター$\zeta$として置き換えた波動関数

$$\Psi(\zeta, \boldsymbol{r}_1, \boldsymbol{r}_2) = \psi_{1\mathrm{s}}(\zeta, \boldsymbol{r}_1)\psi_{1\mathrm{s}}(\zeta, \boldsymbol{r}_2) = \frac{\zeta^3}{\pi {a_0}^3}\,\mathrm{e}^{-\zeta(r_1+r_2)/a_0} \tag{7.4}$$

を使って，電子間反発をZの変化で表現しようとするため，エネルギーの期待値

$$E(\zeta) = \frac{\int \Psi^* \hat{H} \Psi \mathrm{d}\tau}{\int \Psi^* \Psi \mathrm{d}\tau} \tag{7.5}$$

が最小になるζを$\partial E/\partial \zeta = 0$から求める．計算すると$\zeta = 1.7$となり，Heの核電荷2より0.3小さいが，そのときのエネルギー$E(\zeta)$は実験値に近い値が得られる. 変分法による結果は，He原子はHe原子核と1個の電子が運動し，He原子核の正電荷はもう1個の電子によって遮蔽(shield)されていて小さい値になっている，と解釈できる．さらに言い換えると，He原子を核電荷Z = 1.7の水素類似原子と考えることになる．この一電子近似(4.2.4項)の考え方は，ハートリーやスレーターによって拡張されて多電子原子のエネルギーを考える基礎となった.

もう1つの近似法である摂動法では，核電荷Zは変化させずに，摂動のない波動関数をハートリー積

$$\Psi_0(\boldsymbol{r}_1, \boldsymbol{r}_2) = \frac{Z^3}{\pi {a_0}^3}\,\mathrm{e}^{-Z(r_1+r_2)/a_0} \tag{7.6}$$

として，電子間の反発項を摂動のハミルトニアン$\hat{H}'$として摂動エネルギーE'

$$E' = \int \Psi_0^* \hat{H}' \Psi_0 \mathrm{d}\tau, \quad \hat{H}' = \frac{e^2}{4\pi\varepsilon_0 |\boldsymbol{r}_1 - \boldsymbol{r}_2|} \tag{7.7}$$

を積分計算で求めて，摂動のないエネルギーE°に加えてHe原子のエネルギーEを求める.

$$E = E^\circ + E' \tag{7.8}$$

He原子に関しては摂動法でも実験値に近い値が得られるが，電子が多くなり，波動関数が複雑になると計算できない.

7.2.2　ハートリー−フォック近似

変分法による近似計算を基礎として，ラザフォードの弟子のハートリー(D. R. Hartree, 1897〜1958)は，電子2の電子密度が電子1の場所につくるクーロンポテンシャルを考慮する一電子近似(ハートリー近似，Hartree approximation)を提案した(1928年)．ヘリウム原子の場合には全体の波動関数をハートリー積 $\boldsymbol{\Psi}(\boldsymbol{r}_1, \boldsymbol{r}_2) = \varphi(\boldsymbol{r}_1)\,\varphi(\boldsymbol{r}_2)$ で近似し，1個の電子について以下のハートリー方程式を解く．

$$\left[-\frac{\hbar^2}{2m_1}\nabla_1{}^2 - \frac{Ze^2}{4\pi\varepsilon_0 r_1} + V_\mathrm{C}(\boldsymbol{r}_1, \varphi_0(\boldsymbol{r}_2))\right]\varphi(\boldsymbol{r}_1) = E\varphi(\boldsymbol{r}_1)$$
$$V_\mathrm{C}(\boldsymbol{r}_1, \varphi_0(\boldsymbol{r}_2)) = \frac{e^2}{4\pi\varepsilon_0}\int \frac{|\varphi_0(\boldsymbol{r}_2)|^2}{|\boldsymbol{r}_2 - \boldsymbol{r}_1|}\mathrm{d}\tau \qquad (7.9)$$

一見するとシュレーディンガー方程式のように見えるが，電子密度 $|\varphi(\boldsymbol{r})|^2$ の形で波動関数 φ を含んだクーロンポテンシャル V_C がハミルトニアンに含まれている．計算においては，最初に水素類似原子で得られた波動関数を用いて初期関数 φ_0 を決めて方程式を解き，得られた波動関数 φ をまたポテンシャル中の φ_0 に入れて再び解く，という作業を繰り返す．繰り返すうちに，エネルギーは変化せず，初期関数と同じ関数が解として得られれば，矛盾なく収束したとして計算を終了する．これを自己無撞着(むどうちゃく)法(self-consistent field method, SCF法)という．無撞着とは矛盾がなく整合するという意味であるが，難しい語なのでSCFとよばれることの方が多い．

ハートリー近似ではパウリの排他原理が考慮されていなかったが，ほぼ同時期にフォック(V. A. Fock, 1898〜1974)がパウリの排他原理を考慮した波動関数についてSCF法で計算する方法を提案し，この方法は**ハートリー−フォック法**(Hartree-Fock method)とよばれる．

パウリの排他原理により波動関数には以下のことが求められる．

「2個の電子の交換は反対称性であり，電子の位置座標 $\boldsymbol{r}$ とスピン座標 $\boldsymbol{\sigma}$ の両方を考慮した全波動関数は，電子の交換により符号が変わる」

これを $\boldsymbol{r}$ と $\boldsymbol{\sigma}$ を含む全波動関数 $\boldsymbol{\Psi}$ で表すと

$$\boldsymbol{\Psi}(\boldsymbol{r}_1, \boldsymbol{\sigma}_1, \boldsymbol{r}_2, \boldsymbol{\sigma}_2) = -\boldsymbol{\Psi}(\boldsymbol{r}_2, \boldsymbol{\sigma}_2, \boldsymbol{r}_1, \boldsymbol{\sigma}_1) \qquad (7.10)$$

となる．一般に，区別できない粒子1と2からなる確率密度分布$|\Psi|^2$は粒子1と2を交換しても変化しないので，

$$\left|\Psi(\boldsymbol{r}_1, \boldsymbol{\sigma}_1, \boldsymbol{r}_2, \boldsymbol{\sigma}_2)\right|^2 = \left|\Psi(\boldsymbol{r}_2, \boldsymbol{\sigma}_2, \boldsymbol{r}_1, \boldsymbol{\sigma}_1)\right|^2 \rightarrow \Psi(\boldsymbol{r}_1, \boldsymbol{\sigma}_1, \boldsymbol{r}_2, \boldsymbol{\sigma}_2) = \pm\Psi(\boldsymbol{r}_2, \boldsymbol{\sigma}_2, \boldsymbol{r}_1, \boldsymbol{\sigma}_1) \tag{7.11}$$

が成立する．つまり，Ψは粒子の交換によって符号が不変(対称，symmetric)か，符号が反転(反対称，asymmetric)かのいずれかである．前者がボース粒子で，後者が電子などのフェルミ粒子である(3.2.2項)．電子の波動関数が原子軌道に関する関数(軌道関数)$\varphi(\boldsymbol{r})$と電子スピンに関する関数(スピン関数)$\alpha(\boldsymbol{\sigma})$または$\beta(\boldsymbol{\sigma})$の積で近似できるとすると，式(7.11)を満たす波動関数は

$$\begin{gathered}\varphi(\boldsymbol{r}_1)\varphi(\boldsymbol{r}_2)\alpha(\boldsymbol{\sigma}_1)\alpha(\boldsymbol{\sigma}_2), \quad \varphi(\boldsymbol{r}_1)\varphi(\boldsymbol{r}_2)\beta(\boldsymbol{\sigma}_1)\beta(\boldsymbol{\sigma}_2), \\ \varphi(\boldsymbol{r}_1)\varphi(\boldsymbol{r}_2)\frac{1}{\sqrt{2}}\{\alpha(\boldsymbol{\sigma}_1)\beta(\boldsymbol{\sigma}_2) \pm \beta(\boldsymbol{\sigma}_1)\alpha(\boldsymbol{\sigma}_2)\}\end{gathered} \tag{7.12}$$

の4種類が考えられるが，その中で

$$\Psi(\boldsymbol{r}_1, \boldsymbol{\sigma}_1, \boldsymbol{r}_2, \boldsymbol{\sigma}_2) = \varphi(\boldsymbol{r}_1)\varphi(\boldsymbol{r}_2)\frac{1}{\sqrt{2}}\{\alpha(\boldsymbol{\sigma}_1)\beta(\boldsymbol{\sigma}_2) - \beta(\boldsymbol{\sigma}_1)\alpha(\boldsymbol{\sigma}_2)\} \tag{7.13}$$

だけは電子の交換によって反対称となり($\Psi(\boldsymbol{r}_1, \boldsymbol{\sigma}_1, \boldsymbol{r}_2, \boldsymbol{\sigma}_2) = -\Psi(\boldsymbol{r}_2, \boldsymbol{\sigma}_2, \boldsymbol{r}_1, \boldsymbol{\sigma}_1)$)，パウリの排他原理を満たす．上の式はスレーターにより行列式(deteminant)を用いて次のように表現された(1929年)．

> 2×2行列式
>
> $$\begin{vmatrix} a & b \\ c & d \end{vmatrix} = ad - bc$$

$$\Psi(\boldsymbol{r}_1, \boldsymbol{\sigma}_1, \boldsymbol{r}_2, \boldsymbol{\sigma}_2) = \frac{1}{\sqrt{2}}\begin{vmatrix} \varphi(\boldsymbol{r}_1)\alpha(\boldsymbol{\sigma}_1) & \varphi(\boldsymbol{r}_1)\beta(\boldsymbol{\sigma}_1) \\ \varphi(\boldsymbol{r}_2)\alpha(\boldsymbol{\sigma}_2) & \varphi(\boldsymbol{r}_2)\beta(\boldsymbol{\sigma}_2) \end{vmatrix} \tag{7.14}$$

この行列式は**スレーター行列式**(Slater determinant)とよばれ，この形で書くことができる波動関数はパウリの排他原理を満たす．パウリの排他原理を満たす粒子はスピンが半整数のフェルミ粒子であり，n個のフェルミ粒子からなる波動関数を表すスレーター行列式の一般形は，

$$\frac{1}{\sqrt{n!}}\begin{vmatrix} \varphi_1(x_1) & \cdots & \varphi_n(x_1) \\ \vdots & \ddots & \vdots \\ \varphi_1(x_n) & \cdots & \varphi_n(x_n) \end{vmatrix} \tag{7.15}$$

と表記される．3個の電子を同一の軌道$\varphi(\boldsymbol{r})$に入れると，スピン関数がαかβの2種類しかないために，3個目の電子スピンをαにしてもβにしても，同じ列が

現れてスレーター行列式は必ず0となり波動関数とならない.

$$\begin{vmatrix} \varphi^{\alpha}(1) & \varphi^{\beta}(1) & \varphi^{\alpha}(1) \\ \varphi^{\alpha}(2) & \varphi^{\beta}(2) & \varphi^{\alpha}(2) \\ \varphi^{\alpha}(3) & \varphi^{\beta}(3) & \varphi^{\alpha}(3) \end{vmatrix} = \begin{vmatrix} \varphi^{\alpha}(1) & \varphi^{\beta}(1) & \varphi^{\beta}(1) \\ \varphi^{\alpha}(2) & \varphi^{\beta}(2) & \varphi^{\beta}(2) \\ \varphi^{\alpha}(3) & \varphi^{\beta}(3) & \varphi^{\beta}(3) \end{vmatrix} = 0 \tag{7.16}$$

そのため3個の電子を同じ軌道に入れることはできない.

異なる軌道$\varphi(\boldsymbol{r})$と$\varphi'(\boldsymbol{r})$に電子が入る場合には, 軌道部分の可能な波動関数は, 対称な$\Psi_{\mathrm{s}}(\boldsymbol{r}_1, \boldsymbol{r}_2)$と反対称な$\Psi_{\mathrm{a}}(\boldsymbol{r}_1, \boldsymbol{r}_2)$の2つが考えられる.

$$\Psi_{\mathrm{s}}(\boldsymbol{r}_1, \boldsymbol{r}_2) = \frac{1}{\sqrt{2}}\{\varphi(\boldsymbol{r}_1)\varphi'(\boldsymbol{r}_2) + \varphi'(\boldsymbol{r}_1)\varphi(\boldsymbol{r}_2)\} \tag{7.17}$$

$$\Psi_{\mathrm{a}}(\boldsymbol{r}_1, \boldsymbol{r}_2) = \frac{1}{\sqrt{2}}\{\varphi(\boldsymbol{r}_1)\varphi'(\boldsymbol{r}_2) - \varphi'(\boldsymbol{r}_1)\varphi(\boldsymbol{r}_2)\} \tag{7.18}$$

これらとスピン関数部分との対称性を組み合わせてパウリの排他原理を満たす波動関数(**例題7.2**)をつくることができる.

ハートリー-フォック法の初期関数としてスレーター行列式で表される関数を用いると, 別の軌道に同じ向きのスピンが現れるため, クーロンポテンシャルV_{C}のほかに, 交換相互作用(exchange interaction)とよばれる電子スピンの相対的な向きによるスピン相関ポテンシャルV_{E}が現れる.

多電子原子のオービタルφ_iにある電子1のハートリー-フォック方程式は

$$\hat{F}_1\varphi_i(\boldsymbol{r}_1) = \varepsilon\varphi_i(\boldsymbol{r}_1) \tag{7.19}$$

$$\hat{F}_1 = -\frac{\hbar^2}{2m_1}\nabla_1{}^2 - \frac{Ze^2}{4\pi\varepsilon_0 r_1} + V_{\mathrm{C}}(\boldsymbol{r}_1) + V_{\mathrm{E}}(\boldsymbol{r}_1) \tag{7.20}$$

のように表され, $\hat{F}_1$はフォック演算子よばれる. $V_{\mathrm{C}}(\boldsymbol{r}_1)$は電子2, 3, …からの平均のクーロン反発ポテンシャル演算子で正の値であるが, $V_{\mathrm{E}}(\boldsymbol{r}_1)$は同じスピンをもつ電子間にのみ生じるスピン相関演算子で, 電子どうしが避けあい, 電子間のクーロン反発が弱くなることを引き起こすため負の値となる.

多電子原子の波動関数は$\psi_i(\boldsymbol{r}) = R_i(r)Y_i(\theta, \phi)$の形に近似できて変数分離が可能であるため, 適切な初期関数を選びハートリー-フォック法を使うとHeをはじめとする原子については, 一電子近似の範囲において, 最安定なエネルギーを与える最良の波動関数が求められた. 分子についてハートリー-フォック方程式の数値計算をすることは不可能であったが, 1951年にローターン(C. C. J. Roothaan,

1918～2019)が，分子軌道をSTOやGTO(4.2.3項)などの線形結合で表すことを利用して，ハートリー－フォック方程式の積分計算を行列計算で代替する手法を編み出したことで，計算機利用が進展した．

例題7.2　$\Psi_s(\boldsymbol{r}_1, \boldsymbol{r}_2)$と$\Psi_a(\boldsymbol{r}_1, \boldsymbol{r}_2)$とスピン関数を用いて電子の波動関数を書け．

解　反対称となる波動関数は，反対称な軌道関数$\Psi_a(\boldsymbol{r}_1, \boldsymbol{r}_2)$と対称なスピン関数の組み合わせが3種類，対称な軌道関数$\Psi_s(\boldsymbol{r}_1, \boldsymbol{r}_2)$と反対称なスピン関数の組み合わせが1種類である．

$$\Psi_a(\boldsymbol{r}_1, \boldsymbol{r}_2)\alpha(\boldsymbol{\sigma}_1)\alpha(\boldsymbol{\sigma}_2)$$

$$\Psi_a(\boldsymbol{r}_1, \boldsymbol{r}_2)\beta(\boldsymbol{\sigma}_1)\beta(\boldsymbol{\sigma}_2)$$

$$\Psi_a(\boldsymbol{r}_1, \boldsymbol{r}_2)\frac{1}{\sqrt{2}}\{\alpha(\boldsymbol{\sigma}_1)\beta(\boldsymbol{\sigma}_2)+\beta(\boldsymbol{\sigma}_1)\alpha(\boldsymbol{\sigma}_2)\}$$

$$\Psi_s(\boldsymbol{r}_1, \boldsymbol{r}_2)\frac{1}{\sqrt{2}}\{\alpha(\boldsymbol{\sigma}_1)\beta(\boldsymbol{\sigma}_2)-\beta(\boldsymbol{\sigma}_1)\alpha(\boldsymbol{\sigma}_2)\}$$

7.2.3　有効核電荷とスレーター則

先に述べたように，電子殻に電子を詰めていくときには，エネルギーの一番低い($n=1$) K殻の1s軌道に電子を入れる．1s軌道が2個の電子で満たされて$1s^2$となったHeは閉殻である．続いて，K殻の次にエネルギーの低いL殻に電子を入れる．L殻には1つの2s軌道と3つの2p軌道があり，水素類似原子では同じエネルギーをもっていて縮退していたが，多電子原子では状況が異なってくる．

内側に電子がない1s軌道は強く原子核に引きつけられるため1s軌道の半径は極端に小さい．もっとも内側にある1s軌道のエネルギー準位については，ボーアの水素類似原子に関するエネルギーの式において正電荷Zから1s電子1個分を引き，$(Z-1)$としたモーズリーの法則(2.2.3項)

$$E_n = -\frac{m_e e^4}{8\varepsilon_0{}^2 h^2}\frac{(Z-1)^2}{n^2} \quad (n=1) \tag{7.21}$$

が近似的に成立し，1s軌道のエネルギー準位は$(Z-1)^2$に比例して大きく低下するが，2sや2p軌道のエネルギー準位はそれほど変化しない．電子が1s軌道に2個存在する状態で，2sと2p軌道のエネルギー準位を比べると2s軌道のエネルギー準位の方が低いため，Liの3個目の電子は2s軌道に入る．2s電子のポテン

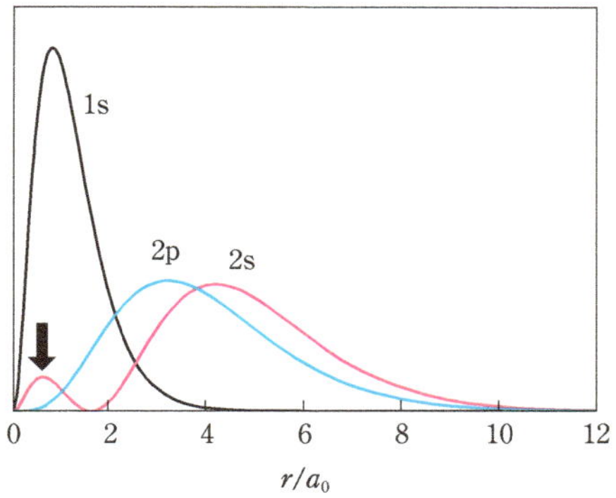

図7.3 水素原子の1s, 2s, 2p軌道の動径分布関数

シャルエネルギーが2p電子より低くなる理由は，2s軌道は一部が1s軌道の内側にも浸透（penetration）しており（図7.3の矢印部分），2s電子が感じる原子核の正電荷は2p電子が感じる正電荷より大きいためである．2s電子は原子核に強く束縛されていて，動ける範囲も狭くなる．

原子番号Zが大きくなると原子核の正電荷Zeと電子の負電荷$-e$との間のクーロン相互作用が強くなり，軌道のエネルギー準位は低下する．電子状態の近似計算において原子軌道の違う電子と原子核とのクーロン相互作用に同じZの値を入れると，外側の電子は実際より原子核に引きつけられすぎている状態を計算してしまうことになる．外側の電子は自分より内側にある電子による斥力を受けていて，この斥力によって原子核とのクーロン引力は弱められるためである．このことを，電子は核電荷Zよりも小さい**有効核電荷**（effective nuclear charge）Z_{eff}を感じていると表現し，Zの代わりに次式で表されるZ_{eff}を用いる．

$$Z_{\mathrm{eff}} = Z - \sigma \tag{7.22}$$

ここで，σは**遮蔽定数**（shielding constant）とよばれる正の数値である．He原子の計算では，$\sigma = 0.3$で1s軌道の有効核電荷は1.7であることが示されている（146頁）．同一の電子殻でいえば，s, p, d, f軌道の順番にZ_{eff}は小さくなるため，主量子数が同じであれば，安定化効果の大きいs, p, d, f軌道の順番で電子が入る．1930年にスレーターは，波動関数のSTOによる近似と電子が感じる有効核電荷を経験的に求める**スレーター則**（Slater's rule）を考案し，多電子原子の電子状態の近似計算法を提案した．スレーター則の計算方法は以下のとおりである．

（1）主量子数および方位量子数によって電子をグループ分けする．s と p の副殻は同じグループとする．

1s | 2s, 2p | 3s, 3p | 3d | 4s, 4p | 4d | 4f | 5s, 5p | 5d | 6s, 6p

（2）注目している電子より外側の電子の寄与は 0 とする．

（3）同じグループにある電子については，注目している電子の遮蔽定数への寄与は0.35とする（1sだけは0.30）．

（4）内側の電子の寄与は1.00とする．ただし，s軌道とp軌道にある電子の遮蔽定数を考える場合は，1つ内側の殻（主量子数が1小さい）にある電子は0.85の寄与で計算する．

（5）（2）～（4）の寄与をすべて足し合わせたものをσとし，核電荷から引いて有効核電荷を求める．

スレーター則で求めた有効核電荷を用いてハートリー－フォック法によって多電子原子の各軌道のエネルギーや平均距離 $\langle r \rangle$ を計算すると，図7.2に示したように同じ殻では，s, p, d, f軌道の順番で副殻のエネルギー準位は高くなる．

3dと4s軌道では興味深い結果が得られる．ハートリー－フォック法で得られる4s軌道の平均距離 $\langle r \rangle$ は3d軌道よりかなり大きく，エネルギーも4s軌道の方が3d軌道より高いが，第4周期の元素（$_{19}$K～$_{30}$Zn）では3dと4s軌道のエネルギー値は非常に接近している．そのため，内殻電子の内側に浸透していて原子核に近いところに電子密度をもつ4s軌道に電子が入る方が原子全体としてエネルギーが低くなる（図7.2（b））．同じことは5sと4d，6sと5d軌道でも生じる．

例題7.3　$_{26}$Feの各軌道にある電子の遮蔽定数σと有効核電荷Z_{eff}を求めよ．

解　$_{26}$Feの電子配置は$1s^2 2s^2 2p^6 3s^2 3p^6 3d^6 4s^2$である．

$\sigma(1s) = 0.30 \times 1 = 0.30$　　$Z_{\mathrm{eff}}(1s) = 25.70$

$\sigma(2s, 2p) = 0.35 \times 7 + 0.85 \times 2 = 4.15$　　$Z_{\mathrm{eff}}(2s, 2p) = 21.85$

$\sigma(3s, 3p) = 0.35 \times 7 + 0.85 \times 8 + 1.00 \times 2 = 11.25$　　$Z_{\mathrm{eff}}(3s, 3p) = 14.75$

$\sigma(3d) = 0.35 \times 5 + 1.00 \times 18 = 19.75$　　$Z_{\mathrm{eff}}(3d) = 6.25$

$\sigma(4s) = 0.35 \times 1 + 0.85 \times 14 + 1.00 \times 10 = 22.25$　　$Z_{\mathrm{eff}}(4s) = 3.75$

最外殻電子の感じる有効核電荷は3.75である．

7.3 多電子原子の電子配置

7.3.1 多電子原子の角運動量の合成

6.3節では水素原子のエネルギー準位の微細構造を説明するため，軌道角運動量とスピン角運動量の合成を行って電子状態を項で記述した．電子が複数ある多電子原子でも，それぞれの電子がどの軌道に入っているか，そして，電子スピンの向きがそろっているかいないかを項の記号によって記述する．

項の記号は，電子の入っている軌道角運動量を合成した**全軌道角運動量量子数** L と全スピン角運動量量子数を合成した**全スピン角運動量量子数** S（負でない整数または半整数）によって記述される．L と S が求まると，方位量子数 l と磁気量子数 m_l の関係のように，L と S が空間量子化された M_L と M_S が求まる（6.2節）．

$$M_L = L, L-1, \cdots, -L \qquad M_S = S, S-1, \cdots, -S \tag{7.23}$$

閉殻部分までは $L=S=0$ であるので，L も S も閉殻の外側にある電子だけで計算すればよい．いま，2個の電子1と電子2が閉殻の外側にあり，軌道角運動量量子数（方位量子数）が l_1, l_2，スピン量子数が s_1, s_2 であるとすると，L と S は

$$L = l_1 + l_2, l_1 + l_2 - 1, \cdots, |l_1 - l_2| \tag{7.24}$$

$$S = s_1 + s_2, s_1 + s_2 - 1, \cdots, |s_1 - s_2| \tag{7.25}$$

となる．項は L と S の組み合わせで決まる．項の記号は次のように割り当てられる．

L	0	1	2	3	4	5	6	7	8	⋯
	S	P	D	F	G	H	I	J	K	⋯

項の記号S（立体）と全スピン角運動量量子数 S（イタリック）を混同しないように注意する．さらに，L と S から**全角運動量量子数** J が求められ，L, S, J の組み合わせで準位が決まる．

$$J = L+S, L+S-1, \cdots, |L-S| \tag{7.26}$$

J の個数は M_S（$=S, S-1, \cdots, -S$）の個数 $2S+1$ に等しく（ただし，$L \geq S$ の場合），$2S+1$ は**多重度**（multiplicity）とよばれる．電子の数と S の値によって多重度は以下のような値をとる．

- 電子1個の場合は$S=s=1/2$で$M_S=1/2,\ -1/2$　$2S+1=2$（二重項：doublet）
  （水素原子のスピン－軌道相互作用に相当：6.3節参照）
- 電子2個の場合は$S=1/2+1/2=1$と$S=0$が可能
  $S=1$（平行スピン↑↑）：$M_S=1,\ 0,\ -1$　$2S+1=3$（三重項：triplet）
  $S=0$（反平行スピン↑↓）：$M_S=0$　$2S+1=1$（一重項：singlet）
- 電子3個の場合は$S=3/2,\ 1/2$
  $S=3/2$（↑↑↑）：$M_S=3/2,\ 1/2,\ -1/2,\ -3/2$　$2S+1=4$（四重項：quartet）
  $S=1/2$（↑↑↓）：$M_S=1/2,\ -1/2$　$2S+1=2$（二重項）

多電子原子の電子状態を項の記号により記述する際には，項の記号の前に上付きで多重度$2S+1$を書き，後ろに下付きで全角運動量量子数Jを書く．

$$^{2S+1}\mathrm{X}_J$$

1つの準位には$2J+1$個の状態が縮退しており，磁場の中ではそれらのエネルギー準位は分裂する．このように原子の電子状態について，LとSを個別に求め，それらからJを求める方法は***LS*結合**（*LS* coupling）とよばれ，1925年にラッセル（H. N. Russell, 1877～1957）とサンダース（F. Saunders, 1875～1963）によって提案された．そのため，ラッセル－サンダース結合ともよばれる．この方法は軽い原子についてはかなり正しい描像を与える．例えば，Heの基底状態$1s^2$は閉殻になっており$L=S=0$より$J=0$であるので，項の記号は$^1S_0$，励起状態$1s^12s^1$は$L=0$，$S=1$または$S=0$より$J=1$または0となるので$^3S_1$，$^1S_0$である．原子番号が大きな元素になってくると，軌道－軌道およびスピン－スピン相互作用よりも，スピン－軌道相互作用（spin-orbit interaction）の影響が大きくなる．そのため，LとSを個別に求めてJを求める*LS*結合よりも，個々の電子についてスピンと軌道の角運動量を合成した全角運動量jを求め，jどうしの相互作用から全体の電子状態を決める*jj*結合（*jj*-coupling）によって重い元素の電子状態は説明される．

例題7.4　ナトリウムのD線（図1.7）は3p軌道に励起された電子の3s軌道への遷移に由来する発光で，波長589.6 nmのD_1と589.0 nmのD_2とよばれる近接した2本のスペクトル線を生じる（図1.10）．*LS*結合を使ってこの現象を説明せよ．

解　Na原子の基底状態は［Ne］$3s^1$で，閉殻外に電子は1個しかないので

$$L=l=0,\ S=s=1/2,\ J=1/2\ \text{より}\qquad {}^2S_{1/2}$$

と書ける．Na原子の励起状態$1s^2 2s^2 2p^6 3s^0 3p^1$は$L=l=1$，$S=s=1/2$から$J=3/2$と$1/2$の2つのJが生じるので$^2P_{3/2}$と$^2P_{1/2}$の2つの準位がある．そのため，2つの遷移$^2P_{3/2} \rightarrow {}^2S_{1/2}$（589.0 nm），$^2P_{1/2} \rightarrow {}^2S_{1/2}$（589.6 nm）が生じる．磁場中のD線のゼーマン分裂については11.1.3項に解説がある．

7.3.2　構成原理

ハートリー－フォック法によって得られた電子軌道に複数の電子を配置して基底状態の電子状態を決める方法を**構成原理**（aufbau principle）という．以下にその手順を示す．

①得られた電子軌道に対して，パウリの排他原理に従って電子をエネルギーの低い軌道から順次配置する．

②電子を1個だけもつ水素類似原子のエネルギー準位は主量子数nだけで決まるのに対し（図6.2），多電子原子のエネルギー準位（図7.2）はlによって異なるため，nが同じであればlの小さい軌道（s, p, d, fの順）に電子を配置する．

③エネルギーの等しい軌道が複数ある場合（縮退している場合）には，なるべく電子スピンを互いに平行にして異なる軌道に配置する（図7.4）．

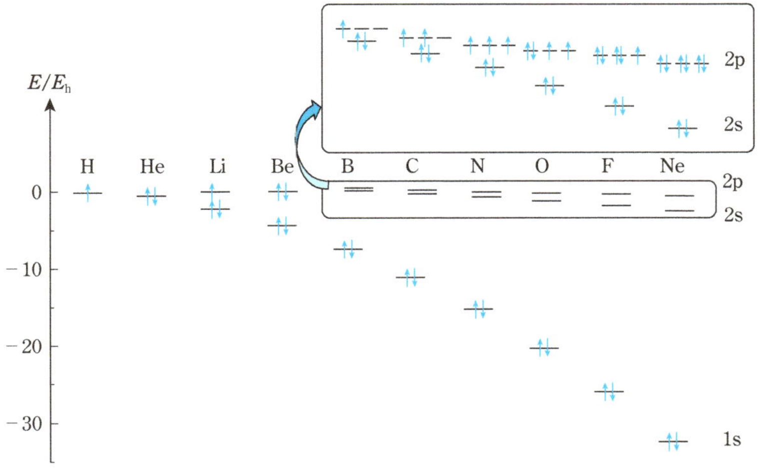

図7.4　エネルギー準位と電子スピンを考慮した第2周期元素の電子配置
1 E_h（ハートリーエネルギー，Hatree energy）は水素原子のボーア半径におけるポテンシャルエネルギー27.2 eVに等しい．

①, ②に関しては先に述べたとおりである．③は1927年頃フント（F. H. Hund, 1896～1997）によって提案された**フントの規則**（Hund's rule）である．フントの規則を項を用いて表すと

「パウリの排他原理に従う状態で，スピン多重度$2S+1$を最大にする全スピン角運動量量子数Sをもち，このSにおいて最大の全軌道角運動量量子数Lが最大となるような電子配置がもっとも低いエネルギーをもつ」

となる．平行になっているスピンの数が多いほどスピン多重度は大きくなる．全角運動量量子数Jまで考慮すれば，上の条件に加えて，

「閉殻になっていない副殻の電子数が，
$2l+1$ 以下ならばJの小さい状態の方がエネルギーが低く
$2l+1$ 以上ならばJの大きい状態の方がエネルギーが低い」

という経験則がある．縮退しているp軌道やd軌道に電子を入れていくとき，すべての軌道に電子が1個ずつ入るまではJの小さい状態の方がエネルギーが低い．すべての軌道に同じ向きの電子が入り，反対の向きの電子が軌道に入る場合にはJの大きい状態の方がエネルギーが低くなる．**例題7.4**では，ナトリウムの3p軌道（$l=1$）には電子が1個しかないので，Jの小さい$^2P_{1/2}$の方がエネルギーは低い．

2s軌道が電子で満たされた後，3つの2p軌道（$2p_x$, $2p_y$, $2p_z$）に電子が入るが，これらは同じエネルギー準位にあり縮退している．縮退している軌道に電子が入るときには，フントの規則に従って異なる軌道に1個ずつ入る（図7.4）．すなわち，$2p_x$, $2p_y$, $2p_z$に同じ向きのスピンが入る．NeはL殻の軌道がすべて電子で満たされ，最外殻電子の数が8となり閉殻となる．第3周期については，Neの電子配置$1s^22s^22p^6$を［Ne］と書いて，閉殻の部分を略記する．この構成原理に従って電子を入れていくと，アルゴン$_{18}Ar$までは電子殻の順番に電子が配置される．$_{18}Ar$は［Ne］$3s^23p^6$で最外殻の電子数が8となるので閉殻であるが，M殻の3d軌道はまだ満たされていない．

18個の電子が入った状態の次の電子は，図7.2に示したように，3d軌道に入るより，その外側にある4s軌道に電子が入った方が原子全体のエネルギーが低くなるので，4s軌道に入る．$_{19}K$～$_{30}Zn$において，4s軌道のエネルギーは3d軌道のエネルギーより安定であるため，カリウム$_{19}K$は［Ar］$4s^1$であり，カルシウム$_{20}Ca$は［Ar］$4s^2$となる．次に，5つの3d軌道へ10個の電子が順次入る．3dと4s軌道

のエネルギーは非常に近いので，$_{24}$Crでは，図7.5に示すように，[Ar]$4s^2 3d^4$より5つの3d軌道すべてに電子が同じ向きで入った[Ar]$4s^1 3d^5$の方が安定である．同様に，Cuは[Ar]$4s^1 3d^{10}$となる．電子配置は原子全体のエネルギーがもっとも安定となるように決まる．

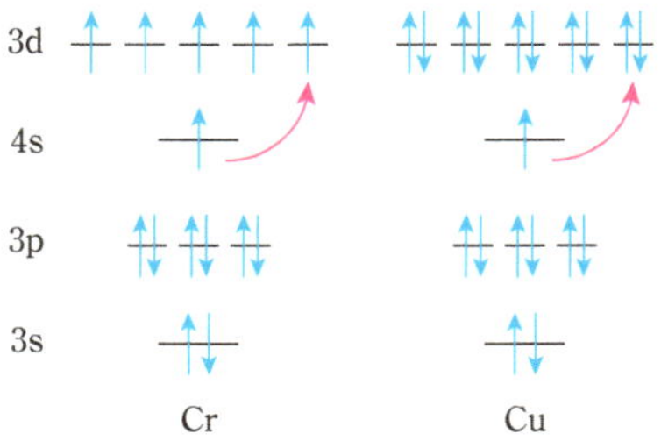

図7.5　CrとCuの電子配置

それぞれの原子について，基底状態を項で表示することができる．周期表(図7.1)から，1族元素であるアルカリ金属は最外殻のs軌道に電子を1個もつので基底状態の項は$^2S_{1/2}$となる．2族のアルカリ土類金属は最外殻のs軌道が閉殻になっているので$^1S_0$である．13～17族までは，p軌道は閉殻でなく，13族はp軌道に電子が1個しかないので$^2P_{1/2}$，14族はp軌道に2個の電子があるので$^3P_0$が基底状態である．15族は$^4S_{3/2}$，16族は$^3P_2$，17族ハロゲンは$^2P_{3/2}$である．p軌道に6個の電子が満たされて閉殻となる18族の項は$^1S_0$である．3～11族の遷移元素および12族の元素では，s軌道およびd軌道について項を計算することになる(**例題7.6**)．水素原子の輝線スペクトルの微細構造(6.3節)のところで述べたが，原子スペクトルの微細構造を理解するうえで項の表記法は欠かせない．特に，原子スペクトルの磁場中での分裂(異常ゼーマン効果)の解釈などにおいては，ある1つの準位に縮退している状態の数と磁気量子数が重要となる(11.1節)．

例題7.5　Ag原子の基底状態の電子配置と項を答えよ．

解　AgもCuと同様に基底状態は[Kr]$5s^1 4d^{10}$となる．

$$L_{\max} = 0 \times 1 + 2 \times 2 + 1 \times 2 + 0 \times 2 + (-1) \times 2 + (-2) \times 2 = 0$$
$$S_{\max} = 1/2 \times 6 + (-1/2) \times 5 = 1/2$$

で項は$^2S_{1/2}$となる．$L=0$で軌道角運動量の全角運動量への寄与はないが，5s軌道の不対電子のスピン角運動量の寄与により$M_s = \pm\frac{1}{2}$となる(シュテルン－ゲルラッハの実験，第3章参照)．

例題7.6　第3周期の元素KからZnについて基底状態の項を答えよ．

解　Coを例にとると，電子配置は[Ar]$4s^2 3d^7$であり，閉殻になっていない副殻は3d軌道だけなので，3d軌道にある7個の電子だけをフントの規則に従って計算する．LとSの最大値を求めるためには，電子は最大のm_l（d軌道なので$+2$）から順に$m_s=1/2$を詰めていき，すべてのd軌道が満たされた後，もっとも大きなm_lへ戻って$m_s=-1/2$を詰めた状態で和を計算する（νは電子の個数）．

$$L_{\mathrm{max}}=\sum m_l \nu=2\times2+1\times2+0\times1+(-1)\times1+(-2)\times1=3$$

$$S_{\mathrm{max}}=\sum m_s \nu=\frac{1}{2}\times5+\left(-\frac{1}{2}\right)\times2=\frac{3}{2}$$

$L_{\mathrm{max}}=3$なので項の記号はF，$S_{\mathrm{max}}=3/2$のとき多重度$2S+1=4$で，このときのJは9/2, 7/2, 5/2, 3/2である．d軌道に7個の電子があるため，Jが最大の$J=9/2$のときにもっともエネルギーが低くなるのでCoの項は$^4F_{9/2}$となる．

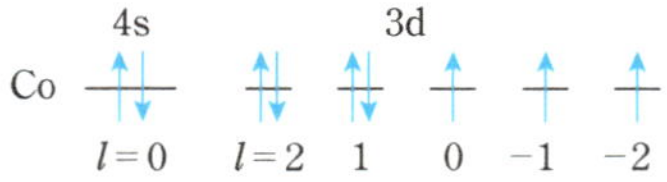

図　Coの電子配置

同様にすべての原子についてもっとも安定な電子配置の項を求めると以下のようになる．

K : $^2S_{1/2}$　Ca : $^1S_0$　Sc : $^2D_{3/2}$　Ti : $^3F_2$　V : $^4F_{3/2}$　Cr : $^7S_3$
Mn : $^6S_{5/2}$　Fe : $^5D_4$　Co : $^4F_{9/2}$　Ni : $^3F_4$　Cu : $^2S_{1/2}$　Zn : $^1S_0$

7.3.3　イオン化エネルギーと電子親和力

これまで述べてきた多電子原子の電子状態や電子配置に基づけば，原子の化学的性質を説明することができる．例えば，原子の**イオン化エネルギー**（ionization energy）や**電子親和力**（electron affinity）が周期的に変化する理由が理解できる．17族元素のハロゲンではp軌道に5個の電子があり，あと1個電子が入れば，18族の希ガスと同じ電子配置となって安定化する．イオン化エネルギーは，原子をイオン化するときに必要なエネルギーである．イオン化エネルギーが小さいほど電子を放出しやすく，陽イオンになりやすい．

$$\mathrm{M} \rightarrow \mathrm{M}^+ + \mathrm{e}^- \qquad (7.27)$$

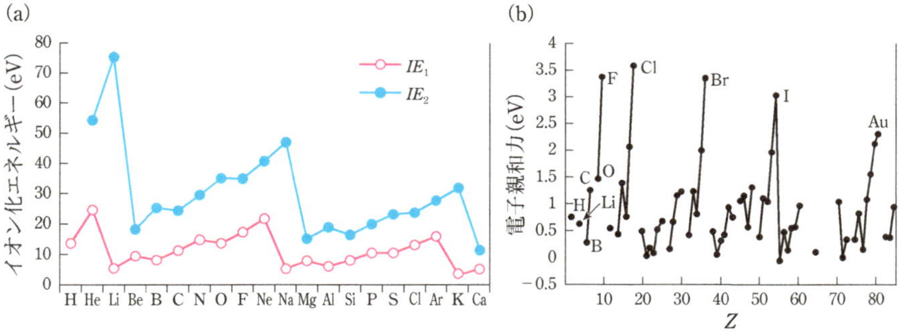

図7.6　イオン化エネルギー(a)と電子親和力(b)

図7.6(a)にArまでの第一イオン化エネルギー(IE_1)および第二イオン化エネルギー(IE_2)を示す．同じ周期であれば，核電荷の増加にともなう核−電子間の引力の増大によってIE_1は増加する．Beの電子は2s軌道において強く結合しているのでIE_1は高くなる．Oの最後の(8個目の)電子はすでに1個占有されている2p軌道に入るため，電子間の斥力によってIE_1は減少している．また，原子番号Zの原子のIE_2と原子番号$(Z-1)$の原子のIE_1は密接に相関している．

原子に電子1個を付加するときに放出されるエネルギーを電子親和力E_Aという．

$$\mathrm{X(g) + e^-(g) \ \rightarrow X^-(g)} \tag{7.28}$$

同じ周期でいえば，電子を受け入れやすいハロゲン原子は大きな電子親和力を示す(図7.6(b))．閉殻配置であるHe, Ne, Ar, Krなどの電子親和力は負の値で原子が電子を受け入れることはエネルギー的に無理である(寿命が短く測定が難しいため図から除いてある)．

例題7.7　Heの第二イオン化エネルギーがHの第一イオン化エネルギーの約4倍である理由を述べよ．

解　He^+の電子配置は$1s^1$となり，そのイオン化エネルギーは$Z=2$の水素類似原子のエネルギー

$$E_n = -\frac{m_e e^4}{8\varepsilon_0{}^2 h^2}\frac{Z^2}{n^2} \quad (n=1, 2, 3, \cdots)$$

で近似できる．エネルギーは原子番号Zの二乗に比例するので4倍となる．

章末問題

7.1　原子番号，質量数，原子量，同位体について定義を述べよ．

7.2　ハートリー法とハートリー－フォック法の違いを述べよ．

7.3　パウリの排他原理の波動関数の対称性に対する要請について式を用いて説明せよ．

7.4　波動関数が軌道関数$\varphi(\boldsymbol{r})$とスピン関数$\alpha(\sigma)$または$\beta(\sigma)$の積で表されるときに対称になるものと非対称になるものを書け．

7.5　s, p, d, f軌道の軌道の数と最大収容電子数を答えよ．

7.6　多電子原子の構成原理を説明せよ．

7.7　フントの規則について説明せよ．

7.8　3p軌道の次に3d軌道ではなく4s軌道に電子が入る理由を述べよ．

7.9　第3周期のすべての原子の最外殻電子について有効核電荷を求めよ．

7.10　多電子原子においては同じ量子数であればs軌道の方がp軌道よりエネルギー準位が低い理由を述べよ．

7.11　CrとCu原子の基底状態の電子配置を書け．

7.12　イオン化エネルギーと電子親和力について説明せよ．

第8章　共有結合

量子力学の進展によって原子の電子構造が明らかになる以前から分子構造についてはさまざまな考察がなされていた．1860年のカールスルーエ国際会議において，50年前のアボガドロの二原子分子の仮定がカニッツァーロ(S. Cannizzaro, 1826〜1910)によって紹介され，分子構造についての理解が一気に深まった．ケクレ(F. A. Kekulé von Stradonitz, 1829〜1896)は1865年に，ベンゼンの構造式として二重結合と単結合が交互に並んで六員環を構成するケクレ構造(亀の甲)を提案し，ベンゼン環は2つのケクレ構造の間を振動しているという仮説を提唱した．

水素類似原子の電子構造はシュレーディンガー方程式の精緻な計算によって明らかになったが，複数の電子をもち電子相関がある多電子原子のシュレーディンガー方程式は厳密に解くことはできず，近似を使わなければならなかった．多電子原子が結合している分子の電子構造を解析的に解くことはコンピュータが発達した現在でも不可能である．

分子の電子構造は，シュレーディンガー方程式で得られた原子軌道を利用し，大胆に単純化・モデル化することで説明されていった．2つの核(正電荷)と1個の電子(負電荷)からなるもっとも単純な水素分子イオンH_2^+から，等核二原子分子，異核二原子分子，さらに，多原子分子の構造へと拡張された．分子中の結合角や結合距離の情報について，定性的で直感的にわかりやすい説明は有機化学者に広まり，化学反応のメカニズムを説明するのに利用されている．

8.1　共有結合とオクテット則

19世紀の終わり頃にヴェルナー(A. Werner, 1866〜1919 : 1913化)は錯体の配位子の研究から配位子の個数は4, 6, 8であり，錯体の中心金属は八面体構造をとることを提唱した．その考えをすべての分子に広げたのがルイス(2.1.2項コラム参照)である．ルイスは原子を立方体としてモデル化し，立方体の8個の隅(頂点)で原子間に結合が生じるのではないかと着想した．その考えを発展させ，1916年に"*The Atom and the Molecule*"を著し，原子間の電子共有による共有結合

表8.1　N_2, O_2, F_2 の共有結合

	N_2	O_2	F_2
結合エネルギー(kJ mol^{-1})	942	494	154
結合距離(pm)	110	121	142

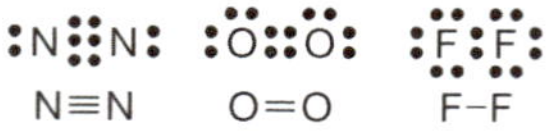

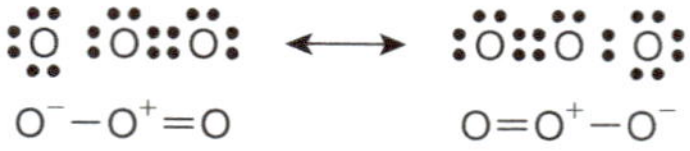

図8.1　オゾンのルイスの点電荷式(上)と価標による表記(下)

(covalent bond)の概念を提唱した．これは共有結合に関与する原子は最外殻に8個の電子をもち，希ガス型の閉殻の電子配置をとって安定になるという考えに基づいており，**オクテット則**(octet rule)とよばれる．対になって共有されて結合をつくる電子を共有電子対(shared electron pair)といい，共有電子対を「—」で表したものを価標という.結合に関与していない電子対を非共有電子対(unshared electron pair)または孤立電子対(lone pair)とよび，非共有電子対を形成していない1個の電子を不対電子(unpaired electron)という．なお，不対電子をもつ分子は常磁性(paramagnetism)とよばれる性質を示し，磁場中に置かれると磁場方向に弱く磁化する．オクテット則により，原子価を表すことができ，結合距離や結合エネルギーといった分子の性質を定性的に説明できる．例えば，第2周期の気体分子である N_2, O_2, F_2 分子については共有電子対の個数は3, 2, 1となり，その順番で結合エネルギーは減少し，結合距離は増加する(表8.1).

ただし，オクテット則では実際には存在しない形式電荷や電子構造を描いて不都合が生じる場合もある．例えば，O_3 の点電荷式と価標による表記は図8.1のように書かれ，2つの状態が共鳴状態にある，と説明されることがあるが，実際の O_3 の分子構造とはかけ離れたものであり，結合角などの構造情報はまったく得ることができない．他にもオクテット則の適用の限界として，O_2 が2個の不対電子をもち常磁性であることや，電子を3個もつ H_2^- が H_2 より不安定であることなどがあげられる．オクテット則は電子共有の考え方として非常に簡明で有用であるが，適用範囲外の化合物に無理に解釈を広げてもあまり意味はない.

例題8.1　二酸化炭素CO_2のルイスの点電荷式を書け．

解　炭素原子Cの価電子数は4で，酸素原子Oの価電子数は6である．O−C−Oの形を考え，まず2つの単結合に結合電子対をおき，両側の酸素原子には非共有電子対を2対ずつ配置する．残りの電子は2つの二重結合に用いるとオクテット則が満たされる．

8.2　水素分子イオンと水素分子の構造

8.2.1　水素分子イオンH_2^+の構造

シュレーディンガー方程式で得られた水素原子の原子軌道が発表された後，すぐに電子を1個しかもたない水素分子イオンH_2^+(hydrogen molecular ion または dihydrogen cation)の電子構造が解かれた(1927年)．H_2^+は正電荷をもつ2つの陽子と負電荷をもつ1個の電子から構成され，H_2の宇宙線によるイオン化によって生じることが知られている．陽子どうしを結びつける力は負電荷をもつ電子が仲立ちするクーロン引力である．1個の電子しかなく，電子に相関がないため，ボルン−オッペンハイマー近似を用いて2つの陽子(原子核)間の距離ABをRで固定するとシュレーディンガー方程式を直接的に解くことができる．

核の運動エネルギーが電子の運動エネルギーに対して無視できるとすると，H_2^+の電子のハミルトニアン$\hat{H}_e$は電子の運動エネルギーとポテンシャルエネルギーで

$$\hat{H}_e = -\frac{\hbar^2}{2\mu}\nabla_e{}^2 - \frac{e^2}{4\pi\varepsilon_0}\left(\frac{1}{r_a}+\frac{1}{r_b}-\frac{1}{R}\right) \tag{8.1}$$

と書ける．電子の波動関数ψ_eは

$$\hat{H}_e\psi_e = \left[-\frac{\hbar^2}{2\mu}\nabla_e{}^2 - \frac{e^2}{4\pi\varepsilon_0}\left(\frac{1}{r_a}+\frac{1}{r_b}\right)\right]\psi_e = E_e\psi_e \tag{8.2}$$

をいろんな値のRについて解くことで求められる．シュレーディンガー方程式を解く際には，図8.2に示す空間の点Pをxz平面の点A, Bを焦点とする楕円と双曲線の交点P′の座標とz軸回りの回転角ϕで表す回転楕円体座標P(ϕ, ξ, η)を用いて，波動関数を$L(\phi)M(\xi)N(\eta)$の形に変数分離して解く．これによりH_2^+の輝線

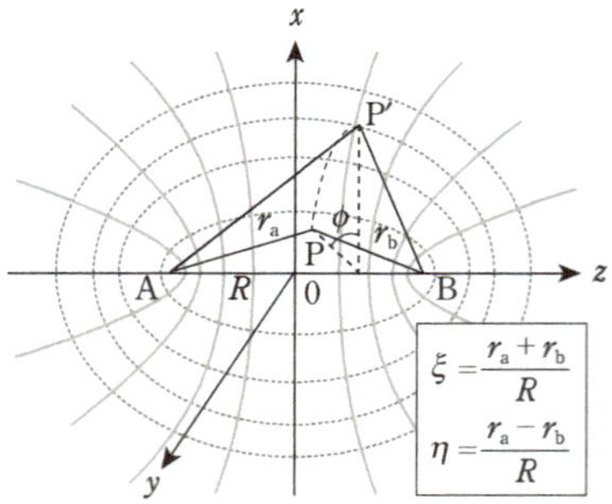

図8.2　水素分子イオンの回転楕円体座標表示

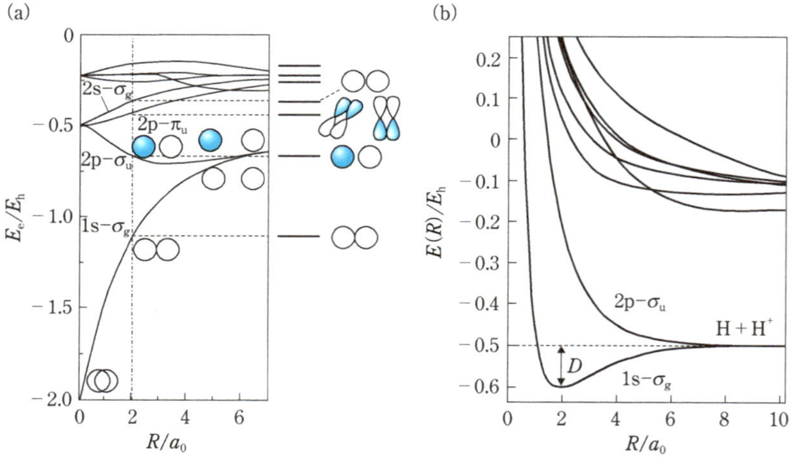

図8.3　$H_2{}^+$の電子のエネルギー E_e(a)と結合エネルギー $E(R)$(b)

スペクトルなどの実験結果と完全に一致するエネルギー固有値を与える電子の正確な波動関数が求められる．原子間距離Rを変化させて得られるエネルギー準位は図8.3(a)のようになる．

$R=0$のときは2つの原子が重なった仮想的な状態でありHe^+と陽子数が同じになるので，ボーアの水素類似原子のエネルギーの式

$$E_n = -\frac{m_e e^4}{8\varepsilon_0{}^2 h^2}\frac{Z^2}{n^2} \quad (n=1, 2, 3, \cdots) \tag{8.3}$$

に$Z=2$を代入したものがエネルギー準位となる．もっとも低い($n=1$)エネルギー準位の値は水素原子の1s軌道のエネルギー準位の4倍である-54.4 eVとなる．図

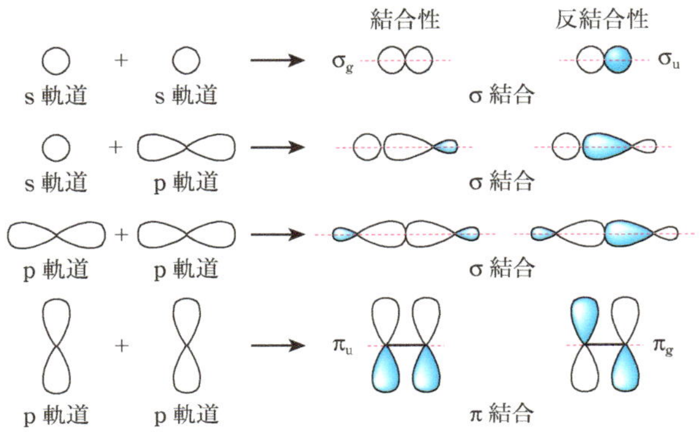

図8.4 σ結合とπ結合

8.3(a)ではこのエネルギーを水素原子のポテンシャルエネルギーVの絶対値(27.2 eV)を1 E_h(ハートリーエネルギー)とする原子単位(atomic unit)で表しており，$R=0$のときは$-2.0\ E_h$となる．この軌道のエネルギーは原子核が離れると急激に上昇する．$R=0$において下から2番目のエネルギー準位には2s, $2p_x$, $2p_y$, $2p_z$の4つの軌道が縮退し，3番目には3s, 3p, 3dの9つの軌道が縮退している．$R\neq0$のときには縮退が解けてエネルギー準位は分裂するが，エネルギー準位が下がるか上がるかは，次に示すように元々の軌道の分子軸に関する対称性に依存する．

結合軸の回りに円柱対称となる分子軌道をσ(シグマ)軌道，σ軌道により形成される結合を**σ結合**とよび，結合軸回りに180°回転させたときに波動関数の符号が逆転する軌道をπ(パイ)軌道，その結合を**π結合**とよぶ(図8.4)．等核二原子分子の場合には対称中心(分子の中心点)における反転(180°回転)によってσ結合やπ結合の分子軌道の符号が変化するかどうかによって，偶対称性g(gerade)と奇対称性u(ungerade)という偶奇性(パリティ，parity)で区別される．σ対称性をもつ結合のうち，分子の中心点に対しての反転によって同じものになるものはσ_g，反転によって符号が変化するものはσ_uと記述される(11.2.1項参照)．σ_gが結合性，σ_uが反結合性となる．π対称性をもつ軌道の反転中心の対称性を記述すると，結合性分子軌道はπ_u，反結合性分子軌道はπ_gとなることに注意しなければならない．

1s軌道由来の結合性σ軌道(1s−σ_g)はRの増加とともに急激に不安定化するが，ある一定の距離以上離れてしまえば安定性の変化が小さくなる．2s−σ_gも同様である．$2p_z$軌道由来の結合性σ軌道(2p−σ_u)は2p軌道の結合軸方向に向いており，これはRの増加とともに安定化する．2p−π_u軌道は結合軸に垂直な2つの$2p_x$と

$2p_y$軌道が縮退したもので, Rの増加とともに不安定化する. 結合エネルギー$E(R)$は得られた電子のエネルギーE_eに核間の斥力のエネルギーを加えて求められる.

$$E(R) = E_e + \frac{e^2}{4\pi\varepsilon_0 R} \tag{8.4}$$

$E(R)$をRに対してプロットすると図8.3(b)のようになる. 結合エネルギーは核の運動に対するポテンシャルエネルギーでもあるので, 核の波動関数をψ_nとすると核の運動についてのシュレーディンガー方程式は

$$\left[-\frac{\hbar^2}{2\mu}({\nabla_a}^2 + {\nabla_a}^2) + E(R)\right]\psi_n = E_R\psi_n \tag{8.5}$$

となる. この方程式を解くと核の振動や回転運動の波動関数とエネルギーが得られる. 図8.5に示すように基底状態で電子が入るもっとも低いエネルギー準位は平衡核間距離$2a_0$のときに極小値$E(2a_0) = -0.6\ E_h$をとる. $R = \infty$のときは$(H + H^+)$と同じになり, 水素原子の1s軌道のエネルギーである$-0.5\ E_h$へと漸近する. すなわち, H_2^+のエネルギーは$(H + H^+)$より$0.1\ E_h$程度しか安定化しておらず, 結合エネルギーは2.79 eVである. このように電子の位置によって陽子を結びつける「結合領域」とそれ以外の「反結合領域」が生じる. 2つの原子核間のクーロン反発を打ち消すだけの3者(核A—電子—核B)間のクーロン引力が働く結合領域に電子は存在していてこの領域のポテンシャルエネルギーVは負の値になっている. ただし, Vの極小値付近まで近づこうとすると, 電子の運動エネルギーTが大きくなりすぎてしまう. 運動エネルギーが大きくなりすぎないように, ある程度の広い空間を確保しなければならないので, Vが極小値をとる位置に3者は近づけない, というのが現実のH_2^+の姿である. 平衡核間距離$2a_0$では$V = -2T$のビリアル定理が成立している.

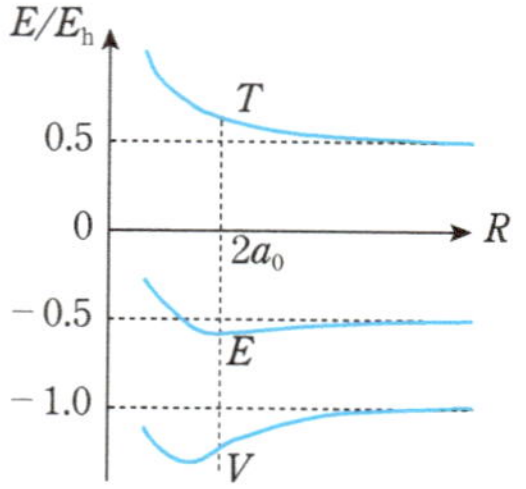

図8.5　H_2^+の基底状態のV, T, E

例題8.2　H_2^+の分子軸(図8.2のz軸)を含む平面上に現れる結合領域と反結合領域の概形を描け.

解　H_2^+の基底状態の電子密度(左)からH原子2個の電子密度の和×0.5(中)を引くと差分電子密度(右)が得られ, 内側に結合領域, 外側に反結合領域が現れる.

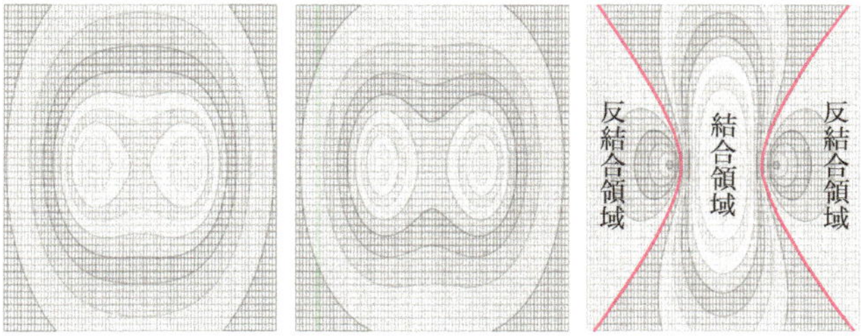

8.2.2 原子価結合法と分子軌道法

H_2^+の結果を受けて2個の電子をもつ水素分子H_2の電子状態を解析するために提案されたのが，**原子価結合法**(valence bond method, VB法）と**分子軌道法**(molecular orbital method, MO法)である．VB法もMO法も，変分法(4.2.5項)を用いてエネルギーがもっとも低くなる係数を決定することで波動関数とエネルギーを近似的に求める方法である．

原子価結合法は，1927年にハイトラー(W. H. Heitler, 1904～1981)とロンドン(F. W. London, 1900～1954)によってH_2のエネルギー計算の方法として提案された方法であり，ハイトラー－ロンドン法ともよばれる．VB法は

「電子はある1つの原子軌道(atomic orbital, AO)に局在化し，別の原子軌道の電子とスピン対をつくり，化学結合を形成する」

と考える方法である．2つの水素原子H_AとH_Bの1s軌道χ_A, χ_Bと電子1, 2の座標$\boldsymbol{r}_1$, $\boldsymbol{r}_2$，および係数c_1, c_2を用いてVB法の波動関数ψ^{VB}を記述すると

$$\psi^{VB}(r_1, r_2) = c_1\chi_A(r_1)\chi_B(r_2) + c_2\chi_A(r_2)\chi_B(r_1) \tag{8.6}$$

となり，電子が2つの軌道に属することによって共有結合ができることが表現できる．VB法は簡潔，直観的であり多くの成果をもたらしたが，数学的取り扱いが難しく，定量的なエネルギー計算などに結びつけることが難しいという問題点があり，MO法が主流となった．

MO法は1928年にマリケン(R. S. Mulliken, 1896～1986 : 1966化)およびフントによって発表され，レナード＝ジョーンズによって第2周期の等核二原子分子の共有結合について詳細に説明された(8.3節)．MO法は

「電子は分子全体に広がる分子軌道に非局在化(delocalized)しており，結合性軌道に電子が入ることによって分子が安定に存在する」

と考える方法である．分子中の電子は共有結合間に局在化しているのではなく，分子全体に広がっているMOに入っていると近似し，それぞれのMOは分子を構成する原子のAOの一次結合(linear combination of atomic orbitals, LCAO)で表す．分子軌道法はLCAO-MO法と記述されることもある．

MO法での波動関数ψ^{MO}は分子全体に広がっており，AOの寄与を示す係数$c_{\mathrm{A}i}$, $c_{\mathrm{B}i}$を用いて電子iの波動関数は

$$\psi^{\mathrm{MO}}(r_i) = c_{\mathrm{A}i}\chi_{\mathrm{A}}(r_i) + c_{\mathrm{B}i}\chi_{\mathrm{B}}(r_i) \tag{8.7}$$

と表される．H_2の全体の波動関数は，電子スピンを考慮せずに電子1, 2が同じ軌道に入るとすれば，$\psi^{\mathrm{MO}}(r_1)\psi^{\mathrm{MO}}(r_2)$と書くことができる．これに式(8.7)を代入すると

$$\begin{aligned}\psi^{\mathrm{MO}}(r_1)\psi^{\mathrm{MO}}(r_2) &= \{c_{\mathrm{A1}}\chi_{\mathrm{A}}(r_1) + c_{\mathrm{B1}}\chi_{\mathrm{B}}(r_1)\}\{c_{\mathrm{A2}}\chi_{\mathrm{A}}(r_2) + c_{\mathrm{B2}}\chi_{\mathrm{B}}(r_2)\} \\ &= \{c_{\mathrm{A1}}c_{\mathrm{B2}}\chi_{\mathrm{A}}(r_1)\chi_{\mathrm{B}}(r_2) + c_{\mathrm{B1}}c_{\mathrm{A2}}\chi_{\mathrm{B}}(r_1)\chi_{\mathrm{A}}(r_2)\} \\ &\quad + \{c_{\mathrm{A1}}c_{\mathrm{A2}}\chi_{\mathrm{A}}(r_1)\chi_{\mathrm{A}}(r_2) + c_{\mathrm{B1}}c_{\mathrm{B2}}\chi_{\mathrm{B}}(r_1)\chi_{\mathrm{B}}(r_2)\}\end{aligned} \tag{8.8}$$

となる．第1項と第2項はψ^{VB}と同じものになり，第3項と第4項は2個の電子が1つの核に存在する$\mathrm{A^-B^+}$と$\mathrm{A^+B^-}$に相当する．MO法ではルイスの点電荷式の極端なケースも波動関数内に含んでいることになる．完全にイオン化した状態を含んでいるからといってMO法がVB法より正しい結果を与えるということはない．MO法もVB法もともに適用限界のある近似法である．

MO法では，AOとMOの関係を示すために，MOのエネルギー準位の概略図である分子軌道ダイヤグラム(MOダイヤグラム)が描かれる．図8.6に水素分子の例を示す．MOのエネルギー準位は図の中央に示され，両側にはMOを構成するAOのエネルギー準位が示される．これまでと同様，エネルギー準位は低エネルギーのものが下，高エネルギーのものが上に示される．MOとそれらを構成するAOは破線によって結ばれる．AOおよびMOに入る電子は，電子スピンの向きを示す短い矢印によって表され，エネルギーの低い準位から満たされる．MOにもパウリの排他原理が適用され，1つのMOには電子は2個までしか入ることはできない．また原子の電子状態と同じく，縮退したエネルギー準位は並んで示

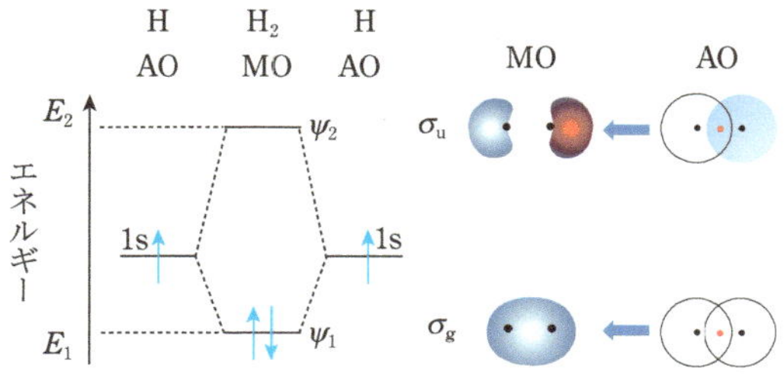

図 8.6　H_2のエネルギー準位と波動関数の形状

され，それらに電子が入るときはフントの規則を満たすように入る．

エネルギーの低いψ_1を**結合性軌道**(bonding orbital)，エネルギーの高いψ_2を**反結合性軌道**(antibonding orbital)とよぶ．反結合性軌道は，*をつけてψ^*と書かれることがあり，分子軌道の軸対称性によってσ^*やπ^*と表記されることが多い．等核二原子分子には反転中心(図8.6の赤点)についての対称性である偶対称性gと奇対称性uが付記される．図8.6に示した水素分子の結合性軌道であるψ_1の対称性はσ_g，反結合性軌道であるψ_2はσ_uである．MO法の一種であるヒュッケル法は，1,3-ブタジエン，ベンゼンなどのπ電子共役系に用いられる(第9章)．σ結合に関与している電子のMOを考慮せず，化学結合していない原子間の相互作用も考慮しないという近似が特徴である．

8.2.3　分子軌道法による水素分子イオンH_2^+の近似解

ここでは，H_2^+のMOを式(8.7)を用いて2つの水素原子H_AとH_Bの1s軌道χ_A，χ_Bから求めて，エネルギーを計算する．すなわち，2つのAOは規格化されているとし，それらの線形結合でMOの波動関数を次のように表記する．

$$\psi = c_A\chi_A + c_B\chi_B \tag{8.9}$$

エネルギーEは，核間の距離をRに固定した2中心1電子のハミルトニアン$\hat{H}$を用いて

$$E = \frac{\int \psi^* \hat{H} \psi \mathrm{d}\tau}{\int \psi^* \psi \mathrm{d}\tau} = \frac{{c_A}^2 H_{AA} + 2c_A c_B H_{AB} + {c_B}^2 H_{BB}}{{c_A}^2 + {c_B}^2 + 2c_A c_B S} \tag{8.10}$$

と表される．ここで，H_{ii}は**クーロン積分**(Coulomb integral)，H_{ij} $(i \neq j)$は**共鳴積分**(resonance integral)，Sは**重なり積分**(overlap integral)とよばれる．これら3

つの積分は以下のように定義される.

$$\text{クーロン積分}:H_{AA}=\int\chi_A^*\hat{H}\chi_A d\tau,\quad H_{BB}=\int\chi_B^*\hat{H}\chi_B d\tau \tag{8.11}$$

$$\text{共鳴積分}:H_{AB}=\int\chi_A^*\hat{H}\chi_B d\tau=\int\chi_B^*\hat{H}\chi_A d\tau=H_{BA} \tag{8.12}$$

$$\text{重なり積分}:S=\int\chi_A^*\chi_B d\tau=\int\chi_B^*\chi_A d\tau \tag{8.13}$$

これらの積分を計算すると, $H_{AA}, H_{BB}<0$, $H_{AB}<0$, $0<S<1$ である. 4.2.5項で述べたように式(8.10)において, c_A と c_B を変化させて, Eが最小になるようにするのが変分法である(図8.7). Eが最小になるためには, Eがc_Aに対してもc_Bに対しても極小値をとる条件を見つければよい. すなわち,

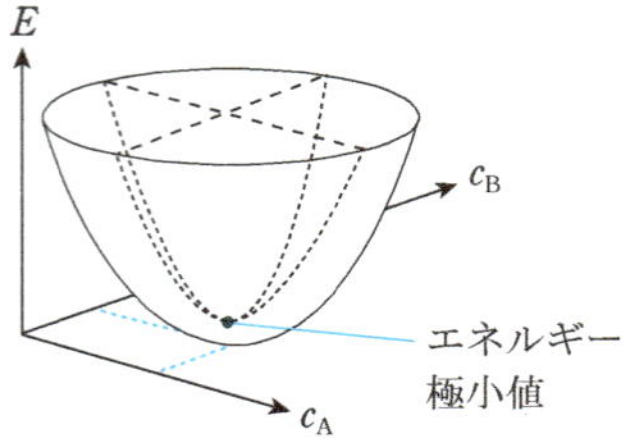

図8.7　変分法

$$\frac{\partial E}{\partial c_A}=0,\quad \frac{\partial E}{\partial c_B}=0 \tag{8.14}$$

とする. 式(8.10)を変形して

$$c_A{}^2(H_{AA}-E)+2c_Ac_B(H_{AB}-ES)+c_B{}^2(H_{BB}-E)=0 \tag{8.15}$$

とし, これをc_Aで偏微分して, 整頓すると

$$\frac{\partial E}{\partial c_A}=\frac{2(c_AH_{AA}-c_AE+c_BH_{AB}-c_BES)}{c_A{}^2+c_B{}^2+2c_Ac_BS} \tag{8.16}$$

となり, $\dfrac{\partial E}{\partial c_A}=0$ とおくと

$$c_A(H_{AA}-E)+c_B(H_{AB}-ES)=0 \tag{8.17}$$

が得られる. 同様に式をc_Bで偏微分して $\dfrac{\partial E}{\partial c_B}=0$ とおくと

$$c_A(H_{BA}-ES)+c_B(H_{BB}-E)=0 \tag{8.18}$$

が得られる. この2つの連立方程式を行列で表示すると

$$\begin{pmatrix} H_{AA}-E & H_{AB}-ES \\ H_{BA}-ES & H_{BB}-E \end{pmatrix}\begin{pmatrix} c_A \\ c_B \end{pmatrix}=0 \tag{8.19}$$

となるので, $c_A=c_B=0$ 以外のc_Aとc_Bの解を求めればよい. そのためには, 連立方程式を行列表示したときの行列式(determinant)が0にならなければならない.

連立方程式は行列で表すことができる.

$$\begin{cases} ax+by=p \\ cx+dy=q \end{cases} \rightarrow \begin{pmatrix} a & b \\ c & d \end{pmatrix}\begin{pmatrix} x \\ y \end{pmatrix}=\begin{pmatrix} p \\ q \end{pmatrix}$$

$$x=\frac{pd-bq}{ad-bc}, \quad y=\frac{aq-pc}{ad-bc}$$

$\begin{pmatrix} a & b \\ c & d \end{pmatrix}\begin{pmatrix} x \\ y \end{pmatrix}=\begin{pmatrix} 0 \\ 0 \end{pmatrix}$ となる連立方程式が$x=y=0$以外の解をもつためには$ad-bc=0$であることが必要.

$$\begin{vmatrix} H_{AA}-E & H_{AB}-ES \\ H_{BA}-ES & H_{BB}-E \end{vmatrix}=0 \tag{8.20}$$

これを**永年行列式**(secular determinant)という. 行列式は

$$(H_{AA}-E)(H_{BB}-E)-(H_{AB}-ES)^2=0 \tag{8.21}$$

となる. 等核二原子分子の場合はクーロン積分を$H_{AA}=H_{BB}=\alpha$とおき, 共鳴積分$H_{AB}=H_{BA}=\beta$とおいてEの二次方程式を解くと以下の2つの解が得られる.

$$E_1=\frac{\alpha+\beta}{1+S}, \quad E_2=\frac{\alpha-\beta}{1-S} \tag{8.22}$$

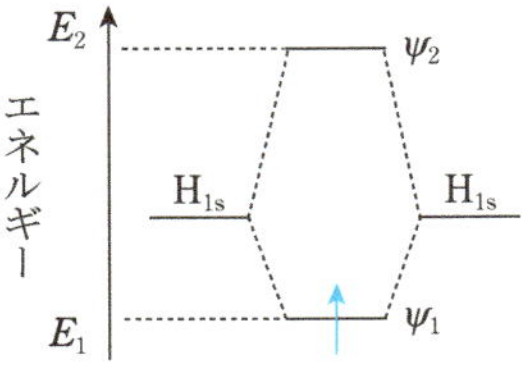

図8.8 H_2^+の分子軌道ダイヤグラム

STOのような水素原子の波動関数を用いて計算すると$\alpha<0$, $\beta<0$, $0<S<1$であるので, $E_1<E_2$である. 1s軌道の関数を用いて重なり積分Sを求めると0.6程度の非常に大きな値になるため, 原子軌道からのE_1とE_2のエネルギー差は非対称である. 第2周期以上の元素において1s軌道の重なりは非常に特殊なケースであり, 第2周期の元素の化学結合ではSは0.2〜0.3程度である. 1個の電子がψ_1に入ることでH_2^+分子は$(H+H^+)$の状態と比べて$(\alpha-E_1)$だけ安定化する. H_2^+の分子軌道のエネルギー準位と電子配置は図8.8のようになる. 波動関数を求めるには, E_1とE_2それぞれについて係数c_Aとc_Bを求める. $E=E_1$を行列に代入して計算すると

$$\begin{pmatrix} \alpha-E_1 & \beta-E_1S \\ \beta-E_1S & \alpha-E_1 \end{pmatrix}\begin{pmatrix} c_{1A} \\ c_{1B} \end{pmatrix}=0 \rightarrow c_{1A}=c_{1B} \tag{8.23}$$

これを規格化条件 $\langle\psi|\psi\rangle = c_A{}^2 + c_B{}^2 + 2c_A c_B S = 1$ に代入し，$c_{1A} > 0$ とするなら

$$c_{1A} = c_{1B} = \frac{1}{\sqrt{2+2S}} \tag{8.24}$$

となる．同様に，$E = E_2$ のときの係数は

$$c_{2A} = -c_{2B} = \frac{1}{\sqrt{2-2S}} \tag{8.25}$$

と得られる．E_1, E_2 のときの波動関数 ψ_1, ψ_2 はそれぞれ

$$\psi_1 = \frac{1}{\sqrt{2+2S}}(\chi_A + \chi_B), \quad \psi_2 = \frac{1}{\sqrt{2-2S}}(\chi_A - \chi_B) \tag{8.26}$$

となる．式(8.26)の意味するところは，等核二原子分子のAOが同符号(**同位相**)で重なる場合には原子核の間で波動関数が強めあって結合性軌道 ψ_1 が生じ，異なる符号(**逆位相**)で重なると打ち消しあって，反結合性軌道 ψ_2 が生じるということである．反結合性軌道の中点では波動関数の値は0となって符号が反転し，波動関数に節が生じる．

分子軌道についても波動関数の絶対値の二乗 $|\psi|^2$ を計算することで，分子軌道中の電子密度を求めることができる．結合性軌道では原子核間の電子密度が高いのに対して，反結合性軌道では原子核間，特に中央の電子密度は非常に低く，電子は結合を弱める領域に存在している．水素類似原子の1s軌道の波動関数をAOと

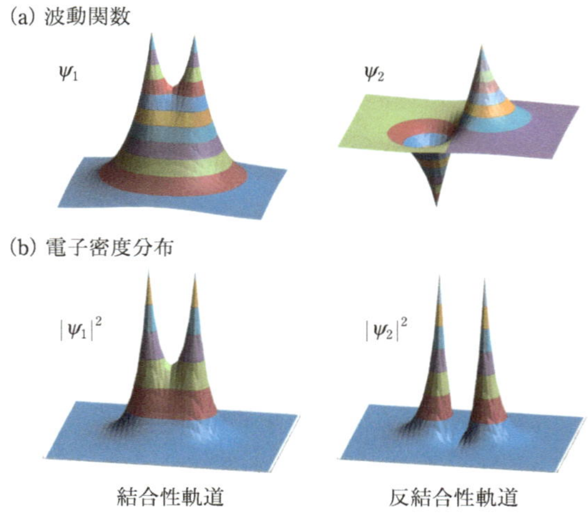

図8.9　$H_2{}^+$の波動関数(a)と電子密度分布(b)
結合性軌道(左)と反結合性軌道(右).

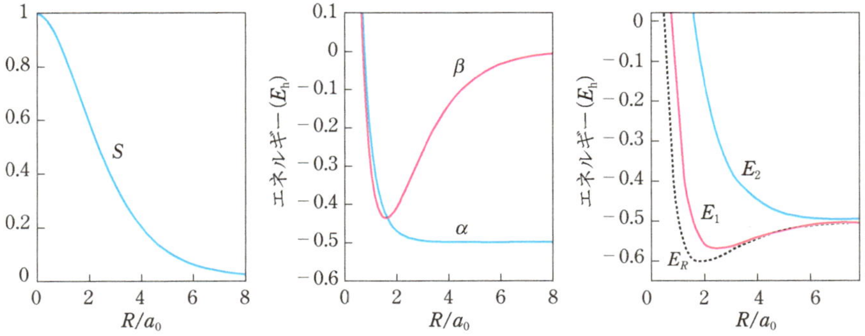

図8.10　MO計算で得られるS, α, βおよびH_2^+の波動関数のエネルギー

して用いて，H_2^+のyz平面上での波動関数と電子密度を描くと図8.9のようになる．

1s軌道の波動関数を用い，核間距離Rを変えてS, α, βを計算して，H_2^+の波動関数ψ_1とψ_2のエネルギーE_1とE_2のR依存性を求めると図8.10のようになる．E_1は極小値をとり，E_2は単調に減少し，回転楕円体座標で得られた$1s\text{-}\sigma_g$と$2p\text{-}\sigma_u$軌道のエネルギーとよく似た形状となる．ただし，$1s\text{-}\sigma_g$軌道のエネルギーE_R(実験値と完全に一致する)と比較すると，E_1の極小値をとるRは平衡核間距離r_e($=2a_0$)より大きく，r_eでのE_1はE_Rより高くなっており，1s軌道だけを用いたMO計算では実験値を完全には再現できないことが示される．このことは，AOに用いた1s軌道が真の軌道ではないことを意味しており，現実のH_2^+において電子はもう少し原子核の間に多く存在していて結合を強める働きをしていると考えられる．AOにSTOやGTOの線形結合を用いてMO計算をすれば真の値に近づけることは可能である．

例題8.3　H_2^+の結合性軌道ψ_1と反結合性軌道ψ_2およびそれらの電子密度の概形を分子軸方向で描け．

解　MOの概形と電子密度は以下のようになり，ψ_2には中心に節面が生じる．

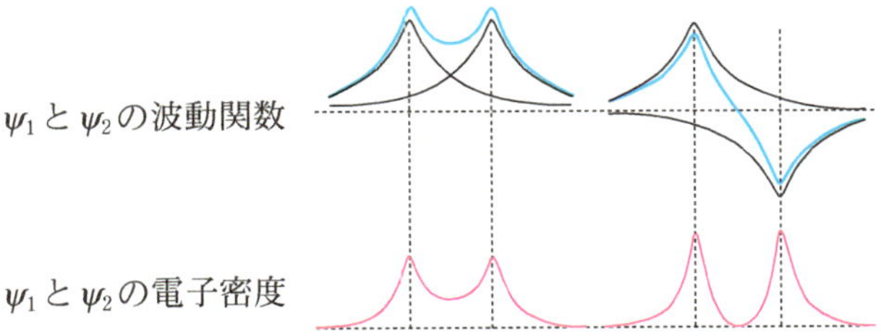

8.2.4　水素分子H_2の分子構造

H_2の計算においては，H_2^+と同様に回転楕円体座標を使い，H_2^+について得られた波動関数を線形結合した波動関数に対して，図8.11に示す電子(P_1, P_2)間の距離r_{12}を用いて電子間反発のポテンシャルエネルギーを$\hat{H}_e$にあらわに入れて数値計算すれば，H_2の実験値(平衡核間距離，結合エネルギー)を再現することができる．

$$\hat{H}_e = -\frac{\hbar^2}{2\mu}({\nabla_{1e}}^2 + {\nabla_{2e}}^2) - \frac{e^2}{4\pi\varepsilon_0}\left(\frac{1}{r_{1a}} + \frac{1}{r_{1b}} + \frac{1}{r_{2a}} + \frac{1}{r_{2b}} - \frac{1}{r_{12}} - \frac{1}{R}\right) \tag{8.27}$$

この系には電子が2個しかないため，電子間反発項のエネルギーを計算機で処理することでうまく実験値が再現できる稀な例である．このH_2の結果をH_2^+の結果と比べると，平衡核間距離は，$2.0a_0$(H_2^+) → $1.4a_0$(H_2)と短くなり，結合エネルギーは2.79 eV(H_2^+) → 4.75 eV(H_2)へと増大して共有結合がかなり安定化する．

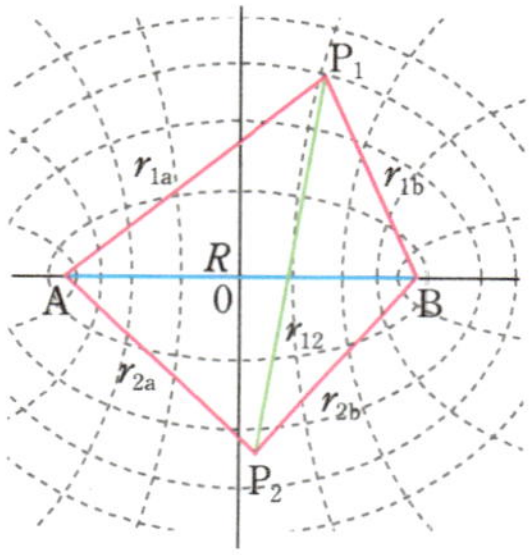

図8.11　水素分子の回転楕円体座標表示

パウリの排他原理を満たすスレーター行列式(式(7.15))で表される波動関数を用いてハートリー－フォック法によりMO計算して得られるエネルギーの近似値は真の値よりかなり大きな値となってしまう．これはH_2^+についてのMO計算が真の値よりも大きな値(図8.10)となったのと同じ現象であるが，H_2^+の場合と違ってH_2ではAOの線形結合を増やしたとしてもMO計算では実験値(真の値)に一致させることはできない．このことは，パウリの排他原理だけでは，電子間反発のポテンシャルエネルギーを完全に再現して近似することはできないことを意味しており，現実のH_2では2個の電子がうまく避けあって，MO計算で得られる電子密度よりも原子核間に存在しうることを示唆している．

しかし，MO計算に意味がないということはなく，MO計算で得られる粗い近似でも有用な情報が得られる．それは，結合の強さの目安としての**結合次数**(bonding order, B.O.)であり，次式で求められる．

$$\text{B.O.} = \frac{1}{2} \times \{(\text{結合性軌道にある電子の数}) - (\text{反結合性軌道にある電子の数})\} \tag{8.28}$$

B.O.は必ずしも整数にはならない．H_2^+の結合次数は1/2である．得られたH_2^+の分子軌道にパウリの排他原理を用いて電子を入れ，定量的には一致しないが，

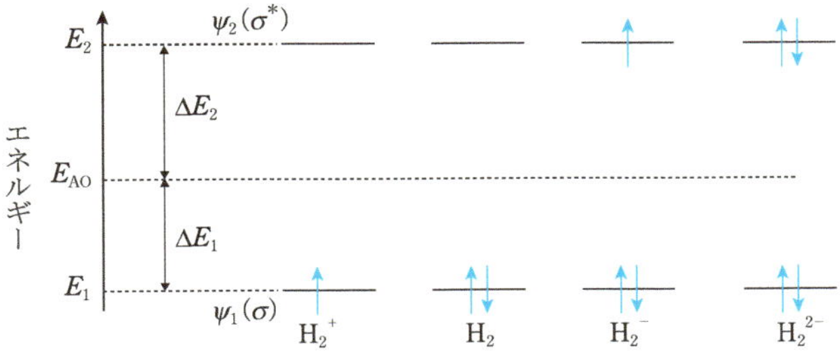

図8.12　H_2^+, H_2, H_2^-, H_2^{2-}のエネルギー準位と電子配置

H_2, H_2^-, H_2^{2-}の結合次数を求めて結合エネルギーを定性的に考えてみよう．H_2^+の結合性と反結合性の分子軌道のエネルギーは，クーロン積分αと共鳴積分βを用いて，それぞれ

$$E_1 = \frac{\alpha + \beta}{1 + S}, \quad E_2 = \frac{\alpha - \beta}{1 - S} \quad (\alpha < 0,\ \beta < 0,\ 0 < S < 1) \qquad (8.29)$$

と表される．2つのエネルギー準位は，αを中心に$\pm\beta$の位置にあるが，$0 < S < 1$であるためにAOからのエネルギー差は$\Delta E_2 > \Delta E_1 > 0$である(図8.12)．$H_2^+$分子(結合次数0.5)は，H原子と$H^+$の状態と比べて$\Delta E_1$だけ安定化している．$H_2$(結合次数1)では結合性軌道$\psi_1$に電子が2個入り，エネルギーは概算で$2E_1$となり分子の安定化エネルギーは$2\Delta E_1$となる．$H_2^-$ではさらに電子が1個加わるが，パウリの排他原理により反結合性軌道ψ_2に入るため，結合次数は0.5になる．H_2^-のエネルギーは$2E_1 + E_2$で，安定化エネルギーは$2\Delta E_1 - \Delta E_2$となり，H_2よりも不安定化する．さらに電子がもう1個多いH_2^{2-}ではψ_1とψ_2に電子が2個ずつ入った電子配置(結合次数0)になり，結合性軌道と反結合性軌道が満たされるため不安定で，存在することができない．電子配置だけを考えれば，H_2^{2-}はHe_2と同じであり，この定性的な考察でもHe_2が不安定であることが説明できる．

例題8.4　He_2^+，He_2^{2+}の結合次数を求めて結合の安定性を答えよ．

解　結合次数はHe_2^+では0.5，He_2^{2+}では1となるので，結合エネルギーは$He_2^{2+} > He_2^+$と予想できる．

8.3　第2周期の等核・異核二原子分子の構造と電気陰性度

8.3.1　第2周期の等核二原子分子の構造

第2周期の等核二原子分子(homonuclear diatomic moelcule)の電子構造については，電子が多すぎて電子間反発ポテンシャルをあらわに入れて計算することは不可能であり，ハートリー－フォック法で得られた各原子のAOの形状とエネルギーからMO計算をするしかない．AOが相互作用してMOを形成するためには

- AOどうしのエネルギーが近い
- 波動関数の重なり積分Sが大きい

ことが必要である．波動関数が重なっていたとしても積分した正味の重なりが0になる場合にはMOを形成しない(図8.13).

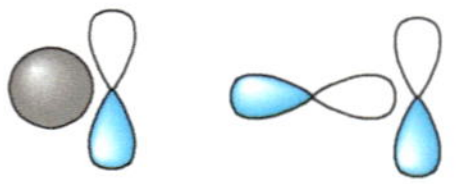

図8.13　重なりが0となる波動関数の例

図8.14にO_2のMOのエネルギーダイヤグラムと波動関数の形状を示す．エネルギーの等しい2つの2s軌道からは結合性軌道である$2\sigma_g$軌道と反結合性の$2\sigma_u$軌道ができる．3つの2p軌道のうち，分子軸方向はσ結合を形成し，それ以外の方向はπ結合を形成する．いま，分子軸をz軸とすると，$2p_z$と$2p_z$軌道から結合性の$3\sigma_g$軌道と反結合性の$3\sigma_u$軌道が生じ，$2p_x$と$2p_x$，$2p_y$と$2p_y$軌道から縮退した結合性の$1\pi_{u,x}$, $1\pi_{u,y}$軌道と縮退した反結合性の$1\pi_{g,x}$, $1\pi_{g,y}$軌道が生じる．O_2やF_2

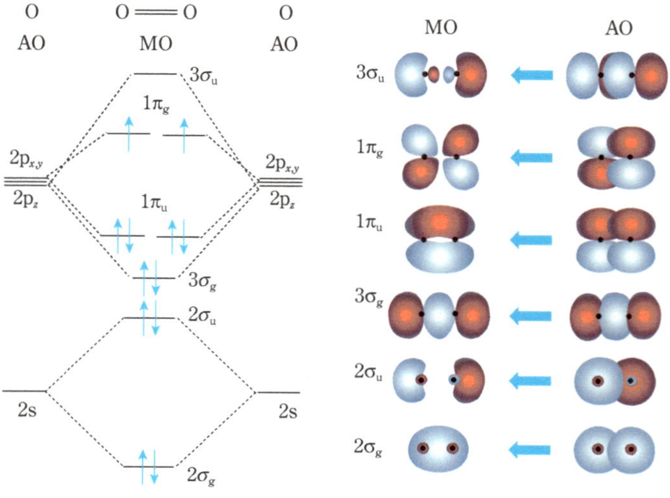

図8.14　O_2のMOのエネルギーダイヤグラムと形状

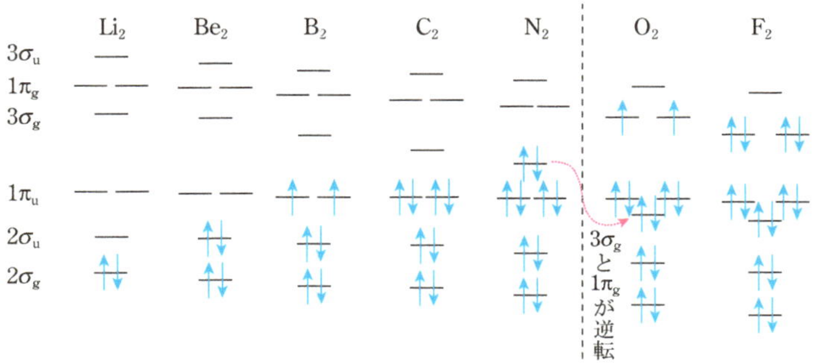

図8.15　第2周期の等核二原子分子のエネルギー準位と電子配置

では2つの$2p_z$軌道が原子間において同符号で大きく重なって電子密度が高い結合領域をつくり，$3\sigma_g$軌道は$1\pi_u$軌道よりエネルギー準位が低くなる．Li_2～N_2については2pと2s軌道とのエネルギー準位が近いうえ，$3\sigma_g$軌道の対称性が2s($2\sigma_g$)軌道と同じで重なり積分が0でないために，$3\sigma_g$軌道には2s軌道も関与する(図8.17のN_2のMOダイヤグラムを参照)．その場合に，エネルギー準位の高い$3\sigma_g$軌道のエネルギーは押し上げられるため，$3\sigma_g$軌道のエネルギー準位は$1\pi_u$軌道のエネルギー準位より高くなる．これらの分子軌道にエネルギーの低い方から順次電子が入る．

図8.15に示すようにLi_2, Be_2については2s軌道からなる$2\sigma_g$軌道と$2\sigma_u$軌道に電子が入る．Li_2の結合次数は1であり比較的安定であるが，Be_2は0となるため不安定であり生成しない．B_2については，$2\sigma_g$と$2\sigma_u$軌道は電子で満たされ，さらにフントの規則に従って2個の電子が結合性の$1\pi_{u,x}$, $1\pi_{u,y}$軌道に1個ずつ入る．そのため，B_2は常磁性を示す．C_2は縮退した2つの$1\pi_u$軌道が電子で満たされるため，結合次数は2となる．

N_2は結合性軌道である$1\pi_{u,x}$, $1\pi_{u,y}$, $3\sigma_g$軌道が6個の電子ですべて満たされて，結合次数は3となり，標準状態で安定に存在する．ちなみに，標準状態で等核二原子分子になる元素は水素，窒素，酸素とハロゲンのみである．O_2とF_2では$3\sigma_g$と$1\pi_u$のエネルギー準位の逆転が起こる．O_2では，フントの規則に従って反結合性の$1\pi_{g,x}$, $1\pi_{g,y}$軌道に1個ずつ電子が入って不対電子を2個もつため常磁性を示す．O_2の電子配置は

$$(1\sigma_g)^2(1\sigma_u)^2(2\sigma_g)^2(2\sigma_u)^2(3\sigma_g)^2(1\pi_{u,x})^2(1\pi_{u,y})^2(1\pi_{g,x})^1(1\pi_{g,y})^1$$

である．O_2の結合次数は$(1/2)\times(6-2)=2$となり，二重結合をもつ．F_2は結合性軌道である$3\sigma_g$軌道と$1\pi_{u,x}$, $1\pi_{u,y}$軌道が6個の電子で満たされているが，縮退した反結合性の$1\pi_{g,x}$, $1\pi_{g,y}$軌道も4個の電子で満たされる．そのためF_2の結合次数は$(1/2)\times(6-4)=1$となる．Ne_2については，反結合性の3つの軌道もすべて電子で満たされるため，結合次数は0となり安定に存在しない．

例題8.5　N_2, N_2^+, N_2^-の結合エネルギーの大小について，分子軌道法から結合次数を求めて述べよ．

解　電子配置はそれぞれ以下のようになる．

N_2^+ : $(1\sigma_g)^2(1\sigma_u)^2(2\sigma_g)^2(2\sigma_u)^2(1\pi_{u,x})^2(1\pi_{u,y})^2(3\sigma_g)^1$

N_2 : $(1\sigma_g)^2(1\sigma_u)^2(2\sigma_g)^2(2\sigma_u)^2(1\pi_{u,x})^2(1\pi_{u,y})^2(3\sigma_g)^2$

N_2^- : $(1\sigma_g)^2(1\sigma_u)^2(2\sigma_g)^2(2\sigma_u)^2(1\pi_{u,x})^2(1\pi_{u,y})^2(3\sigma_g)^2(1\pi_{g,x})^1$

N_2からイオン化してN_2^+となってもN_2^-となっても結合次数は3から2.5に減少し，結合は弱くなり，結合長も長くなる．N_2は反磁性で，N_2^+とN_2^-は不対電子をもつので常磁性となる．

8.3.2　異核二原子分子の構造

異核二原子分子(heteronuclear diatomic moelcule)についても等核二原子分子と同様にAOの相互作用によるMOの形成によって化学結合を考えることができる．原子が異なると，AOのエネルギー準位が異なる．先述のとおり，そのようなエネルギー準位の異なるAOが線形結合してMOを形成するためには

- AOのエネルギーが近い
- 波動関数の重なり積分Sが0でない

ことが必要である．2つのAO χ_A, χ_Bから異核二原子分子ABの結合性軌道ψ_1と反結合性軌道ψ_2が生成する場合，波動関数は

$$\psi_1 = a\chi_A + b\chi_B,\quad \psi_2 = b\chi_A - a\chi_B \tag{8.30}$$

と表される．B原子のエネルギーがA原子より低い場合は$b>a>0$となり，ψ_1への寄与はχ_Bの方が大きくなる．逆に，ψ_2への寄与はχ_Aの方が大きくなる．χ_A, χ_Bのエネルギー差が小さい場合には，係数はほぼ等しくなり共有結合性が高くなるが，エネルギー差が大きい場合には係数の差が大きくなりイオン結合性が高くなる．

例題8.6 異核二原子分子の永年行列式

$$\begin{vmatrix} H_{AA}-E & H_{AB}-ES \\ H_{BA}-ES & H_{BB}-E \end{vmatrix}=0$$

を解いて，分子軌道ダイヤグラムの概要を導け．ただし，クーロン積分 $H_{AA}=\alpha_A$，$H_{BB}=\alpha_B$，共鳴積分 $H_{AB}=H_{BA}=\beta$ とおき，重なり積分 $S=0$ とし，原子BのAOのエネルギー準位は原子Aより低いとせよ．

解 永年行列式を解くと，

$$(H_{AA}-E)(H_{BB}-E)-(H_{AB}-ES)^2=0 \quad (1)$$

となる．等核二原子分子の場合はクーロン積分を $H_{AA}=H_{BB}=\alpha$ とおいて簡単に解くことができたが，異核二原子分子では $H_{AA}\neq H_{BB}$ である．$H_{AA}=\alpha_A$，$H_{BB}=\alpha_B$，$H_{AB}=H_{BA}=\beta$，$S=0$ を代入すると

$$E^2-(\alpha_A+\alpha_B)E+\alpha_A\alpha_B-\beta^2=0 \quad (2)$$

となる．二次方程式を解くと以下の2つの解が得られる．

$$E=\frac{\alpha_A+\alpha_B}{2}\pm\sqrt{\left(\frac{\alpha_A-\alpha_B}{2}\right)^2+\beta^2} \quad (3)$$

$E_1<E_2$ で，AとBのエネルギーの中点から上下に同じ間隔だけ離れていることがわかる(下図)．係数については永年行列式のもとになる方程式

$$c_A(H_{AA}-E)+c_B(H_{AB}-ES)=0 \quad (4)$$

に $H_{AA}=\alpha_A$，$H_{BB}=\alpha_B$，$H_{AB}=H_{BA}=\beta$，$S=0$ を代入し，

$$c_A(\alpha_A-E)+c_B\beta=0 \quad (5)$$

の関係が得られる．$\psi_1=c_{A1}\chi_A+c_{B1}\chi_B$, $\psi_2=c_{A2}\chi_A+c_{B2}\chi_B$ の係数の比の積に，式

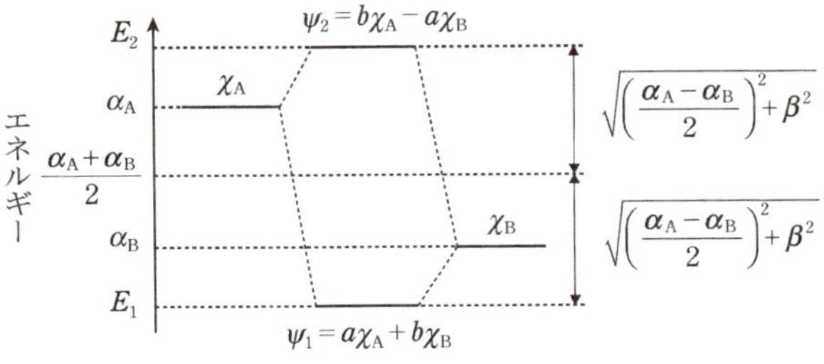

図 異核二原子分子のエネルギー準位

(3)で得られたE_1とE_2を代入すると

$$\frac{c_{B1}}{c_{A1}}\frac{c_{B2}}{c_{A2}}=\frac{E_1-\alpha_A}{\beta}\frac{E_2-\alpha_A}{\beta}=-1 \tag{6}$$

より

$$\frac{c_{B1}}{c_{A1}}=-\frac{c_{A2}}{c_{B2}} \tag{7}$$

となり，結合性軌道の係数の比$c_{B1}/c_{A1}>1$より，c_{B1}とc_{A1}は同符号で$c_{B1}>c_{A1}$となる．$c_{A1}=a$, $c_{B1}=b\,(0<a<b)$とすると，$c_{A2}=b$, $c_{B2}=-a$とおくことができ，

$$\psi_1=a\chi_A+b\chi_B,\ \psi_2=b\chi_A-a\chi_B \tag{8}$$

となる．

図8.16に示すようにHFではH原子の1s軌道とF原子の2p軌道のエネルギー準位が近く，これらがMOを形成する．分子軸をz軸とすると，F原子の$2p_z$軌道とH原子の1s軌道から結合性の3σ軌道と反結合性の4σ軌道が形成される．異核二原子分子では軌道にgとuの対称性はないので，エネルギーの低い順番に$n\sigma$, $n\pi$ (nは自然数)のように番号をつける．このとき，$2p_x$軌道と$2p_y$軌道は1s軌道と正味の重なりが0になるので結合には関与しない．HFの電子配置は

$$(1\sigma)^2(2\sigma)^2(3\sigma)^2(1\pi_x)^2(1\pi_y)^2$$

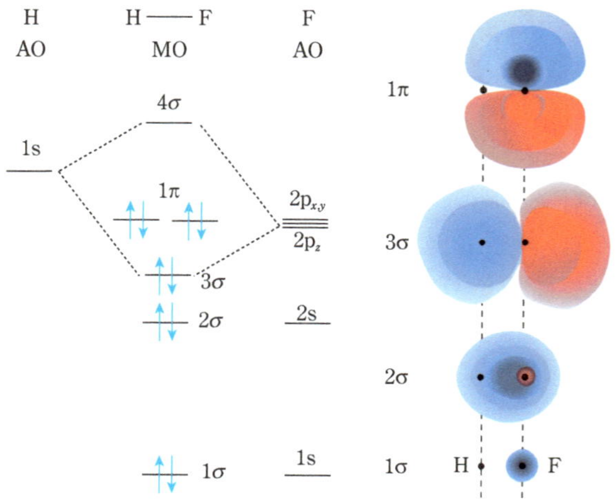

図8.16　HFのMOのエネルギーダイヤグラムと形状

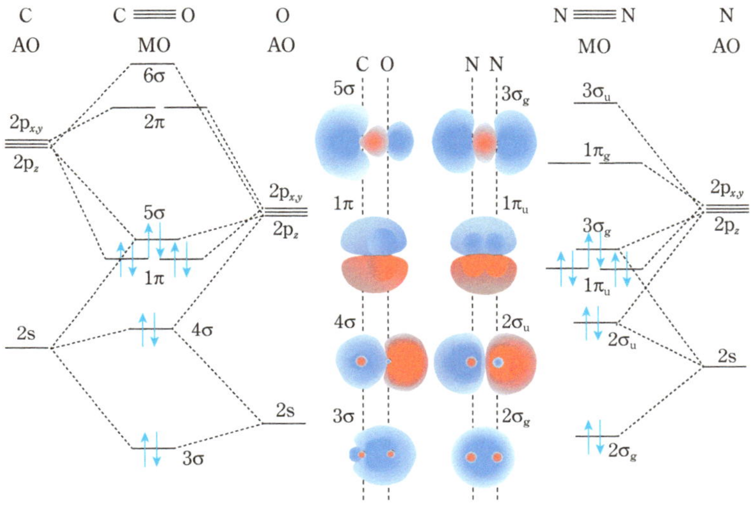

図8.17　COとN_2のエネルギー準位とMOの比較

と記述されるが，3σ軌道以外はF原子のAOとほぼ重なる．F原子の2つの2p軌道の非共有電子対は，分子軌道の$1\pi_x$と$1\pi_y$軌道を占有し**非結合性軌道**(non-bonding orbital)になっている．3σ軌道もF原子の$2p_z$軌道の寄与の方がH原子の1s軌道の寄与より大きく，結合電子対はF原子に偏っている．逆に，反結合性の4σ軌道はH原子の1s軌道の寄与の方が大きい．これが電気陰性度の原因となっている．

第2周期の原子からなる興味深い異核二原子分子としてはCOとNOがある．図8.17に示すようにO原子のAOのエネルギー準位はCやN原子のAOよりも低いため，生じるMOの結合性軌道はO原子の軌道の寄与が大きく，反結合性の軌道はCやN原子の方が寄与が大きい傾向がある．COもNOも，O_2ではなく，N_2と似たMOのエネルギー準位を示す．すなわち，N_2の$3\sigma_g$軌道に対応するCOの5σ軌道は結合性の$1\pi_x$, $1\pi_y$軌道よりエネルギーが少し高い．COはN_2と同じく14個の電子をもつため，MOに電子を入れていくと同じ電子配置をもち，結合次数も3となる．NOは電子がN_2より1個多いので，2π軌道に入りラジカルになるため常磁性である．COのMOの形状は，O原子によって電子が引きつけられているため，3σ, 4σ軌道ではO原子の方に電子が偏っている．しかしながら，COのHOMOである5σ軌道はC原子のさらに外側に大きく軌道が広がっていてC原子側の電子密度が高くなっている．COはこの軌道を使って金属イオンなどに配位結合するため，O原子ではなくC原子が結合する．

> **例題8.7**　NO，NO^-，NO^+について結合次数を求めよ．
> **解**　NOは2.5，NO^-は2，NO^+は3である．

8.3.3　電気陰性度

異核二原子分子の共有電子対はどちらかの原子に偏っており，COやNOなどの同じ周期の原子からなる二原子分子であれば族番号の大きいO原子に共有電子対は引きつけられている．ポーリング(L. C. Pauling, 1901～1994 : 1954化，1962平)は分子内の原子が電子を引きつける目安として**電気陰性度**(electron negativity)の概念を唱え，ほとんどの化学結合は，電荷分離したイオン結合と，電子対を共有する共有結合の2つの中間であることを示した(1932年)．原子間の電気陰性度の差を調べれば，結合のイオン性の度合いを予測できると示したのである．ポーリングは1939年に*The Nature of the Chemical Bond*を著して化学結合についての成果をまとめ，その成果に対してノーベル賞を単独受賞した．その後，平和賞も単独受賞している．

具体的には異なる原子A, B間の結合解離エネルギー$D(\mathrm{A-B})$をそれぞれの等核二原子分子の共有結合のエネルギーの相加平均［$D(\mathrm{A-A})+D(\mathrm{B-B})$］/2と比較して，電気陰性度の差として求めた．

$$|\chi_\mathrm{A}-\chi_\mathrm{B}|=k\sqrt{D(\mathrm{A-B})-\frac{D(\mathrm{A-A})+D(\mathrm{B-B})}{2}} \quad (k\text{は比例定数}) \qquad (8.31)$$

そして，得られた値をもとにして各元素について相対的な値であるポーリングの電気陰性度(図8.18)を定義した．電気陰性度の一番大きな元素はF($\chi_\mathrm{F}=4.0$)であり，周期表の左および下にいくに従って小さくなる．結合A–Bが無極性，すなわち，電子が原子間で対等に共有される場合は，

$$|\chi_\mathrm{A}-\chi_\mathrm{B}|=0 \qquad (8.32)$$

である．化学結合における電荷分布やイオン性は，関与する元素の電気陰性度χを使ってハニー－スミスの式(Hanny-Smith's equation)

$$\text{イオン性(\%)}=16|\chi_\mathrm{A}-\chi_\mathrm{B}|+3.5|\chi_\mathrm{A}-\chi_\mathrm{B}|^2 \qquad (8.33)$$

から経験的に求めることができる(**例題8.8**)．

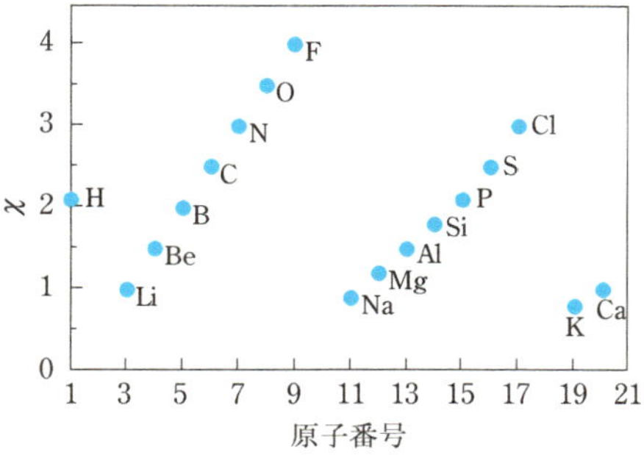

図8.18　ポーリングの電気陰性度

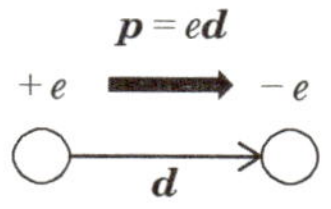

	p/D	d/pm
HF	1.83	92
HCl	1.12	128
HBr	0.83	141
HI	0.45	161

図8.19　ハロゲン化水素における電気双極子モーメントと結合距離

その後，マリケン（8.2.2項）は原子Aの電気陰性度X_Aを原子Aのイオン化エネルギーI_pと電子親和力E_Aの相加平均

$$X_A = \frac{1}{2}(I_p + E_A) \tag{8.34}$$

で表し，マリケンの電気陰性度として報告した（1934年）．これら2つの電気陰性度の値は違うが，元素による傾向は同じであり，2つの数値の間には

$$X_A = 3.15\chi_A \tag{8.35}$$

という関係がある．電気陰性度は分子中の原子が電子対を引きつける目安であり，電子対の偏りについて半定量的な情報を与え，原子間の電気陰性度の差を調べれば，共有結合性とイオン結合性の割合を求めることができる．

例題8.8　式（8.33）を用いてHF，HCl，HBr，HIについて結合のイオン性を求めよ．ただし，$\chi_H = 2.1, \chi_F = 4.0, \chi_{Cl} = 3.1, \chi_{Br} = 2.8, \chi_I = 2.5$とする．

解　イオン性を計算するとHFは43%，HClは20%，HBrは13%，HIは7%となる．それぞれの化合物の電気双極子モーメント（10頁参照）と結合距離の値（図8.19）から見かけの電荷qを求めてイオン性を見積もる．例えば，HFのqは

$$q = \frac{p}{d} = \frac{1.83\,\mathrm{D}}{92\,\mathrm{pm}} = \frac{1.83 \times 3.34 \times 10^{-30}\,\mathrm{C\,m}}{92\,\mathrm{pm}} = 0.41 \times (1.60 \times 10^{-19})\,\mathrm{C}$$

となり，電気素量eを用いて表すと$0.41e$となる．同様に，HClは$0.18\,e$，HBrは$0.12\,e$，HIは$0.06\,e$と計算でき，電気陰性度から求めたイオン性の値とよく一致する．

章末問題

8.1　オクテット則について説明せよ.

8.2　原子価結合法と分子軌道法を用いて原子AとBの間の共有結合を考えた場合に，分子軌道法では2個の電子がともに片方の原子上に局在する効果を含むことを示せ.

8.3　H_2^+の分子軌道の波動関数を原子軌道の波動関数χ_A, χ_Bの線形結合で

$$\psi = c_A\chi_A + c_B\chi_B$$

と表すとき，変分法を用いてエネルギーと波動関数を計算せよ．ただし，クーロン積分をα，共鳴積分をβ，重なり積分をSとする.

8.4　H_2^+はなぜ安定に存在することができるかを，核間距離Rに対しての運動エネルギーT，ポテンシャルエネルギーV，全エネルギー$E = T + V$を描いて説明せよ.

8.5　He_2^+は安定に存在するかどうかを考察せよ.

8.6　定性的な分子軌道法を用いてB_2とO_2分子の電子配置を書き，これらが常磁性であることを説明せよ.

8.7　HFではHの1s軌道とFの2p軌道から分子軌道が形成されることを用いてHFの分子軌道ダイヤグラムを描き，HFの結合次数を求めよ.

8.8　COはN_2と似た分子軌道のエネルギー準位を示すことを用いてCOの分子軌道ダイヤグラムを描け.

8.9　NOはN_2と似た分子軌道のエネルギー準位を示すことを用いてNOが常磁性であることを示せ.

8.10　電気陰性度について説明せよ.

8.11　COが金属イオンと配位結合するときには電気陰性度の大きなO原子ではなく，C原子が結合する理由を述べよ.

第 9 章　分子構造化学

二原子分子より複雑な有機分子の電子構造やエネルギーを計算で正確に求めることはできないため，さまざまな概念や近似方法が提案されている．まず，1930年代に第8章で述べた原子価結合法(VB法)，分子軌道法(MO法)をもとに，有機低分子の化学構造を説明する方法が提案された．1932年にはメタン，エチレン，アセチレン(図9.1)などの分子構造を説明するために，VB法に基づいた**混成軌道**(hybrid orbital)の概念がポーリングによって提案された．そして，1939年に槌田龍太郎(1903～1962)により，ルイスの点電荷式を利用した分子やイオンの電子配置が考えられ，電子対間の反発が最小となるように電子を配置することで，分子の形を決める方法が提案された．この**原子価殻電子対反発則**(valence shell electron pair repulsion theory, VSEPR則)によってさまざまな化合物の結合角や分子構造が推定できた．

同じく1930年代にヒュッケルによりπ電子共役系の化合物の電子構造のMO計算において，π電子の相互作用だけに注目した**ヒュッケル法**(Hückel method)が発表された．ヒュッケル法はその大胆な近似にもかかわらず，π電子密度や結合次数についてかなりよい結果を示し有機物理化学の基礎となった．

本章では，混成軌道，VSEPR則，ヒュッケル法といった分子構造や化学結合の基本となる概念を学ぶ．また，電子密度を変数としてエネルギーを計算する密度汎関数法(DFT)をはじめとする1940年代以降の量子化学計算の流れについても述べる．

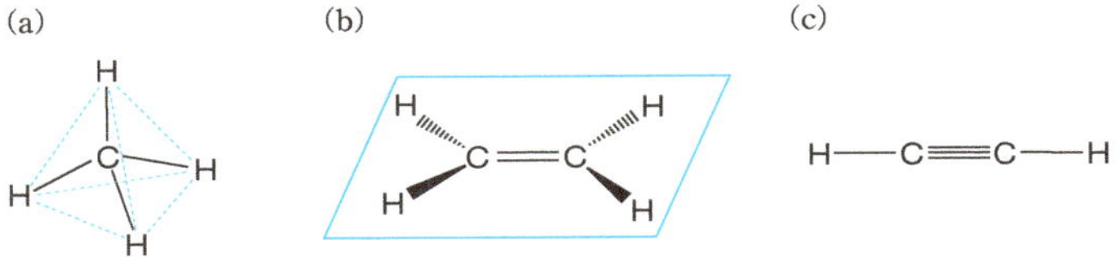

図9.1　メタン(a)，エチレン(b)，アセチレン(c)の化学構造

9.1　混成軌道とVSEPR則

9.1.1　混成軌道

炭素の同素体であるダイヤモンド中の炭素原子はすべて正四面体構造をとっており，黒鉛（グラファイト）中の炭素原子は正六角形構造をもつ．炭素原子の基底状態の電子配置は[He]$2s^2 2p^2$であるが，この基底状態の電子配置からは多様な炭素化合物の構造を説明することができない．メタン（CH_4）の正四面体構造を説明するためにポーリングによって考え出されたのが，2s軌道の1個の電子の2p軌道への**昇位**（promotion）とs軌道とp軌道の線形結合である**混成**（hybridization）である（図9.2）．炭素原子の2s軌道と3つの2p軌道が混成してsp^3混成軌道とよばれるエネルギーの等価な4つの軌道を形成するという考えは，メタンの正四面体構造を適切に説明した．2s軌道と2つの2p軌道が混成したものをsp^2混成軌道，2s軌道と1つの2p軌道が混成したものをsp混成軌道とよぶ．実際に2s電子が励起されるわけではなく，あくまで現実の構造を説明するためのものであるが，分子内の結合に関与している軌道は，sやpなどの原子軌道そのものではなく，それらが混ざっている軌道であると考えると都合がよかった．

sp^3混成軌道は，球対称のs軌道と3つのp軌道が混成した「s性（s軌道の割合）」が25%の混成軌道で，それらは電子間の反発を最小化するように炭素原子を中心として正四面体の頂点の方向へと均等に広がるため，炭素の結合角は109.5°となる．

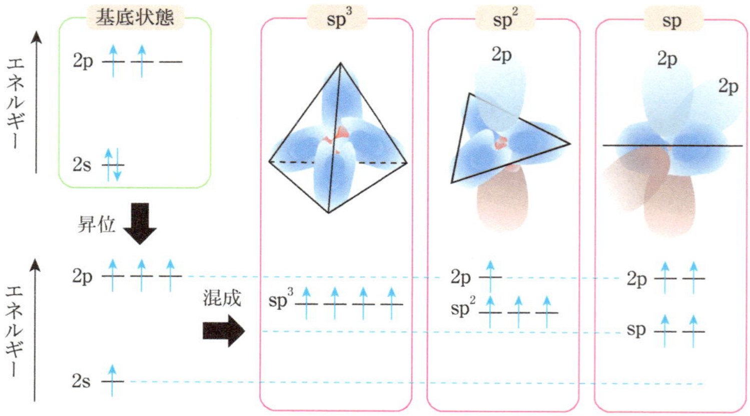

図9.2　炭素原子の混成軌道のエネルギー準位と構造

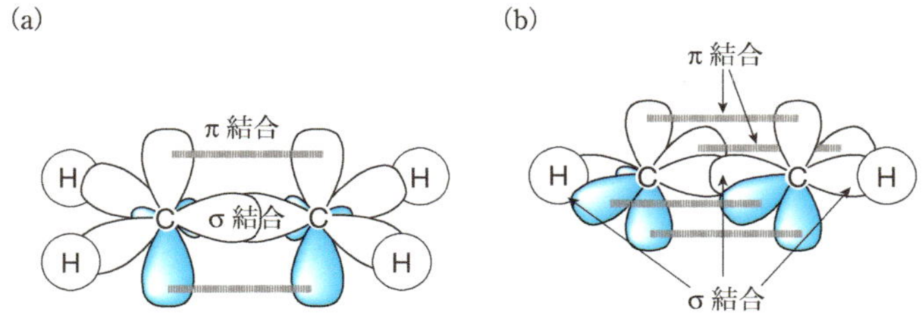

図9.3 エチレン(a)とアセチレン(b)の混成軌道

sp^2混成軌道はs軌道と2つのp軌道が混成したs性が33%の混成軌道であり，3つの等価な軌道を形成し，2p軌道が1つ残る．3つのsp^2混成軌道は，混成に加わった2つのp軌道によって決まる平面上で，正三角形の中心から頂点に向かうように均等に広がるため，炭素原子の結合角は120°である．残った2p軌道は3つのsp^2混成軌道と直交している．エチレン(C_2H_4)では，2つの炭素原子のsp^2混成軌道どうしがσ結合し，残りのsp^2混成軌道は水素原子の1s軌道とσ結合する．2p軌道どうしがπ結合を形成するためC=C二重結合ができる(図9.3(a))．

sp混成軌道は球対称のs軌道と1つのp軌道とのs性が50%の混成軌道であり，混成したp軌道と同じ方向を向いているため炭素原子の結合角は180°である．2つの等価なsp軌道を形成し，残った2つの2p軌道と直交している．アセチレン(C_2H_2, H−C≡C−H)では，2つの炭素原子のsp混成軌道どうしがσ結合し，残りのsp混成軌道が水素原子の1s軌道とσ結合するため，アセチレンは直線形になる(図9.3(b))．2つの2p軌道は，直交する2つのπ結合を形成するため，アセチレンは三重結合(1つのσ結合と2つのπ結合)となる．

d軌道を含む混成軌道についても，昇位と混成によって説明されることがあるが，6つの等価な混成軌道をもち，正八面体構造をとる六フッ化硫黄(SF_6)のような化合物以外は，混成軌道だけでは説明がつかない場合が多い．しかしながら，混成軌道の概念は有機化学の分野において重要な役割を果たしている．

例題9.1 二酸化炭素CO_2が直線状構造をとることについて混成軌道の考え方を用いて説明せよ．

解 二酸化炭素の炭素原子はsp混成軌道を形成し，それらは酸素原子とσ結合をしている．残った2つの2p軌道は，両側の酸素原子の2p軌道とπ結合をしてC=O二重結合を2つつくっている．これらの2つのπ軌道は直交している(下図). アレン($H_2C=C=CH_2$)の中心炭素原子も二酸化炭素と同じ混成軌道で説明できる.

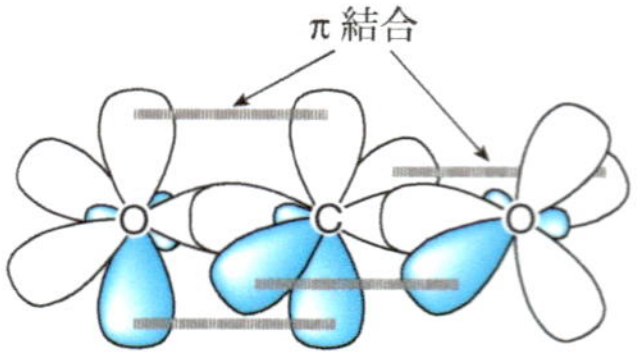

図　二酸化炭素の混成軌道

9.1.2　混成軌道の波動関数

炭素原子の2sと2p軌道の混成軌道はそれらの線形結合で表記できる. ただし, p軌道は縮退しているので混成軌道の線形結合にはさまざまな表現が可能である. p_x軌道だけが混成しているsp混成軌道の波動関数$\psi_i(i=1, 2)$は

$$\psi_1=\frac{1}{\sqrt{2}}\mathrm{s}+\frac{1}{\sqrt{2}}\mathrm{p}_x$$
$$\psi_2=\frac{1}{\sqrt{2}}\mathrm{s}-\frac{1}{\sqrt{2}}\mathrm{p}_x \tag{9.1}$$

となる. ψ_1とψ_2は直交規格化されており, $1/\sqrt{2}$は規格化定数である.

sp^2混成軌道では, 3つの軌道が電子間の反発を最小化するように正三角形の中心から頂点に向かって均等に広がる. s, $2p_x$, $2p_y$軌道からなるsp^2混成軌道で, 1つが$2p_x$軌道方向に一致している混成軌道$\psi_i(i=1, 2, 3)$を書くと

$$\psi_1=\frac{1}{\sqrt{3}}\mathrm{s}+\sqrt{\frac{2}{3}}\mathrm{p}_x$$
$$\psi_2=\frac{1}{\sqrt{3}}\mathrm{s}-\frac{1}{\sqrt{6}}\mathrm{p}_x+\frac{1}{\sqrt{2}}\mathrm{p}_y \tag{9.2}$$
$$\psi_3=\frac{1}{\sqrt{3}}\mathrm{s}-\frac{1}{\sqrt{6}}\mathrm{p}_x-\frac{1}{\sqrt{2}}\mathrm{p}_y$$

となる. 2s軌道は3つの軌道に均等に含まれるので, s軌道の係数は等しい. 直交規格化するためには, 3つの混成軌道の係数の二乗をs, p_x, p_yのそれぞれの軌道ごとに足し合わせると, どの軌道についても1になることも使う.

sp^3混成軌道は電子間の反発を最小化するように炭素原子を中心として正四面体の各頂点へと均等に広がる. sp^3混成軌道の波動関数$\psi_i(i=1, 2, 3, 4)$の線形結合の1つの組は

$$\begin{aligned}\psi_1&=\frac{1}{2}(\mathrm{s}+\mathrm{p}_x+\mathrm{p}_y+\mathrm{p}_z)\\ \psi_2&=\frac{1}{2}(\mathrm{s}-\mathrm{p}_x-\mathrm{p}_y+\mathrm{p}_z)\\ \psi_3&=\frac{1}{2}(\mathrm{s}-\mathrm{p}_x+\mathrm{p}_y-\mathrm{p}_z)\\ \psi_4&=\frac{1}{2}(\mathrm{s}+\mathrm{p}_x-\mathrm{p}_y-\mathrm{p}_z)\end{aligned} \tag{9.3}$$

と表すことができる．ψ_iは直交規格化されている．2s軌道は等方的なので4つの軌道に均等に含まれている．ψ_iの係数は，一辺が2の立方体の中心に原点Oをとり，図9.4の4点A(1, 1, 1)，B(−1, −1, 1)，C(−1, 1, −1)，D(1, −1, −1)を結ぶ正四面体の座標から求められる．座標軸が立方体の各面の中心を通るようにしたとき，正四面体の頂点の位置ベクトルをx, y, z方向の単位ベクトル$\boldsymbol{e}_x, \boldsymbol{e}_y, \boldsymbol{e}_z$の一次結合で表すと，$\mathrm{sp}^3$混成軌道のp軌道の係数が現れる．この結果とs軌道は均等に含まれていることを使えば，式(9.3)の係数が導出できる．

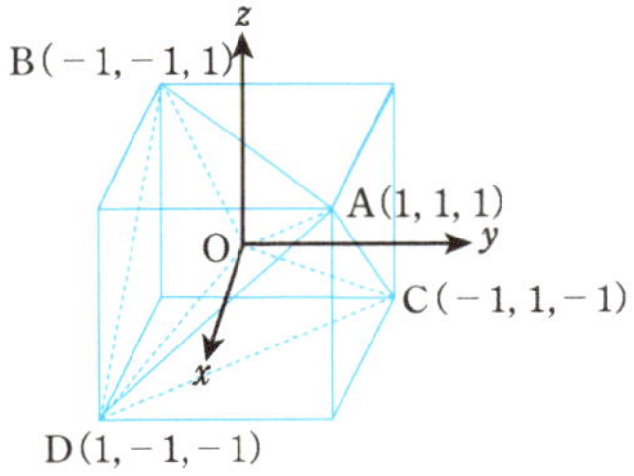

図9.4　正四面体の座標

例題9.2　右図のA, B, Cの方向を向いたsp^2混成軌道の波動関数の係数を求めよ．

解　正三角形ABCの頂点Aの座標を(2, 0)とし，辺BCがy軸と平行になるように配置したときの，頂点A, B, Cの位置ベクトル$\boldsymbol{a}, \boldsymbol{b}, \boldsymbol{c}$を$x, y$方向の単位ベクトル$\boldsymbol{e}_x, \boldsymbol{e}_y$の一次結合で表す．各点の座標はA(2, 0)，B(−1, $\sqrt{3}$)，C(−1, −$\sqrt{3}$)であるので，

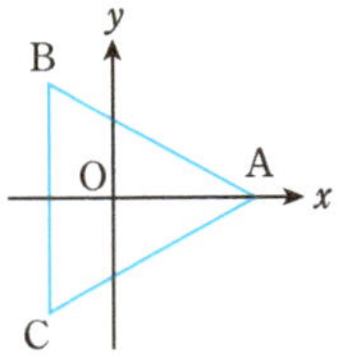

図　sp^2混成軌道の方向

$$\boldsymbol{a}=2\boldsymbol{e}_x,\quad \boldsymbol{b}=-\boldsymbol{e}_x+\sqrt{3}\boldsymbol{e}_y,\quad \boldsymbol{c}=-\boldsymbol{e}_x-\sqrt{3}\boldsymbol{e}_y$$

となり，sp^2混成軌道のψ_1, ψ_2, ψ_3の係数の比が求められる．この結果とs軌道は均等に含まれていることを使って，規格化条件を満たすようにすれば，式(9.2)の係数が得られる．

9.1.3　VSEPR則

ルイスの点電荷式を利用したVSEPR則（原子価殻電子対反発則または電子対反発則ともよばれる）によってさまざまな化合物の結合角や分子構造が推定できる．ルイスの点電荷式（8.1節）を利用することから明らかなように，最外殻の結合電子対と非共有電子対のみが対象となる．その手順は以下のとおりである（表9.1）．

①オクテット則に従って，点電荷式を書く．

②中心原子に結合している結合電子対と非共有電子対の総数Nを数え，3次元空間においてもっとも高い対称性を与える基本の電子配置を決定する．$N=2$ならば直線（linear），$N=3$ならば正三角形（trigonal planar），$N=4$ならば正四面体（tetrahedral），$N=5$ならば三方両錐（trigonal bipyramidal），$N=6$ならば正八面体（octahedral）である．

③非共有電子対の数Lによって分子の形を推定する．

表9.1　VSEPR則による分子構造の予測

N	$L=0$	$L=1$	$L=2$	$L=3$	$L=4$
2	直線（CO_2）				
3	正三角形（BF_3）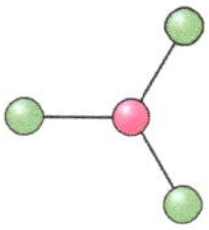	折れ線（NO_2^-）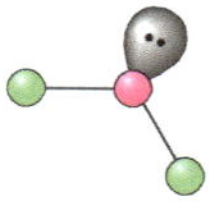			
4	正四面体（CH_4）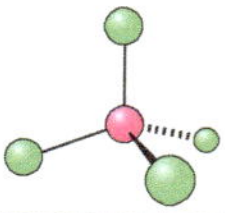	三角錐（NH_3）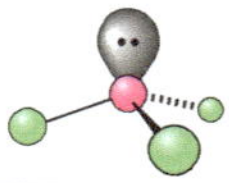	折れ線（H_2O）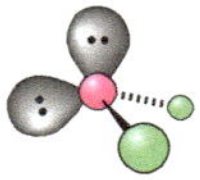		
5	三方両錐（PCl_5）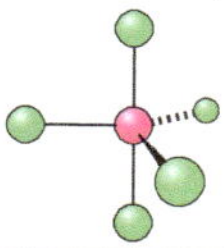	シーソー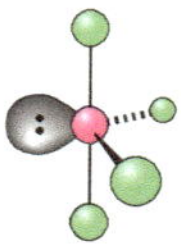	T字型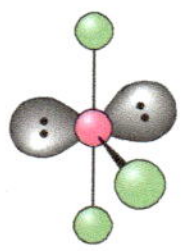	直線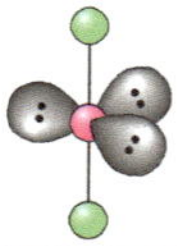	
6	正八面体（SF_6）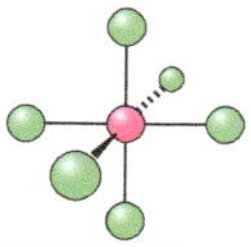	四角錐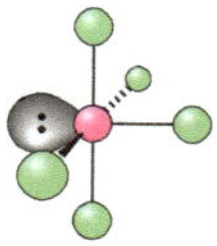	正方形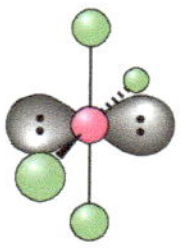	T字型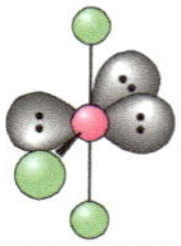	直線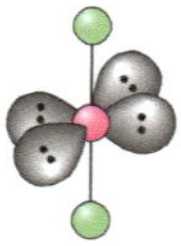

④中心原子の電子対間の反発をもとに結合角の基本構造からのずれを推定する．結合電子対は相手原子にも引かれ，中心原子から電子対までの距離は

結合電子対 > 非共有電子対

となるので，中心原子に近い非共有電子対間の反発が一番強く，結合角の大きさは次の順番になる．

非共有電子対間>非共有電子対と結合電子対間>結合電子対間

H_2Oの構造についてもVSEPR則で予測すると正四面体構造からのずれがうまく説明できる．H_2Oでは，中心の酸素原子には2つの結合電子対と2つの非共有電子対があるので$N=4$となり，基本構造は正四面体である．$L=2$なので折れ線の分子構造を示す．結合電子対間の反発は非共有電子対間などの反発より小さいので，H−O−Hの角度は正四面体の角度109.5°より小さくなることが予想される．実測は104.5°でVSEPR則とよく合っている．VSEPR則では中心原子の混成軌道の詳細を知らなくても分子構造を推定できる利点があり，VSEPR則で得られた構造から混成軌道に寄与している中心原子の原子軌道を推定できる．

例題9.3 四フッ化キセノンXeF_4は平面構造をとることが知られている．これをVSEPR則で説明せよ．

解 Xeは不活性ガスであり最外殻電子は8個である．F原子との結合電子対を4つもつとすれば，電子対の総数$N=6$で，2つの非共有電子対($L=2$)をもつことになるので，正方形をとると考えられる．

例題9.4 アンモニアNH_3の結合角は水H_2Oの結合角よりも大きい．それはなぜか，VSEPR則で説明せよ．

解 NH_3の中心のN原子には3つの結合電子対と1つの非共有電子対があるので$N=4$となり，基本構造は正四面体である．$L=1$なので三角錐型の分子構造を示す．非共有電子対がH_2Oよりも1つ少ないため，非共有電子対と結合電子対間の反発はH_2Oより小さいことが予想され，H−N−Hの角度はH−O−Hの角度104.5°よりも正四面体の角度109.5°に近づくことが予想される．

9.2　ヒュッケル法

9.2.1　ヒュッケル近似によるπ軌道のエネルギー計算

ヒュッケル(E. A. A. J. Hückel, 1896～1980)は1930年代にπ電子共役系の化合物の電子構造のMO計算をπ電子の相互作用だけに注目して行うヒュッケル法(Hückel method)を発表した．ちなみに，ヒュッケルは，活量係数を求めるデバイ－ヒュッケルの式(1923年)や芳香族の置換基効果に関するヒュッケル則(1931年)などでも有名な化学者である．1960年代以降に，ホフマン(R. Hoffmann, 1937～：1981化)によってσ結合も考慮に入れた拡張ヒュッケル法とよばれる方法が開発された．ホフマンはウッドワード(R. B. Woodward, 1917～1979：1965化)と有機化学反応の立体選択性を予測する法則(ウッドワード－ホフマン則)を導いた．福井謙一(1918～1998：1981化)によって1952年に発表されていたフロンティア軌道理論(frontier orbital theory)と拡張ヒュッケル法をあわせることで，共役π電子をもつ分子の反応性がうまく説明できるようになった．

以下では，π電子共役分子であるエチレン，1,3－ブタジエン，ベンゼンのエネルギーと波動関数の係数をヒュッケル法で求め，電子密度や結合次数を求める方法について具体的に示す．ヒュッケル法ではMO計算(8.2.3項)と同じく変分法でエネルギーを求める．クーロン積分，共鳴積分，重なり積分については**ヒュッケル近似**(Hückel approximation)を行う．

・クーロン積分は同じ種類の原子ではすべてαとする．

・共鳴積分は，σ結合をもつ原子間ではβとし，結合をもたない原子間では0とする．$\alpha<0$, $\beta<0$ である．

・重なり積分Sは同じ原子軌道どうしでは1（規格化条件），異なる原子軌道の間では0とする．

$$\text{クーロン積分}：H_{ii}=\int \chi_i^* \hat{H} \chi_i \, \mathrm{d}\tau=\alpha \tag{9.4}$$

$$\text{共鳴積分}：H_{ij}=\int \chi_i^* \hat{H} \chi_j \, \mathrm{d}\tau=\begin{cases}\beta\,(\text{結合原子間})\\ 0\,(\text{それ以外})\end{cases} \tag{9.5}$$

$$\text{重なり積分}：S=\int \chi_i^* \chi_j \, \mathrm{d}\tau=\begin{cases}1\,(i=j)\\ 0\,(i\neq j)\end{cases} \tag{9.6}$$

αとβの積分値に実験から得られた値を代入することでπ軌道のエネルギーを推定するため，ヒュッケル法は半経験的(semiemperical)分子軌道法とよばれる．

炭素原子の2p軌道のαの値は-7 eV，βの値は-2.5～-3.0 eV程度であり，酸素原子や窒素原子についても実験値からエネルギーを推定する．

エチレンのπ軌道を$\psi = c_1\chi_1 + c_2\chi_2$とおいて変分法で計算すると，$H_2^+$のMO計算（8.2.3項）と同じ永年行列式が得られ，ヒュッケル近似を用いて行列式を解くと

$$\begin{vmatrix} H_{11}-ES_{11} & H_{12}-ES_{12} \\ H_{21}-ES_{21} & H_{22}-ES_{22} \end{vmatrix} = \begin{vmatrix} \alpha-E & \beta \\ \beta & \alpha-E \end{vmatrix} = 0$$
$$(\alpha-E)^2-\beta^2=0 \tag{9.7}$$

となり，π軌道のエネルギーと結合性および反結合性の分子軌道を求めることができる．

$$E_1=\alpha+\beta, \quad E_2=\alpha-\beta \tag{9.8}$$

$$\psi_1=\frac{1}{\sqrt{2}}\chi_1+\frac{1}{\sqrt{2}}\chi_2, \quad \psi_2=\frac{1}{\sqrt{2}}\chi_1-\frac{1}{\sqrt{2}}\chi_2 \tag{9.9}$$

エチレンのπ軌道の分子軌道ダイヤグラムを書くと図9.5のようになる．重なり積分Sを0としたので，αを中心とした$\alpha\pm\beta$の位置にエネルギー準位が位置する．2個のπ電子がE_1に入っているので，エチレンの全π電子による結合エネルギーE_πは

$$E_\pi=2\times(\alpha+\beta)=2\alpha+2\beta \tag{9.10}$$

となる．

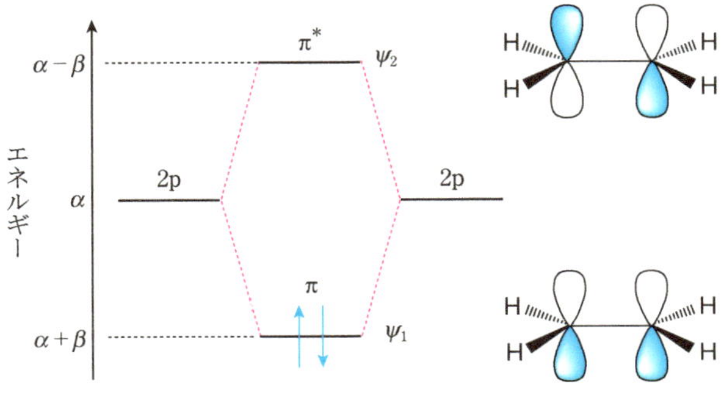

図9.5 エチレンのπ軌道のエネルギー準位と電子配置およびMO

例題9.5　3つの炭素原子からなる直鎖状と環状の炭素骨格のπ軌道のエネルギーをヒュッケル近似により求め，π電子が3個入った場合のエネルギー値を比較せよ．

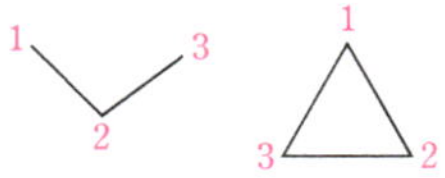

解　永年行列式とエネルギーはそれぞれ以下のようになる．

直鎖状

$$\begin{vmatrix} \alpha-E & \beta & 0 \\ \beta & \alpha-E & \beta \\ 0 & \beta & \alpha-E \end{vmatrix}=0$$

$$(\alpha-E)^3-2(\alpha-E)\beta^2=0$$

$$(\alpha-E)(\alpha-E+\sqrt{2}\beta)(\alpha-E-\sqrt{2}\beta)=0$$

$$E=\alpha\pm\sqrt{2}\beta,\ \alpha$$

環状

$$\begin{vmatrix} \alpha-E & \beta & \beta \\ \beta & \alpha-E & \beta \\ \beta & \beta & \alpha-E \end{vmatrix}=0$$

$$(\alpha-E)^3+2\beta^3-3(\alpha-E)\beta^2=0$$

$$(\alpha-E-\beta)^2(\alpha-E+2\beta)=0$$

$E=\alpha+2\beta,\ \alpha-\beta$ （二重解）

3×3 行列式の求め方（サラスの方法）

$$\begin{vmatrix} a & b & c \\ d & e & f \\ g & h & i \end{vmatrix}=(aei+bfg+chd)-(ahf+bdi+ceg)$$

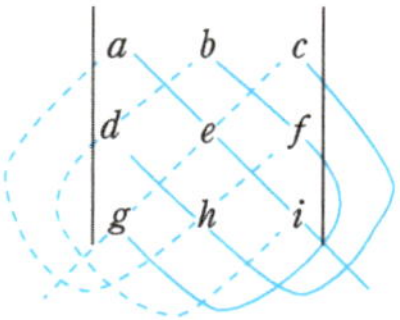

（注意）4×4 以上には使えない

これらの化合物のπ軌道に3個の電子が入った場合の全π電子による結合エネルギーを比べると，環状構造の全π電子による結合エネルギーは$3\alpha+3\beta$で，鎖状構造の$3\alpha+2\sqrt{2}\beta$より安定である．

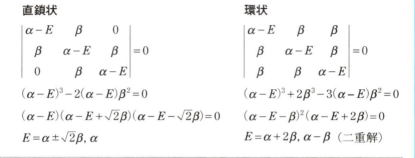

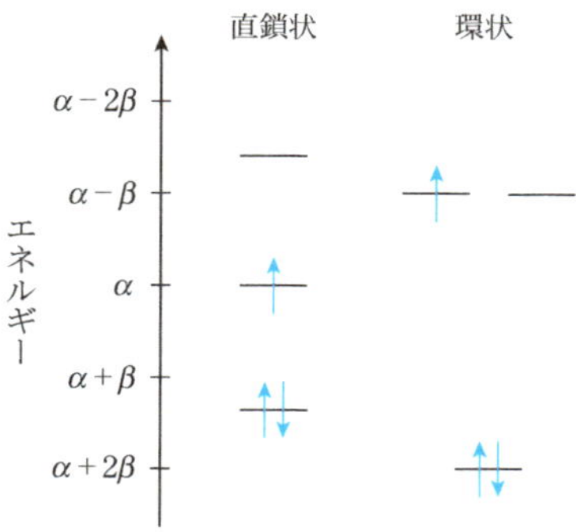

9.2.2 π電子密度と結合次数

1,3-ブタジエン($CH_2=CH-CH=CH_2$)の4つの炭素原子はいずれもsp^2混成軌道をとり，残ったp軌道がπ結合をつくる(図9.6)．エチレンの場合と同様に変分法を用いると，4元一次の連立方程式が得られ，それらを行列表示することで永年行列式が得られる．永年行列式はヒュッケル近似を用いると

$$\begin{vmatrix} H_{11}-ES_{11} & H_{12}-ES_{12} & H_{13}-ES_{13} & H_{14}-ES_{14} \\ H_{21}-ES_{21} & H_{22}-ES_{22} & H_{23}-ES_{23} & H_{24}-ES_{24} \\ H_{31}-ES_{31} & H_{32}-ES_{32} & H_{33}-ES_{33} & H_{34}-ES_{34} \\ H_{41}-ES_{41} & H_{42}-ES_{42} & H_{43}-ES_{43} & H_{44}-ES_{44} \end{vmatrix}=0$$

$$\begin{vmatrix} \alpha-E & \beta & 0 & 0 \\ \beta & \alpha-E & \beta & 0 \\ 0 & \beta & \alpha-E & \beta \\ 0 & 0 & \beta & \alpha-E \end{vmatrix}=0 \tag{9.11}$$

となり，$x=\dfrac{\alpha-E}{\beta}$とおいて行列式の展開を行う．

$$\begin{vmatrix} x & 1 & 0 & 0 \\ 1 & x & 1 & 0 \\ 0 & 1 & x & 1 \\ 0 & 0 & 1 & x \end{vmatrix}=x\begin{vmatrix} x & 1 & 0 \\ 1 & x & 1 \\ 0 & 1 & x \end{vmatrix}-1\begin{vmatrix} 1 & 0 & 0 \\ 1 & x & 1 \\ 0 & 1 & x \end{vmatrix}=0 \tag{9.12}$$

$$x^4-3x^2+1=0$$

$$(x^2+x-1)(x^2-x-1)=0 \rightarrow x=\frac{\pm 1\pm\sqrt{5}}{2}$$

よって，ブタジエンの4つのπ軌道のエネルギーは，低い方から順に，

$$E_1=\alpha+1.62\beta,\quad E_2=\alpha+0.62\beta,\quad E_3=\alpha-0.62\beta,\quad E_4=\alpha-1.62\beta \tag{9.13}$$

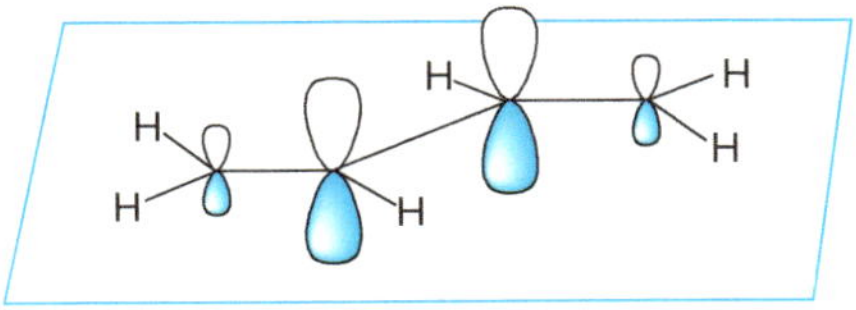

図9.6 1,3-ブタジエンの最安定なπ軌道

4×4行列式の求め方

$$\begin{vmatrix} a & b & c & d \\ e & f & g & h \\ i & j & k & l \\ m & n & o & p \end{vmatrix} = a\begin{vmatrix} f & g & h \\ j & k & l \\ n & o & p \end{vmatrix} - b\begin{vmatrix} e & g & h \\ i & k & l \\ m & o & p \end{vmatrix} + c\begin{vmatrix} e & f & h \\ i & j & l \\ m & n & p \end{vmatrix} - d\begin{vmatrix} e & f & g \\ i & j & k \\ m & n & o \end{vmatrix}$$

1つの列または行を選んで余因子に展開する．余因子とは第i行と第j列を取り除いてできる次数の1つ小さい行列式のことで各要素には$(-1)^{i+j}$をかける．上の例では第1行を選んで第1行の要素とその余因子である3×3行列式に展開している．

と決定できる．それぞれのエネルギー値に対応するxを行列

$$\begin{pmatrix} x & 1 & 0 & 0 \\ 1 & x & 1 & 0 \\ 0 & 1 & x & 1 \\ 0 & 0 & 1 & x \end{pmatrix}\begin{pmatrix} c_1 \\ c_2 \\ c_3 \\ c_4 \end{pmatrix} = 0 \qquad (9.14)$$

に入れて係数の比を求め，規格化条件

$$c_1{}^2 + c_2{}^2 + c_3{}^2 + c_4{}^2 = 1 \qquad (9.15)$$

から係数を決定する．エネルギーの一番低いE_1については，$x = \dfrac{-1-\sqrt{5}}{2}$より，

$$c_2 = \frac{1+\sqrt{5}}{2}c_1, \quad c_3 = \frac{1+\sqrt{5}}{2}c_1, \quad c_4 = c_1 \qquad (9.16)$$

で，規格化条件に代入して$c_1 = \sqrt{\dfrac{1}{5+\sqrt{5}}} \approx 0.372$と計算できる．

それぞれのエネルギー準位についてπ軌道の波動関数を求めると

$$\begin{aligned} \psi_1 &= 0.372\chi_1 + 0.602\chi_2 + 0.602\chi_3 + 0.372\chi_4 \\ \psi_2 &= 0.602\chi_1 + 0.372\chi_2 - 0.372\chi_3 - 0.602\chi_4 \\ \psi_3 &= 0.602\chi_1 - 0.372\chi_2 - 0.372\chi_3 + 0.602\chi_4 \\ \psi_4 &= -0.372\chi_1 + 0.602\chi_2 - 0.602\chi_3 + 0.372\chi_4 \end{aligned} \qquad (9.17)$$

となる．ブタジエンのような簡単な分子であればこのように手計算で解くことも

できるが，通常はコンピュータでソフトウェアを用いて解く．係数の符号を考慮して波動関数の形状を描くと図9.7のようになり，エネルギーが高いほど節の数が多くなる．分子の対称性を考えれば，節が1つの場合は節の位置は当然χ_2–χ_3の間となり，節が2つの場合はχ_1–χ_2とχ_3–χ_4の2ヶ所になる．係数の大小関係はわからないにしても，波動関数の節の位置と波動関数の符号については計算しなくてもわかる．

続いて，ブタジエンの4個のπ電子を一番低いエネルギー準位のMOからパウリの排他原理，フントの規則に従って入れていく．電子が占有しているもっともエネルギーの高い軌道（最高被占軌道）を**HOMO**（highest occupied molecular orbital）といい，電子が占有されていないもっともエネルギーの低い軌道（最低空軌道）を**LUMO**（lowest unoccupied molecular orbital）という．ブタジエンのHOMOはψ_2，LUMOはψ_3である．ブタジエンの全π電子による結合エネルギーE_πは

$$E_\pi = 2\times(\alpha+1.62\beta)+2\times(\alpha+0.62\beta)=4\alpha+4.48\beta \qquad (9.18)$$

である．これはエチレン2分子の$E_\pi=4\alpha+4\beta$より0.48βだけ安定化していることを示しており，この安定化はπ電子系の共役によるものと考えることができるため，共鳴安定化（resonance stabilization）とよばれる．

波動関数の係数がわかると，各炭素原子上のπ電子密度や結合次数を計算することができる．電子密度を求めるには各係数の二乗に軌道の電子数をかけて足し合わせればよい．ブタジエンのk番目炭素原子の電子密度q_kは，各波動関数ψ_iの係数c_{ik}の二乗とその軌道に入っている電子数n_iをかけて，それをすべての波動

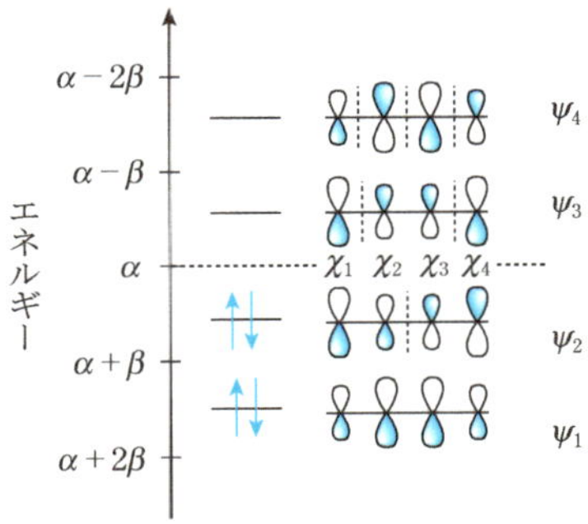

図9.7 ブタジエンのπ軌道のエネルギー準位と電子配置およびMO

関数について足し合わせることで求められる.

$$q_k = \sum_{i=1}^{\mathrm{Occ}} n_i c_{ik}{}^2 \tag{9.19}$$

ここで, Occはもっとも高い占有されているエネルギー準位まで, という意味で, ブタジエンでは2である. 式(9.17)のψ_1とψ_2のχ_1の係数c_{11}とc_{21}を使ってq_1を計算する. 同様に, 各炭素原子についてπ電子密度を計算すると, すべての炭素原子で1となる.

$$\begin{gathered} q_1 = 2c_{11}{}^2 + 2 \times c_{21}{}^2 = 2 \times (0.372)^2 + 2 \times (0.602)^2 = 1 \\ q_1 = q_2 = q_3 = q_4 = 1 \end{gathered} \tag{9.20}$$

k番目とl番目の炭素原子の結合次数p_{kl}は, 結合している炭素原子についてのψ_iの係数の積に電子数n_iをかけ, それをすべての波動関数について足し合わせることで求められる.

$$\begin{aligned} p_{kl} &= \sum_{i=1}^{\mathrm{Occ}} n_i c_{ik} c_{il} \\ p_{12} &= \sum_{i=1}^{\mathrm{Occ}} n_i c_{i1} c_{i2} = 2c_{11}c_{12} + 2c_{21}c_{22} = 0.896 \\ p_{23} &= \sum_{i=1}^{\mathrm{Occ}} n_i c_{i2} c_{i3} = 2c_{12}c_{13} + 2c_{22}c_{23} = 0.448 \\ p_{34} &= \sum_{i=1}^{\mathrm{Occ}} n_i c_{i3} c_{i4} = 2c_{13}c_{14} + 2c_{23}c_{24} = 0.896 \end{aligned} \tag{9.21}$$

両端の二重結合$C_1=C_2$および$C_3=C_4$はπ結合次数が1より小さくなり, エチレンのπ結合より弱くなっていて, 中央の単結合C_2–C_3のπ結合次数は0.448で0より大きく, 二重結合性を帯びている. 実際に, C_2–C_3の結合長は1.48 Åであり, 通常のC–C単結合長1.54 Åより短い.

例題9.6　シクロブタジエンのπ軌道のエネルギーをヒュッケル近似で求め，1,3-ブタジエンと比較せよ．

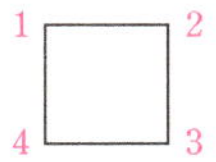

解　炭素原子の番号を右図のようにつけると，永年行列式は

$$\begin{vmatrix} \alpha-E & \beta & 0 & \beta \\ \beta & \alpha-E & \beta & 0 \\ 0 & \beta & \alpha-E & \beta \\ \beta & 0 & \beta & \alpha-E \end{vmatrix} = \begin{vmatrix} x & 1 & 0 & 1 \\ 1 & x & 1 & 0 \\ 0 & 1 & x & 1 \\ 1 & 0 & 1 & x \end{vmatrix} = 0$$

$$x(x^3-2x)-x^2-x^2=x^2(x-2)(x+2)=0$$
$$x=\pm 2,\ 0 \text{（二重解）}$$

となるので，Eは

$$E=\alpha\pm 2\beta,\ \alpha \text{（二重解）}$$

となる．4個の電子を入れていくと，結合性軌道が2個の電子で満たされた後，フントの規則に従って縮退している軌道に1個ずつ電子が平行に入る．全π電子による結合エネルギーE_πは

$$E_\pi=2\times(\alpha+2\beta)+2\times\alpha=4\alpha+4\beta$$

となり，エチレン2分子の$E_\pi=4\alpha+4\beta$と同じであり共鳴安定化されない．分子軌道の形状は，節の数を0, 1, 2と増やすことで推定できるが，$E=\alpha$のψ_2とψ_3は縮退しているため，係数の条件$(c_1=-c_3,\ c_2=-c_4)$と直交性$\int\psi_2^*\psi_3\,\mathrm{d}\tau=0$を満たす$\psi_2$と$\psi_3$の組み合わせは1つではない．

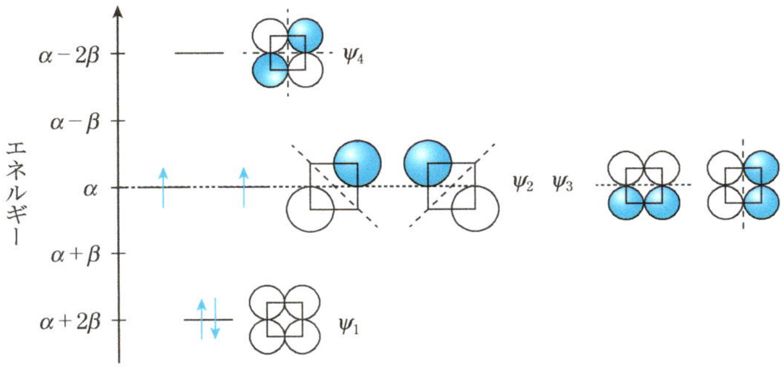

図　シクロブタジエンのπ軌道のエネルギー準位と電子配置およびMO

9.2.3　芳香族炭化水素のヒュッケル近似

ベンゼンの6つの炭素原子は正六角形構造をしており，6個のπ電子がある．これをヒュッケル近似で計算し，永年行列式を求めると以下のようになる．

$$\begin{vmatrix} \alpha-E & \beta & 0 & 0 & 0 & \beta \\ \beta & \alpha-E & \beta & 0 & 0 & 0 \\ 0 & \beta & \alpha-E & \beta & 0 & 0 \\ 0 & 0 & \beta & \alpha-E & \beta & 0 \\ 0 & 0 & 0 & \beta & \alpha-E & \beta \\ \beta & 0 & 0 & 0 & \beta & \alpha-E \end{vmatrix} = \begin{vmatrix} x & 1 & 0 & 0 & 0 & 1 \\ 1 & x & 1 & 0 & 0 & 0 \\ 0 & 1 & x & 1 & 0 & 0 \\ 0 & 0 & 1 & x & 1 & 0 \\ 0 & 0 & 0 & 1 & x & 1 \\ 1 & 0 & 0 & 0 & 1 & x \end{vmatrix} = 0 \quad (9.22)$$

行列式を展開すると以下の式が得られ，行列式が因数分解できる形になる．

$$\begin{aligned} &x^6 - 6x^4 + 9x^2 - 4 = 0 \\ &(x-1)^2(x+1)^2(x+2)(x-2) = 0 \\ &x = \pm 2, \pm 1 \ (\text{二重解}) \end{aligned} \quad (9.23)$$

よって，エネルギー E は

$$E = \alpha \pm 2\beta, \quad \alpha \pm \beta \ (\text{二重解}) \quad (9.24)$$

となる．$\alpha+\beta$ と $\alpha-\beta$ のエネルギー準位は縮退している．6つの p_z 軌道から6つの分子軌道ができ，原子軌道の係数は以下のようになる．

$$\begin{aligned} \psi_1 &= \frac{1}{\sqrt{6}}\chi_1 + \frac{1}{\sqrt{6}}\chi_2 + \frac{1}{\sqrt{6}}\chi_3 + \frac{1}{\sqrt{6}}\chi_4 + \frac{1}{\sqrt{6}}\chi_5 + \frac{1}{\sqrt{6}}\chi_6 \\ \psi_2 &= \frac{1}{\sqrt{3}}\chi_1 + \frac{1}{2\sqrt{3}}\chi_2 - \frac{1}{2\sqrt{3}}\chi_3 - \frac{1}{\sqrt{3}}\chi_4 - \frac{1}{2\sqrt{3}}\chi_5 + \frac{1}{2\sqrt{3}}\chi_6 \\ \psi_3 &= \frac{1}{2}\chi_2 + \frac{1}{2}\chi_3 - \frac{1}{2}\chi_5 - \frac{1}{2}\chi_6 \\ \psi_4 &= \frac{1}{\sqrt{3}}\chi_1 - \frac{1}{2\sqrt{3}}\chi_2 - \frac{1}{2\sqrt{3}}\chi_3 + \frac{1}{\sqrt{3}}\chi_4 - \frac{1}{2\sqrt{3}}\chi_5 - \frac{1}{2\sqrt{3}}\chi_6 \\ \psi_5 &= \frac{1}{2}\chi_2 - \frac{1}{2}\chi_3 + \frac{1}{2}\chi_5 - \frac{1}{2}\chi_6 \\ \psi_6 &= \frac{1}{\sqrt{6}}\chi_1 - \frac{1}{\sqrt{6}}\chi_2 + \frac{1}{\sqrt{6}}\chi_3 - \frac{1}{\sqrt{6}}\chi_4 + \frac{1}{\sqrt{6}}\chi_5 - \frac{1}{\sqrt{6}}\chi_6 \end{aligned} \quad (9.25)$$

6個の電子を下のエネルギー準位からパウリの排他原理，フントの規則に従って入れていくと，ψ_2 と ψ_3 がHOMOになり，ψ_4 と ψ_5 がLUMOになる．ベンゼンの全π電子による結合エネルギー E_π は

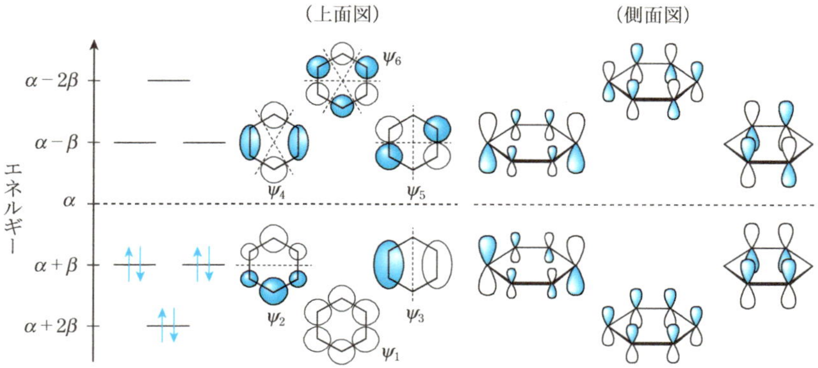

図9.8　ベンゼンのπ軌道のエネルギー準位と電子配置およびMO

$$E_\pi = 2\times(\alpha+2\beta)+2\times2\times(\alpha+\beta)=6\alpha+8\beta \tag{9.26}$$

であり，これはエチレン3分子の$E_\pi=6\alpha+6\beta$より2βだけ安定化している．ベンゼンの正六角形の中心を通って分子面に垂直な分子軸を含む節が生じ，エネルギーが高いほど節の数が多くなる．ベンゼンについても分子の対称性を考えれば，節の位置や各炭素原子の波動関数の符号については計算しなくてもわかる．分子軸を通る節が1つで波動関数が反対称になるには，向かい合う辺の中点を結ぶ(ψ_2)か，向かい合う頂点を結ぶ(ψ_3)しかない．節が2つの場合も，3つの場合も節が分子軸を含む平面であることを使うと図9.8のように決めることができる．

例題9.7　ヒュッケル近似によりベンゼンの各炭素原子のπ電子密度q_k，および，各炭素原子間の結合次数p_{kl}を求めよ．

解　各炭素原子のπ電子の電子密度を，電子が入っている軌道の係数の二乗に電子数をかけて求めるとすべての炭素原子で1になる．

$$q_1=\left\{\left(\frac{1}{\sqrt{6}}\right)^2+\left(\frac{1}{\sqrt{3}}\right)^2\right\}\times2=1,\quad q_2=\left\{\left(\frac{1}{\sqrt{6}}\right)^2+\left(\frac{1}{2\sqrt{3}}\right)^2+\left(\frac{1}{2}\right)^2\right\}\times2=1,\quad\cdots$$

$$q_1=q_2=q_3=q_4=q_5=q_6=1$$

結合次数p_{kl}は

$$p_{12}=2\cdot\frac{1}{\sqrt{6}}\cdot\frac{1}{\sqrt{6}}+2\cdot\frac{1}{\sqrt{3}}\cdot\frac{1}{2\sqrt{3}}+2\cdot0\cdot\frac{1}{2}=\frac{2}{3}$$

$$p_{23}=2\cdot\frac{1}{\sqrt{6}}\cdot\frac{1}{\sqrt{6}}+2\cdot\frac{1}{2\sqrt{3}}\cdot\left(-\frac{1}{2\sqrt{3}}\right)+2\cdot\frac{1}{2}\cdot\frac{1}{2}=\frac{2}{3}$$

$$p_{34}=2\cdot\frac{1}{\sqrt{6}}\cdot\frac{1}{\sqrt{6}}+2\cdot\left(-\frac{1}{2\sqrt{3}}\right)\cdot\left(-\frac{1}{\sqrt{3}}\right)+2\cdot\frac{1}{2}\cdot 0=\frac{2}{3}$$

$$p_{45}=2\cdot\frac{1}{\sqrt{6}}\cdot\frac{1}{\sqrt{6}}+2\cdot\left(-\frac{1}{\sqrt{3}}\right)\cdot\left(-\frac{1}{2\sqrt{3}}\right)+2\cdot 0\cdot\left(-\frac{1}{2}\right)=\frac{2}{3}$$

$$p_{56}=2\cdot\frac{1}{\sqrt{6}}\cdot\frac{1}{\sqrt{6}}+2\cdot\left(-\frac{1}{2\sqrt{3}}\right)\cdot\frac{1}{2\sqrt{3}}+2\cdot\left(-\frac{1}{2}\right)\cdot\left(-\frac{1}{2}\right)=\frac{2}{3}$$

$$p_{61}=2\cdot\frac{1}{\sqrt{6}}\cdot\frac{1}{\sqrt{6}}+2\cdot\frac{1}{2\sqrt{3}}\cdot\frac{1}{\sqrt{3}}+2\cdot\left(-\frac{1}{2}\right)\cdot 0=\frac{2}{3}$$

となり，ベンゼンの対称性からすべての炭素原子間のπ電子による結合次数 p は 2/3 で等しくなる．炭素原子間にはσ結合があるので，結合次数は $1+2/3=1.67$ となる．ヒュッケル法で得られるベンゼンの炭素原子間の結合次数が，単純な共鳴構造から示唆される1.5より大きくなることは興味深い．

ベンゼンやナフタレンのように奇数番と偶数番の炭素原子が隣り合わないように番号をつけることのできる共役系の不飽和炭化水素を交互炭化水素（alternant hydrocarbon）とよぶ．ナフタレンの炭素原子に図9.9のように番号をつけたとき，ヒュッケル近似による永年行列式は以下のようになる．空白部分は0である．

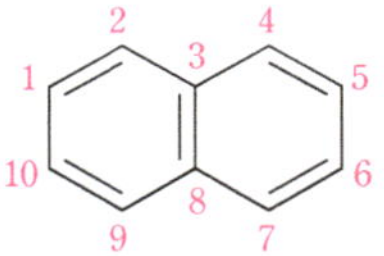

図9.9　ナフタレンの化学構造

$$\begin{array}{c}1\\2\\3\\4\\5\\6\\7\\8\\9\\10\end{array}\begin{vmatrix}
\alpha-E & \beta & & & & & & & & \beta\\
\beta & \alpha-E & \beta & & & & & & & \\
 & \beta & \alpha-E & \beta & & & & \beta & & \\
 & & \beta & \alpha-E & \beta & & & & & \\
 & & & \beta & \alpha-E & \beta & & & & \\
 & & & & \beta & \alpha-E & \beta & & & \\
 & & & & & \beta & \alpha-E & \beta & & \\
 & & \beta & & & & \beta & \alpha-E & \beta & \\
 & & & & & & & \beta & \alpha-E & \beta\\
\beta & & & & & & & & \beta & \alpha-E
\end{vmatrix}=0$$

交互炭化水素のヒュッケル近似では，π軌道のエネルギーは$E_i = \alpha \pm c\beta$のように対になる．

ナフタレンの各炭素原子の電子密度を全π電子について求めるとベンゼンと同じようにどの炭素原子も1になり，全π電子についての電子密度からでは，α位(2, 4, 7, 9位)とβ位(1, 5, 6, 10位)の反応性の違いを説明することはできない．これを解決するために，化学反応に関わる軌道はHOMOやLUMOであり，HOMOとLUMOの電子密度と波動関数の符号を調べることが重要である，というフロンティア軌道理論が福井謙一により提唱された．ナフタレンのヒュッケル近似によるHOMOとLUMOの波動関数は

$$\begin{aligned}\psi_{\mathrm{HOMO}} &= 0.263\times(\chi_1 - \chi_{10} - \chi_5 + \chi_6) + 0.425\times(\chi_2 - \chi_9 - \chi_4 + \chi_7)\\ \psi_{\mathrm{LUMO}} &= 0.263\times(\chi_1 + \chi_{10} - \chi_5 - \chi_6) + 0.425\times(-\chi_2 - \chi_9 + \chi_4 + \chi_7)\end{aligned} \tag{9.27}$$

である．ナフタレンの場合にはHOMOもLUMOもα位の炭素原子の電子密度が高くなり，求電子置換反応(HOMOとの反応)と求核反応(LUMOとの反応)がともにα位で生じることをうまく説明できる．

例題9.8 ナフタレンのHOMOとLUMOを参考にして，3次元の電子密度について，波動関数の符号，節がわかるように描け．

解 ナフタレンなどの剛直な分子であればモデリングソフトウェアで作った分子座標をDFT計算(コラム参照)のソフトウェアに入力するだけで電子密度と波動関数の符号，エネルギーが得られる．分子面が波動関数の節になっていることに注意する．

図 ナフタレンのHOMOとLUMOのDFT計算結果

9.2.4　量子化学計算の発展

コンピュータの発達とともに計算化学が盛んになった1940～50年代には，モンテカルロ法(Monte Carlo method, MC法)や，原子間や分子間に働く力を経験的に見積もって「力場(force field)」を設定して分子運動を計算する分子動力学法(molecular dynamics method, MD法)や分子力学法(molecular mechanics method, MM法)などが開発された．MD法やMM法は，量子化学計算に比べて計算量が少ないため，現在では高分子などの複雑な分子の構造計算にも適用されている．

MO法から発展したハートリー－フォック法では，スレーター行列式で表される波動関数φは位置$\boldsymbol{r}$の関数であり，SCF法で解いてエネルギーEを求める(7.2節)．すなわち，Eは$\varphi(\boldsymbol{r})$の汎関数であり$E[\varphi]$の形となるが，これがN粒子系になると計算は困難を極める．1960年代にはレナード＝ジョーンズの弟子のポープル(J. A. Pople, 1925～2004 : 1988化)が半経験的分子軌道法(semi-empirical MO method)，非経験的分子軌道法(*ab initio* MO methods)などの分子軌道法の計算方法を次々と開発して，現在でも分子の電子構造計算にもっとも使用されているGAUSSIANというプログラムを作った．

1964年にコーン(W. Kohn, 1923～2016 : 1988化)とホーヘンベルク(P. C. Hohenberg, 1934～2017)は，電子密度からハミルトニアンを逆算することができ，そのエネルギーの最小値を求めれば基底状態のエネルギーを決めることができる，というホーヘンベルク－コーンの定理を発表した．このことは，エネルギーが電子密度の汎関数$E[\rho]$として求められることを意味しているため，この方法は**密度汎関数法**(density functional theory, DFT)とよばれる．DFTでは空間の点ごとに電子密度の値を1つ決めるだけなので，ハートリー－フォック法におけるN粒子系の座標計算と比べれば計算が容易になることが示唆された．

翌1965年にコーンはシャム(L. J. Sham, 1938～)と電子密度$\rho(\boldsymbol{r})$を求める計算手法(コーン－シャム方程式，Kohn-Sham equation)を発表してDFTによるエネルギー計算を提唱した．DFT計算は2000年代に入ってコーン－シャム方程式で使用する交換－相関ポテンシャル(exchange-correlation potential) $V_{XC}(\boldsymbol{r})$が改良されて実験結果を非常にうまく再現するようになり，現在ではHOMOやLUMOの電子密度計算やエネルギー計算の主流になっている．計算機の性能の向上とともにこれらの計算機化学は新しい量子化学の世界を作りつつある．

コラム　DFT計算

ハートリー－フォック方程式では電子密度に関するクーロンポテンシャルV_Cとスピン相関ポテンシャルV_Eからエネルギーを求めるが(7.2.2項)，DFTではρの汎関数としたエネルギーからポテンシャル$V_{XC}(\boldsymbol{r})$を逆算し，それを使ってエネルギーを計算する．$V_{XC}(\boldsymbol{r})$はDFT計算のための架空のポテンシャルであるが，ハートリー－フォック法のV_CとV_Eでは抜け落ちていた電子相関の相互作用をうまく取り入れることができる．ホーヘンベルク－コーンのエネルギー$E_{HK}[\rho]$はハートリー－フォックの式で考慮されている運動エネルギーとクーロンポテンシャルエネルギーをρの汎関数とした$E[\rho]$に加えて，交換－相関エネルギー(exchange-correlation energy) $E_{XC}[\rho]$というエネルギー項からなると考える．

$$E_{HK}[\rho]=E[\rho]+E_{XC}[\rho]$$

ここで，$E_{XC}[\rho]$は$\rho(\boldsymbol{r})$の変化によって生じるエネルギー変化の総量であり，$E_{XC}[\rho]$を求めるためには位置$\boldsymbol{r}$における適当なポテンシャル関数として交換－相関ポテンシャル$V_{XC}(\boldsymbol{r})$を設定し，それを全空間で積分したものが$E_{XC}[\rho]$であるとする．$V_{XC}(\boldsymbol{r})$は電子密度ρが各座標$\boldsymbol{r}$において$\delta\rho$だけ変化したときの$\delta E_{XC}(=E_{XC}(\rho+\delta\rho)-E_{XC}(\rho))$から求めることができる．

$$V_{XC}(\boldsymbol{r})=\frac{\delta E_{XC}[\rho]}{\delta\rho(\boldsymbol{r})},\quad \delta E_{XC}[\rho]=\int V_{XC}(\boldsymbol{r})\delta\rho(\boldsymbol{r})\mathrm{d}\boldsymbol{r}$$

求められた$V_{XC}(\boldsymbol{r})$を使ってコーン－シャム方程式でエネルギーと波動関数を計算することができる．コーン－シャム方程式もまたシュレーディンガー方程式の形をしていて，得られるコーン－シャムオービタル$\varphi_i(\boldsymbol{r})$を用いて$\rho(\boldsymbol{r})$を計算する．

$$\left[-\frac{\hbar^2}{2m}\nabla^2+V(\boldsymbol{r})+V_{XC}(\boldsymbol{r})\right]\varphi_i(\boldsymbol{r})=\varepsilon_i\varphi_i(\boldsymbol{r}),\quad \rho(\boldsymbol{r})=\sum_i^N|\varphi_i(\boldsymbol{r})|^2$$

$\varphi_i(\boldsymbol{r})$はコーン－シャム系(という架空の世界)での波動関数であり，$V(\boldsymbol{r})+V_{XC}(\boldsymbol{r})$はしばしばコーン－シャムポテンシャル$V_{eff}(\boldsymbol{r})$と表記されるDFT計算のためのポテンシャルである．最初に$V_{XC}(\boldsymbol{r})$を決めて，適当な初期密度$\rho_0(\boldsymbol{r})$を用いてコーン－シャム方程式を解いて得られる$\varphi_i(\boldsymbol{r})$を使って電子密度$\rho(\boldsymbol{r})$を計算し，その$\rho(\boldsymbol{r})$をコーン－シャム方程式に入れて解くことを繰り返す．繰り返すうちに，入力した電子密度と同じ解が得られれば矛盾なく収束したとしてその$\rho(\boldsymbol{r})$を使ってエネルギー計算を実施する．こうしてエネルギーの最小値を求めて，基底状態のエネルギーを決定できる．

章末問題

9.1 メタンが正四面体構造をとることを混成軌道に基づいて説明せよ.

9.2 sp混成軌道の波動関数をs軌道とp軌道の波動関数を用いて規格化して表せ.

9.3 アレン$H_2C=C=CH_2$の分子構造を混成軌道の考え方を用いて説明せよ.

9.4 原子価殻電子対反発則(VSEPR則)について説明せよ.

9.5 PCl_5とSF_6の構造についてVSEPR則を用いて説明せよ.

9.6 H_2Oの結合角が90°にならない理由をVSEPR則で説明せよ.

9.7 アリルラジカル·C_3H_5の電子構造についてヒュッケル近似を用いて計算せよ.

9.8 1,3-ブタジエンについての以下の問いにヒュッケル近似を用いて答えよ.

(1) 永年行列式をα, β, Eで表し，HOMOとLUMOのエネルギーを求めよ.

(2) 波動関数の形状を正負を明確にして描け.

(3) 各炭素原子の電子密度を求めよ.

(4) 炭素原子間の結合次数を求めよ.

9.9 ベンゼンについての以下の問いにヒュッケル近似を用いて答えよ.

(1) 永年行列式をα, β, Eで表し，全π電子エネルギーを求めよ.

(2) 波動関数の形状を正負を明確にして描け.

(3) 各炭素原子の電子密度を求めよ.

(4) 炭素原子間の結合次数を求めよ.

9.10 DFT計算について説明せよ.

第 10 章　統計熱力学

統計熱力学(statistical thermodynamics)とは力学法則と確率論に立脚して，微視的世界(量子力学)のエネルギー分布から巨視的世界(熱力学)の状態関数(温度 T，圧力 p，体積 V，内部エネルギー U，エントロピー(entropy) S など)を理論的に導き出す学問である．熱力学はマクロ(巨視的)な観点から現象論的，帰納的に物理現象や化学反応を説明するが，量子力学と統計熱力学は，同じ現象をミクロ(微視的)な観点から理論的，演繹的に説明する．熱力学第一法則と第二法則は

「孤立系においてエネルギーは保存されるが変換され，自発的な現象では，よりエントロピーの高い(＝質の低い)エネルギーに変換されていく．そして，エントロピーの高いエネルギーにいったん変換されると，エントロピーの低いエネルギーに自発的に戻ることはない．」

と説明される．これは統計熱力学の観点から以下のように表現される．

「エネルギーは，エネルギー準位自身の変化とそこへの占有数の分布の変化によって保存される(熱力学第一法則)が，より多くのミクロな自由度へエネルギーが分布するように変化する(熱力学第二法則)．そして，多くの自由度にエネルギーがいったん分布すると，ある一部の自由度にのみエネルギーの分布が偏る(集中する)ことは，自発的には起こらない．」

つまり，エネルギーは保存(conservation)されるが，より多くの自由度に散逸(dissipation)していく傾向をもつ．その原因は粒子の熱運動の無秩序さである．

本章では物理化学(physical chemistry)の 2 つの大きな柱である熱力学と量子化学を結ぶ統計熱力学(統計力学)の基礎について学ぶ．第11, 12章で学ぶさまざまな分光スペクトルの解釈においても統計熱力学は重要である．回転スペクトルのシグナル強度は，エネルギー準位の間隔と縮退度から統計熱力学によって説明できる(11.4.1項)．

10.1　ボルツマン分布と分配関数

10.1.1　統計熱力学の基本

統計熱力学には以下の基本原理がある.

- **等確率の原理**(principle of equal *a priori* probabilities)：孤立系の熱平衡状態において，同じエネルギーをもつ微視状態(microstate)は同じ確率で出現する.先験的等確率の原理，等重率の原理ともよばれる.
- **エルゴード定理**(ergodic theorem)：孤立系の熱平衡状態において，巨視状態(macrostate)の観測値A_{obs}は，微視状態の長時間平均と考えられる．その長時間において，すべての微視状態を通過するならば(エルゴード仮説)，A_{obs}は微視状態の集団平均値 $\langle A_{micro} \rangle$ に等しい.

$$A_{obs} = \langle A_{micro} \rangle \tag{10.1}$$

熱力学第二法則においてエントロピー変化ΔSは可逆的に系に入る熱量q_{rev}と温度Tによって

$$\Delta S = \frac{q_{rev}}{T} \tag{10.2}$$

と表される．統計熱力学の基本原理を前提として，ボルツマンは熱力学第二法則の説明とエントロピーの確率解釈を行った(1872～77年)．微視状態の数WとエントロピーSの間には**ボルツマンの公式**(Boltzmann's entropy formula)

$$S = k \ln W \tag{10.3}$$

が成立する．この式はプランクによって1900年に表式化され，比例定数kは絶対温度Tと整合させるため次のように決定され，ボルツマン定数と名づけられた.

$$k = 1.380649 \times 10^{-23}\ \mathrm{J\ K^{-1}}$$

現在では定義値で，温度の単位ケルビン(K)の定義に関連する.

その後，ギブズ(J. W. Gibbs, 1839～1903)が系の**アンサンブル**(ensemble)の概念を導入して古典統計熱力学を完成させた．アンサンブルとは，共通した性質をもつ系を，仮想的に大量に複製した集団のことで，系に共通な性質によってカノニカルアンサンブル，ミクロカノニカルアンサンブル，グランドカノニカルアンサンブルに分類され，分子間の相互作用や粒子数の変化の有無によってアンサン

コラム　アンサンブルの種類と系のパラメーター

- **カノニカルアンサンブル**(canonical emsamble，正準集団)

この集団を構成する系は，粒子数N，体積V，温度Tが同じである．系のエネルギー準位は共通(V一定より)だが，系のエネルギーは一定ではなく，平均エネルギーを中心に分布する．系間でのエネルギー交換が許されていて，すべての系は温度Tで熱平衡状態にある．温度と関係する系の平均エネルギーは一定である．$N=1$のときのカノニカル分配関数$Q(N, V, T)$が分子分配関数$q(V, T)$である．

- **ミクロカノニカルアンサンブル**(microcanonical emsamble，小正準集団)

この集団を構成する系は，粒子数N，体積V，エネルギーEが同じである．個々の系は孤立系であり，すべての系のエネルギーは正確に同じであるため，先験的等確率の原理が成立する．E一定という条件が厳しいので，N, V, Tを複製してカノニカルアンサンブル(集団自身のエネルギー$\tilde{E}$は一定)を作り，それらから構成されるミクロカノニカルアンサンブルの分配関数(アンサンブルの最確配置)を用いて，$\tilde{E}$一定における系の状態関数を求める．

- **グランドカノニカルアンサンブル**(grand canonical emsamble，大正準集団)

この集団を構成する系は，化学ポテンシャルμ，体積V，温度Tが同じである．粒子の平衡に関するエネルギーである化学ポテンシャルが共通な性質であるが，粒子数一定の条件はない．外界と粒子が出入りして平衡状態となる系や，粒子が生成・消滅する系を扱う量子統計力学などはグランドカノニカルアンサンブルを用いて構築されている．

ブルを使い分けることになる(コラム参照)．当時は，原子，分子の存在すら明確ではなかったため，統計熱力学に反対する物理学者も多かった．ボルツマンは失意のうちに自死したと言われている．ギブズ，ボルツマンの死後に，原子，分子が実在することが証明され，ブラウン運動は熱運動する粒子の不規則な衝突によって生じていると認められたことから統計熱力学の正当性，有用性が認められた．

量子力学ではエネルギー準位が離散的で状態が連続でないため，統計力学との相性がよい．吸収，放出される光のスペクトルから量子化されたエネルギー準位の間隔を知ることができれば，統計熱力学によって熱平衡状態においてそれぞれのエネルギー準位を占める粒子の分布を知ることができる．熱力学のエネルギーをはじめとするさまざまな性質について統計熱力学を利用することでその本質が明らかとなった．さらに，極低温，凝縮系(固体や液体)においては，量子力学でしか説明のつかない量子統計力学(quantum statistical mechanics)が成立した．

10.1.2　気体分子運動論：マクスウェル−ボルツマン分布

ベルヌーイ(D. Bernoulli, 1700〜1782)は早くも18世紀の前半において，気体の圧力pは数多くの気体分子の壁への衝突によって生じ，その大きさは気体分子の速度vの二乗に比例することを発表した．平衡状態において気体は空間的に一様に分布し，さらに，速度vも等方的に分布しているとして

$$p=\frac{Nm}{3V}\overline{v^2} \tag{10.4}$$

を導いた．ここで，Nは気体分子の個数，mは気体分子の質量である．そして理想気体の状態方程式を用いて，並進運動をしている気体のもつ平均エネルギーEを

$$pV=\frac{2}{3}E,\quad E=\frac{3}{2}NkT \tag{10.5}$$

と求めた(ベルヌーイの関係式，**例題10.1**)．この式から1つの軸方向の運動エネルギーは$kT/2$で，x, y, zの3方向のエネルギーは等しいことが示唆される．

100年以上経った1860年に，マクスウェルは古典電磁気学を確立する仕事(1.1節)の傍らに，等方的な運動をしている気体分子の速さvの確率分布$F(v)$を求め，気体分子の速度分布則を発表した．

$$F(v)=\left(\frac{m}{2\pi kT}\right)^{3/2}4\pi v^2\mathrm{e}^{-\frac{mv^2}{2kT}} \tag{10.6}$$

ここで，mは気体分子の質量，kはボルツマン定数，Tは絶対温度である．式中のネイピア数eの指数部分には気体の運動エネルギー$\frac{1}{2}mv^2$と熱エネルギーkTとの比が入っている．ボルツマンは，運動エネルギーの分布について，運動エネル

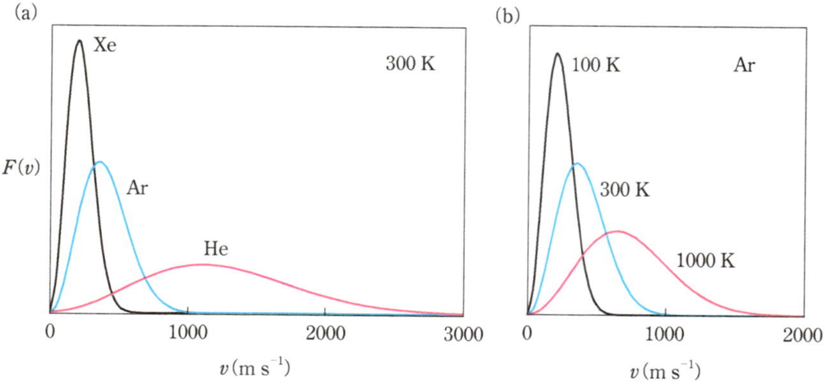

図10.1　$F(v)$の分子量依存性(a)と温度依存性(b)

ギーに加えてポテンシャルエネルギーを考慮して，マクスウェルの気体分子の速度分布則を一般化した．そのため，式(10.6)は**マクスウェル－ボルツマン分布**(Maxwell-Boltzmann distribution)とよばれる．速度分布関数$F(v)$は，原点を通り，0から∞の積分値は1に等しい．分子の質量が小さく温度が高いと，平均速度の上昇とともに速さの分布が広くなる(図10.1)．

例題10.1　質量mの理想気体分子N個が入った1辺の長さl，体積Vの立方体の容器がある．1つの分子の速度を$v_i=(v_{xi}, v_{yi}, v_{zi})$としたとき，ベルヌーイの関係式を導出せよ．

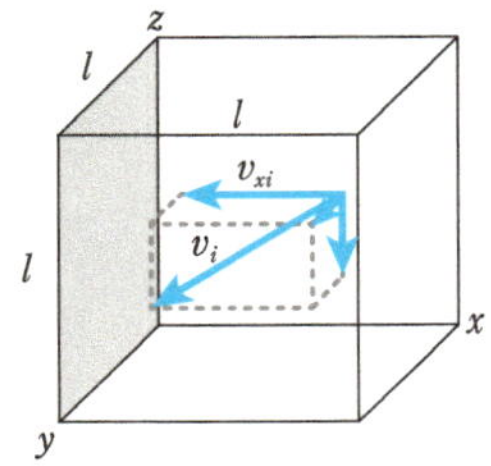

解　ここでは，yz平面への圧力を求めるため，x軸方向の速度成分v_{xi}を考える．気体分子1個が，1回の完全弾性衝突で壁から受ける力積は運動量変化$2mv_{xi}$に等しい．分子が反対の壁に当たって再び戻ってくるまでの時間は$2l/v_{xi}$であるので，単位時間あたりの運動量変化はmv_{xi}^2/lである．この運動量変化のN個の分子についての総和は，単位時間あたりに壁が受ける平均の力F_xに等しいので

$$F_x=\sum_{i=1}^{N}\left(2mv_{xi}\times\frac{v_{xi}}{2l}\right)=\frac{m}{l}\sum_{i=1}^{N}v_{xi}^{\ 2}$$

となり，N個の分子のv_{xi}^2の平均$\overline{v_x^{\ 2}}$を用いて表すと

$$F_x=\frac{mN}{l}\overline{v_x^{\ 2}}$$

となる．$\overline{v^2}=\overline{v_x^{\ 2}}+\overline{v_y^{\ 2}}+\overline{v_z^{\ 2}}$であり，理想気体は無秩序に運動しているので，$\overline{v_x^{\ 2}}=\overline{v_y^{\ 2}}=\overline{v_z^{\ 2}}$より，$\overline{v_x^{\ 2}}=\frac{1}{3}\overline{v^2}$となる．よって，

$$F_x=\frac{Nm\overline{v^2}}{3l}$$

が導出される．気体の圧力pはF_x/l^2で，$l^3=V$であるので，$p=\frac{Nm}{3V}\overline{v^2}$が得られる．気体の平均運動エネルギーを

$$E=N\times\frac{1}{2}m\overline{v^2}$$

として$p=\frac{Nm}{3V}\overline{v^2}$に代入すれば，ベルヌーイの関係式(式(10.5))が導出できる．

例題10.2　気体分子の速さには，根平均二乗速度(root-mean-square speed) $\sqrt{\overline{v^2}}$ のほかにも，マクスウェル－ボルツマン分布の極大点を与える最大確率速さ $v_{\max}$ や，速さの平均値 $\bar{v}$ などがある．これらが温度の平方根 $\sqrt{T}$ に比例し，気体分子のモル質量 M(単位 g mol^{-1})の平方根 $\sqrt{M}$ に反比例することを示せ．

解　根平均二乗速度 $\sqrt{\overline{v^2}}$ はアボガドロ定数 N_A，気体定数 $R(=kN_A)$ を用いて

$$\frac{1}{2}m\overline{v^2}=\frac{3}{2}kT \quad より \quad \sqrt{\overline{v^2}}=\sqrt{\frac{3RT}{mN_A}}=\sqrt{\frac{3RT}{M\times 10^{-3}}}$$

一方，速度分布関数 $F(v)$ を v で微分して極大点を与える速度 $v_{\max}$ を求める．

$$\frac{\mathrm{d}F(v)}{\mathrm{d}v}=4\pi\left(\frac{m}{2\pi kT}\right)^{3/2}\left\{2v\mathrm{e}^{-\frac{mv^2}{2kT}}+v^2\left(-\frac{mv}{kT}\right)\mathrm{e}^{-\frac{mv^2}{2kT}}\right\}$$

$$=4\pi v\left(\frac{m}{2\pi kT}\right)^{3/2}\left(2-\frac{mv^2}{kT}\right)\mathrm{e}^{-\frac{mv^2}{2kT}}$$

$\dfrac{\mathrm{d}F(v)}{\mathrm{d}v}=0$ となる v で $F(v)$ は極大値 $v_{\max}$ をとるので，$2-\dfrac{m{v_{\max}}^2}{kT}=0$ より

$$v_{\max}=\sqrt{\frac{2kT}{m}}=\sqrt{\frac{2RT}{M\times 10^{-3}}}$$

速さの平均値 $\bar{v}$ は

$$\bar{v}=\int_0^\infty vF(v)\mathrm{d}v=4\pi\left(\frac{m}{2\pi kT}\right)^{3/2}\int_0^\infty v^3\mathrm{e}^{-\frac{mv^2}{2kT}}\mathrm{d}v \qquad \boxed{\int_0^\infty x^{2n+1}\mathrm{e}^{-ax^2}\mathrm{d}x=\frac{n!}{2a^{n+1}}}$$

$$=4\pi\left(\frac{m}{2\pi kT}\right)^{3/2}\times\frac{1}{2}\left(\frac{2kT}{m}\right)^2=\sqrt{\frac{8kT}{\pi m}}=\sqrt{\frac{8RT}{\pi M\times 10^{-3}}}$$

10.1.3　ボルツマン分布

ボルツマンは熱平衡状態にある気体粒子の集団に対してポテンシャルエネルギーを考慮することで，位置と運動量が異なる2つの状態 i と j の粒子数の比は温度 T のみに依存する，という**ボルツマン分布**(Boltzmann distribution)を提唱した(1871年)．1つのエネルギー準位に入る粒子の数を占有数(population)という．エネルギー ε_i の状態 i の占有数を N_i とし，エネルギー ε_j の状態 j の占有数を N_j としたときの占有数の比は

$$\frac{N_j}{N_i}=\mathrm{e}^{-\frac{\Delta\varepsilon}{kT}} \tag{10.7}$$

で表される．ここで，$\Delta\varepsilon=\varepsilon_j-\varepsilon_i$ で，$\mathrm{e}^{-(\Delta\varepsilon/kT)}$ はボルツマン因子とよばれる．ボル

ツマン分布は量子力学が成立する以前に発表されたため古典統計熱力学ともよばれるが，気体粒子の速度分布だけでなく，多くのエネルギー分布について適用可能である（10.3節）．

ボルツマン分布は，N個の粒子系が熱平衡状態にあるとし，

$$\text{全粒子数}N\text{が一定}：N=\sum_i N_i$$

$$\text{全エネルギー}E\text{が一定}：E=\sum_i \varepsilon_i N_i$$

という条件下で，微視状態の数Wが最大になる分布である．

$$W=\frac{N!}{\prod_i N_i!} \tag{10.8}$$

Wは重み（weight）ともいう．計算のうえでは，$\ln W$が最大になる条件をラグランジュの未定乗数法（method of Lagrange multiplier）によって決定し，状態iにある占有数の割合を導出する．

$$\frac{N_i}{N}=\frac{\mathrm{e}^{-\beta\varepsilon_i}}{\sum_i \mathrm{e}^{-\beta\varepsilon_i}} \tag{10.9}$$

ここで，係数βはラグランジュの未定乗数法の計算において$\ln W$が最大値（極大値）をもつために必要な定数である．熱力学から得られる式と比較することで$\beta=1/kT$であることが証明され，エネルギーε_iをもつ粒子の割合p_iは温度Tのみによって決まることが示された．

$$p_i=\frac{N_i}{N}=\frac{\mathrm{e}^{-\frac{\varepsilon_i}{kT}}}{\sum_i \mathrm{e}^{-\frac{\varepsilon_i}{kT}}}=\frac{\mathrm{e}^{-\frac{\varepsilon_i}{kT}}}{q} \quad\rightarrow\quad \frac{N_j}{N_i}=\mathrm{e}^{-\frac{\Delta\varepsilon}{kT}} \tag{10.10}$$

$q=\sum_i \mathrm{e}^{-\frac{\varepsilon_i}{kT}}$ は**分子分配関数**（molecular partition function）とよばれる1分子のエネルギー分布を表す指標であり，体積と温度の関数であるので$q(V, T)$とも表される．qは温度Tの熱平衡状態において占有されうる状態の数の目安である．

ボルツマン分布のエネルギー準位ε_iに縮退（縮退度g_i）がある場合には，Wは

$$W=N!\prod_i \frac{(g_i)^{N_i}}{N_i!} \tag{10.11}$$

と表され，粒子の割合p_iはg_iがボルツマン因子にかかった式となる．

$$p_i=\frac{N_i}{N}=\frac{g_i\mathrm{e}^{-\frac{\varepsilon_i}{kT}}}{\sum_i g_i\mathrm{e}^{-\frac{\varepsilon_i}{kT}}}=\frac{g_i\mathrm{e}^{-\beta\varepsilon_i}}{\sum_i g_i\mathrm{e}^{-\beta\varepsilon_i}}=\frac{g_i\mathrm{e}^{-\beta\varepsilon_i}}{q},\quad q=\sum_i g_i\mathrm{e}^{-\frac{\varepsilon_i}{kT}} \tag{10.12}$$

例題10.3　波数200 cm^{-1}に相当するエネルギーで等間隔に並ぶ縮退のない系について100, 300, 600, 6000 Kにおけるボルツマン分布を描き，それぞれの温度での分子分配関数の値を求めよ．

解　一番下の準位の占有数を1とするとその上の準位の占有数は$e^{-hc\tilde{\nu}/kT}$となり，さらにその上の占有数は$e^{-hc\tilde{\nu}/kT}$の二乗となるため，分子分配関数は初項1で，公比$e^{-hc\tilde{\nu}/kT}$の無限等比級数となる．100, 300, 600, 6000 Kにおける分子分配関数は順に1.06, 1.6, 2.6, 21となる．温度が上がると高いエネルギー準位まで占有されるようになる．

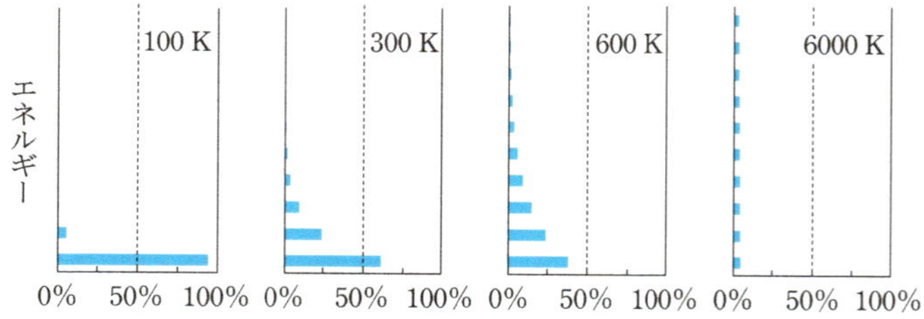

例題10.4　波数50, 100, 200, 1000 cm^{-1}に相当するエネルギーで等間隔に並ぶ縮退のない系について300 Kにおけるボルツマン分布を描き，それぞれのエネルギー間隔での分子分配関数の値を求めよ．

解　エネルギー間隔50, 100, 200, 1000 cm^{-1}の分子分配関数は順に4.7, 2.6, 1.6, 1.01となる．エネルギー準位の間隔が広がるともっとも低いエネルギー準位の占有数が多くなる．

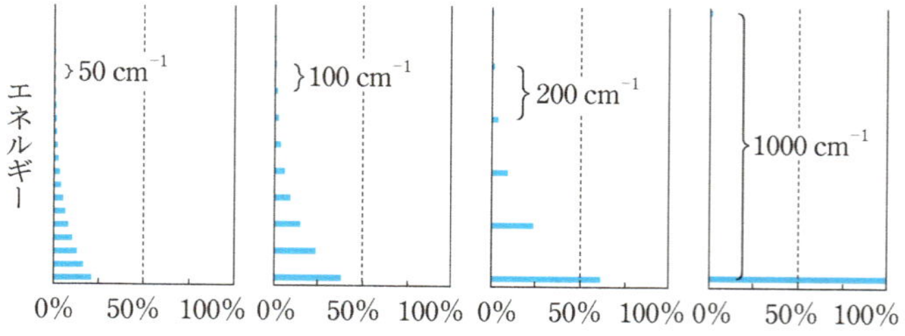

10.2　分配関数とエネルギー

qがわかれば，エネルギーε_iの状態iにある分子の割合p_iを求めることができるだけでなく，期待値$(\sum \varepsilon_i p_i)$の考え方を用いて平均エネルギー$\langle \varepsilon \rangle$を計算することができ，さまざまな熱力学量を求めることができる．$\langle \varepsilon \rangle$は$q$を用いて

$$\langle \varepsilon \rangle = -\frac{1}{q}\frac{\mathrm{d}q}{\mathrm{d}\beta} = -\frac{\mathrm{d}\ln q}{\mathrm{d}\beta} \tag{10.13}$$

と表される(**例題10.5**)．温度Tにおける内部エネルギー$U(T)$は

$$U(T) = U(0) + N\langle \varepsilon \rangle = U(0) - N\frac{\mathrm{d}\ln q}{\mathrm{d}\beta} \tag{10.14}$$

と表される．全エネルギー$\varepsilon_i^{\mathrm{all}}$には，並進運動(T)，回転運動(R)，振動運動(V)，電子のポテンシャル(E)などの寄与があり，それらの和として$\varepsilon_i^{\mathrm{all}}$は

$$\varepsilon_i{}^{\mathrm{all}} = \varepsilon_i{}^{\mathrm{T}} + \varepsilon_i{}^{\mathrm{R}} + \varepsilon_i{}^{\mathrm{V}} + \varepsilon_i{}^{\mathrm{E}} \tag{10.15}$$

のように表すことができるが，分子分配関数qにおいては積の形で反映される．

$$q = \sum_i \mathrm{e}^{-\beta\varepsilon_i{}^{\mathrm{all}}} = \sum_i \mathrm{e}^{-\beta\varepsilon_i{}^{\mathrm{T}}-\beta\varepsilon_i{}^{\mathrm{R}}-\beta\varepsilon_i{}^{\mathrm{V}}-\beta\varepsilon_i{}^{\mathrm{E}}} = q^{\mathrm{T}} q^{\mathrm{R}} q^{\mathrm{V}} q^{\mathrm{E}} \tag{10.16}$$

室温付近でのqの値は，並進：$q^{\mathrm{T}} = 10^{20\sim30}$，回転：$q^{\mathrm{R}} = 10^{1\sim3}$，振動：$q^{\mathrm{V}} = 10^0$，電子：$q^{\mathrm{E}} = g$(基底状態の縮退度)となる．ここでは，並進，回転，振動の分配関数からそれらのエネルギーを求めてみる．

例題10.5　分子の平均エネルギー$\langle \varepsilon \rangle$を分子分配関数$q$および$\beta(=1/kT)$を用いて表せ．ただし，$q$は縮退がないとして以下の式を用いよ．

$$q = \sum_i \mathrm{e}^{-\beta\varepsilon_i},\quad \frac{N_i}{N} = \frac{\mathrm{e}^{-\beta\varepsilon_i}}{\sum_i \mathrm{e}^{-\beta\varepsilon_i}} = \frac{\mathrm{e}^{-\beta\varepsilon_i}}{q}$$

解　全粒子数をN，全エネルギーをEとすると

$$\langle \varepsilon \rangle = \frac{E}{N} = \sum_i \frac{N_i\varepsilon_i}{N} = \frac{1}{q}\sum_i \varepsilon_i \mathrm{e}^{-\beta\varepsilon_i} = -\frac{1}{q}\sum_i \frac{\mathrm{d}}{\mathrm{d}\beta}\mathrm{e}^{-\beta\varepsilon_i} = -\frac{1}{q}\frac{\mathrm{d}q}{\mathrm{d}\beta} = -\frac{\mathrm{d}\ln q}{\mathrm{d}\beta}$$

10.2.1　並進の分子分配関数

長さLの容器中の並進のエネルギーは量子数nを用いて

$$\varepsilon_n = \frac{n^2 h^2}{8mL^2} = n^2 \varepsilon_1 \quad (n = 1, 2, \cdots) \tag{10.17}$$

と表される(5.1節)．並進のエネルギー準位は最低準位($n=1$，零点エネルギーε_1)を基準として

$$\varepsilon_n{}^{\mathrm{T}} = (n^2 - 1)\varepsilon_1 \tag{10.18}$$

となる．以下では，$n=1$を基準として，x方向の長さXについて並進の分子分配関数q_X^{T}を求め，それからx, y, z方向に拡張して3次元のq^{T}を求める．並進のエネルギー準位の分布には古典近似が成立し，連続的に分布していると考えることで積分の形で表すことができる．これを高温近似(high temperature approximation)という．その際，定積分の公式が使えるように積分範囲を変更して計算する．

$$q_X^{\mathrm{T}} = \sum_n^{\infty} \mathrm{e}^{-(n^2-1)\beta\varepsilon} = \int_1^{\infty} \mathrm{e}^{-(n^2-1)\beta\varepsilon} \mathrm{d}n = \int_0^{\infty} \mathrm{e}^{-n^2\beta\varepsilon} \mathrm{d}n \qquad \boxed{\int_0^{\infty} \mathrm{e}^{-x^2} \mathrm{d}x = \frac{\sqrt{\pi}}{2}}$$

$$= \sqrt{\frac{2\pi m}{h^2 \beta}} X = \frac{\sqrt{2\pi mkT}}{h} X = \frac{X}{\Lambda}, \quad \Lambda = \frac{h}{\sqrt{2\pi mkT}} \tag{10.19}$$

$$q^{\mathrm{T}} = q_X^{\mathrm{T}} q_Y^{\mathrm{T}} q_Z^{\mathrm{T}} = \frac{XYZ}{\Lambda^3}$$

ここで，Λは**熱的ド・ブロイ波長**(thermal de Broglie wavelength)とよばれる温度Tにおける理想気体粒子のド・ブロイ波長であり，粒子1個がもつ波動性(位置の不確かさ)の尺度でもある．室温付近では，上記のXYZを体積Vとおいて得られるq^{T}を用いて，並進のエネルギーを求めることができる．

$$q^{\mathrm{T}} = \frac{V}{\Lambda^3}, \quad \langle \varepsilon_X^{\mathrm{T}} \rangle = -\frac{1}{q_X^{\mathrm{T}}} \frac{\mathrm{d}q}{\mathrm{d}\beta} = \frac{1}{2} kT$$
$$\langle \varepsilon^{\mathrm{T}} \rangle = \langle \varepsilon_X^{\mathrm{T}} \rangle + \langle \varepsilon_Y^{\mathrm{T}} \rangle + \langle \varepsilon_Z^{\mathrm{T}} \rangle = \frac{3}{2} kT \tag{10.20}$$

並進の分子分配関数は系の体積Vの関数である．平均の並進エネルギー$\langle \varepsilon^{\mathrm{T}} \rangle$については，系のもつ自由度(degree of freedom)あたり$\frac{1}{2}kT$のエネルギーをもつという，**エネルギー等分配の法則**(均分定理，law of equipartition of energy)が成り立つ．

例題10.6　25℃で1 Lの容器に入った1個のヘリウム（単原子分子）の並進の分子分配関数を求めよ．

解　熱的ド・ブロイ波長は51 pmとなるので，$q^{\mathrm{T}} = 7.7 \times 10^{27}$となる．

10.2.2　回転の分子分配関数

直線構造（回転の自由度2）をもつ異核二原子分子（HClなど）の回転のエネルギー準位は3次元の回転エネルギー（**例題5.14**）と同じ形を示し，回転の量子数Jと慣性モーメントを含む回転定数$\tilde{B}$とよばれる比例定数を用いて

$$\varepsilon_J{}^{\mathrm{R}} = hc\tilde{B}J(J+1) \quad (J = 0, 1, 2, \cdots) \tag{10.21}$$

と表される．$\varepsilon_J{}^{\mathrm{R}}$は$(2J+1)$重に縮退している（11.4.1項参照）．$J=0$を基準として，回転の分子分配関数$q^{\mathrm{R}}$を縮退度$g_J(=2J+1)$を用いて表すと以下のようになる．

$$q^{\mathrm{R}} = \sum_{J=0}^{\infty} g_i \mathrm{e}^{-\beta\varepsilon_J{}^{\mathrm{R}}} = \sum_{J=0}^{\infty}(2J+1)\mathrm{e}^{-\beta\varepsilon_J{}^{\mathrm{R}}} \tag{10.22}$$

室温付近でも多くの回転のエネルギー準位が占有されている（$q^{\mathrm{R}} = 10 \sim 1000$）ため，高温近似が可能で，$q^{\mathrm{R}}$も積分で計算できる．

$$q^{\mathrm{R}} = \int_0^{\infty}(2J+1)\mathrm{e}^{-\beta hc\tilde{B}J(J+1)}\mathrm{d}J = \frac{1}{\beta hc\tilde{B}} = \frac{kT}{hc\tilde{B}} = \frac{T}{\theta_{\mathrm{R}}} \tag{10.23}$$

ここで，$\theta_{\mathrm{R}} = hc\tilde{B}/k$は回転の特性温度（characteristic rotational temperature）または単に回転温度とよばれ，この温度以上では回転運動は十分に励起されて高いエネルギー準位まで占有される．高温近似されたq^{R}を用いて直線分子（二原子以上からなる分子を含む）の回転エネルギーを求めると

$$\langle\varepsilon^{\mathrm{R}}\rangle = -\frac{1}{q^{\mathrm{R}}}\frac{\mathrm{d}q^{\mathrm{R}}}{\mathrm{d}\beta} \xrightarrow{q^{\mathrm{R}} = \frac{1}{\beta hc\tilde{B}}} \langle\varepsilon^{\mathrm{R}}\rangle = \frac{1}{\beta} = kT \tag{10.24}$$

となる．直線分子では分子軸を除く2軸回りの回転しかないため$\langle\varepsilon^{\mathrm{R}}\rangle$は$kT$となるが，非直線分子では3軸回りの回転を考えてエネルギー等分配の法則から

$$\langle\varepsilon^{\mathrm{R}}\rangle = \frac{3}{2}kT \tag{10.25}$$

となる．

例題10.7　25℃でのHClの回転温度，分子分配関数，回転の平均エネルギーを求めよ．ただし，HClの$\tilde{B}=10.6\ \mathrm{cm}^{-1}$とせよ．

解　回転温度は$\theta_\mathrm{R}=hc\tilde{B}/k=15.3\ \mathrm{K}$となる．298 Kでは高温近似が成立している．

$$q^\mathrm{R}=\frac{T}{\theta_\mathrm{R}}=19.5,\quad \langle\varepsilon^\mathrm{R}\rangle=kT=4.12\times10^{-21}\ \mathrm{J}=2.48\ \mathrm{kJ\ mol^{-1}}$$

10.2.3　振動の分子分配関数

熱平衡状態における振動は調和振動子で近似される．振動のエネルギー準位は振動の量子数υを用いて

$$\varepsilon_\upsilon{}^\mathrm{V}=hc\tilde{\nu}\left(\upsilon+\frac{1}{2}\right)\quad(\upsilon=0,1,2,\cdots)\tag{10.26}$$

となる(5.1.4項)．ここで，$\frac{1}{2}hc\tilde{\nu}$は零点エネルギーである．それぞれのエネルギー準位は縮退しておらず(縮退度$g_i=1$)，$\upsilon=0$を基準として振動の分子分配関数q^Vを考えると，初項1で公比$\mathrm{e}^{-\beta hc\tilde{\nu}}$の無限等比級数となる．

$$q^\mathrm{V}=\sum_{\upsilon=0}^{\infty}\mathrm{e}^{-\beta hc\tilde{\nu}\upsilon}=\frac{1}{1-\mathrm{e}^{-\beta hc\tilde{\nu}}}\tag{10.27}$$

室温付近ではC–H, N–H, O–Hのような水素が関与する結合の振動(波数3000 cm^{-1}程度)についてはエネルギー準位間の差$hc\tilde{\nu}$が熱エネルギーkTより10倍程度大きいため一番下の準位だけが占有されており，$q^\mathrm{V}\simeq1$である(**例題10.4**)．この場合には積分計算は利用できない．q^Vを用いて，振動の平均エネルギーを求めると

$$\langle\varepsilon^\mathrm{V}\rangle=-\frac{1}{q}\frac{\mathrm{d}q}{\mathrm{d}\beta}=-\frac{(1-\mathrm{e}^{-\beta hc\tilde{\nu}})\times hc\tilde{\nu}\mathrm{e}^{-\beta hc\tilde{\nu}}}{(1-\mathrm{e}^{-\beta hc\tilde{\nu}})^2}=\frac{hc\tilde{\nu}\mathrm{e}^{-\beta hc\tilde{\nu}}}{1-\mathrm{e}^{-\beta hc\tilde{\nu}}}=\frac{hc\tilde{\nu}}{\mathrm{e}^{\beta hc\tilde{\nu}}-1}\tag{10.28}$$

となる．結合の振動エネルギーが小さい結合で，高温近似($\beta\to0$)が可能である場合には，$\mathrm{e}^{-\beta hc\tilde{\nu}}\approx1+(-\beta hc\tilde{\nu})$と近似するか，もしくは，積分により$q^\mathrm{V}$を計算する．

$$q^\mathrm{V}=\frac{1}{1-\mathrm{e}^{-\beta hc\tilde{\nu}}}\xrightarrow{\text{高温近似}}q^\mathrm{V}\cong\frac{1}{\beta hc\tilde{\nu}}=\frac{kT}{hc\tilde{\nu}}=\frac{T}{\theta_\mathrm{V}}\tag{10.29}$$

ここで，$\theta_\mathrm{V}=hc\tilde{\nu}/k$は振動の特性温度(characteristic vibrational temperature)もしくは振動温度とよばれ，振動運動が十分に励起される温度を示す．高温近似では$\langle\varepsilon^\mathrm{V}\rangle=kT$となり，1つの振動あたり自由度2をもつことがエネルギー等分配の法則から示される．これは，古典力学のばねのエネルギーが運動エネルギーとポテ

ンシャルエネルギーから構成されていることから予想される結果と一致する．

式(10.28)で与えられる振動の平均エネルギーと高温近似から得られるkTが，プランクの放射公式とレイリー－ジーンズの式の違い(**例題2.1**)の本質であり，高い振動数の放射エネルギーには高温近似が成立せず，平均エネルギーはkTより小さい．

例題10.8　1500 KでのHClのθ_V, q^V, $\langle \varepsilon^\mathrm{V} \rangle$を求めよ．ただし，HClの振動の波数は$\tilde{\nu} = 2890\ \mathrm{cm}^{-1}$とする．

解　振動温度θ_Vは4160 Kとなる．1500 Kでは高温近似は使えない．

$$q^\mathrm{V} = \frac{1}{1 - \mathrm{e}^{-hc\tilde{\nu}/kT}} = 1.067$$

$$\langle \varepsilon^\mathrm{V} \rangle = 3.83 \times 10^{-21}\ \mathrm{J} = 2.30\ \mathrm{kJ\ mol^{-1}} < kT = 12.47\ \mathrm{kJ\ mol^{-1}}$$

10.3　分配関数とエントロピー

10.3.1　最確配置とエントロピーの増大

ボルツマンは気体粒子の力学的性質から熱力学的性質を理論的に説明することを試みた．1872年には，粒子の位置空間と運動量の確率計算に基づいて，熱平衡状態へ至る不可逆過程でのエントロピーの増大(熱力学第二法則)を説明し，1877年には気体分子運動論からエントロピーの確率解釈を行った．N個の区別できる粒子系が，ある配置(configuration) $\{N_0, N_1, \cdots, N_i, \cdots\}$をとるときに$W$個の微視状態が存在する場合，$W$は

$$W = {}_N C_{N_0} \times {}_{N-N_0} C_{N_1} \times \cdots \times {}_{N-N_0-\cdots-N_{i-1}} C_{N_i} \times \cdots \tag{10.30}$$

となるので

$$W = \frac{N!}{\prod_i N_i!} \tag{10.31}$$

であり，WとエントロピーSとの間に成り立つボルツマンの公式$S = k \ln W$を使って，系のエントロピーを統計熱力学で求めることができる．求めたエントロピーを使えば，重要な熱力学の関数であるヘルムホルツエネルギーAやギブズエネルギーGを計算でき(**例題10.11**)，平衡定数などを求めることができる．

熱平衡状態になる過程では，粒子の位置の分布と運動量の分布(エネルギー準

位への分布)が**最確配置**(the most probable configuration)へと向かい，Wは増大し，Sも増大する．これが熱平衡状態へ至る不可逆過程でのエントロピーの増大(熱力学第二法則)である. 最確配置とはもっとも出現確率の高い巨視状態であり，そこに含まれる微視状態の数は他の配置を圧倒し，熱平衡状態では，ほとんどすべての微視状態が最確配置をとる．こうしてクラウジウス(R. J. E. Clausius, 1822〜1888)がカルノーサイクルの研究から1865年に定義したエントロピー

$$\mathrm{d}S = \frac{\mathrm{d}q}{T} \tag{10.32}$$

［$\mathrm{d}q$：可逆過程での熱の微量変化，$\mathrm{d}S$：エントロピーの微小変化，T：温度］についての分子論的な解釈がなされたのである.

例題10.9　エントロピーが示量性の状態量であることをボルツマンの公式から示せ.

解　ボルツマンの公式では，独立な2つの状態A, B(微視状態の数はW_A, W_B)からなる系のエントロピーは，その微視状態の総数がW_AW_Bであるので，

$$S = k \ln W_AW_B = k \ln W_A + k \ln W_B = S_A + S_B$$

となり，Sは示量性であることが示される.

例題10.10　4個の区別できない粒子が，初期状態では4つに区切られた領域Aにある. 仕切りを取り，12個に区切られた領域Bとの間を自由に行き来できるようになった後の領域Aと領域Bの配置を計算せよ．ただし，粒子は1つの区画に1個しか入れないとする.

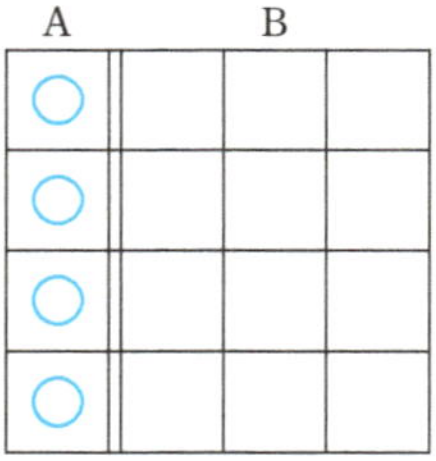

解　初期状態における微視状態の数W_iは$W_i = {}_4C_4 \times {}_{12}C_0 = 1$で，仕切りを取った後の最終状態での微視状態の総数$W_f$は$W_f = {}_{16}C_4 = 1{,}820$である．仕切りを取ることによって$W$は増大し，これがエントロピーの増大を引き起こす.

各配置の微視状態の数は

A：4個，B：0個　→　${}_4C_4 \times {}_{12}C_0 = 1$
A：3個，B：1個　→　${}_4C_3 \times {}_{12}C_1 = 48$

A : 2 個，B : 2 個 → ${}_4C_2 \times {}_{12}C_2 = 396$

A : 1 個，B : 3 個 → ${}_4C_1 \times {}_{12}C_3 = 880$

A : 0 個，B : 4 個 → ${}_4C_0 \times {}_{12}C_4 = 495$

であり，最確配置はA : 1 個，B : 3 個である（図左）．いったん，すべての配置が可能になった後に元の状態A : 4 個，B : 0 個の配置が再び現れる確率は 5.5×10^{-4} でしかない．

同じ比率で系をそのまま10倍にして，40個の粒子が160個（A : 40, B : 120）の区画にある系を考えると，すべての配置が可能になった後に粒子が左端の領域に集まったA : 40個，B : 0 個の配置が現れる確率は 10^{-38} である．AとBの個数比が1 : 3 のものが最確配置であり，Aの領域に20個以上見いだす確率や，0〜3 個しかない確率は非常に低い．粒子の個数が 4 個のときにはある一定割合で存在した0 : 4 や2 : 2 などの比率にある微視状態は存在しないといってよい（図右）．このため，粒子数が多くなるとほとんどすべての微視状態が最確配置をとる．このモデルは，仕切りで区切られた部屋の片側に気体が閉じ込められている状態から仕切りを取ると気体は部屋に広がり均一になるという現象や，水にインクを落とすと徐々に広がって最終的には均一になるという現象は，エントロピーの増大によって引き起こされるという熱力学のトピックと対応している．

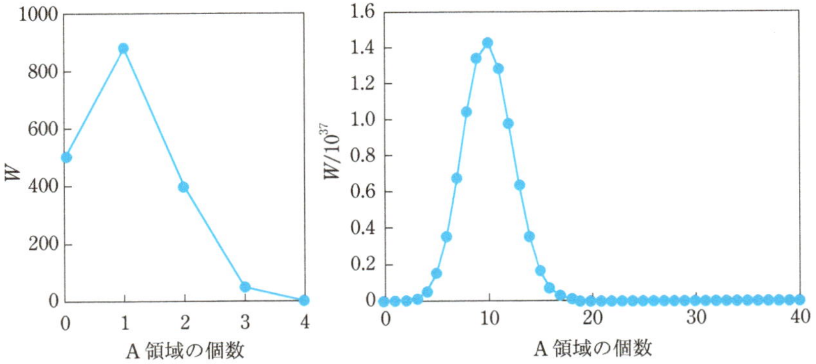

10.3.2　ギブズのパラドックス

分子分配関数qは，系を1分子で代表させて記述しているが，系がN個の分子からなるときの分配関数Qの取り扱いは，アンサンブルの概念によって説明される．N個の独立な(相互作用のない)分子の系の分配関数をQとすると，

$$Q = q^N \tag{10.33}$$

で表される．散逸の目安となる状態関数であるエントロピーを微視的に定義したボルツマンの式$S = k \ln W$から統計エントロピー

$$S_{\text{dis}} = \frac{U - U(0)}{T} + Nk \ln q \tag{10.34}$$

が導出できる(**例題10.11**)．同数(N個)の単原子分子の理想気体AとBが，仕切りで区切られた2つの部屋に同じ圧力・温度で閉じ込められているときに，仕切りを取ったときには体積が2倍になるので並進の分子分配関数が2倍になる(図10.2(a))．エントロピー変化は式(10.34)を使って

$$\Delta S = \Delta S_{\text{A}} + \Delta S_{\text{B}} = Nk \ln 2 + Nk \ln 2 = 2Nk \ln 2 \tag{10.35}$$

で示すことができる．同じ条件で，2つの部屋に同一の分子Aを入れた後，仕切りを取った場合はどうだろうか(図10.2(b))．この場合は仕切りを取る前後で状態に変化はなく，エントロピーは変化しない．これはギブズのパラドックス(Gibbs' paradox)とよばれる命題であり，理想気体のように位置を特定できない場合のN粒子系の並進運動については，Wを$N!$で割る必要がある，という答えをギブズ自身が発見した．ボルツマンの式のWに$W/N!$を代入して統計エントロピー求めると

$$S_{\text{indis}} = \frac{U - U(0)}{T} + Nk \ln\left(\frac{\text{e}q}{N}\right) \tag{10.36}$$

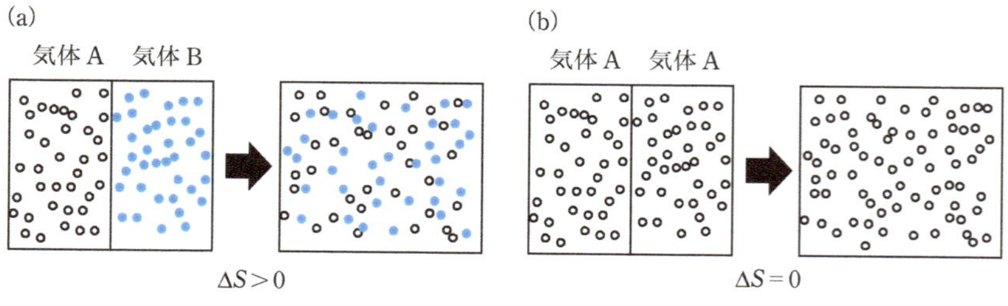

図10.2　異なる粒子の混合(a)と同種粒子の混合(b)

となる(**例題10.11**)．N粒子系のカノニカル分配関数Qと分子分配関数qとの関係は，区別できない同一の粒子(identical particle)については，並進の分配関数部分を$N!$で割る必要があるため，全体の分配関数は

$$Q = \frac{q^N}{N!} \tag{10.37}$$

となる．1912年にザックール(O. Sackur, 1880～1914)とテトローデ(H. M. Tetrode, 1895～1931)により，単原子分子の理想気体のようなN粒子系でのモルエントロピーは，区別できない粒子の統計エントロピーを用いて

$$S_m = nR \ln \frac{V_m e^{5/2}}{N_A \Lambda^3}, \quad \Lambda = \frac{h}{\sqrt{2\pi mkT}} \tag{10.38}$$

と表された(ザックール－テトローデの式，**例題10.12**)．

例題10.11　エントロピーSが，分配関数qを用いて，区別できるN個の粒子については式(10.34)で表され，区別できない粒子については式(10.36)で表されることをボルツマンの公式から導出せよ．

解　スターリングの近似(Stirling's approximation)

$$\ln N! \simeq N \ln N - N$$

$$\boxed{\ln N! = \int_1^N \ln x \, dx = [x \ln x - x]_1^N \simeq N \ln N - N}$$

を用いる．区別できる粒子では

$$\begin{aligned}
\ln W &= \ln N! - \sum_i \ln N_i! = (N \ln N - N) - \sum_i (N_i \ln N_i - N_i) \\
&= N \ln N - \sum_i N_i \ln N_i = \sum_i N_i \ln N - \sum_i N_i \ln N_i \\
&= -\sum_i N_i \ln\left(\frac{N_i}{N}\right)
\end{aligned}$$

$$\begin{aligned}
S_{dis} &= k \ln W - k\sum_i N_i \ln\left(\frac{N_i}{N}\right) = -k\sum_i N_i \ln\left(\frac{e^{-\beta\varepsilon_i}}{q}\right) = k\sum_i N_i(\beta\varepsilon_i + \ln q) \\
&= k\beta\sum_i N_i\varepsilon_i + Nk \ln q
\end{aligned}$$

$$\therefore S_{dis} = \frac{U - U(0)}{T} + Nk \ln q$$

区別できない粒子では，ボルツマンの公式のWに$W/N!$を代入する．

$$S_{\text{indis}} = S_{\text{dis}} - k\ln N! = S_{\text{dis}} - (Nk\ln N - Nk) = S_{\text{dis}} + Nk\ln\left(\frac{\mathrm{e}}{N}\right)$$

よって，

$$S_{\text{indis}} = \frac{U - U(0)}{T} + Nk\ln\left(\frac{\mathrm{e}q}{N}\right)$$

この統計エントロピーを用いると，ヘルムホルツエネルギーAやギブズエネルギーGを求めることができる．$A = U - TS$および$A(0) = U(0)$より

$$A - A(0) = -NkT\ln\left(\frac{\mathrm{e}q}{N}\right)$$

同様に，$G = A + pV$より

$$G - G(0) = -nRT\ln\left(\frac{q}{N}\right) = -NkT\ln\left(\frac{q}{N}\right)$$

となる．分配関数が大きくなる変化ではAやGは減少していく．

例題10.12　ザックールーテトローデの式(10.38)を導出して，25℃でのHeのモルエントロピーを求めよ．

解　並進の分子分配関数の式(10.2.1項)

$$q^{\mathrm{T}} = q_X^{\mathrm{T}} q_Y^{\mathrm{T}} q_Z^{\mathrm{T}} = \frac{V}{\Lambda^3}, \quad \Lambda = \frac{h}{\sqrt{2\pi mkT}}$$

と単分子理想気体の内部エネルギーの式

$$U = U(0) + \frac{3nRT}{2}$$

を式(10.36)に代入する．

$$S = \frac{U - U(0)}{T} + Nk\ln\left(\frac{\mathrm{e}q}{N}\right) = \frac{3nR}{2} + nR\ln\left(\frac{V\mathrm{e}}{nN_{\mathrm{A}}\Lambda^3}\right) = nR\ln\left(\frac{V_m \mathrm{e}^{5/2}}{N_{\mathrm{A}}\Lambda^3}\right)$$

Heの熱的ド・ブロイ波長は51 pm(**例題10.6**)であり，1 molの体積を22.4 dm^3として上式に代入してモルエントロピーを計算すると125 J K^{-1} mol^{-1}となる．この値は25℃での実測値(126.1 J K^{-1} mol^{-1})とよく一致する．しかし，粒子が凝縮する極低温(cryogenic temperature)では，ボルツマン分布を仮定したザックールーテトローデの式は使えず，次項で述べる量子統計力学を使う必要がある．

10.3.3　ボース－アインシュタイン統計とフェルミ－ディラック統計

1924年にインドのボース（S. N. Bose, 1894～1974）は，区別できない粒子である光量子（スピン量子数 1）について成立する分配関数を考案してボース統計を発表した．アインシュタインはボースの論文を高く評価し，光量子以外の粒子にも適用可能であると論じて，ボースの考え方を一般化して同一種のボース粒子（1 つの状態にいくつでも入ることができる粒子）が満たす**ボース－アインシュタイン統計**（Bose-Einstein statistics）を構築した．量子統計力学においても微視状態の数 W を求め（**例題10.13**），$\ln W$ が最大となるようにラグランジュの未定乗数法を用いて分布関数（エネルギー ε において 1 つの状態にある粒子の個数）$f(\varepsilon)$ を求める．ボース－アインシュタイン統計における微視状態の数 W_{BE} とボース分布関数 $f_{\mathrm{BE}}(\varepsilon)$ は

$$W_{\mathrm{BE}} = \prod_i \frac{(g_i + N_i - 1)!}{N_i!(g_i - 1)!}, \quad f_{\mathrm{BE}}(\varepsilon) = \frac{1}{\mathrm{e}^{(\varepsilon-\mu)/kT} - 1} \tag{10.39}$$

と表される．粒子数に制限のない大正準集団を用いるので $f_{\mathrm{BE}}(\varepsilon)$ は化学ポテンシャル μ を含み，$\varepsilon \to \mu$ のとき $f_{\mathrm{BE}}(\varepsilon) \to \infty$ となり 1 つの状態を多数の粒子が占めることを示す（図10.3(a)）．アインシュタインはボース粒子である単原子気体（^{4}He）の極低温での超流動（superfluidity）現象をボース－アインシュタイン凝縮（Bose-Einstein condensation）で予言した．超流動とは，極低温（4 K以下）において液体ヘリウムの流動性が高まり，摩擦がなくなって容器の壁面を這い上がって容器外に出たり，原子 1 個が通れる程度の空間に浸透したりする現象で，量子効果が巨視的に観測される実例である．

パウリの排他原理が1925年に発表され，排他原理が成立する電子（スピン量子

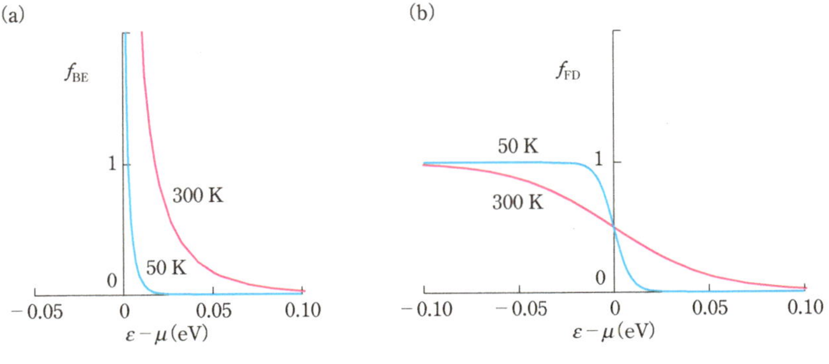

図10.3　ボース分布関数 f_{BE}(a) とフェルミ分布関数 f_{FD}(b)

数 1/2)はボース－アインシュタイン統計に従わないことが示され，翌1926年にフェルミとディラックは独立に，排他原理に従う，スピンが半整数の粒子に成立する**フェルミ－ディラック統計**(Fermi-Dirac statistics)を構築した．フェルミ－ディラック統計における微視状態の数W_{FD}とフェルミ分布関数$f_{\mathrm{FD}}(\varepsilon)$は

$$W_{\mathrm{FD}} = \prod_i \frac{g_i!}{N_i!(g_i - N_i)!},\quad f_{\mathrm{FD}}(\varepsilon) = \frac{1}{\mathrm{e}^{(\varepsilon-\mu)/kT}+1} \tag{10.40}$$

と表される．$f_{\mathrm{FD}}(\varepsilon)$は$0 < f_{\mathrm{FD}}(\varepsilon) < 1$となり，1つの状態に粒子が1つしか入ることができないことを示す(図10.3(b))．$\varepsilon = \mu$のとき$f_{\mathrm{FD}}(\varepsilon) = 1/2$となり状態の半分が占有される．極低温や粒子の密度が高い状態では，ほとんどすべての量子状態が占有されている．金属では高いエネルギー状態に自由電子が存在し，これはフェルミ縮退(Fermi degeneracy)とよばれ，状態の半分が占有されるエネルギーであるμをフェルミ準位(Fermi level)とよぶ．

量子力学の前提として，同種の粒子が複数ある系において同種粒子は区別できないと考える．すべての粒子はフェルミ粒子かボース粒子のどちらかである(7.2.2項)．フェルミ粒子はパウリの排他原理を満たし，系の2つの粒子を交換した際に波動関数が反対称になり，1つの状態に1つの粒子しか入ることができないが，ボース粒子は系の2つの粒子の交換において波動関数は対称で，1つの状態にいくつでも粒子は存在できる．量子状態への粒子の配置が異なるため，ボース粒子はボース－アインシュタイン統計に従い，フェルミ粒子はフェルミ－ディラック統計に従う．粒子の密度が高く，粒子数が量子状態の数と同程度の条件(極低温や金属中)では熱的ド・ブロイ波長Λが分子間距離よりも大きくなり，対象がボース粒子かフェルミ粒子かで異なる量子統計に従うため，観測される現象も異なる．例えば，ボース粒子である^{4}Heは0 Kまで冷やしても不確定性原理に由来する零点振動(zero-point motion)により固体になることはなく，2 K付近では超流動現象を示す．1937年にカピッツァ(P. L. Kapitsa, 1894～1984：1978物)が^{4}Heの超流動性を発見し，ロンドン(8.2.2項参照)によってボース－アインシュタイン凝縮であることが理論的に証明された．それに対して，^{3}Heは核スピンI＝1/2のフェルミ粒子で凝縮しにくく，0 K付近でしか超流動現象を示さない．

例題10.13 ボース－アインシュタイン統計とフェルミ－ディラック統計における微視状態の数を求めよ．

解 状態iの微視状態の数W_iをすべてのiについてかけ合わせることで微視状態の数Wが得られる．

$$W = W_1 W_2 \cdots W_i \cdots = \prod_i W_i$$

ボース－アインシュタイン統計では，区別できないN_i個の粒子をg_i個の状態にどのように入れてもよいため，W_iはN_i+g_i-1個からN_i個を選ぶ組み合わせの数${}_{N_i+g_i-1}C_{N_i}$に等しい．フェルミ－ディラック統計では，区別できないN_i個の粒子をg_i個($N_i \leq g_i$)の状態に入れるが，各状態には1個しか入ることができないため，W_iはg_i個からN_i個を選ぶ組み合わせ${}_{g_i}C_{N_i}$に等しい．

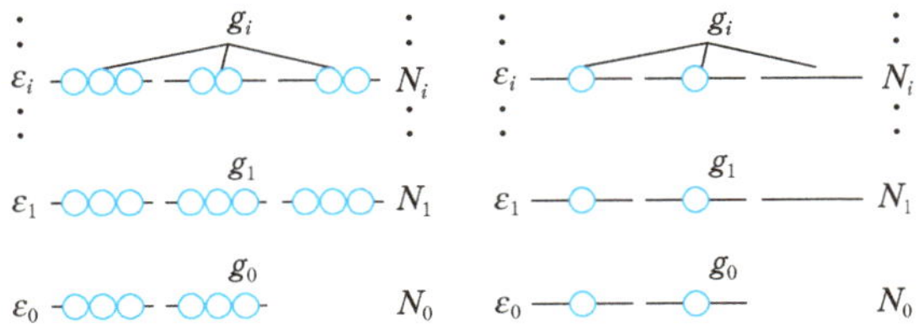

図 ボース粒子(左)とフェルミ粒子(右)の配置

コラム 古典統計と量子統計

すべての粒子は個々に区別でき，いくらでも同じエネルギー状態をとることができる，というのが古典統計である**マクスウェル－ボルツマン統計**である．N粒子系においてエネルギー準位i(縮退度g_i)にN_i個の粒子を分布させるときの微視状態の数を表す式(10.11)を$N!$で割ったW_{MB}は，同種粒子の並進運動のように，同じ粒子が空間を共有していて区別できない状態の微視状態の数である．

$$W_{\mathrm{MB}} = \prod_i \frac{(g_i)^{N_i}}{N_i!}$$

仮想的なモデル系でW_{MB}をW_{FD}，W_{BE}と比較すると，$W_{\mathrm{FD}} \leq W_{\mathrm{MB}} \leq W_{\mathrm{BE}}$となるが，粒子数$N_i$が状態数$g_i$に比べて極端に少なく，$N_i \ll g_i$が成立する条件，例えば温度が常温で，粒子が通常の容器に入っている場合は古典近似が成立し，2つの量子統計はマクスウェル－ボルツマン統計に近づいて3つの統計は同じ値となるため，マクスウェル－ボルツマン統計を近似として使う．

章末問題

10.1　統計熱力学の基本となる2つの考え方に，「等確率の原理」と「エルゴード定理」がある．それぞれの内容について説明せよ．

10.2　マクスウェル－ボルツマン分布則に従う気体分子の速さの分布について図を描いて説明せよ．

10.3　ボルツマン分布が成立するための2つの束縛条件を書け．

10.4　300 Kにおいて200 cm^{-1}の等エネルギー間隔で縮退のないボルツマン分布がある．以下の問いに答えよ．

(1) 分配関数qの値を求めよ．

(2) 1番下のエネルギー準位から10個のエネルギー準位について，N_i/Nを求めてグラフ(縦軸：量子数υ，横軸：%)にせよ．

(3) 1番下のエネルギー準位のエネルギーを0として0～12 kJ mol^{-1}の間にあるエネルギー準位についてN_i/Nを求めてグラフ(縦軸：kJ mol^{-1}，横軸：%)にせよ．

10.5　HClのような異核二原子分子の回転について以下の問いに答えよ．

(1) 回転のエネルギー準位ε_Jを，回転の量子数J，回転定数$\tilde{B}$(単位cm^{-1})，c, hを用いて書け．

(2) 縮退度g_Jを回転の量子数Jを用いて書け．

(3) 分子分配関数qを$\varepsilon_J, g_J, \beta\,(=1/kT)$を用いて書け．

(4) 高温近似が成立する温度である回転温度θ_Rを$\tilde{B}, c, h, k$を用いて書け．

(5) 回転の平均エネルギー$\langle\varepsilon_R\rangle$を$q, \beta$を用いて書け．

(6) 高温近似が成立するときの$\langle\varepsilon_R\rangle$の値を$\beta, k, T$などを用いて書け．

10.6　等エネルギー間隔εで縮退のない調和振動子の分子分配関数qの値をk, Tを用いて表せ．

10.7　統計熱力学の観点から熱力学第一法則と第二法則を説明せよ．ただし，以下の語句を使用すること．【エネルギー準位，占有数，自由度，自発的】

10.8　カノニカルアンサンブル，ミクロカノニカルアンサンブル，グランドカノニカルアンサンブルについて，それぞれの系で一定である性質をあげて集団の特徴を説明せよ．

10.9　ボース－アインシュタイン統計とフェルミ－ディラック統計について，それぞれの統計に従う粒子の性質を説明せよ．

第11章　分子分光学

ニュートンはプリズムによって光がさまざまな色に分けられることを見つけ，1672年に“*New Theory about Light and Colours*”を著した．その中で白色光(太陽光)が色の集まりであり，色が光の固有の性質であることを示した．これが分光学(spectroscopy)の始まりである．図11.1に示すように，分光測定に用いられる装置は概ね，光源，分光器(回折格子)，試料セル，検出器から構成される．分光器が試料セルの後方に位置する場合もある．分光測定では分光器で分けられた波長の異なる光，すなわち，エネルギーの異なる光を試料に当てて，その応答を検出し，スペクトルとして記録する．スペクトルの横軸は光のエネルギーEだが，波長λ，振動数νなどに変換されて応答が示される．本章では，分光学の一般的な原理から始め，後半ではさまざまな分光測定により得られるスペクトルの解釈について説明する．

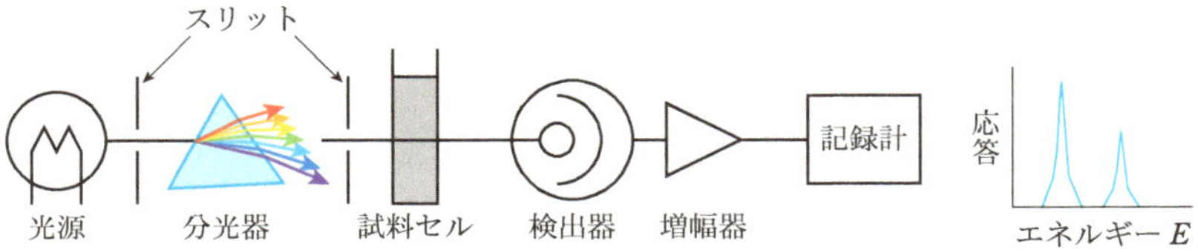

図11.1　分光計の概念図

11.1　分光学の基礎

11.1.1　ランベルト−ベールの法則

ランベルト(J. H. Lambert, 1728〜1777)は著書“*Photometria*”(1760年)のなかで，ブーゲ(P. Bouguer, 1698〜1758)が30年前以上に見つけていた**吸光度**(absorbance)に関する法則

「測定試料に当てた光の強さIの経路長lに対する変化量は，lに比例する」

$$-\frac{\mathrm{d}I}{\mathrm{d}l}=kl, \quad I=I_0\mathrm{e}^{-kl} \tag{11.1}$$

を紹介し世間に広めた．そのため，この法則はブーゲーランベルトの法則とよばれることもあるが，一般にランベルトの法則（Lambert's law）として知られている．吸光度Aは光の透過率$T=I/I_0$の逆数の常用対数で定義される．

$$A=-\log T=\log\left(\frac{I_0}{I}\right) \tag{11.2}$$

ランベルトの法則から100年近く経った1852年にベール（A. Beer, 1825～1863）は

「測定試料に当てた光の透過率は，光を吸収する試料の濃度cに対して指数関数的に減衰する」

$$I=I_0\mathrm{e}^{-k'c} \tag{11.3}$$

というベールの法則（Beer's law）を報告した．式（11.1）と式（11.3）の２つの減衰関係を組み合わせ，両辺の常用対数をとって吸光度に変換し，定数部分をεに置き換えるとランベルト－ベールの法則（Lambert-Beer's law）が得られる．

$$A=-\log T=\log\left(\frac{I_0}{I}\right)=\varepsilon cl \tag{11.4}$$

ここで，εは**吸光係数**（absorption coefficient）とよばれる測定試料に依存する比例定数である．左辺のAは無単位数なので，εの単位はcの単位とlの単位（通常はcm）をかけて無単位になるように選べばよい．濃度にモル濃度（$\mathrm{mol\ dm^{-3}}$）を用いたときの吸光係数を特に**モル吸光係数**（molecular absorption coefficient）という．モル吸光係数εの単位は$\mathrm{dm^3\ mol^{-1}\ cm^{-1}}$である．測定波長範囲で吸収極大を示す波長を極大吸収波長とよびλ_{max}と表記し，その波長におけるモル吸光係数εの値を$\varepsilon_{\mathrm{max}}$と表記する．測定試料の濃度$c$は吸光度$A$の値が，透過率1%以上にあたる0～2の範囲になるように調整する．より正確な濃度を決定するためには，吸光度の最大値を0.5～1.0の範囲にしなければならない．

例題11.1　光路長が1 cmのときに吸光度が１である試料に対して，光路長を2 cmにすると入射光の何%を吸収するか．

解　吸光度が２になり透過率は1%なので，吸収するのは99%．

例題11.2　牛血清アルブミン（BSA）の1%溶液の吸光度は6.7である．BSAのモル吸光係数を求めよ．ただし，BSAの分子量は6.6×10^4とする．

解　$4.4\times10^4\ \mathrm{dm^3\ mol^{-1}\ cm^{-1}}$

11.1.2 分光法の種類とエネルギー準位

量子力学が完成して，吸収，放出される光(電磁波)のエネルギーは量子化されたエネルギー準位の間隔に対応していることが判明して，さまざまなスペクトルと物理現象の対応を研究する分光学が発展した．光の波の式は，光速をcとすると

$$c = \nu\lambda \tag{11.5}$$

であり，光のエネルギーEは，プランク定数hを用いて

$$E = h\nu = \frac{hc}{\lambda} = hc\tilde{\nu} \tag{11.6}$$

と表される．これらの式は，すべての分光法について成立する．吸収，放出される光のエネルギーの本来の単位はJである．しかしながら，プランク定数の値(6.6×10^{-34} J s)からわかるように非常に小さな値となってしまうため，検出したい物理現象や物理量の違いによって，スペクトルの横軸に使用するエネルギーの単位は，エレクトロンボルト(eV)，光(電磁波)の波長(nm)，波数(cm^{-1})，振動数(Hz)を使い分ける．振動数の高い，波長の短い光はエネルギーが高い．用いる光(電磁波)のエネルギーが高い方から分光法を並べると表11.1のようになる．γ線やX線のようなエネルギーの高い電磁波を用いる分光法では，原子核や内殻の電子が励起されるため測定対象のほとんどは固体である．光のエネルギーの単位はeVで表されることが多い．メスバウアー分光法(Mössbauer spectroscopy)

表11.1　電磁波と分光法の種類

電磁波	分光法の名称	観測対象
γ線	メスバウアー分光法	原子核の励起
X線	X線光電子分光法(XPS)	内殻電子の励起
紫外光	紫外光電子分光法(UPS) 紫外吸収分光法(UV) 蛍光分光法	最外殻電子の励起 $\pi^* \leftarrow \pi$，$\pi^* \leftarrow$ n電子遷移 $\pi^* \rightarrow \pi$電子遷移にともなう発光
可視光線 可視レーザー	可視分光法(Vis) ラマン分光法	$\pi^* \leftarrow \pi$，$\pi^* \leftarrow$ n電子遷移 ラマン効果による分子の振動・回転遷移
赤外光	赤外分光法(IR)	分子の振動・回転遷移
マイクロ波	マイクロ波分光法 電子スピン共鳴分光法(ESR)	分子の回転遷移 電子スピンのゼーマン分裂
ラジオ波	核磁気共鳴分光法(NMR)	核スピンのゼーマン分裂

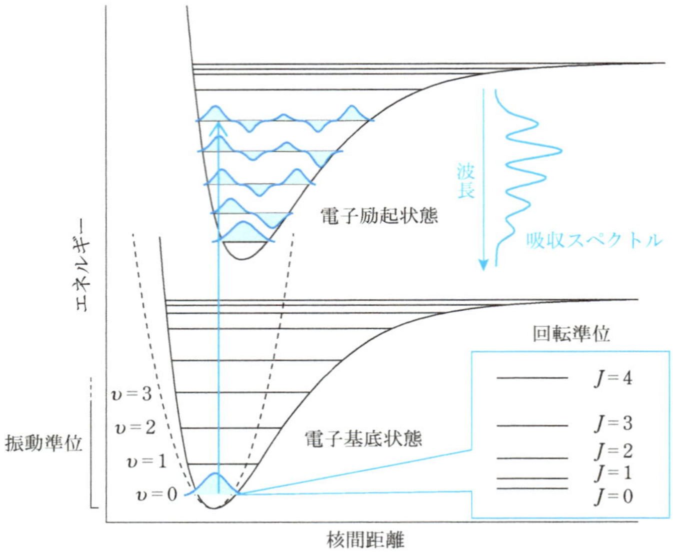

図11.2　電子状態，振動状態，回転状態のエネルギー準位図

は固体中での鉄などの金属の結合状態を観測できる分光法で，1958年にメスバウアー(R. L. Mößbauer, 1929〜2011 : 1961物)によって最初に報告された．

紫外領域から可視領域の光を使用する分光法では，原子や分子における電子の基底状態から励起状態への電子遷移が観測される．このとき光のエネルギーは波長の単位(nm)で表記されることが多い．電子遷移の表記は，エネルギー準位の高い方を先に書き，矢印によってエネルギーの吸収(←)，放出(→)を示す．

分子の各電子状態には振動エネルギー準位が付随しており，さらにその振動エネルギー準位には回転エネルギー準位が付随している．電子遷移，振動運動，回転運動のポテンシャルエネルギーを図11.2に示す．図11.2は4.2.2項で述べたモースポテンシャル曲線である．電子遷移では，原子核は電子よりかなり重いので原子の位置はそのままで電子だけが励起される，すなわち，基底状態から図の矢印のように垂直に遷移すると考えてよい．これは**フランク−コンドンの原理**(Franck-Condon principle)とよばれ，フランク−ヘルツの実験(41頁)のフランクとコンドン(E. U. Condon, 1902〜1974)によって1925年頃に提案された．基底状態の一番下の振動エネルギー準位から図の矢印のように垂直に遷移する際，基底状態と励起状態の振動の波動関数の重なりが大きいときに遷移は効率的に起こり，スペクトルの強度は強くなりスペクトルに振動構造が現れる．電子励起と振動エネルギー準位の遷移については，紫外可視分光法（ultraviolet and visible spectroscopy）や紫外光電子分光法（ultraviolet photoelectoron spectroscopy）によって詳しい情報が得られる．電子励起にともなって振動だけでなく回転エネルギー準位の励起も生じているが，電子励起に使用する光のエネルギーにおける分解能では回転エネルギー準位間の遷移は観測できない．

分子の振動・回転のエネルギー準位に関する詳細な情報は赤外分光法（infrared spectroscopy）やラマン分光法（Raman spectroscopy）によって得られる．振動・回転に関する分光法においては，光のエネルギーは，λの逆数である波数$\tilde{\nu}$の単位cm^{-1}で表記されることが多い．振動のエネルギー準位Eの間隔は400～4000 cm^{-1}程度である．ボルツマン分布を考慮すれば，室温では，電子は基底状態の一番下の振動エネルギー準位だけにあると考えられる．

回転エネルギー準位の間隔は量子数が大きくなるほど広くなるが20～200 cm^{-1}程度である．振動エネルギー準位の間隔よりかなり小さいため，室温ではかなり上のエネルギー準位までボルツマン分布則に従って分布している．振動遷移をともなわない純回転スペクトルを測定するためには，マイクロ波分光法（microwave spectroscopy）が使用される．この領域の電磁波になってくると，エネルギーは振動数νの単位であるHzで表される．

電子スピンも核スピンも磁場中ではその磁気モーメントがトルクを受け，コマの首振り運動（**例題1.2**）のように，磁気回転比（6.3節）に応じた歳差運動をしている．その周波数をラーモア周波数とよぶ．ラーモア周波数に等しい回転磁場をもつ電磁波をかけると，共鳴現象が生じてエネルギーが吸収される．この現象に基づく分光法は磁気共鳴分光法（magnetic resonance spectroscopy）とよばれる．磁気共鳴分光法の1つである電子スピン共鳴分光法（electron spin resonance spectroscopy, ESR分光法またはelectron paramagnetic resonance spectroscopy, EPR分光法）も9 GHz程度の一定周波数のマイクロ波を用いる分光法であり，0.3 mTの磁場中での電子スピンのα, βスピンに生じるゼーマン分裂に対応する電磁波の共鳴吸収を測定する．核スピンのα, βスピンに生じるゼーマン分裂によるエネルギー差を検出する核磁気共鳴分光法（nuclear magnetic resonance spectroscopy, NMR spectroscopy）には2.35～21 T程度の磁場と100～900 MHzのラジオ波が使用される．ゼーマン分裂による基底状態と励起状態のボルツマン分布則に従う占有数の差はとても小さい．

例題11.3　括弧内の数値を用いて各分光法の300 Kにおけるボルツマン因子$e^{-h\nu/kT}$を求めよ：可視吸収(500 nm)，赤外吸収(1000 cm^{-1})，回転(20 cm^{-1})，ESR(9 GHz)，NMR(300 MHz)．ただし，光速$c=3\times10^{8}$ m s^{-1}，プランク定数$h=6.6\times10^{-34}$ J s^{-1}，ボルツマン定数$k=1.38\times10^{-23}$ J K^{-1}とする．

解　ボルツマン因子を計算すると

可視吸収：2.9×10^{-42}，赤外吸収：8.4×10^{-3}，回転：0.91，

ESR : 0.9986，NMR : 0.999952

となる．ゼーマン分裂による基底状態と励起状態の占有数の差はESRでは1/1000程度，NMRでは10万分の1程度しかなく，電磁波を当て続けると基底状態と励起状態の占有数が等しくなってシグナルが飽和する現象が起こる．

11.1.3　選択律

バルマー系列に属する輝線(1.2.2項)は，水素原子の基底状態(K殻，$n=1, l=0, m_l=0$)の電子が光子(フォトン，スピン量子数$s=1$)を吸収してM殻($n=3$)以上のエネルギーの高い軌道へ励起され，そこからL殻($n=2$)に電子が移るときに放出されたフォトンによるものである．振動数をνとすると，次式の関係がある．

$$\nu=\frac{c}{\lambda}=cR_{\infty}\left(\frac{1}{2^2}-\frac{1}{n^2}\right) \tag{11.7}$$

この光の吸収，放出をともなう遷移(spectroscopic transition)において，エネルギー差が$h\nu$と等しければすべての遷移が可能か，というとそうではない．許される遷移(許容遷移，allowed transition)と許されない遷移(禁制遷移，forbidden transition)があり，許容されるための条件を**選択律**(selection rule)という．選択律が生じる理由は以下のとおりである．

- 振動数νのフォトンを吸収，放出するには，その振動数で振動する電気双極子モーメント$\hat{\mu}$を分子が瞬間的にでももっていて，始状態から終状態への変化において電荷移動による電気双極子モーメントの変化が必要である．
- スピン量子数$s=1$であるフォトンを物質が吸収，放出する前後で全体の角運動量が保存されていなければならない．

このような分子が備えるべき一般的な選択律を選択概律(gross selection rule)といい，量子数に関する選択律を個別選択律(specific selction rule)という．

遷移にともなう電気双極子モーメントの変化は**遷移双極子モーメント**

(transition dipole moment)もしくは単に**遷移モーメント**(transition moment)とよばれる，始状態と終状態の波動関数ψ_iとψ_fで電気双極子モーメント(演算子)$\hat{\boldsymbol{\mu}}$を挟んだ積分値$\boldsymbol{M}_{fi}$

$$\boldsymbol{M}_{fi}=\int \psi_f^* \hat{\boldsymbol{\mu}} \psi_i \mathrm{d}\tau \tag{11.8}$$

によって表される．遷移が許容であるためには$\boldsymbol{M}_{fi}$が0でないことが必要である．$\boldsymbol{M}_{fi}$はx, y, zの3方向で計算可能であり，分解して考えた場合に，$\boldsymbol{M}_{fi}$の大きさは

$$|\boldsymbol{M}_{fi}|^2=|M_{x,fi}|^2+|M_{y,fi}|^2+|M_{z,fi}|^2 \tag{11.9}$$

と書けるので，3方向のうちのどれか1つが0でなければ遷移は許容される．

水素原子の電子遷移を考えると，電気双極子は核の正電荷と電子の負電荷との間によるものだけなので，

$$\hat{\boldsymbol{\mu}}=-e\boldsymbol{r}=(-ex, -ey, -ez) \tag{11.10}$$

となる．$\hat{\boldsymbol{\mu}}$はベクトル演算子であり，水素原子の波動関数ψ_iとψ_fではさんで$\boldsymbol{M}_{fi}$を計算できる．球対称の1s軌道と球対称のns軌道との間の遷移ns−1sは，電気双極子モーメントが変化しないので$\boldsymbol{M}_{fi}=0$となり禁制である．水素原子の波動関数(6.1節)を式(11.8)に代入すると，球面調和関数のルジャンドル陪関数$P_l^{|m_l|}$の演算において遷移モーメントが0にならない条件として，始状態と終状態のlとm_lに，$l_f=l_i\pm1$かつ$m_{l,f}=m_{l,i}$もしくは$l_f=l_i\pm1$かつ$|m_{l,f}|=|m_{l,i}|+1$の関係が現れる．よって，水素原子の場合の個別選択律は

$$\Delta l=\pm1 \quad \text{かつ} \quad \Delta m_l=0, \pm1 \tag{11.11}$$

となる．これを角運動量についての選択概律を用いて説明すると，水素原子の場合には角運動量に関係する量子数はlとm_lであり，電子遷移の際に$s=1$であるフォトンを吸収，放出して角運動量が保存されるためにはlの値が1だけ変化することが必要であり，それにともなってm_lも変化する，と説明できる．

エネルギー準位図において許容遷移を示したものをグロトリアン図(Grotrian diagram)とよび，図11.3に水素原子のグロトリアン図を示す．輝線スペクトルで観測されている遷移の一部を色で示してあり，線の太さは輝線スペクトルの強度に対応している．例えば，3s軌道$(n, l, m_l)=(3, 0, 0)$から2s軌道$(2, 0, 0)$に遷移することは$\Delta l=0$であるので許されず，図11.3に示される準位間のみが許容遷

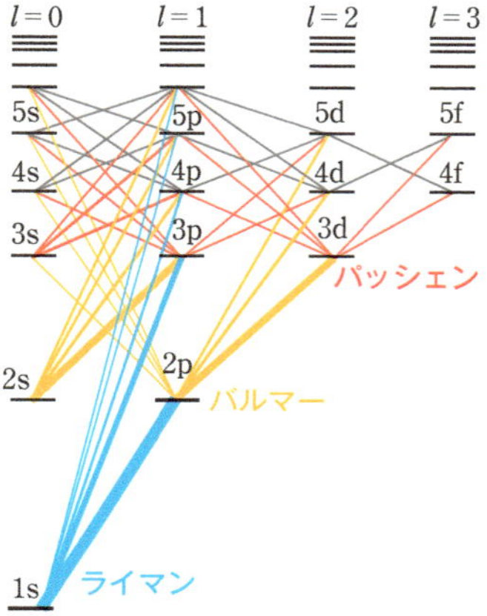

図11.3　水素原子のグロトリアン図

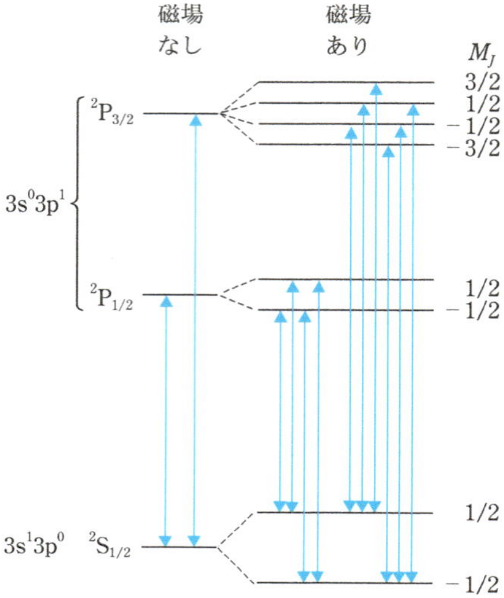

図11.4　磁場中でのナトリウム原子のエネルギー準位と遷移

移である．なお，電子スピンは，電子遷移の際には変化しないので，$\Delta m_s=0$ である．

一般的には，項の記号(7.3.1項)によって原子の電子遷移が許容か禁制かを判断する．すなわち，項を決める角運動量量子数 L, S, J による個別選択律があり，以下の条件を満たす状態間の遷移は許容である．

$$\Delta L=\pm 1,\ \Delta S=0,\ \Delta J=0, \pm 1 \quad (\text{ただし，} J=0 \rightarrow J=0 \text{ は禁制}) \\ \Delta M_J=0, \pm 1 \tag{11.12}$$

この選択律を使えば磁場中でのナトリウムのD線の異常ゼーマン効果(図1.10)を説明できる．D線はスピン－軌道相互作用による2つの遷移 $^2P_{1/2} \rightarrow {}^2S_{1/2}$ (589.6 nm)，$^2P_{3/2} \rightarrow {}^2S_{1/2}$ (589.0 nm)によって生じる(**例題7.4**)．磁場中ではさらに，$J=1/2$ のエネルギー準位は2つに分裂し，$J=3/2$ は4つに分裂する(図11.4)．そのため，$^2P_{1/2} \rightarrow {}^2S_{1/2}$ (589.6 nm)の遷移は $2\times 2=4$ 本に分裂するが，$^2P_{3/2} \rightarrow {}^2S_{1/2}$ (589.0 nm)の分裂は $2\times 4=8$ 本ではなく6本である．なぜなら，$^2P_{3/2}$ の $M_J=-3/2$ と $^2S_{1/2}$ の $M_J=1/2$ の間の遷移と，$^2P_{3/2}$ の $M_J=3/2$ と $^2S_{1/2}$ の $M_J=-1/2$ の間の遷移は $\Delta M_J=\pm 2$ となるので禁制だからである．

二原子分子の電子遷移についても項の考え方が適用可能で，等核二原子分子については項の記号が定められている(図11.5)．全軌道角運動量量子数Lの結合軸方向の成分Λの値に対して

Λ	0	1	2	3	4	…
項	Σ	Π	Δ	Φ	Γ	…

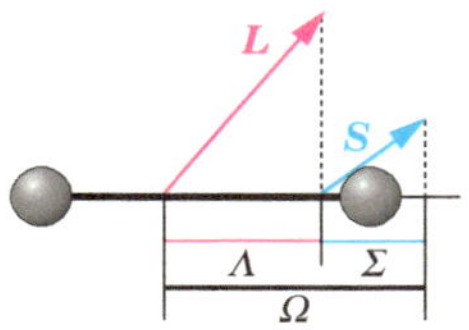

図11.5　等核二原子分子の項の記号

というギリシャ文字(立体)が割り当てられ，項の記号は$^{2S+1}\mathrm{X}$と表記される．これに加え，全スピン角運動量量子数S，結合軸方向のスピン角運動量の成分Σ，結合軸方向の全角運動量の成分Ω (＝$\Lambda+\Sigma$)のそれぞれの値に対して個別選択律が生じる．

$$\Delta\Lambda = 0, \pm 1, \quad \Delta S = 0, \quad \Delta\Sigma = 0, \quad \Delta\Omega = 0, \pm 1 \qquad (11.13)$$

さらに，等核二原子分子の場合には，中心対称性(gもしくはu)や結合軸を含む鏡面に対する対称性(＋もしくは－)があり，項の記号はそれらを用いて

$$^{2S+1}\mathrm{X}^{+/-}_{\mathrm{g/u}}$$

と表記される．中心対称性や鏡面対称性の間にも選択律がある．原子や等核二原子分子のように中心対称性をもつ分子においては，電子遷移の前後で偶奇性(パリティ)が保存される遷移(g⇔g, u⇔u)は禁制である，というラポルテの規則(Laporte rule)がある．これはゾンマーフェルトの弟子のラポルテ(O. Laporte, 1902〜1971)にちなんでいる．前に述べた水素原子の輝線が同じ対称性の軌道間，例えばns→1sでは生じない(図11.3)ということもラポルテの規則で説明される．また，鏡面対称性については，Σ項($\Lambda=0$)をもつ分子は，

$$\Sigma^- \Leftrightarrow \Sigma^-, \quad \Sigma^+ \Leftrightarrow \Sigma^+$$

だけが許容遷移である．二原子分子の場合の光の吸収，放出をともなう遷移には，電子遷移のほかに，振動，回転などの遷移があり，それぞれに選択律がある(11.4節)．

例題11.4　水素原子の4s軌道からL殻($n=2$)への遷移において，許容される軌道の量子数(n, l, m_l)を答えよ．

解　4s軌道は(n, l, m_l) = (4, 0, 0)である．個別選択律より$\Delta l=1$のみが許容なので，$l=1$でなくてはならない．m_lについては$\Delta m_l = 0$, ±1が許容なので，すべての2p軌道(2, 1, −1), (2, 1, 0), (2, 1, 1)への遷移が許容である．

例題11.5　水素原子の2p軌道からの遷移が許容される軌道を答えよ．

解　2p軌道は$l=1$である．個別選択律$\Delta l=\pm1$より$l=0$か$l=2$が可能で，$\Delta m_l=0$，±1を考慮して，2s以外のns軌道($m_l=0$)か$\Delta m_l=0$，±1となるnd軌道への遷移が許容である．

11.2　分子の対称性と遷移モーメント

11.2.1　分子の対称性と点群

二原子分子以上になると，分子の対称性(symmetry)について**群論**(group theory)の方法を用いて数学的に記述して選択律を導く．対称性は，対称操作(symmetry operation)を分子に施したときに分子が元の分子と完全に重なるかどうかで評価され，3次元(x, y, z)空間においては，以下の5つの代表的な対称操作を**対称要素**(symmetry elements)とよぶ．

(1) 恒等要素E：何も操作しない．すべての分子がこの対称要素をもつ．

(2) 回転操作C_n(n回軸対称，n-fold rotaion axis of symmetry)：対称軸(symmetry axis)回りに360°/nだけ回転すると重なる．この対称軸の方向をz軸とする．分子内に複数の対称軸をもつ場合は，もっともnの大きいものを主軸(principal axis)としてz軸にとる．

(3) 鏡映操作σ(面対称，plane of symmetry)：対称面について鏡映すると重なる．対称面が対称軸を含む場合をσ_v，対称面が対称軸(z軸)に垂直になるものをσ_hとする．

(4) 反転操作i(点対称，center of symmetry or inversion center)：対称中心に対して反転すると重なる．

(5) 回映操作S_n(n回回映軸対称，improper rotation)：鏡映，反転をともなう回転，すなわち，C_nとσ_hの組み合わせで重なる．

鏡映σはS_1と同値で，反転iはS_2と同値であるため，分子の対称操作は，そのまま回転させて重なるC_nか，回映させて重なるS_nの2つに大きく分類できる．

対称要素は3次元の点に対しての変換なので数学的には3行3列の行列で表すことができる．これらの対称要素がどのように含まれているのかによって分子は約30種類の**点群**(point group)とよばれる分類に分けられる．点群の表記は大きく分けるとアルファベットのCかDで始まる記述となっている．Cは回転軸C_nがあることを示し，DはC_nに垂直なn個のC_2をもつ高い対称性であることを示す．代表的な点群として，C_nとn個のσ_vをもつn角錐分子のC_{nv}や，D_nの点群に加えてσ_hとn個のσ_vをもつ正n角形分子のD_{nh}がある．等核二原子分子のような対称中心をもつ直線分子は$D_{\infty h}$，対称中心をもたない直線分子は$C_{\infty v}$という点群である．正四面体はT_d，正八面体はO_hという点群に属する．

例題11.6　以下の化合物について点群を答えよ．

HCl，H_2，CO_2，H_2O_2，H_2O，NH_3，アラニン，エチレン，ベンゼン，ナフタレン，CH_4，SF_6

解　HCl : $C_{\infty v}$，H_2 : $D_{\infty h}$，CO_2 : $D_{\infty h}$，H_2O_2 : C_2，H_2O : C_{2v}，NH_3 : C_{3v}，アラニン : C_1，エチレン : D_{2h}，ベンゼン : D_{6h}，ナフタレン : D_{2h}，CH_4 : T_d，SF_6 : O_h

11.2.2　分子軌道の対称性：既約表現

分子がどの点群に属するかが決まった後は，点群ごとに決まっている指標表(character table)を見て，分子の波動関数がどのような対称性をもつかを調べる．点群C_{2h}に属する*trans*-ブタジエンの指標表を以下に示す．

C_{2h}	E	C_2	i	σ_h		
A_g	1	1	1	1	R_z	x^2, y^2, z^2, xy
A_u	1	1	−1	−1	z	zx, yz
B_g	1	−1	1	−1	R_x, R_y	
B_u	1	−1	−1	1	x, y	

指標表には，1行目に対称要素(E, C_2, i, σ_h)が書いてあり，対称要素の集合は，群の公理(group axioms)

（1）集合は閉じている(closure)

（2）結合則が成り立つ(associativity)：$\alpha(\beta\gamma) = (\alpha\beta)\gamma$

（3）単位元が存在する(identity)

（4）逆元が存在する(invertibility)

を満たしている．一番左の列には**既約表現**(irreducible representation)とよばれる記号が書かれており，それぞれの既約表現の対称要素による指標(character)の数字が右に並んでいる．既約表現は，その点群に属している分子の分子軌道(波

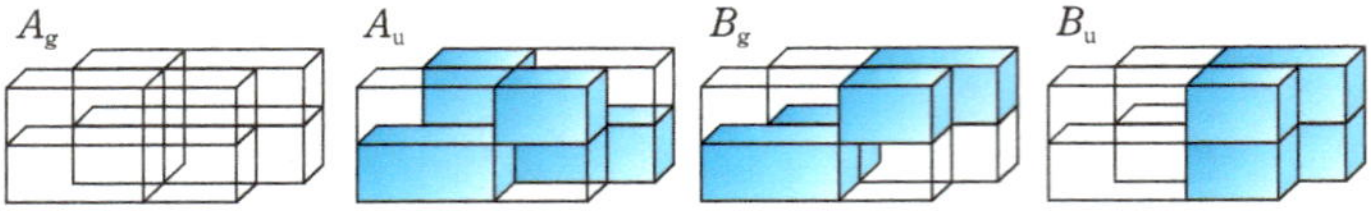

図11.6　点群C_{2h}の既約表現の図形イメージ

動関数）の対称性に関する情報を指標とともに与える抽象的な記号であり，図11.6に示す分子対称性を表す図形イメージを文字で表していると考えればよい．

量子化学における既約表現の最重要事項は

「すべての分子軌道の対称性は，その点群に含まれる既約表現のいずれかで必ず表現可能である」

ということである．既約表現は点群の対称性を構成する，それぞれ直交する基底であるため，それぞれの分子軌道はいずれか1つの既約表現に対応する．また，既約表現も群の公理を満たしているため，既約表現どうしのかけ算はいずれかの既約表現を与える．

量子化学の既約表現では，対称操作による分子軌道の符号の変化を考慮したマリケン記号（1955年）とよばれるA, B, E, Tで表される表記が使われる．対称性が高くなればなるほど既約表現の数は増える．主軸回りの回転で符号が変わらないものはA，符号が反転するものはBと決められている．既約表現E（対称要素のEと同じ文字が使われているが別）はベンゼンのように波動関数が縮退している分子の点群に現れ，TはT_dやO_hにしか現れない特殊な既約表現である．既約表現にさらに細かい対称性を付記するために，以下のように添え字をつけるルールがある．

- 鏡映面が複数あり，主軸に対して垂直なC_2もしくは鏡映操作σで符号が変化しないものには1，符号が反転するものには2
- 反転操作iで符号が変化しないものにはg，符号が反転するものにはu
- 鏡映操作σ_hで符号が変化しないものには（′），符号が反転するものには（″）

鏡映面が1つしかなく，対称中心をもつブタジエンでは添え字はパリティのgおよびuを用いてA_g, A_u, B_g, B_uと表記される．鏡映面を2つもち，対称中心をもたないH_2OではA_1, A_2, B_1, B_2と表記される（**例題11.7**）．

指標は，それぞれの既約表現（分子軌道）に対称操作を施した結果である．1は

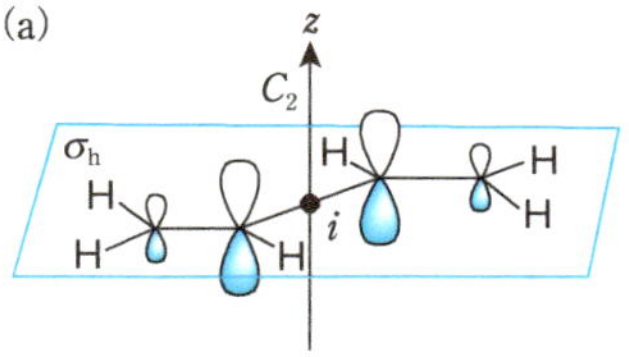

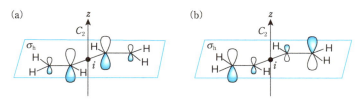

図 11.7 ブタジエンの ψ_1（既約表現 A_u）(a) と ψ_2（既約表現 B_g）(b)

対称（変化せず重なる），−1 は反対称（波動関数の符号が反転する）を意味し，A, B の既約表現については 1 または −1 の値である．指標を見て，

「どの波動関数がどの既約表現に対応するか」

を調べる．例えば，ブタジエンについてヒュッケル近似で求めた炭素原子の 4 つの波動関数において，ψ_1 と ψ_3 は C_2 回転で対称，原点 O についての反転 i で反対称，鏡映 σ_h で反対称なのでどちらも A_u と決定でき，ψ_2 と ψ_4 は C_2 で反対称，i で対称，σ_h で反対称なのでどちらも B_g と決定できる（図 11.7）．ブタジエンには A_g と B_u の対称性をもつ波動関数は存在しない．また，指標表の一番右の列には x, y, z 方向やそれらの軸回りの回転 R_x, R_y, R_z さらに d 軌道の対称性にとって重要な二次関数などがどの既約表現に属しているかが表記されていて参考にできる．

指標表を自力で書けるようになる必要はなく，指標表を見て情報が得られれば十分である．ただし，高い対称性をもつ（対称要素の数も既約表現の数も多い）分子については，波動関数がどの既約表現に属するかを判断するためには群論についての知識と空間図形の対称操作の経験が必要である．

例題 11.7 H_2O の指標表を書き，それぞれの既約表現の図形イメージを描け．

解 H_2O は回転軸 C_2 を含む鏡映面を 2 つ（$\sigma_v(xz)$ と $\sigma_v'(yz)$）もっているので既約表現は A_1, A_2, B_1, B_2 と表記される．対称操作を E, C_2, σ_v, σ_v' と書くと指標の数値の並びはブタジエンの指標と同じになる．A_1 は全対称である．図形イメージとしては下図のようになる．

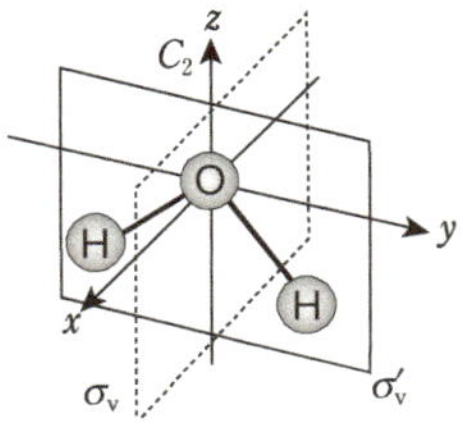

C_{2v}	E	C_2	σ_v	σ_v'		
A_1	1	1	1	1	z	x^2, y^2, z^2
A_2	1	1	−1	−1	R_z	xy
B_1	1	−1	1	−1	x, R_y	zx
B_2	1	−1	−1	1	y, R_x	yz

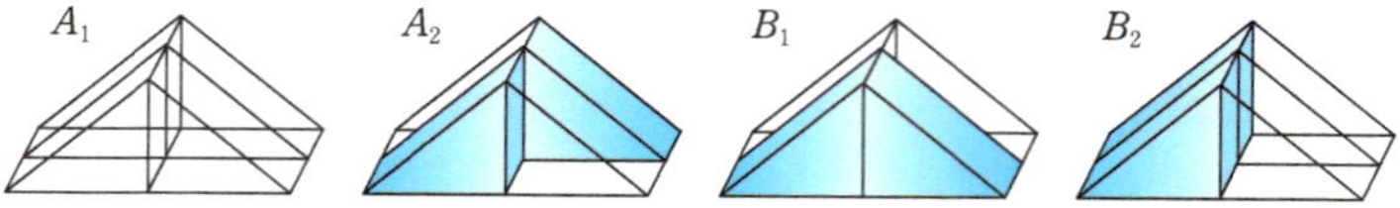

図　点群C_{2v}の既約表現の図形イメージ

指標表を自力で書けるようになる必要はない，といった端から「指標表を書け」とは「え?!」と思われるかもしれないが，H_2Oの点群C_{2v}の指標表だけは試験に頻出するので書けた方がよい．

11.2.3　遷移モーメントの対称性と選択律

群論に基づいて基底状態から励起状態への電子遷移が許容か禁制かを決めるためには，次の手順を踏むことになる．

①基底状態と励起状態のそれぞれについて全体の波動関数の対称性を求める．

②基底状態と励起状態についてx, y, zを挟んだ遷移モーメントの対称性を求める．

これらの対称性を求めるのに先ほどの指標表を使う．ここでもブタジエンを例にとると，ブタジエンの4個のπ電子はψ_1とψ_2に2個ずつ入っている．スピン関数を考えないで，この基底状態全体の波動関数$\Psi_{1,1,2,2}$を個々の波動関数ψ_1, ψ_2の積で表すと$\Psi_{1,1,2,2} = \psi_1\psi_1\psi_2\psi_2$となる．$\Psi_{1,1,2,2}$の対称性は電子の入っている波動関数の対称性についてのかけ算(これを直積(direct product)という)で得られる．

$$\Psi_{1,1,2,2} : A_u \times A_u \times B_g \times B_g = A_g \tag{11.14}$$

直積は指標表の同じ対称要素をかけ合わせることで求めることができる．$A_u \times B_g$を計算するとB_uになる．

	E	C_2	i	σ_h
A_u	1	1	−1	−1
B_g	1	−1	1	−1
$A_u \times B_g$	$1\times1=1$	$1\times(-1)=-1$	$(-1)\times1=-1$	$(-1)\times(-1)=1$

既約表現AやBの指標は1か−1なので，同じ既約表現の直積は必ずA_g（全対称）になる．励起状態全体の波動関数の対称性も，電子の入っている波動関数の既約表現の直積でわかる．ここで，ブタジエンの1個のπ電子が励起される場合，Ψ_1からΨ_3およびΨ_4への遷移（3←1，4←1）とΨ_2からΨ_3およびΨ_4への遷移（3←2，4←2）の4通りが考えられる．それぞれの励起状態全体の波動関数を$\Psi_{1,2,2,3}$，$\Psi_{1,2,2,4}$，$\Psi_{1,1,2,3}$，$\Psi_{1,1,2,4}$とすると，これらの既約表現は以下のようになる．

$$\begin{aligned}&\Psi_{1,2,2,3}: A_u\times B_g\times B_g\times A_u=A_g \quad \Psi_{1,2,2,4}: A_u\times B_g\times B_g\times B_g=B_u\\&\Psi_{1,1,2,3}: A_u\times A_u\times B_g\times A_u=B_u \quad \Psi_{1,1,2,4}: A_u\times A_u\times B_g\times B_g=A_g\end{aligned} \tag{11.15}$$

次に，遷移モーメント$\boldsymbol{M}_{fi}$（式(11.8)）の被積分関数$\psi_f^*\hat{\boldsymbol{\mu}}\psi_i$の対称性

$$\boldsymbol{M}_{fi}=\int\psi_f^*\hat{\boldsymbol{\mu}}\psi_i\,d\tau,\quad \hat{\boldsymbol{\mu}}=-e\boldsymbol{r}=(-ex,-ey,-ez) \tag{11.16}$$

をx, y, zの方向ごとに求める．指標表の右列からx, y, zの対称性を探すと，x, yの既約表現はともにB_uで，zはA_uである．遷移3←1についての$\boldsymbol{M}_{fi}$の被積分関数の既約表現をx, y, zのそれぞれについて考えると

$$3\leftarrow1\begin{cases}\Psi_{1,2,2,3}\,x\,\Psi_{1,1,2,2},\quad \Psi_{1,2,2,3}\,y\,\Psi_{1,1,2,2}: A_g\times B_u\times A_g=B_u\\ \Psi_{1,2,2,3}\,z\,\Psi_{1,1,2,2}: A_g\times A_u\times A_g=A_u\end{cases} \tag{11.17}$$

となる．これらを全空間について積分するとどうなるだろうか．関数を積分したときに，奇関数を全空間について積分すると積分値は0となり，0以外の積分値を与えるためには偶関数である必要がある．ブタジエンの4つの既約表現のうちで積分して数値を与えるのは全対称であるA_gだけで，他の3つは何らかが反対称であるため，全空間で積分すると0になる．つまり，遷移3←1の$\boldsymbol{M}_{fi}$はx, y, z方向のいずれにおいても積分すれば0になるので禁制遷移である．あとの3つの遷移4←1，3←2，4←2について$\boldsymbol{M}_{fi}$の被積分関数の既約表現を求めると

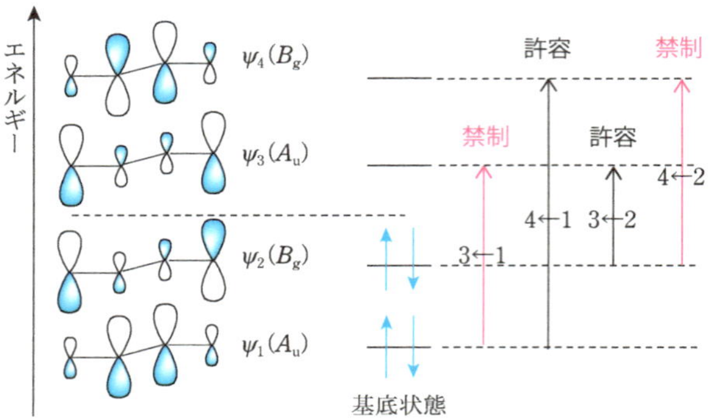

図11.8　ブタジエンの光励起反応の選択律

$$
4\leftarrow 1\begin{cases}\Psi_{1,2,2,4}\,x\,\Psi_{1,1,2,2},\quad \Psi_{1,2,2,4}\,y\,\Psi_{1,1,2,2}:B_u\times B_u\times A_g=A_g\ (\text{許容})\\ \Psi_{1,2,2,4}\,z\,\Psi_{1,1,2,2}:B_u\times A_u\times A_g=B_g\ (\text{禁制})\end{cases}
$$
$$
3\leftarrow 2\begin{cases}\Psi_{1,1,2,3}\,x\,\Psi_{1,1,2,2},\quad \Psi_{1,1,2,3}\,y\,\Psi_{1,1,2,2}:B_u\times B_u\times A_g=A_g\ (\text{許容})\\ \Psi_{1,1,2,3}\,z\,\Psi_{1,1,2,2}:B_u\times A_u\times A_g=B_g\ (\text{禁制})\end{cases}
$$
$$
4\leftarrow 2\begin{cases}\Psi_{1,1,2,4}\,x\,\Psi_{1,1,2,2},\quad \Psi_{1,1,2,4}\,y\,\Psi_{1,1,2,2}:A_g\times B_u\times A_g=B_u\ (\text{禁制})\\ \Psi_{1,1,2,4}\,z\,\Psi_{1,1,2,2}:A_g\times A_u\times A_g=A_u\ (\text{禁制})\end{cases}\tag{11.18}
$$

となるので，4←1は許容遷移，3←2も許容遷移，4←2は禁制遷移となる(図11.8).

ブタジエンのように中心対称性をもつ分子においてはラポルテの規則(11.1.3項)が成立するが，軌道への電子の詰まり方や置換基の立体障害で分子がひずみ，中心対称性に破れが生じると，パリティが保存する禁制遷移も観測される．分子のひずみは，遷移金属の八面体型錯体でよく知られるヤーン−テラー効果(Jahn-Teller effect)など，さまざまな理由で生じることが知られている．

11.2.4　スピンの選択律：励起一重項と三重項

HOMOからLUMOへの励起だけを考える場合には，すべての波動関数を用いて対称性を求める必要はなく，HOMOとLUMOの波動関数の既約表現とx, y, z方向の既約表現を考えて，いずれかの遷移モーメントが値をもつかどうかに注目すればよい．なぜなら，HOMOとLUMO以外の軌道には電子が2個あるので直積は全対称になるからである．

波動関数は，軌道関数$\varphi(\boldsymbol{r})$とスピン関数$\alpha(\sigma)$または$\beta(\sigma)$の積で近似される(7.2.2項)．そのため，軌道関数部分による遷移モーメントの選択概律のほかに，

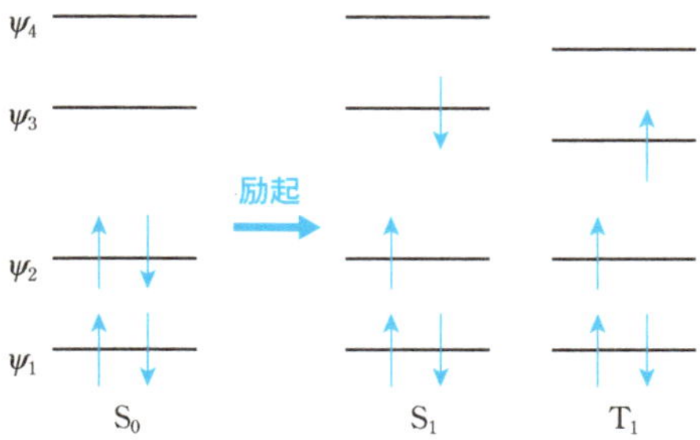

図11.9 基底状態S_0および励起一重項S_1と三重項状態T_1

スピン関数部分に関連する**スピン選択律**(spin selection rule)がある．基底状態ではスピン対をつくって一重項となっており，S_0と表記される．立体文字のSは一重項状態(singlet state)の意味で使用されており，上述した項の記号ではないことに注意が必要である．右下付きの0は基底状態を意味する．基底状態から電子が遷移するときに電子スピンの向きは変化しない．つまり，電子遷移においては，遷移前のスピン多重度と遷移後のスピン多重度は同じでなければならない，というのがスピン選択律である．その個別選択律は

$$\Delta S = 0 \tag{11.19}$$

と表される．遷移後の励起状態には2種類の状態が存在する(図11.9)．1つは電子がスピンを変えないまま基底状態と同じ一重項である場合で，これを**励起一重項状態**(excited singlet state)とよび，S_1あるいはスピン多重度を左上につけて$^1S_1$と表記する．エネルギー的にさらに高い第二，第三励起一重項状態も存在し，これらは$^1S_2$, $^1S_3$と表記される．もう1つは，遷移後に電子スピンが反転して，スピン平行の三重項状態になる場合で，**励起三重項状態**(excited triplet state)とよび，記号T_1あるいはスピン多重度を左上につけて^3T, $^3T_1$などと表記する．第一励起一重項状態と第一励起三重項状態では，三重項の方が低エネルギーであり，第二以上の励起状態においても同様である．これは，多電子原子の構成原理(7.3.2項)で出てきた

「多重度が最大の状態はエネルギーが最低である」

というフントの規則を分子軌道へ応用したものである．励起一重項状態や三重項状態は蛍光やリン光などの発光に関係する．

11.3　電子遷移に基づく分子分光法

11.3.1　紫外可視吸収分光法

基底状態にある原子や分子による可視光(380～800 nm)や紫外光(180～380 nm)のエネルギーの吸収を測定する可視紫外吸収分光法はもっともよく用いられる分光法である．用いる光源はさまざまであるが，長時間安定で，高輝度，エネルギー分布が平坦な光源ランプとして，紫外光領域には重水素ランプ(185～400 nm)が，可視光領域にはタングステンランプ(350～900 nm)が用いられる．フォトダイオードアレイのような検出時間の短い検出器に対してはキセノンフラッシュランプ(185～2000 nm)などが使用される．光源から出た光は分光器(モノクロメーター)内の回折格子で単色光に分光され，試料セルへ入射する．吸収スペクトル測定の場合，試料を通過した光は，入射光(励起光)と試料セルに対して一直線上に置いた検出器に入る．

電子はフランク－コンドンの原理に従って遷移し，電子遷移にともなって振動遷移と回転遷移も起こる(図11.2)．観測されるスペクトルの振動構造は励起状態の振動エネルギー準位に関する情報を与える．ただし，溶液中の有機化合物の光吸収スペクトルは幅の広いピークを示し，振動構造が観測されないことが多い．11.2節で述べたように，分子が基底状態から励起状態となる場合，すべてのエネルギー準位への励起が許されているわけでなく，選択律に従う許容遷移と禁制遷移がある．基底状態の電子はσ軌道，π軌道，もしくは非結合性軌道(n軌道)にあり，そこから，励起状態のσ*軌道やπ*軌道へと遷移する(図11.10)．

π*←π遷移はπ電子共役化合物に典型的な吸収で，基底状態のπ軌道(HOMO)からπ*軌道(LUMO)への電子遷移により生じる．共役系が長くなるとエネルギー間隔が狭くなるため，吸収は長波長側にシフトし，基底状態と励起状態の波動関数の重なりが大きくなるので，遷移強度も大きくなり，ε_{max}も大きくなる(図11.11)．

π*←n遷移はヘテロ芳香族においてよく観測される吸収で，例えば，N原子やO原子の非結合性軌道(n軌道)にある電子1個がπ*軌道へ遷移することによって生じる．π*←n遷移やσ*←n遷移は禁制遷移であるため，強度が弱い．σ*←σ遷移はハロゲン化合物などで生じる．

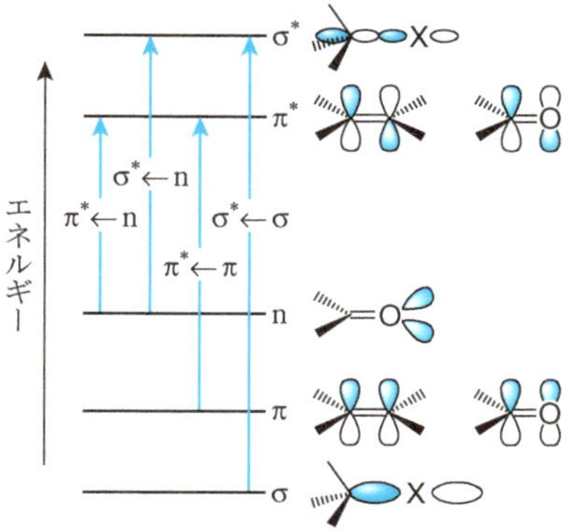

図11.10　有機化合物の光吸収による電子遷移(Xはハロゲン)

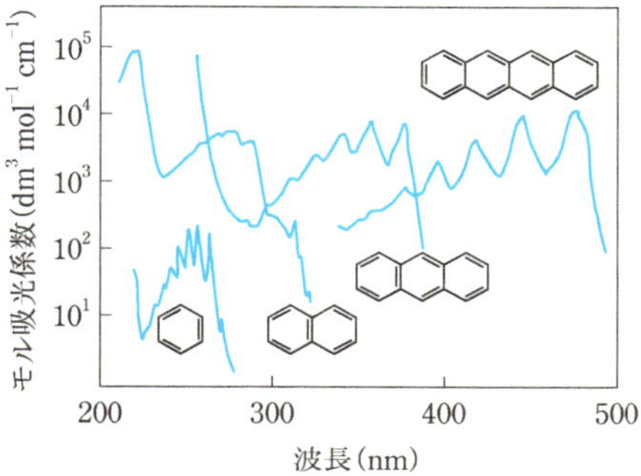

図11.11　芳香族化合物の紫外可視スペクトル

例題11.8　紫外吸収スペクトルを測定する場合の試料セルの材質について適切なものを選べ.

①ガラス　②石英　③ポリスチレン　④ポリメチルメタクリレート

解　②の石英セル(測定波長範囲190〜2500 nm)を選ばなければならない.他の材質の測定波長範囲は,ガラスは320〜2500 nm,ポリスチレンは340〜750 nm,ポリメチルメタクリレートは285〜750 nmである.これらはいずれも可視吸収スペクトルの測定に用いられる.プラスチックの試料セルは安価でディスポーザブル(使い捨て)セルとよばれ,有機溶媒には使えないが,水を溶媒とする生化学実験によく使われる.

11.3.2　蛍光分光法

基底状態にある分子が光のエネルギーを吸収して励起状態となった後,その吸収したエネルギーは,**放射減衰過程**(radiative decay)か**無放射減衰過程**(nonradiative decay)を経て失われる.放射減衰過程は励起エネルギーを光(フォトン)として放出する過程である.無放射減衰過程は励起エネルギーが分子の振動,回転,並進運動などに変換され,最終的に熱として分子から放出される過程であり,振動緩和(vibrational relaxation)ともよばれる.

放射減衰過程には**蛍光**(fluorescence)と**リン光**(phosphorescence)の2つの過程がある(図11.12).蛍光は第一励起一重項状態S_1から基底状態S_0へ戻る過程で

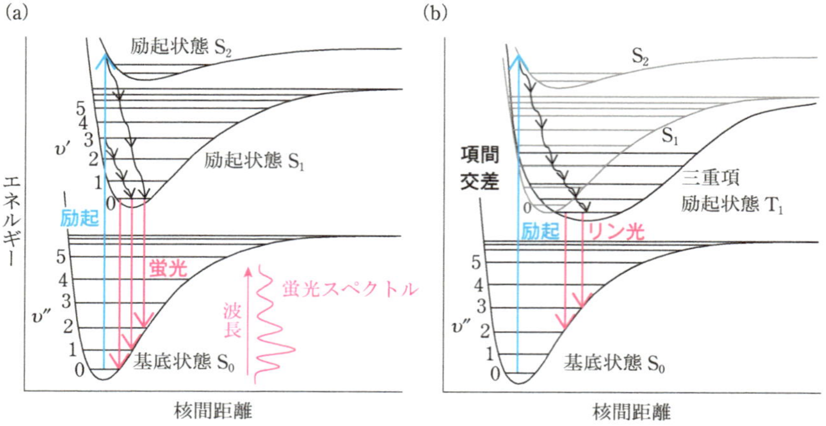

図11.12　蛍光(a)とリン光(b)の発光過程の違い

生じる放射である．電子励起状態(S_1, S_2, …)の振動励起状態が周囲にエネルギーを無放射過程で渡して，電子励起状態S_1の基底振動状態へと振動緩和した後，数ns以内に光が放射される．それに対して，リン光は励起一重項状態S_1から**項間交差**(intersystem crossing)を起こした励起三重項状態T_1からの放射である．励起三重項状態T_1から基底状態S_0への放射遷移はスピン選択律に反しているため禁制遷移であり，放射遷移が起こりにくく，リン光の寿命は長い．

蛍光は，励起光の入射方向に対して90°の角度において検出し，蛍光を波長で分けるために試料セルと検出器の間にも分光器(回折格子)を置く．このような検出方式のため，吸収測定用のセルは2面だけが透明であるのに対し，蛍光測定用のセルは4面とも透明である(図11.13)．励起用の光源には，キセノンランプ(連続スペクトル光源)が用いられる．光源として水銀ランプが用いられることもある．励起光の波長は目的試料の吸収スペクトルの極大吸収波長にあわせる．

吸収スペクトルの振動構造が励起状態の振動構造を反映するのに対して，蛍光スペクトルの振動構造は基底状態の振動構造の情報を与える．蛍光スペクトルは吸収スペクトルの低波数側(長波長側)に現れる．アントラセンのように基底状態と励起状態の核間距離も振動準位間のエネルギーも似ている化合物では，吸収スペクトルと蛍光スペクトルは，振動の0−0遷移を中心に鏡像のようになる(図11.14)．

蛍光の強度は，原子または分子の蛍光の量子収率(quantum yield)Φに依存する．Φは，蛍光で放出された光子の数Mの吸収された光子の数Nに対する割合M/N

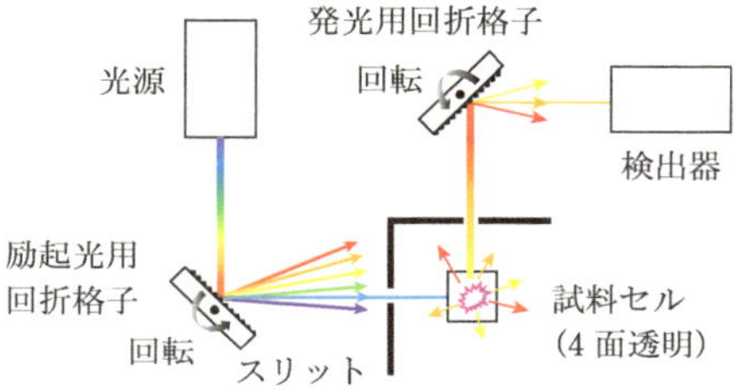

図11.13　蛍光分光計の概念図

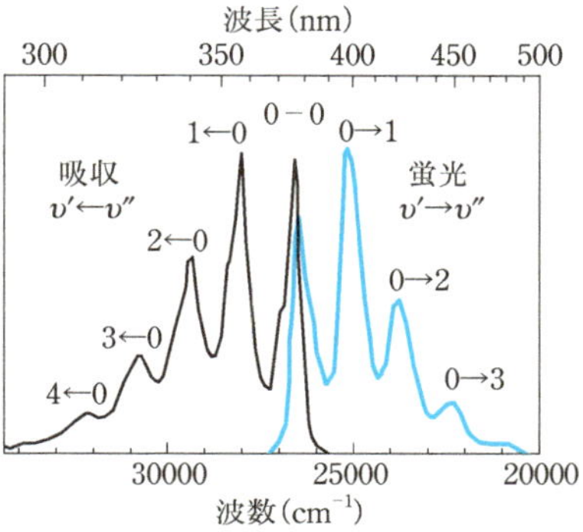

図11.14　アントラセンの光吸収(黒線)および蛍光(青線)スペクトル

である．放射遷移と無放射遷移の速度定数をそれぞれk_fとk_{nr}とすればΦは

$$\Phi = \frac{k_f}{k_f + k_{nr}} \tag{11.20}$$

と表される．Φの値は溶媒などの外部要因に大きく左右される．

例題11.9　下の図はジャブロンスキー図という光励起過程および関連する減衰過程の概略図である．図中の過程①から④の名称を記せ．ただし，Gは基底状態，Sは励起一重項状態，Tは三重項状態，太線はそれぞれの振動準位の基底状態，細線は振動準位の励起状態を示す．

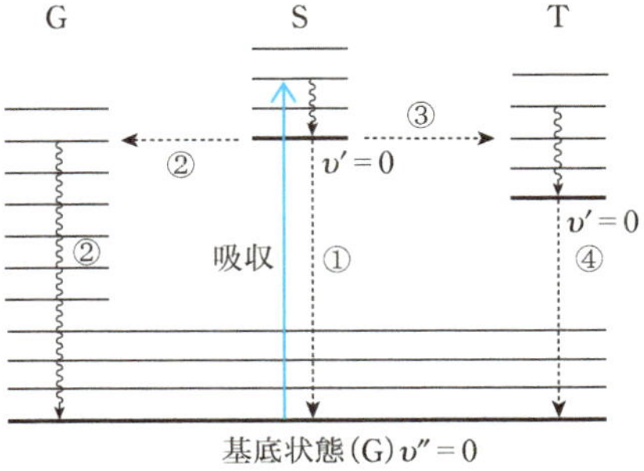

解　①蛍光　②無放射遷移　③項間交差　④リン光

11.3.3 光電子分光法

光電子分光法(photoelectron spectroscopy)は，超高真空下でX線や紫外光を試料に照射したときに放出される光電子の運動エネルギーを測定することにより，試料の電子構造を直接測定する方法であり(図11.15)，金属の仕事関数Wの決定(2.1.2項)も現在では光電子分光法によって行われる．光源には単色光が用いられ，試料に単色X線を照射する方法をXPS(X-ray photoelectron spectroscopy)またはESCA(electron spectroscopy for chemical analysis)とよび，単色の紫外光を照射する方法をUPS(ultraviolet photoelectron spectroscopy)とよぶ．

XPSは1950年代にシーグバーン(K. M. B. Siegbahn, 1918～2007：1981物)により開発された．固体表面にX線(エネルギー1000 eV以上(波長約1 nm以下))を照射したときに真空準位(vacuum level)を超えて放出される光電子の運動エネルギーTから，仕事関数Wや原子核近くの内殻電子の結合エネルギーE_bが求められる(図11.16)．Wはスペクトル幅δTから$W = h\nu - \delta T$で求められ，E_bは

$$E_b = h\nu - T - W \tag{11.21}$$

となる．

結合エネルギーは束縛エネルギーとよばれることもある．XPSは金属や高分子化合物の固体の表面分析に使用されており，内殻電子がたたき出されるため分子の個性はあまり反映しないが，酸化数や混成軌道の違いの評価，分子に含まれる元素の定量などが可能である．

UPSはヘリウム放電ランプ(21.2 eV, 58.4 nm)やレーザーを用いて光電子分光を行う方法で，1960年代に開発された．UPSはXPSと比べて照射する単色光の

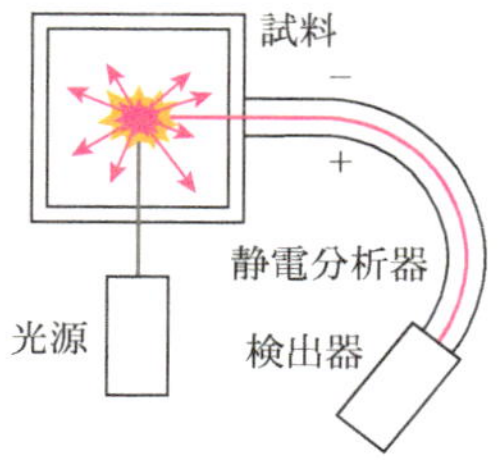

図11.15　光電子分光法の装置構成

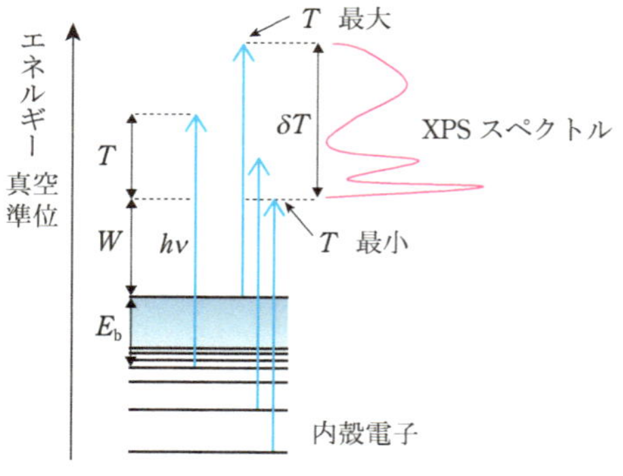

図11.16　光電子分光法(XPS)の原理

エネルギーが低いので，固体の状態密度(単位体積，単位エネルギーあたりの状態数)や，気相中の分子のHOMOやHOMOより低い結合性軌道から放出される光電子を観測することができる．観測された光電子の運動エネルギーTから紫外光のエネルギー$h\nu$を用いて，分子のイオン化エネルギーI_pや電子親和力を求めることが可能である．

$$I_p = h\nu - T \tag{11.22}$$

また0.01〜0.1 eV程度のエネルギーの違いを区別できる(分解能が高い)ため，運動エネルギーTの間隔から励起状態の振動構造を解析することも可能である．

例題11.10　ヘリウム放電ランプ(21.2 eV)を使用してH_2のUPSスペクトルを測定した．そのときに得られる光電子の運動エネルギーの最大値T_{max}は5.7 eV，最小値T_{min}は3.1 eVであった(上図)．H_2およびH_2^+の解離エネルギーを求めよ．ただし，H原子のイオン化エネルギーは13.6 eVとする．

解　H_2のUPSの光励起は下図のようになる．最大のイオン化エネルギーは21.2 eV − T_{min} = 18.1 eV，最小のイオン化エネルギー(0−0遷移に相当する)は21.2 eV − T_{max} = 15.5 eVとなる．H_2^+の解離エネルギーは$T_{min} - T_{max}$ = 2.6 eV，H_2の解離エネルギーは18.1 eV − 13.6 eV = 4.5 eVとなる．

H_2およびH_2^+の平衡核間距離は，それぞれ，$1.4a_0$と$2.0a_0$であるので(8.2節)，フランク−コンドンの原理に従って2←0遷移が強くなっている．

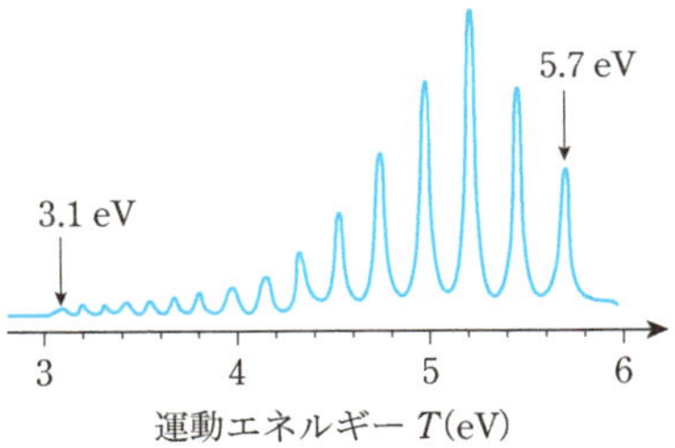

図　H_2のUPSスペクトル

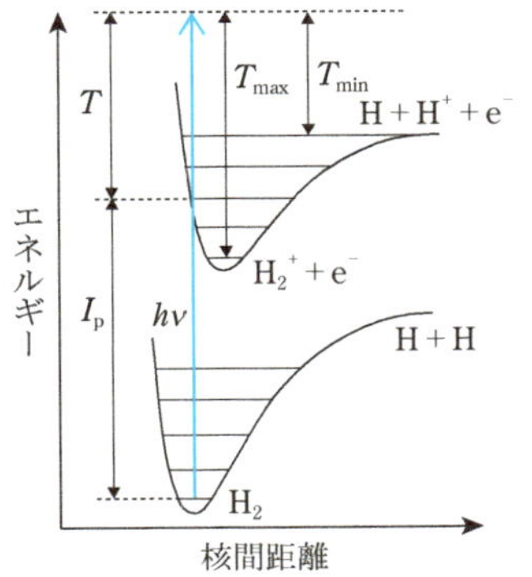

図　H_2のポテンシャル曲線とUPSによる光励起過程

11.4　回転および振動分光法

11.4.1　マイクロ波分光法

二原子以上からなる分子では回転運動と振動運動が生じ，第5章で示したように，それらのエネルギーは量子化されている．振動遷移を含まない回転スペクトルを純回転スペクトルという．純回転スペクトルは気相の分子にマイクロ波（波数$<100\ \mathrm{cm^{-1}}$）を当てて吸収を観測する**マイクロ波分光法**(microwave spectroscopy)により測定することができる．

回転のエネルギー準位は回転の量子数Jに対応している．慣性モーメントを$I=\mu r^2$（μは換算質量，rは結合距離）として回転のエネルギー準位Eを書くと

$$E=\frac{\hbar^2}{2\mu r^2}J(J+1)=\frac{\hbar^2}{2I}J(J+1)\quad (J=0, 1, 2, \cdots)\tag{11.23}$$

となり，それぞれのエネルギー準位の縮退度は$(2J+1)$である．これは，3次元の回転のエネルギー（**例題5.14**）と同じ形になる．回転のエネルギーは回転定数$\tilde{B}$（波数単位）を用いて表すのが一般的であり，直線分子の回転エネルギーは

$$E=hc\tilde{B}J(J+1)=BJ(J+1)\quad (J=0, 1, 2, \cdots)\tag{11.24}$$

と書かれる．ここで，Bの単位はエネルギー(J)になる．

ある分子が純回転スペクトルを与えるための選択概律は，**永久双極子モーメント**（10頁コラム）をもたなければならない，というものである．そのため，HClなどの異核二原子分子は活性で，等核二原子分子やCO_2のような中心対称な直線分子は回転スペクトルでは不活性である．

HClのような直線分子の個別選択律は

$$\Delta J=\pm 1,\quad \Delta M_J=0, \pm 1\tag{11.25}$$

となっている．回転のエネルギー準位のエネルギー値は，$E_0=0, E_1=2B, E_2=6B, E_3=12B, \cdots$であり，隣り合ったエネルギー準位の間隔を計算すると$2B, 4B, 6B, \cdots$となる．よって，回転スペクトルの吸収線の間隔は$2\tilde{B}$となる（図11.17(a)）．回転エネルギー準位の間隔は量子数が大きくなるほど広くなるが，その間隔は狭く，室温ではかなり上のエネルギー準位まで分子が分布している（10.2.2項）．

回転スペクトルのシグナル強度は遷移前のエネルギー準位の占有数に依存するため，図11.17(b)中のボルツマン因子$e^{-hc\tilde{B}J(J+1)/kT}$（●）と縮退度$(2J+1)$の積（●）に

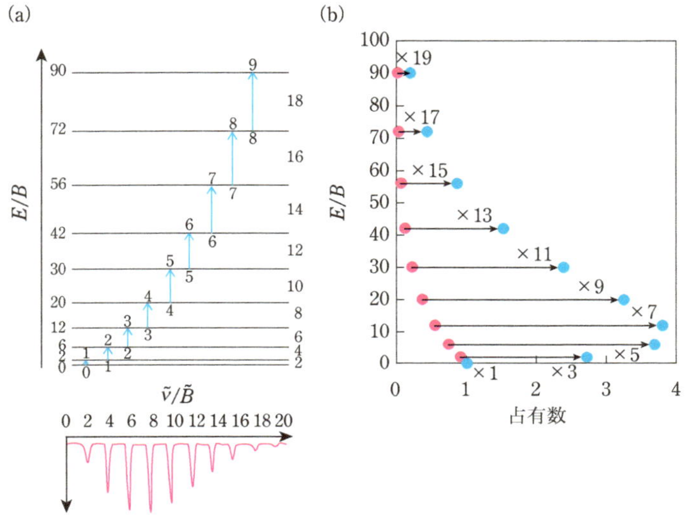

図 11.17　回転のエネルギー準位とスペクトル(a)および対応するボルツマン分布(b)

よって与えられる．そのため，回転遷移によるシグナル強度は$J=3\sim8$あたりで極大値をもつことになる．

直線分子の純回転スペクトルでは吸収線のエネルギー間隔が$2hc\tilde{B}$で，これをスペクトルから読み取ることができれば

$$I=\frac{h}{8\pi^2 c\tilde{B}},\quad r=\sqrt{\frac{I}{\mu}}=\sqrt{\frac{h}{8\pi^2 c\mu\tilde{B}}} \tag{11.26}$$

の関係式から回転モーメントと原子間の結合距離を求めることができる．

例題 11.11　$^{1}H^{35}Cl$の回転スペクトルにおける吸収線の平均の間隔は$21.2\ cm^{-1}$であった．300 Kにおいて吸収線の強度がもっとも高くなるJの値を計算で求めよ．また，$^{1}H^{35}Cl$の慣性モーメントIと結合距離rを算出せよ．

解　回転定数$\tilde{B}$は$10.6\ cm^{-1}$となる．吸収線の強度Aは$(2J+1)\,e^{-hc\tilde{B}J(J+1)/kT}$に比例するので，この関数が極大値をとる条件$dA/dJ=0$から求めればよい．

$$\frac{dA}{dJ}=\left\{2-\frac{hc\tilde{B}}{kT}(2J+1)^2\right\}e^{-hc\tilde{B}J(J+1)/kT}=0\qquad \therefore J=\sqrt{\frac{kT}{2hc\tilde{B}}}-\frac{1}{2}=2.6$$

$$I=2.64\times10^{-47}\ \mathrm{kg\,m^2},\quad r=127\ \mathrm{pm}$$

11.4.2　赤外分光法

5.1.4項で述べた調和振動子型のポテンシャル(図11.2の点線)を仮定すると，振動のエネルギー準位は振動量子数$\boldsymbol{v}$(=0, 1, 2, …)によって次式のように記述される.

$$E_v = \left(v + \frac{1}{2}\right)\hbar\omega \quad (v = 0, 1, 2, \cdots) \tag{11.27}$$

零点エネルギーがあり，エネルギー準位の間隔は

$$E_{v+1} - E_v = \hbar\omega \tag{11.28}$$

である．振動エネルギー準位の間隔は400～4000 cm^{-1}程度である．4.2.2項で述べたモースポテンシャル(図11.2の実線)は実際のポテンシャルに近く，また調和振動子型ポテンシャルはそのよい近似である.

分子に赤外光(波数100～10000 cm^{-1})を当てて振動エネルギー準位間の遷移を観測する**赤外分光法**(infrared spectroscopy, IR)により，振動スペクトルを測定することができる．気相中の分子の赤外スペクトルでは振動準位の遷移にともなう回転遷移も観測される.

赤外分光計では波数範囲7800～240 cm^{-1}のセラミック光源が用いられる．赤外分光法では赤外光の分光は難しいため，紫外可視分光法のようにプリズムや回折格子によって光を波長ごとに分けることはせず，マイケルソン干渉計(1.2.1項)を用いて測定を行う．この干渉計は透過率と反射率の等しいハーフミラーと固定鏡と移動鏡のセットで構成されており，干渉計に入射した光は，ハーフミラーによって反射光と透過光に分割され，それらが光路差によって干渉し，光の強度に変化が生じる．光路差が$n\lambda$に等しい場合は強めあい，$n\lambda/2$ならば弱めあう結果，干渉パターンは波束(wave packet：波が重なったもの)となる．この干渉パターンをインターフェログラム(interferogram)といい，高速フーリエ変換(fast Fourier transform, FFT)することによって，各周波数成分を横軸としたスペクトルに変換する．この方法による赤外分光測定はFT-IRとよばれる(図11.18).

赤外スペクトルにおける振動遷移の選択概律は，結合の振動によって分子の双極子モーメントが周期的に変化しなければならない，というものである．光子1個の角運動量が，分子の双極子モーメントの単振動の励起に使用され，光の振動数に一致した振動モードだけが観測される．HClのような異核二原子分子は結合の伸び縮みで双極子モーメントの大きさが変化するので赤外活性であるが，すべての等核二原子分子は赤外吸収を示さず，赤外不活性である.

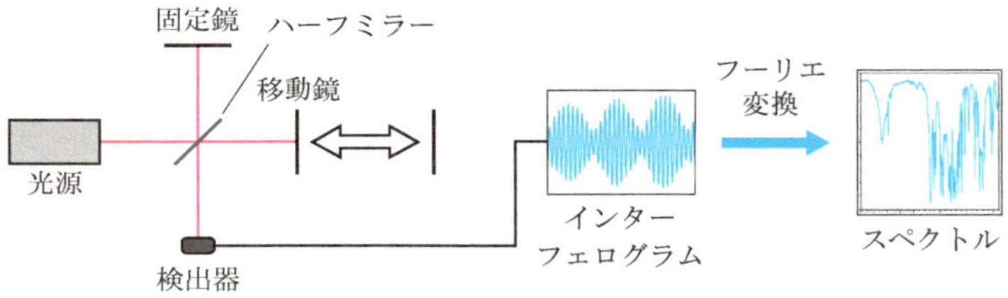

図11.18　赤外分光測定の概念図

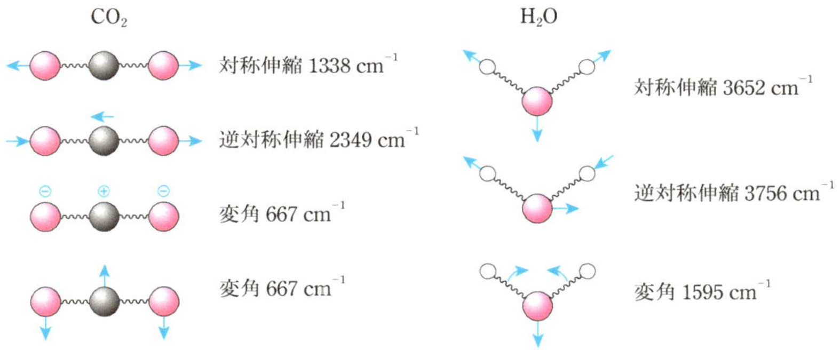

図11.19　二酸化炭素CO_2(左)と水H_2O(右)の基準振動

3つ以上の原子からなる分子において個々の結合の振動は連動しているため，分子の振動はいくつかの独立した複数の結合の振動，すなわち調和振動子の足し合わせで表すことができる．この単振動する調和振動子を**基準振動**(normal mode)という．CO_2とH_2Oの基準振動は図11.19のようになる．

直線分子であるCO_2は4つの基準振動をもつが，折れ線分子であるH_2Oは3つである．基準振動の個数は振動の自由度に等しく，振動の自由度は次のように求められる．

- 単原子分子の自由度は並進の3自由度だけである．
- n個の原子からなる分子は$3n$の運動の自由度をもち，そのうちの3自由度は分子の並進運動(x, y, z)で使用される．
- 非直線分子には並進の自由度3に加えて回転の自由度3(x, y, z軸回り)があるため，振動の自由度は全体の運動の自由度から6を引いた$3n-6$である．
- 直線分子は回転の自由度が2しかないため，振動の自由度は$3n-5$である．

分子の振動は振動の自由度の数の基準振動の足し合わせで表すことができる．

例題11.12　以下の化合物の振動の自由度を答えよ．
①二酸化炭素　②水　③アセチレン　④オゾン　⑤シアン化水素
解　① 4　② 3　③ 7　④ 3　⑤ 4

多原子分子の振動には伸縮振動（stretching vibration）と変角振動（deformation vibration）があり，伸縮振動には対称伸縮振動（symmetrical vibration）と逆対称伸縮振動（anti-symmetrical vibration）がある．伸縮振動は変角振動より波数が大きく，エネルギーが高い．これらの基準振動のうちで，CO_2の対称伸縮は分子全体の電気双極子モーメントが変化しないので赤外不活性である．基準振動の対称性が，分子の属する点群の指標表におけるx, y, z方向の既約表現のいずれかと一致すれば遷移モーメントが0でなくなるので赤外活性となり，赤外吸収を示す．

赤外分光法の振動回転（vibrational–rotational）スペクトルにおける振動とそれにともなう回転の個別選択律は

$$\Delta v = \pm 1 \text{　かつ　} \Delta J = \pm 1 \tag{11.29}$$

となっており，振動遷移は隣り合った準位間のみで許容である．ただし，振動エネルギー準位の間隔は400～4000 cm^{-1}程度で，ボルツマン分布を考えれば，一番下の$v=0$だけが占有されているため，赤外スペクトルでは$v=0$から$v=1$への$\Delta v=1$の遷移だけが観測される．

個別選択律$\Delta v=\pm 1$は調和振動子ポテンシャルを用いたときに得られる波動関数が満たすエルミート多項式に成立する関係式を用いて導出される（**例題11.14**）．すなわち，振動の個別選択律が成立するには，実際の分子振動のポテンシャルが二次関数で近似されていることが必要である．実際のポテンシャルの形状はモースポテンシャルに近く，二次関数からずれているため，倍音（$\Delta v=\pm 2$）や3倍音（$\Delta v=\pm 3$）などの弱いシグナルが観測されることもある．

式(11.29)から$v=0$から$v=1$への遷移にともなって，$\Delta J=-1$（P枝という）と$\Delta J=+1$（R枝という）のシグナルが観測される（図11.20）．シグナルの強度は，純回転スペクトルと同様に，ボルツマン分布と縮退度の積によって決まるため，極大値が現れる．$\Delta J=0$は禁制遷移であるので振動回転スペクトルにも現れないことが多いが，分子（例えばNOなど）によっては許容されることがあり，$\Delta J=0$の吸収線はQ枝とよばれる．Q枝は$\Delta J=0$のすべての遷移（0←0，1←1，2←2）が

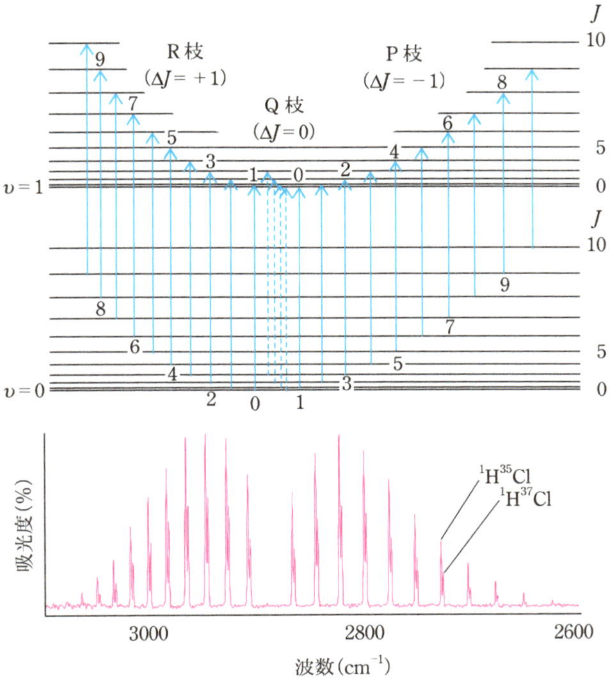

図11.20 HCl(気相)の赤外スペクトルとエネルギー遷移

重なっている．振動回転スペクトルのピークの間隔からも$\tilde{B}$を計算することが可能で，原子間の結合距離を求めることができる．

例題11.13 図11.20のHClの振動回転スペクトルにおけるP枝の間隔とR枝の間隔は異なっている．その理由を考察せよ．

解 励起状態の回転定数を$\tilde{B}_1$，基底状態の回転定数を$\tilde{B}_0$とする．$\tilde{B}_0 = \tilde{B}_1 = \tilde{B}$のときの吸収線の間隔は純回転スペクトルと同じく$2\tilde{B}$である．実際は励起状態の方が結合が伸びていて慣性モーメントが大きいため，$\tilde{B}_1$は$\tilde{B}_0$より小さい．P枝とR枝の吸収線の間隔をΔ_P, Δ_Rとし，$J = 0, 1, 2, \cdots$とすると

$$|\Delta_P| = 2hc\{2\tilde{B}_0 - \tilde{B}_1 + (\tilde{B}_0 - \tilde{B}_1)J\}, \quad |\Delta_R| = 2hc\{2\tilde{B}_1 - \tilde{B}_0 - (\tilde{B}_0 - \tilde{B}_1)J\}$$

となる．$\tilde{B}_0 > \tilde{B}_1$より，$J$が大きくなるに従って$\Delta_P$は大きくなり，$\Delta_R$は小さ

くなる．そのため，P枝の間隔はだんだん広くなるが，R枝の間隔は狭くなる．

例題11.14　エルミート多項式について成立する以下の式

$$H_{n+1}(\xi)=2\xi H_n(\xi)-2nH_{n-1}(\xi) \tag{1}$$

$$m\neq n\text{のとき}\int_{-\infty}^{\infty}H_m(\xi)H_n(\xi)\mathrm{e}^{-\xi^2}\mathrm{d}\xi=0 \tag{2}$$

を用いて，振動の個別選択律$\Delta\upsilon=\pm1$を導出せよ（$\xi=x\sqrt{m\omega/\hbar}$）．

解　分子のポテンシャルが調和振動子ポテンシャルとして近似される場合には振動の波動関数はエルミート多項式を含めて

$$\psi_\upsilon(\xi)=N_\upsilon H_\upsilon(\xi)\mathrm{e}^{-\frac{1}{2}\xi^2}\quad(\upsilon=0,\,1,\,2,\,\cdots)$$

と書くことができる（5.1.4項）．準位υとυ'の間が許容遷移であるためには電子遷移の選択概律と同じく，波動関数でξを挟んだ$\psi^*\xi\psi$の全空間における積分である遷移モーメントが0でないことが必要である．

$$N_{\upsilon'}N_\upsilon\int_{-\infty}^{\infty}H_{\upsilon'}(\xi)\xi H_\upsilon(\xi)\mathrm{e}^{-\xi^2}\,\mathrm{d}\xi\neq0$$

式(1)を変形した$\xi H_\upsilon(\xi)=\dfrac{H_{\upsilon+1}(\xi)}{2}+\upsilon H_{\upsilon-1}(\xi)$を上の式に代入して積分が0にならないのは，式(2)から$\upsilon'=\upsilon+1$または$\upsilon'=\upsilon-1$の場合だけであり，個別選択律$\Delta\upsilon=\pm1$が示される．

11.4.3　有機化合物の赤外スペクトル

400〜4000 cm^{-1}の範囲で有機化合物の固体や液体の赤外吸収スペクトルを測定すると，多数の回転エネルギーの変化が起こるので振動スペクトルの吸収線は幅の広い吸収帯を示す．分子中には多くの共有結合があり，それぞれが異なる吸収帯を示す（図11.21）．官能基，特にカルボニル基（$-\mathrm{C=O}$：1650〜1800 cm^{-1}），ヒドロキシ基（$-\mathrm{OH}$：3200〜3300 cm^{-1}），アミノ基（$-\mathrm{NH_2}$：3200〜3300 cm^{-1}）などの特定に有用である．吸収帯の波数は，ばねでつながれた調和振動子を仮定して

$$\tilde{\nu}=\frac{1}{2\pi c}\sqrt{\frac{f}{\mu_{x,y}}} \tag{11.30}$$

で概算できる．ここで，cは光速，fは原子間の結合に関する力の定数，$\mu_{x,y}$は原子

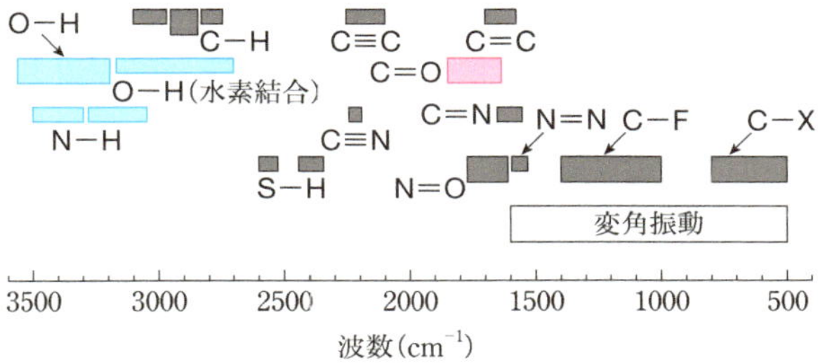

図11.21 赤外スペクトルの特性吸収帯

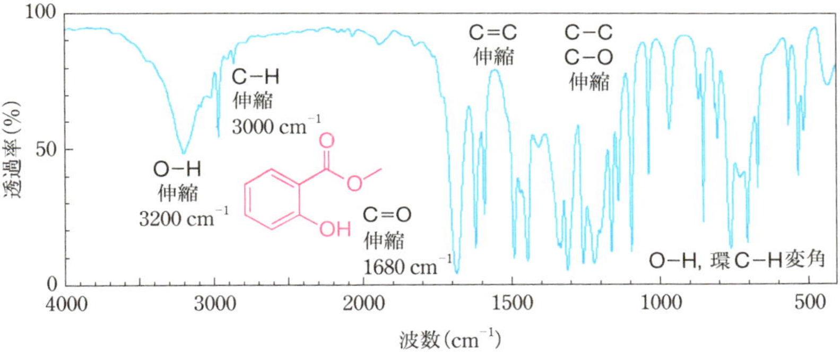

図11.22 サリチル酸メチルの赤外スペクトル

xとyの換算質量である．換算質量が異なる$^1H^{35}Cl$と$^1H^{37}Cl$の吸収の波数には差が生じる．図11.22にサリチル酸メチルの赤外スペクトルを示す．O−H基の伸縮振動の幅の広い，強い吸収が3200 cm^{-1}に観測され，C=O基の強い吸収が1680 cm^{-1}に観測されている．有機化合物の赤外スペクトルはかなり複雑であり，分子によって異なることから，吸収帯の完全一致によって有機化合物を同定できる．

例題11.15 $^1H^{35}Cl$の振動回転スペクトルにおける基本振動の波数は2890 cm^{-1}である．$^1H^{35}Cl$の結合の力の定数fを算出せよ．

解

$$\tilde{\nu} = \frac{1}{2\pi c}\sqrt{\frac{f}{\mu_{x,y}}}, \quad f = \mu_{x,y}(2\pi c\tilde{\nu})^2 = 479\ \mathrm{N\,m^{-1}}$$

例題11.16　C≡C（三重結合）の振動の波数は何 cm^{-1} か．ただし，力の定数を $f=1.6\times10^3\ N\ m^{-1}=1.6\times10^3\ kg\ s^{-2}$ とせよ．

解　光速の単位を $cm\ s^{-1}$ とすれば，単位換算は簡単になる．

$$\tilde{\nu}=\frac{1}{2\pi\times3.0\times10^{10}\ cm\ s^{-1}}\sqrt{\frac{1.6\times10^{3}\ N\ m^{-1}}{\dfrac{12\times12\ g\ mol^{-1}}{(12+12)\times6.0\times10^{23}\ mol^{-1}}}}=2100\ cm^{-1}$$

11.4.4　ラマン分光法

光散乱現象には，レイリー卿に由来するレイリー散乱や，光量子が運動量をもつことの証明となったコンプトン散乱などがある．光散乱は，光と物質中の電子が相互作用して2光子が吸収される遷移であることが特徴である．一方，物質に光を照射したときに散乱光の中に入射光の波長と異なる波長の光が含まれる現象はラマン効果とよばれ，1928年にインドのラマン（C. V. Raman, 1888～1970 : 1930物）により発見された．ラマン効果は，レーザー（コラム参照）が普及するまで分光法として一般的に利用されるまでには至らなかったが，現在，**ラマン分光法**（Raman spectroscopy）は気相，液相，固相中における分子の回転，振動についての情報が得られる有力な手法となっている．ラマン分光法ではレーザーなどの振動数のそろった入射光を試料に当て，そこから散乱された光の振動数を分光器を通して検出し，元の振動数との差を観測することで，振動や回転のエネルギー差を見積もる（図11.23）．

ラマンスペクトルにおいては，入射光と同じ波長にレイリー散乱による強いシグナルが観測される．それよりエネルギーの低い，長波長領域に観測される散乱をストークス散乱（ストークス線），入射光よりエネルギーの高い，短波長領域に観測される散乱をアンチストークス散乱（アンチストークス線）という（図11.24）．

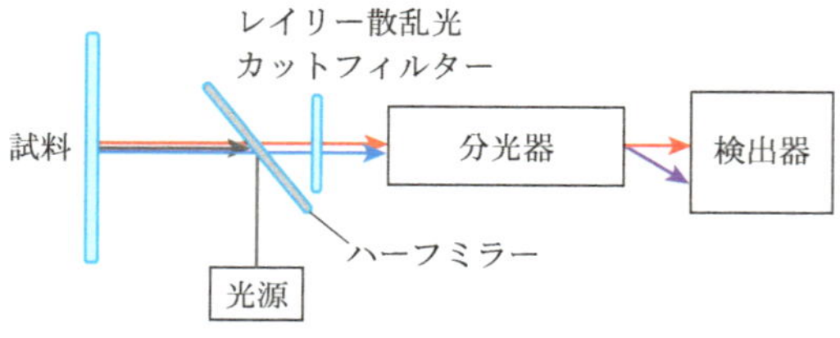

図11.23　ラマン分光器の装置構成

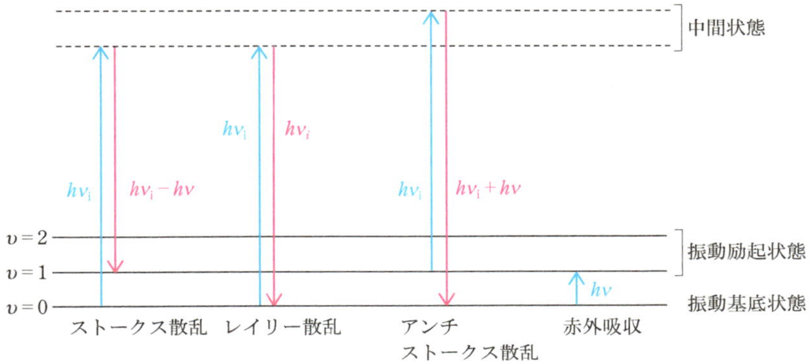

図11.24　ラマン効果を生じるエネルギー準位と遷移

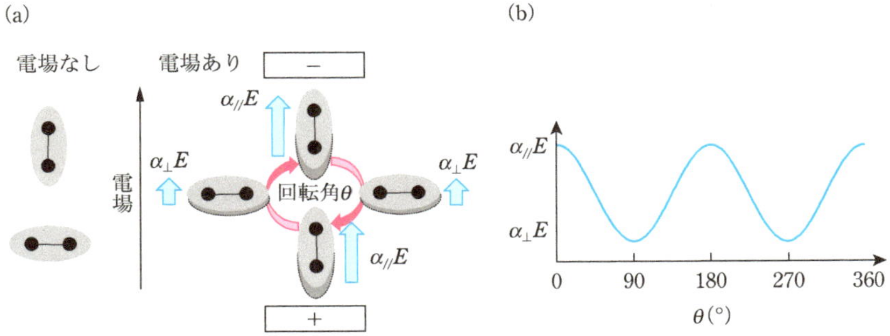

図11.25　分子の回転による分極率の変化

ラマンスペクトルにおける選択概律は，分子の**分極率**(polarizability)が周期的に変化しなければならない，というもので，分子の分極率が変化する振動，回転モードだけが観測される(図11.25)．分極率αは原子や分子における電荷分布の偏り(＝分極)を示す物理量で，電場$\boldsymbol{E}$をかけたときに分子に誘起される**誘起双極子モーメント$\boldsymbol{p}$**の比例定数である．

$$\boldsymbol{p} = \alpha \boldsymbol{E} \tag{11.31}$$

x方向の電場をかけたときにz方向に分極が生じることもあり，$\boldsymbol{E}$と$\boldsymbol{p}$の方向は必ずしも一致しないため，αは本来はテンソル(tensor)とよばれる3×3の行列である．分子軸に対して平行と垂直方向の分極率が異なっていて($\alpha_{/\!/} \neq \alpha_{\perp}$)，回転や振動で分子の分極率が変化すればラマン活性となるため，永久双極子モーメントをもたない等核二原子分子の回転はラマン活性であり，赤外分光法において不活性である対称伸縮もラマン活性である．一般的には，反転中心をもつ分子（等核二原子分子，CO_2，ベンゼンなど）では，赤外とラマンスペクトルについての選択律に交互禁制律（mutual exclusion rule）

「赤外活性な基準振動はラマン活性ではなく，逆に，ラマン活性な基準振動は赤外活性ではない」

が成り立ち，赤外分光法と組み合わせることで分子の基準振動が明らかになる．群論でいえば，基準振動の対称性が，分子の属する点群についての指標表の二次関数 x^2, y^2, z^2, xy, yz, zx の既約表現のいずれかと一致すれば遷移モーメントが0でなくなってラマン活性となる．

直線分子の回転ラマンスペクトルについての個別選択律は，分子が1回転する間に分極率の振動は2回生じるため，

$$\Delta J = 0, \ \pm 2$$

である．気相中の二原子分子の振動遷移をともなわない純回転ラマンスペクトル（$\Delta v = 0$）には，回転のストークス線（$\Delta J = +2$）とアンチストークス線（$\Delta J = -2$）が観測され，それらの中心にレイリー散乱（$\Delta J = 0$）が観測される（図11.26(a)）．散乱光の波数はアンチストークス線の方が高い．$\Delta J = \pm 2$ なので吸収線の間隔は $4\tilde{B}$ であり，マイクロ波分光法のときの回転遷移の吸収線の間隔（$2\tilde{B}$）の倍である．Q枝ともっとも近いO枝，S枝（後述）の間隔はともに $6\tilde{B}$ である．マイクロ波分光と同様に吸収線の間隔から $\tilde{B}$ を計算して，慣性モーメントと結合距離を算出できる．

ラマン分光法における振動回転スペクトルの個別選択律は

$$\Delta v = \pm 1 \ \ かつ \ \ \Delta J = 0, \ \pm 2$$

となる．室温においては，ほとんど一番下の振動準位しか占められておらず，アンチストークス線の強度は小さいため，主にストークス線を使って解析される．ストークス線は $1 \leftarrow 0$ の振動遷移によるシグナルである．振動遷移にともなって $\Delta J = -2$（O枝），$\Delta J = 0$（Q枝），$\Delta J = +2$（S枝）である回転遷移のシグナルが観測される（図11.26(b)）．O枝とS枝の名称は，赤外スペクトルの $\Delta J = -1$（P枝）と $\Delta J = +1$（R枝）とあわせてアルファベット順に並んでいる．回転定数を $\tilde{B}$ とすると，O枝もS枝も間隔は $4\tilde{B}$ である．赤外スペクトルと違ってあらゆる二原子分子に

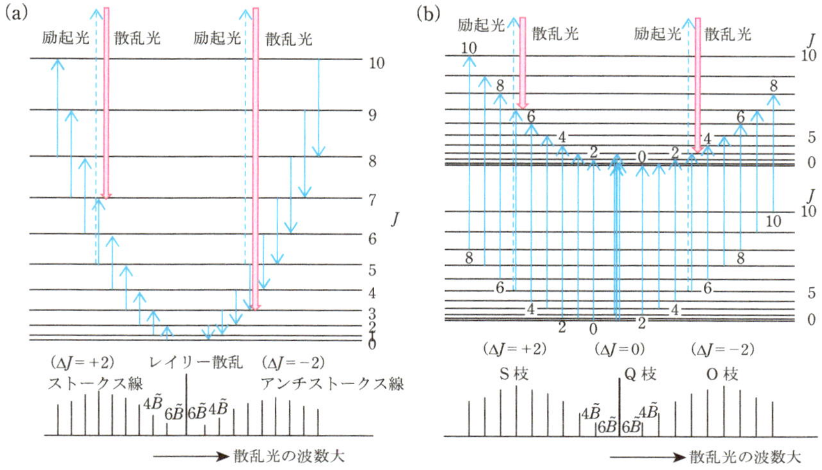

図 11.26　回転(a)および振動回転(b)ラマン散乱を生じる遷移とエネルギー準位およびスペクトルの形状

おいてQ枝が観測される．

振動ラマンスペクトルを液相や固相の試料について測定すると，分子の振動について赤外スペクトルと相補的な情報が得られる．振動ラマンスペクトルでは，横軸は励起波長を基準(レイリー散乱を0 cm^{-1})としたラマンシフト(Raman shift)で表示される．赤外スペクトルとラマンスペクトルを比較すると，ラマンスペクトルでは，C=C−H, C=Cの伸縮運動などの電子密度の高い官能基のシグナルが強く検出されるほか，ベンゼン環全体の伸縮運動に由来するラマンスペクトル特有のシグナル(図 11.27 の 1000 cm^{-1} のシグナル)を検出できる．ベンゼン環全体の伸縮では，分子の双極子モーメントは変化しないので赤外スペクトルではシグナルが出ないが，分極率は変化するのでラマンスペクトルでは強いシグナルが観測される．赤外スペクトルより水の影響が少ないので水に溶解した試料をそのまま測定できるという利点もある．可視レーザー光を利用して顕微鏡を接続した顕微ラマン分光装置では，試料中の成分の分布を可視化するマッピング測定によって1 μm程度の分解能をもつラマンイメージが取得できる．顕微ラマン分光装置を使用して生体物質を細胞レベルで可視化できるようになり，医薬品研究に広く用いられてきている．

また紫外可視吸収を示す複雑な生体分子に対して，その吸収波長を選択的にレーザーで励起して振動モードを研究する**共鳴ラマン分光法**(resonance Raman

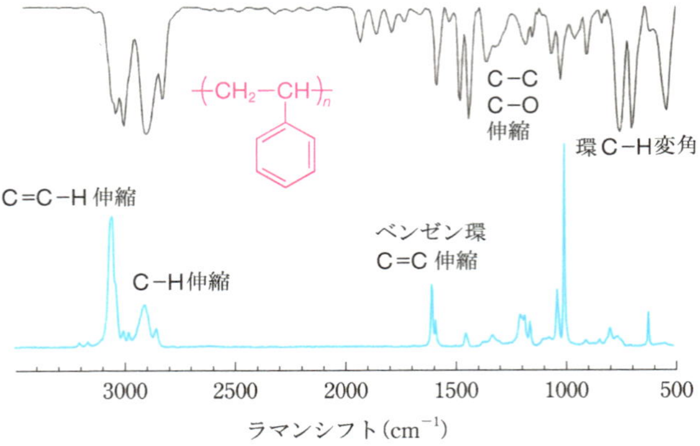

図11.27　ポリスチレンの赤外スペクトル(上)と振動ラマンスペクトル(下)

spectrosopy)なども開発されている．共鳴ラマンスペクトルではある特定の部位の電子状態についての情報が得られる．分子をその分子がもつ吸収帯で励起することにより，その吸収帯に由来する振動を選択的に観測する手法である．例えば，ヘムタンパク質は補欠分子族として紫外可視領域に吸収をもつヘム(ポルフィリン一鉄錯体)を有する．ヘムの強い吸収帯(400 nm付近)で励起してラマンスペクトルを測定するとヘム由来の振動シグナルが他のものに比べ，著しく強く観測されるため，ヘムに関する振動を選択的に観測することができる．代表的なヘムタンパク質であるヘモグロビンでは，ヘムの鉄イオンは片側でヒスチジン(His)残基と共有結合し，もう一方で酸素分子O_2と結合する．これらのFe-HisやFe-O_2の共有結合の伸縮振動を選択的に観測して酸素分子のヘモグロビンへの結合情報や酸素親和性の情報まで得ることができる．

例題11.17　図11.19のH_2OとCO_2の基準振動のうち，ラマン活性のものをあげよ．

解　分子に対称中心をもたないH_2Oの基準振動はすべてラマン活性である．分子に対称中心をもつCO_2では，基準振動のうち対称伸縮振動のみがラマン活性である．逆対称伸縮振動と変角振動は赤外活性であるので，ラマン不活性である．

コラム　レーザー

レーザー(laser, light amplification by stimulated emission of radiationの略)の基礎理論もアインシュタインによって1917年に提案されている．アインシュタインは電子遷移には，基底状態から励起状態への吸収と励起状態から基底状態への自然放出のほかに，励起状態にある電子に電磁波を当てることによって生じる**誘導放出**(stimulated emission)があることを示した．その後，1950年代に誘導放出によるマイクロ波の増幅であるメーザー(maser, microwave amplification by stimulated emission of radiationの略)が米国のタウンズ(C. H. Townes, 1915〜2015：1964物)らによって開発され，1960年には最初のレーザー発生装置(ルビーレーザー)が開発された．レーザー現象を生じるためには，誘導放出を可能にする**反転分布**(population inversion)が成立する適切な3準位以上の系が必要である(下図)．現在のレーザー装置では，入射する電磁波の定常波を安定に維持する光共振器の中に，電子励起の中間状態を長く保つ媒質が入っており，媒質に電磁波を当てて励起状態へと遷移させるポンピングによって励起状態の占有数を基底状態より多く保つ反転分布が成立する．反転分布が成立している状態において，一旦自然放出が起きると励起状態から基底状態への誘導放出が次々に生じて，位相がそろった(コヒーレント，coherent)強い光が共振器から出てきて，高い単色性，指向性，干渉性をもったレーザー光が得られる．

レーザーには，不活性ガス(He-Ne, Ar, Kr)，炭酸ガス，窒素ガスなどを用いた気体レーザーや，ローダミンなどの色素を用いた色素レーザー，YAG(イットリウムーアルミニウムーガーネット)にネオジムイオンをドープしたものや，サファイアにチタンをドープしたものなどを用いた固体レーザー，安価で広く普及している半導体レーザーなどがあり，波長と強度によってさまざまな用途に用いられる．

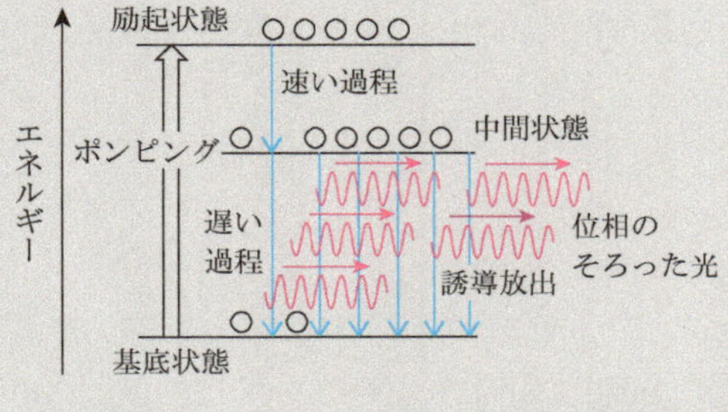

図　3準位レーザーにおけるレーザー発振の原理(反転分布)

❖章末問題

11.1　ランベルトーベールの法則について説明せよ．

11.2　紫外可視吸収において観測される振動構造の強度についてフランク−コンドンの原理に基づいて説明せよ．

11.3　ナトリウムのD線の異常ゼーマン効果（図1.10）について基底状態と励起状態の項の記号を用いて説明せよ．

11.4　点群における5つの対称要素E, C_n, σ, i, S_nについて説明せよ．

11.5　ブタジエンに関してヒュッケル法で得られた4つのエネルギー準位間における電子遷移の許容遷移，禁制遷移について群論を用いて説明せよ．

11.6　蛍光とリン光はともに発光であるが，これらの違いを説明せよ．

11.7　アントラセンの吸収スペクトルと蛍光スペクトルの対称性についてエネルギー準位を描いて説明せよ．

11.8　赤外分光法とラマン分光法のどちらも振動・回転遷移を観測する．これらの方法の原理，得られる情報の違いを述べよ．

11.9　気相中の等核二原子分子の振動回転ラマンスペクトルにおけるストークス散乱線について，どの回転のエネルギー準位間の遷移によるものかがわかるようにスペクトルの模式図を描け．

11.10　紫外可視分光法，蛍光分光法，赤外分光法，ラマン分光法について装置の概要を示して違いを説明せよ．

第12章　磁気共鳴分光学

1896年にナトリウム原子を磁場中で発光させると，D線が数本に分かれることがゼーマンにより発見され，ゼーマン効果と名づけられた．ゼーマン効果は，原子中に振動する荷電粒子が存在することの証拠とされた．その後，1921年に電子が固有の角運動量（スピン角運動量）と磁気モーメント（スピン磁気モーメント）をもつことがシュテルンとゲルラッハによって発見された（3.2.1項）．一方で，ほぼ同時期に，原子核も固有角運動量に由来する磁気モーメントをもつことがパウリによって示唆されていた．こうして磁気モーメントと磁場との相互作用によるエネルギー準位の分裂，すなわち準位間の遷移を観測する研究が開始された．1939年にラービ（I. I. Rabi, 1898～1988：1944物）により気相中での**核磁気共鳴**（NMR）シグナルが検出された後，1945年にソ連のザボイスキー（Y. K. Zavoisky, 1907～1976）により凝縮系での**電子スピン共鳴**（ESR）シグナルが検出された．1946年にはハイゼンベルグの弟子のブロッホ（F. Bloch, 1905～1983：1952物）と米国のパーセル（E. M. Purcell, 1912～1997：1952物）が独立に凝縮系のNMRシグナルを検出した．

原子中では電子の軌道角運動量$\boldsymbol{L}$とスピン角運動量$\boldsymbol{S}$の相互作用により正常および異常ゼーマン効果が現れて複雑であるが（11.1.3項），分子やラジカル中においては，電子が占める波動関数に縮退がなければ$\boldsymbol{L}=\boldsymbol{0}$としてよいので，磁気共鳴のシュレーディンガー方程式は，電子や核のスピン角運動量$\boldsymbol{S}, \boldsymbol{I}$だけを取り扱い，スピン関数だけで計算することができる．ゼーマン相互作用のハミルトニアン$\hat{H}$は，スピン角運動量演算子$\hat{S}$や$\hat{I}$の静磁場B_0方向の成分$\hat{S}_z$, $\hat{I}_z$を用いて

$$\text{ESR}: \hat{H} = -\gamma_e B_0 \hat{S}_z \tag{12.1}$$

$$\text{NMR}: \hat{H} = -\gamma_N B_0 \hat{I}_z \tag{12.2}$$

と表される（コラム参照）．本章では，こうした磁気共鳴現象に基づく分光法の原理および具体例について説明する．

12.1　磁気共鳴分光法の原理

12.1.1　ラーモア歳差運動

電子のスピン角運動量$\boldsymbol{S}$($|S| = m_s\hbar\sqrt{s(s+1)}$)により生じるスピン磁気モーメント$\boldsymbol{\mu}_S$は$\boldsymbol{S}$と逆向きで，電子スピンの磁気回転比$\gamma_\mathrm{e}$($= -g_\mathrm{e}\mu_\mathrm{B}/\hbar$)を用いて以下のように表される(6.3.1項).

$$\boldsymbol{\mu}_S = \gamma_\mathrm{e}\boldsymbol{S} = -\frac{g_\mathrm{e}\mu_\mathrm{B}}{\hbar}\boldsymbol{S},\quad \gamma_\mathrm{e} = -1.761\times10^{11}\ \mathrm{rad\,s^{-1}\,T^{-1}} \tag{12.3}$$

式中のg_eは電子におけるg値で，$g_\mathrm{e} = 2.0023\cdots$という無次元の補正定数である. μ_Bは6.3.1項でも述べたボーア磁子とよばれる定数である. 同様な関係は，核スピン角運動量$\boldsymbol{I}$($|\boldsymbol{I}| = m_I\hbar\sqrt{I(I+1)}$)と核磁気モーメント$\boldsymbol{\mu}_I$との間にも成立する.

$$\boldsymbol{\mu}_I = \gamma_\mathrm{N}\boldsymbol{I} \tag{12.4}$$

ここで，γ_Nは核スピンの磁気回転比である.

次に，$\boldsymbol{\mu}_S$や$\boldsymbol{\mu}_I$のような磁気モーメント$\boldsymbol{\mu}$が磁束密度$\boldsymbol{B}$の静磁場におかれたときの$\boldsymbol{\mu}$の運動とそのエネルギーについて考察する. $\boldsymbol{\mu}$が静磁場$\boldsymbol{B}$におかれるとN極とS極をもつ磁石と同じように，磁場との相互作用によってトルク$\boldsymbol{N}$

$$\boldsymbol{N} = \boldsymbol{\mu}\times\boldsymbol{B} \tag{12.5}$$

を受ける. ×はベクトルの外積の記号であり，$\boldsymbol{N}$の方向は$\boldsymbol{\mu}$と$\boldsymbol{B}$がつくる平面に対して垂直である. このトルクによって磁気モーメントの根源である角運動量$\boldsymbol{J}$は磁場方向を中心として歳差運動する(図12.1(a), (b)). 磁気モーメントの磁場中での歳差運動を**ラーモア歳差運動**(Larmor precession)とよぶ. ラーモア歳差運動の角速度ベクトルを$\boldsymbol{\Omega}$とすると運動方程式は

$$\frac{\mathrm{d}\boldsymbol{J}}{\mathrm{d}t} = \boldsymbol{\Omega}\times\boldsymbol{J} \tag{12.6}$$

と書ける(**例題1.2**). 式(12.5)と(12.6)を等しいとおき，$\boldsymbol{\mu} = \gamma\boldsymbol{J}$の関係を代入すると

$$\frac{\mathrm{d}\boldsymbol{J}}{\mathrm{d}t} = \boldsymbol{\Omega}\times\boldsymbol{J} = \boldsymbol{\mu}\times\boldsymbol{B} = \gamma\boldsymbol{J}\times\boldsymbol{B} = -\gamma\boldsymbol{B}\times\boldsymbol{J} \tag{12.7}$$

となり，上の式を比較すると$\boldsymbol{\Omega} = -\gamma\boldsymbol{B}$が得られる. 角速度ベクトルの大きさである角周波数Ωと磁場の大きさB_0の関係を示すと

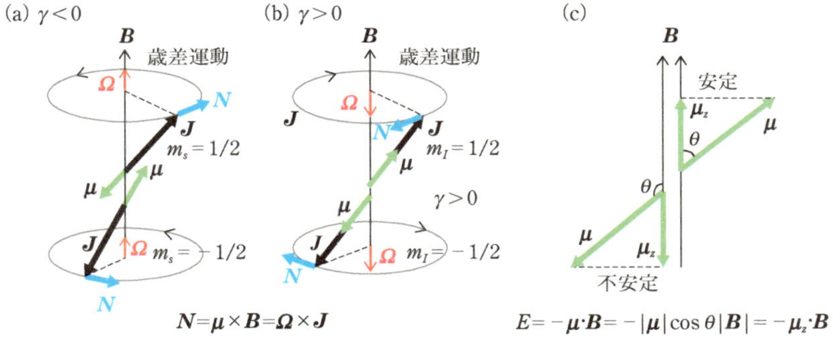

図 12.1　磁場$\boldsymbol{B}$中での磁気モーメント$\boldsymbol{\mu}$の運動とエネルギー
$\gamma<0$である電子スピン(a)と$I=1/2$，$\gamma>0$である核スピン(b)のラーモア歳差運動および$\boldsymbol{\mu}$のポテンシャルエネルギー(c)

$$\Omega=|\gamma|B_0 \tag{12.8}$$

となる．磁場とラーモア歳差運動の角周波数（ラーモア周波数）$\boldsymbol{\Omega}$の比例定数が磁気回転比γとなり，γの符号によって歳差運動の向きは逆になる．$\boldsymbol{\mu}=\gamma\boldsymbol{J}$を式(12.7)に代入して磁気モーメントベクトルの歳差運動の式に書き換えると

$$\frac{\mathrm{d}\boldsymbol{\mu}}{\mathrm{d}t}=\gamma\boldsymbol{\mu}\times\boldsymbol{B} \tag{12.9}$$

となり，磁気モーメントの運動方程式が得られる．このミクロな磁気モーメント$\boldsymbol{\mu}$の集団を巨視的磁化ベクトル$\boldsymbol{M}$として，試料全体の**磁化**(magnetization)と対応させることができる．

12.1.2　ゼーマンエネルギー

ラーモア歳差運動している磁気モーメント$\boldsymbol{\mu}$と磁場$\boldsymbol{B}$との相互作用のエネルギーEは$\boldsymbol{\mu}$と$\boldsymbol{B}$の内積（スカラー積）

$$E=-\boldsymbol{\mu}\cdot\boldsymbol{B}=-|\boldsymbol{\mu}||\boldsymbol{B}|\cos\theta \tag{12.10}$$

で表され，$\boldsymbol{B}$上への射影成分のみが磁場との相互作用に寄与する（1.1.4項コラム，図 12.1 (c)）．θは$\boldsymbol{\mu}$と$\boldsymbol{B}$のベクトルのなす角であり，$\boldsymbol{B}$の方向を$\boldsymbol{\mu}$のz軸方向とし，$\boldsymbol{\mu}$の$\boldsymbol{B}$上への射影成分（z軸成分）を$\boldsymbol{\mu}_z$とすれば

$$E=-|\boldsymbol{\mu}|\cos\theta|\boldsymbol{B}|=-|\boldsymbol{\mu}_z||\boldsymbol{B}|=-\boldsymbol{\mu}_z\cdot\boldsymbol{B} \tag{12.11}$$

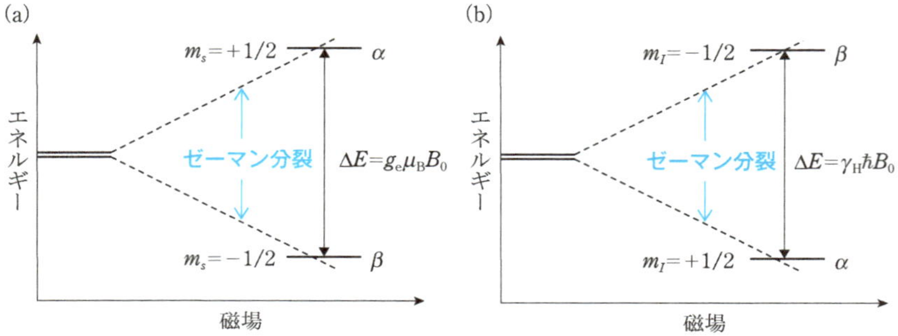

図12.2　電子スピン(a)とプロトンの核スピン(b)のゼーマン分裂
電子のゼーマンエネルギーの方が600倍以上大きい(**例題12.2**).

となる．$\boldsymbol{\mu}_z$(S→N極が正の向き)と$\boldsymbol{B}$(N→S極が正の向き)が同符号のときにエネルギーは負となって安定になり，反対符号のときにはエネルギーは正となって不安定になる．電子のスピン磁気量子数m_sや核のスピン磁気量子数m_Iによって角運動量のz成分は量子化されており，それに比例する磁気モーメントもz軸方向に量子化されている．すなわち，磁場中では磁気量子数によってエネルギーに違いが生じることになる(図12.2)．電子スピン，核スピンそれぞれのエネルギー準位は

$$\text{電子スピン}：E=-\gamma_e \boldsymbol{S}_z\boldsymbol{B}=-\gamma_e m_s\hbar B_0=g_e\mu_B m_s B_0 \qquad (12.12)$$

$$\text{核スピン}：E=-\gamma_N \boldsymbol{I}_z\boldsymbol{B}=-\gamma_N m_I\hbar B_0 \qquad (12.13)$$

と書くことができる．磁場B_0中に電子スピンがおかれると，αスピン($m_s=1/2$)とβスピン($m_s=-1/2$)の縮退が解けてスピン磁気量子数m_sを含む2つのエネルギー準位にゼーマン分裂し，2つのスピンのエネルギー準位間にエネルギー差ΔEが生じる．

電子スピンの場合($m_s=\pm\frac{1}{2}$)には，z軸方向の角運動量$\boldsymbol{S}_z$は$\pm\frac{1}{2}\hbar\boldsymbol{e}_z$で，対応するスピン磁気モーメント$\boldsymbol{\mu}_z$は逆向きなので$\mp\frac{1}{2}g_e\mu_B$となり，それらのエネルギー準位は$\pm\frac{1}{2}g_e\mu_B B_0$となる．すなわち，$\alpha$スピン($m_s=1/2$)のエネルギー準位は高く，$\beta$スピン($m_s=-1/2$)のエネルギー準位は低くなる．このエネルギー差$\Delta E=g_e\mu_B B_0=|\gamma_e|\hbar B_0$に対応するエネルギー$h\nu$をもつ電磁波を与えると吸収が生じる．

$$\Delta E=\frac{1}{2}g_e\mu_B B_0-\left(-\frac{1}{2}g_e\mu_B B_0\right)=g_e\mu_B B_0=h\nu \qquad (12.14)$$

このΔEは**ゼーマンエネルギー**(Zeeman energy)とよばれ，磁場B_0に比例する．吸収を与える電磁波の磁場の角周波数ω_e($=2\pi\nu$)は

$$\nu=\frac{|\gamma_e|}{2\pi}B_0 \quad \text{より} \quad \omega_e=|\gamma_e|B_0=\Omega \tag{12.15}$$

となり，磁場中でのαスピンとβスピンのゼーマンエネルギーΔEに対応する電磁波の角周波数ω_eとラーモア歳差運動の角周波数Ωは等しい．ゼーマンエネルギーより大きいエネルギーの電磁波を照射すればすべて吸収されてもよさそうだが，歳差運動の角周波数とぴったり同じ角周波数の電磁波だけが共鳴吸収される．そのため，NMRやESR現象は**磁気共鳴**(magnetic resonance)とよばれる．回転運動という視点から考えれば，ラーモア周波数で歳差運動しているスピン磁気モーメントに，x軸もしくはy軸方向からラーモア周波数に等しい電磁波(磁場成分$\boldsymbol{B}_1$)を照射すると，スピン磁気モーメントは静磁場$\boldsymbol{B}$の回りをラーモア歳差運動しながら$\boldsymbol{B}_1$によって回転しつつ，電磁波のエネルギーを共鳴吸収する．

市販のESR分光装置では磁場の発生源として主に電磁石(0.3〜2 T)が使用される．電磁波は周波数9.5 GHz，波長3 cmのマイクロ波領域であり，その周波数の電磁波を用いたときの電子スピンが共鳴する磁場強度(共鳴磁場)は0.34 Tである．ESR分光法では，磁場を掃引する連続波(continuous wave, CW)法でスペクトルが測定される．ESR分光法は不対電子をもつ**ラジカル化合物**(free radical)や遷移金属錯体が測定対象である．芳香族ラジカルを測定すると炭素原子上の不対電子のスピン密度が得られるため，分子軌道法で計算される電子密度との比較により，これらの方法の妥当性が検証された．

NMRでも同様に核スピンのスピン磁気量子数m_Iに応じてエネルギー準位は

$$E=-\gamma_N m_I \hbar B_0 \tag{12.16}$$

に分裂する．さまざまな核種がNMR現象を示すため，エネルギー準位は核についてのg因子g_Nを含む核の磁気回転比γ_Nを用いて表現されることが多い．プロトン^{1}H($I=1/2$, $\gamma_H>0$)では，αスピン($m_I=1/2$)の方が安定となる．プロトンのNMRの共鳴条件は

$$\Delta E=\gamma_H \hbar B_0=h\nu \tag{12.17}$$

である．このエネルギー差は静磁場B_0に比例し，共鳴吸収される電磁波の磁場の角周波数ωはラーモア周波数Ωに一致する．

$$\nu = \frac{\gamma_H}{2\pi} B_0 \quad \text{より} \quad \omega = |\gamma_H| B_0 = \Omega \tag{12.18}$$

NMR分光装置では磁場の発生源として超電導磁石(7～21 T)が使用され，一定の静磁場中で測定される．7.05 Tの磁場中においてプロトンが共鳴する電磁波は周波数(共鳴周波数) 300 MHz，波長1 mのラジオ波領域である．不対電子をもたない化合物がNMR分光法の測定対象であり，化合物中のプロトンだけでなく，^{13}C, ^{15}N, ^{19}F, ^{29}Si, ^{31}P核など$I=1/2$の核種を検出できる(表6.3)．そのため，磁場強度ではなく周波数で議論されることが多い．

例題12.1　2.35 Tの磁場中におけるプロトンの共鳴周波数は100 MHzである．プロトンの磁気回転比γ_Hを求めよ．

解　$100 \times 10^6\ \mathrm{Hz} = \dfrac{\gamma_H}{2\pi} \times 2.35\ \mathrm{T}$ より $\gamma_H = 26.75 \times 10^7\ \mathrm{rad\ s^{-1}\ T^{-1}}$

例題12.2　同一磁場における電子スピンのゼーマンエネルギーはプロトンの核スピンのゼーマンエネルギーの何倍であるかを計算せよ．ただし，$\gamma_e = -1.761 \times 10^{11}\ \mathrm{rad\ s^{-1}\ T^{-1}}$，$\gamma_H = 2.675 \times 10^8\ \mathrm{rad\ s^{-1}\ T^{-1}}$とする．

解　$|\gamma_e/\gamma_H| = 658$倍

同一磁場において，ゼーマンエネルギーの大きな電子スピンの共鳴吸収が生じても，核スピンのラーモア周波数とはまったく違うので核スピンの共鳴吸収は生じない．そのため，電子スピンの量子数がESRによって変化しても核スピンの量子数は変化しない．核スピンの共鳴吸収を同時に生じさせるためには，それに応じたラジオ波を照射する必要がある．この点が磁気共鳴現象の特徴である．

12.2　ESR分光法

前節で述べたように不対電子をもつ化合物(ラジカル)を磁場中におくとゼーマン効果により電子スピンのエネルギー準位の縮退が解けてエネルギー差を生じる．そのため，周波数が一定のマイクロ波を試料に当てた状態で磁場を掃引すると，共鳴磁場においてマイクロ波の共鳴吸収が起こる．ESRスペクトルの横軸には磁場をとり，単位は通常mT(ミリテスラ)で表示される．縦軸は吸収強度そのものではなく，分解能を改善するため，吸収線形の一次微分で表記される

コラム　スピン系の量子力学

プロトンや電子スピンはスピン1/2をもち，とりうる状態はαスピンとβスピンの2つであり，スピン状態を表す量子数は$\pm 1/2$の2つだけである．このためスピンの量子状態は，座標表示した波動関数のように連続関数$\psi(\boldsymbol{r})$ではなく，$\pm 1/2$の2つのスピンの値を固有値にもつ固有ベクトルとしてディラックのブラーケット記法（3.3.4項コラム）$|\alpha\rangle, |\beta\rangle$により表す．正負のスピン固有値に対する波動関数をそれぞれz方向の固有ベクトルとして，αスピンを$|\alpha\rangle=\begin{pmatrix}1\\0\end{pmatrix}$，$\beta$スピンを$|\beta\rangle=\begin{pmatrix}0\\1\end{pmatrix}$とすると，共役な固有ベクトルは$\langle\alpha|=(1, 0)$，$\langle\beta|=(0, 1)$となり，これらの行列のかけ算から直交規格化条件が出てくる．

$$\langle\alpha|\beta\rangle=\langle\beta|\alpha\rangle=0,\quad \langle\alpha|\alpha\rangle=\langle\beta|\beta\rangle=1$$

スピン状態は$|\alpha\rangle$と$|\beta\rangle$の線形結合$\phi=c_1|\alpha\rangle+c_2|\beta\rangle$で表される．スピン関数の量子的な本質を表現するために固有ベクトルを導入することで，スピン角運動量演算子$\hat{I}_x, \hat{I}_y, \hat{I}_z$はパウリ行列（3.3.4項）により表現できる．

$$\hat{I}_x=\frac{\hbar}{2}\begin{pmatrix}0 & 1\\ 1 & 0\end{pmatrix},\quad \hat{I}_y=\frac{\hbar}{2}\begin{pmatrix}0 & -\mathrm{i}\\ \mathrm{i} & 0\end{pmatrix},\quad \hat{I}_z=\frac{\hbar}{2}\begin{pmatrix}1 & 0\\ 0 & -1\end{pmatrix}$$

これらの行列はパウリ行列の基本的な性質（**例題3.12**）を満たし，交換関係$[\hat{I}_x, \hat{I}_y]=\mathrm{i}\hbar\hat{I}_z$から角運動量の基本的性質（**例題6.7**）も満たしていることがわかる．これらの角運動量の行列に磁気回転比をかけたものが磁気モーメントの行列表示であり，磁場中でのスピンのふるまいを記述する基礎となる．ゼーマン相互作用のハミルトニアン$\hat{H}$は，スピン角運動量演算子$\hat{I}$の静磁場B_0方向の成分$\hat{I}_z$を用いて

$$\hat{H}=-\gamma B_0\hat{I}_z$$

と表されるので，$\hat{H}|\alpha\rangle=E|\alpha\rangle$，$\hat{H}|\beta\rangle=E'|\beta\rangle$を解いてエネルギー固有値を求めると，ゼーマン分裂したエネルギー準位が以下のように得られる．

$$E=-\frac{1}{2}\gamma\hbar B_0,\quad E'=\frac{1}{2}\gamma\hbar B_0$$

（図12.3）．スペクトルの中央で横軸と交わる点がESRの共鳴磁場であり，この磁場の値から不対電子のg値を求める．化合物の構造に応じて異なる局所磁場が生じるため，g値は自由電子の値（$g_e=2.0023\cdots$）とは少し異なる値を示す．以下に有機ラジカルのESRスペクトルの成り立ちを概説する．

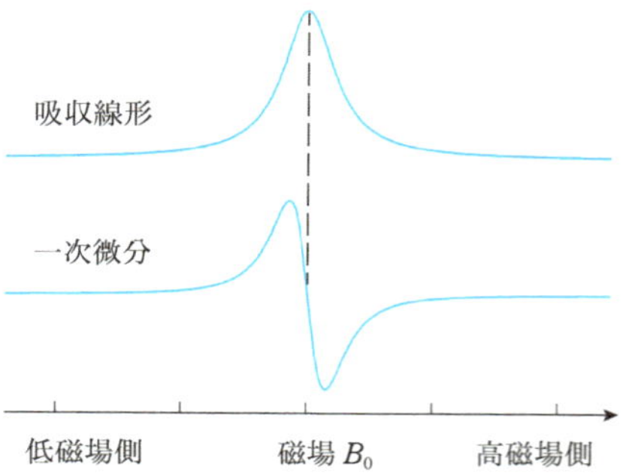

図12.3　ESRスペクトルの吸収線形(上)および一次微分(下)

12.2.1　超微細相互作用

溶液試料で分子が等方的な運動をする場合には，不対電子が核スピン(核スピン量子数I)と相互作用すると，電子スピン(m_s)と核スピン(m_I)の向きによってエネルギー準位が分裂してESRシグナルが$2I+1$本に分裂する現象が観測される．この相互作用を超微細相互作用(hyperfine interaction)といい，超微細相互作用により分裂したシグナルを**超微細構造**(hyperfine structure)という．超微細相互作用のハミルトニアン$\hat{H}_{\mathrm{IS}}$は，スピン角運動量演算子の静磁場B_0方向の成分$\hat{S}_z$, $\hat{I}_z$を用いて

$$\hat{H}_{\mathrm{IS}} = A\hat{S}_z\hat{I}_z \tag{12.19}$$

と表される．ここで，Aは**超微細結合定数**(hyperfine coupling constant, hfccもしくはhyperfine splitting constant, hfsc)とよばれる電子スピンと核スピンの結合を介した相互作用の強さを表す定数である．例えば，不対電子が化合物中の1個のプロトン($I=1/2$)と超微細相互作用すると(m_s, m_I)の異なる4つの状態(1/2, 1/2), (1/2, −1/2), (−1/2, −1/2), (−1/2, 1/2)が生じる．hfccは測定磁場の大きさに依存しないため，エネルギー準位はゼーマン分裂したエネルギー準位から超微細相互作用によって$\pm\frac{1}{4}A$だけ変化する(図12.4 (a))．ESRの共鳴吸収が生じても，核スピンの共鳴吸収は生じないため(**例題12.2**)，個別選択律は

$$\Delta m_s = \pm 1 \text{ かつ } \Delta m_I = 0 \tag{12.20}$$

である．このため，ESRシグナルは強度比1：1の2本に超微細分裂する(図12.4 (b))．シグナルの超微細分裂の幅aは$A/g_e\mu_B$に等しく，通常はa(単位mT)を

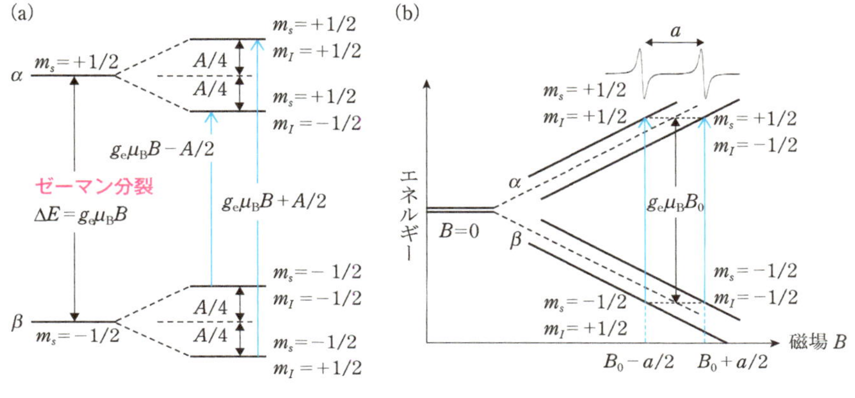

図12.4 ESRスペクトルのゼーマン分裂と核スピンとの超微細結合による分裂(a)と磁場によるエネルギー準位の変化と共鳴条件(b)

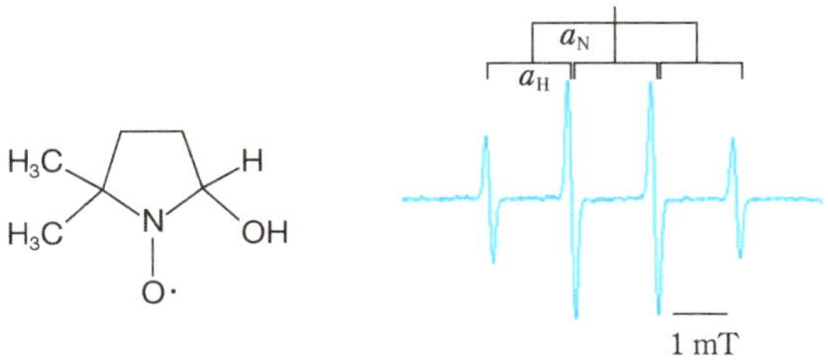

図12.5 DMPOのOHラジカル付加体のESRスペクトル

hfccの値とする．ESR測定では一定周波数ν_0のマイクロ波を試料に当てた状態で磁場を掃引するので，共鳴磁場$B_0(=h\nu_0/g_e\mu_B)$に相当するエネルギー$g_e\mu_B B_0$となった場合にだけ共鳴が生じる．磁場が$B=B_0-a/2$のときに，(m_s, m_I)が(1/2, 1/2) ← (−1/2, 1/2)の遷移はエネルギーが

$$g_e\mu_B\left(B_0-\frac{a}{2}\right)+\frac{A}{2}=g_e\mu_B\left(B_0-\frac{a}{2}+\frac{a}{2}\right)=g_e\mu_B B_0$$

となって共鳴する．そして，$B=B_0+a/2$となったときには

$$g_e\mu_B\left(B_0+\frac{a}{2}\right)-\frac{A}{2}=g_e\mu_B\left(B_0+\frac{a}{2}-\frac{a}{2}\right)=g_e\mu_B B_0$$

となって(1/2, −1/2) ← (−1/2, −1/2)の遷移が共鳴する．

電子スピンと^{14}N核($I=1$, $m_I=0$, ±1)との超微細相互作用では1 : 1 : 1の3本に分裂する．図12.5に示すDMPO (5,5-dimethyl-1-pyrroline-*N*-oxide)のヒドロキシ

(a) $I=1/2$

n	
1	1　1
2	1　2　1
3	1　3　3　1
4	1　4　6　4　1
5	1　5　10　10　5　1
6	1　6　15　20　15　6　1

(b) $I=1$

n	
1	1　1　1
2	1　2　3　2　1
3	1　3　6　7　6　3　1

図12.6　等価な核による超微細構造

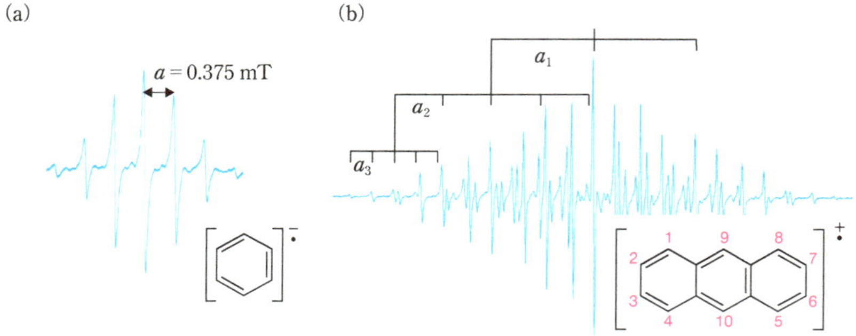

図12.7　芳香環化合物のESRスペクトルの超微細構造
ベンゼン陰イオンラジカル(a)とアントラセン陽イオンラジカル(b)

ラジカル(·OH)付加体のシグナルは1:2:2:1で分裂する．これは，^{14}N核によって分裂幅a_Nで1:1:1の3本に分裂し，さらにそれぞれが2位の1個のプロトンによって分裂幅a_Hで1:1の2本に分裂して，a_Nとa_Hが近い値であるために内側の2本のシグナルは重なって強度が2になることで説明できる．ラジカル中心までの化学結合の数が4以上となる3位のメチレン基や5位のメチル基のプロトンによるhfccは小さすぎて線幅に隠れ，観測できない．

不対電子に対して等価(equivalent)な核が複数あると，それぞれの核からのhfccは等しいためにシグナルが重なって，多重線はパスカルの三角形で示される二項分布(binomial distribution)の強度比を示す(図12.6)．ベンゼンの陰イオンラジカルの超微細構造は等価な6個のプロトンによって1:6:15:20:15:6:1の7本線に分裂し，hfccは0.375 mTである(図12.7(a))．

アントラセンの陽イオンラジカル(図12.7(b))の超微細構造を構造式から予想

すると，等価な2個のプロトン(9, 10位)，等価な4個のプロトン(1, 4, 5, 8位)，さらに別の等価な4個のプロトン(2, 3, 6, 7位)があるので，3×5×5=75本の超微細構造が予想される．スペクトルを解析すると，$a_1=0.653$ mTで1：2：1の3本線，$a_2=0.306$ mTで1:4:6:4：1の5本線，$a_3=0.138$ mTで1:4:6:4:1の5本線からなる超微細構造が得られる．

例題12.3 超微細結合定数が$a_1=0.4$ mTの等価な3個のプロトンと$a_2=0.2$ mTの等価な2個のプロトンを含むラジカルの超微細構造を予想し，スペクトル線形と各々のシグナルの強度について述べ，両端のシグナルの間の磁場幅を答えよ．

解 0.4 mTで1:3:3:1に分裂した各々のシグナルが，さらに0.2 mTの間隔で1:2:1に分裂するために12本のシグナルが観測されるはずであるが，低磁場側から3本目と4本目，6本目と7本目，9本目と10本目が重なるので，強度比1:2:4:6:6:6:4:2:1の9本線が観測される．シグナルの磁場幅は3×0.4 mT+2×0.2 mT=1.6 mTとなる．

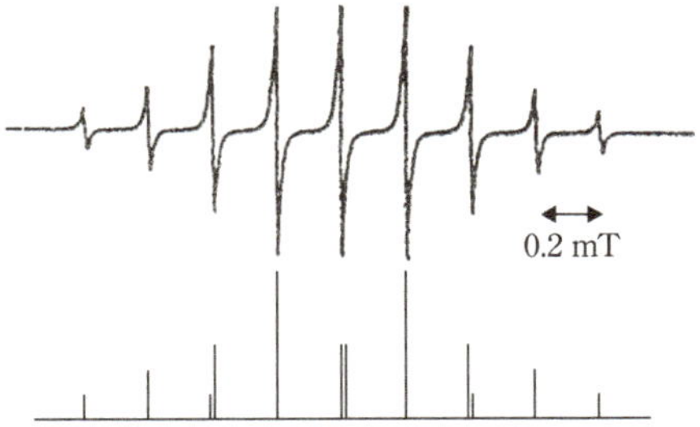

12.2.2 超微細構造と不対電子密度

超微細結合定数の大きさはラジカルの不対電子密度(unpaired electron density)と関係している．特に芳香族化合物のプロトンの超微細結合定数の値a mTから，そのプロトンが結合している炭素原子上の不対電子密度ρをマッコーネルの式(McConnell equation)という経験式

$$a=Q^{\mathrm{CH}}\rho \tag{12.21}$$

で求めることができる．Q^{CH}は比例定数で，芳香環の陰イオンラジカルの不対電子密度には通常$Q^{\mathrm{CH}}=2.25$ mTという数値が使用されることが多い．これは，1

個の不対電子が6個の炭素原子上に均等に存在しているベンゼンの陰イオンラジカルの$a = 0.375$ mTから，不対電子密度$\rho = 1/6$として$Q^{\mathrm{CH}} = 0.375\ \mathrm{mT} \times 6 = 2.25$ mTで求められる．

アントラセンの陽イオンラジカルの分子軌道計算によって，電子密度は9, 10位：0.193，1, 4, 5, 8位：0.097，2, 3, 6, 7位：0.048と得られる．超微細構造（図12.7(b)）を解析すると，1 : 2 : 1の分裂からa_1は9, 10位のプロトンによるhfccであることは明らかである．電子密度の大きい1, 4, 5, 8位のhfccはa_2で，2, 3, 6, 7位のhfccはa_3であることが決定できる．逆に，hfccから分子軌道法やDFT計算で得られた電子密度を検証できる．

例題12.4　下に示すナフタレンのLUMOに1個の不対電子が加わったナフタレン陰イオンラジカル$[\mathrm{C_{10}H_8}]^{\cdot-}$のESRスペクトルを解析して不対電子密度を計算し，ナフタレンのヒュッケル近似によるLUMOの波動関数（9.2.3項）

$$\psi_{\mathrm{LUMO}} = 0.263 \times (\chi_1 + \chi_{10} - \chi_5 - \chi_6) + 0.425 \times (-\chi_2 - \chi_9 + \chi_4 + \chi_7)$$

と比較せよ．

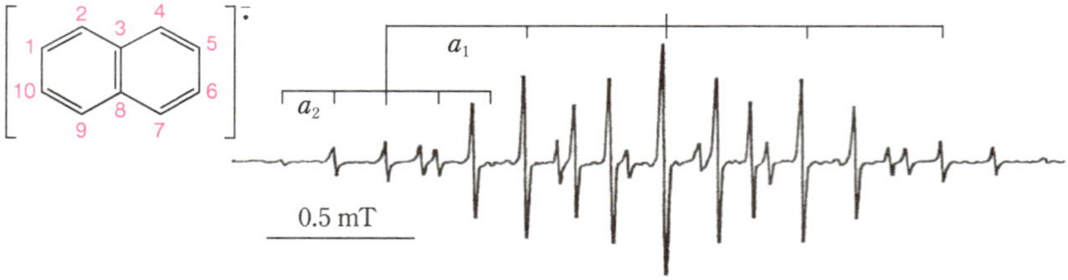

解　スペクトルを解析すると$a_1 = 0.49$ mT，1 : 4 : 6 : 4 : 1で分裂した5本線のそれぞれが$a_2 = 0.19$ mTで1 : 4 : 6 : 4 : 1で分裂した25本の超微細構造である．$[\mathrm{C_{10}H_8}]^{\cdot-}$の不対電子はナフタレンのLUMOに入る．2, 4, 7, 9位の炭素原子上の不対電子密度をρ_1，1, 5, 6, 10位の不対電子密度をρ_2とするとψ_{LUMO}の係数から$\rho_1 > \rho_2$である．マッコーネルの式の比例定数が両者で一定であるとすれば，$\rho_1 : \rho_2 = 0.49 : 0.19$である．3, 8位の不対電子密度を0として，分子の対称性から$4\rho_1 + 4\rho_2 = 1$とすると$\rho_1 = 0.18$，$\rho_\beta = 0.07$となる．波動関数の係数を二乗したものは電子密度に比例するので，逆に，不対電子密度の平方根をとって波動関数の係数を求めると，2, 4, 7, 9位は$\sqrt{0.18} = 0.42$，1, 5, 6, 10位は$\sqrt{0.07} = 0.26$となり，ψ_{LUMO}の係数とよく一致する．

12.3　NMR分光法

前述のように核スピン量子数I（≠0）をもつ化合物を磁場中におくと，ゼーマン効果により核スピンのエネルギー準位の縮退が解けてエネルギー差を生じる．そのエネルギーに応じたラジオ波の共鳴吸収を観測するのがNMR分光法である．NMRの測定核種としてもっとも感度が良く，有用なのはプロトンであるため，ここでは溶液の^{1}H-NMR測定をとりあげる．溶液のNMR測定においては，試料を重水素化溶媒(deuterated solvent)に溶解して測定する．重水素化溶媒を使用する理由は主に2つあり，1つは重水素^{2}H (I=1)の共鳴周波数がプロトンと異なるため，^{1}H-NMRスペクトルにおいて溶媒由来の巨大な不要なシグナルを消去できるからである．もう1つの理由は，磁場の均一度をモニターする指標として溶媒の重水素のシグナルを常時観測して磁場調整（重水素ロックという）に利用するためである．

NMRスペクトルの測定では，均一な静磁場(z軸方向)におかれた試料に単一の振動数のラジオ波パルスを照射して，磁化を磁場と垂直な方向(xy平面)に倒す．平衡磁化へ戻ろうとする磁化の応答を測定し，その時間変化をフーリエ変換(FT)して周波数スペクトルを得る(図12.8(a))．周波数ν_0をもつラジオ波を矩形型パ

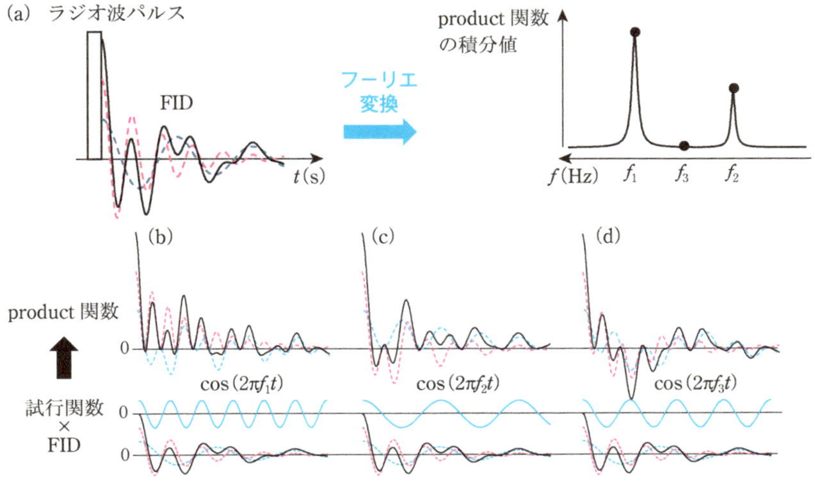

図12.8　パルスフーリエ変換NMR法
高い周波数の波（赤点線）と低い周波数の波（青点線）の重ね合わせ（黒線）がフーリエ変換によって周波数領域で分離される（コラム参照）．

ルス(パルス幅約10 μs)にして照射することは，ν_0を中心に±10,000 Hz程度の周波数成分を均等に含んだラジオ波を照射することと同じであり，溶液中のすべてのプロトンの共鳴周波数をいっせい発振するようなものである．スイスのエルンスト(R. R. Ernst, 1933～2021：1991化)がこの方法を開発した1960年代は，ESR分光装置と同じく磁場掃引型のNMR分光装置が一般的であったため，こうした測定方法に基づくNMR測定はパルスフーリエ変換NMR法(pulse FT-NMR)とよばれたが，現在ではきわめて一般的な手法となっているため特段そのようによばれることはない．フーリエ変換される前の横軸が時間であるスペクトルは自由誘導減

コラム　フーリエ変換

赤外分光法やNMR分光法のデータ処理に用いられるフーリエ変換は，フランスのフーリエ男爵(J. B. J. Fourier, Baron de, 1768～1830)に由来する関数変換の方法である．NMRにおいては時間領域の関数$S_{\mathrm{FID}}(t)$から周波数領域の関数$S_{\mathrm{spec}}(f)$を取り出す数学的な処理に使用される．FTとは，良い音感をもった人が，複雑な和音(FID)を数秒聞く(データ取得，acquisition)と，和音を構成する個々の音の音程(周波数)と強さ(振幅)を頭の中で解析して，「ド，ミ，ソ」(NMRシグナル)と，当てるようなものである．NMR測定でのFTによる演算は，FIDにさまざまな周波数の波を表す試行関数(例えば$\cos(2\pi ft)$)を乗算して得られるproduct関数を測定時間の範囲で定積分し，その積分値をfに対してプロットする作業である．

$$S_{\mathrm{spec}}(f)=\int_0^{\infty} S_{\mathrm{FID}}(t)\cos(2\pi ft)\,\mathrm{d}t$$

2つの周波数f_1(赤点線)とf_2(青点線)の波からなるFID(黒線)に，赤点線と同じ周波数の$\cos(2\pi f_1 t)$をかけてproduct関数を作ってみると，赤点線のproduct関数は$\cos^2(2\pi f_1 t)$になってt軸の上にあるため，積分値は正の値をもつが，青点線のproduct関数はt軸の上下に出るので積分値は0となる．重ね合わせであるFIDのproduct関数の積分値は，赤点線のおかげで正の値を示す(図12.8(b))．次に，青点線と同じ周波数の$\cos(2\pi f_2 t)$をFIDにかけると，product関数の赤点線の積分値は0となるが，青点線はすべてt軸の上に出て正の積分値を与えるため，FIDのproduct関数は正の積分値をもつ(図12.8(c))．f_1, f_2以外の周波数f_3の試行関数$\cos(2\pi f_3 t)$の場合には，赤，青どちらのproduct関数もt軸の上下に出るので，FIDのproduct関数の積分値は0となる(図12.8(d))．このようにして得られたFIDのproduct関数の定積分値を周波数に対してプロットしたのがNMRスペクトルである．$S_{\mathrm{spec}}(f)$から$S_{\mathrm{FID}}(t)$を作る数学処理も可能で，それを逆フーリエ変換(inverse FT)という．

衰(free induction decay, FID)とよばれ，指数関数的に減衰するさまざまな周波数の波の重ね合わせである．FIDをフーリエ変換することで横軸が周波数であるスペクトルへ変換する．NMRのシグナルは吸収線形で表示される．

^{1}H-NMRシグナルのパラメーターとして重要なのは化学シフト，シグナルの積分値，J-カップリング定数(J値)の3つであり，それぞれ以下のような情報を与える．

- 化学シフト → 官能基の種類 → 化合物の同定
- シグナルの積分値 → プロトンの個数比 → 濃度比，平衡定数
- J-カップリング定数 → 化学結合の情報 → 結合角，二面角

12.3.1 化学シフト

NMRスペクトルの横軸は本来，ある強さの静磁場B_0における各シグナルの共鳴周波数ν(Hz)である．しかしながら，同じ化合物でも異なる強さの静磁場下で測定した場合には共鳴周波数が異なる．そのため，テトラメチルシラン($Si(CH_3)_4$, TMS)のような化学的に安定で他の化合物から離れた位置にシグナルを示す基準物質の共鳴周波数ν_0とνの差をν_0で割った**化学シフト**(chemical shift) δ

$$\delta = \frac{\nu - \nu_0}{\nu_0} \times 10^6 \tag{12.22}$$

をNMRスペクトルの横軸とする．周波数を周波数で割るため無単位で，通常はppmで表示する．横軸を化学シフトで表すと，同じ化合物を異なる強さの静磁場下で測定した場合にも同じ化学シフトの位置にシグナルを示すため都合がよい．

化学シフトは電子による遮蔽(shield)によって変化する．これは化合物に含まれる電子によって局所磁場が生じ，核が感じる磁場の大きさBが静磁場B_0とは異なるためである．遮蔽定数をσとすれば，Bと共鳴周波数νは

$$B = B_0(1-\sigma), \quad \nu = \frac{|\gamma_{\mathrm{H}}|}{2\pi} B_0(1-\sigma) \tag{12.23}$$

と表される．遮蔽によって共鳴磁場が変化し，それに応じて共鳴周波数(化学シフト)が変化する．分子の対称操作(11.2.1項)によって重なる等価な核は同じ化学シフトを示し，結合の自由回転により化学シフトが平均化される場合にも同じ化学シフトになる．メチル基の3個のプロトンは同じ化学シフトを示す．

遮蔽定数は化合物の化学構造によって変化し，プロトンの化学シフトは官能基によって0〜10 ppmの範囲に分布するため，化学シフトは赤外スペクトルと同様

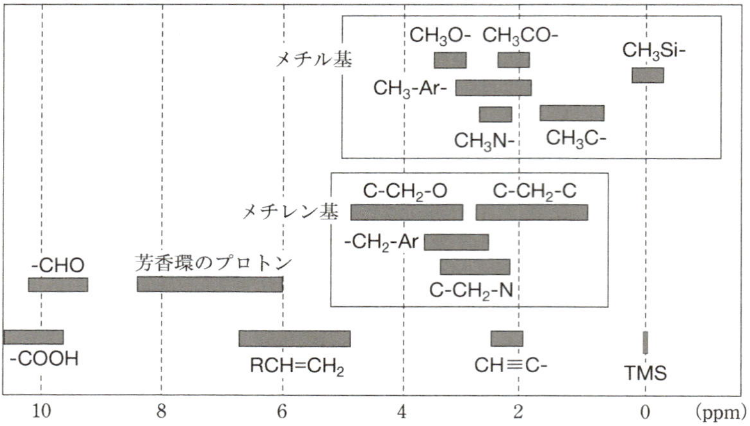

図12.9　^{1}H-NMRスペクトルにおける化学シフト
Arは芳香環を表す.

に，官能基の同定に役立つ(図12.9). 遮蔽には共有電子対が大きく影響する. 電子密度が高く，遮蔽が大きいとプロトンの共鳴周波数は小さく，化学シフトは小さくなる. 逆に，電気陰性度が大きいN原子やO原子に直接結合しているプロトンや，プロトンが結合しているC原子にN原子やO原子が結合するとC–H結合の共有電子対がC側に引き寄せられて遮蔽が小さくなり，共鳴周波数は大きくなり，化学シフトも大きくなる. sp^3混成軌道のC原子に結合しているプロトンは5 ppm以下に，sp^2混成軌道のC原子に結合しているプロトンはπ電子の**環電流効果**(ring current effect, 図12.10)によって生じる局所磁場のために5 ppm以上にシグナルを示す. 慣用的に，化学シフトが小さくなる変化を高磁場シフトといい，大きくなる変化を低磁場シフトとよぶ. 例えば，「ベンゼン環と同じ平面内に含まれるプロトンのシグナルは低磁場シフトし，ベンゼン環の垂直方向のプロトンは高磁場シフトする」のように表現される. ベンゼン環のプロトンの化学シフトは置換基効果を示す. ベンゼン環の置換基が電子供与基(–OR, $-NR_3$など)の場合には，その*o*–(オルト), *p*–(パラ)位の電子密度が高く，遮蔽が大きいため，化学シフトは小さくなる(高磁場シフト). 反対に，置換基が電子求引基($-NO_2$, –COORなど)の場合には，その*o*–, *p*–位の電子密度は低く，遮蔽が小さいため，化学シフトは大きくなる(低磁場シフト).

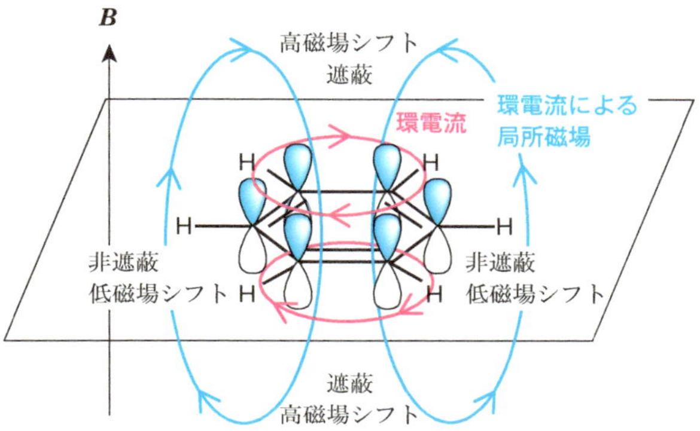

図12.10 ベンゼン環における環電流効果

例題12.5 9.4 Tの磁場(プロトンの基準共鳴周波数は400 MHz)中において，基準物質の共鳴周波数が400.000000 MHzで，あるNMRシグナルが400.000400 MHzで共鳴している場合に，このシグナルの化学シフトを求めよ．また，同じ化合物を14.1 Tの磁場中で測定すると基準物質との周波数差はいくらになるか．

解 化学シフトは

$$\delta = \frac{400\,\mathrm{Hz}}{400\,\mathrm{MHz}} = 1.00 \times 10^{-6} = 1.00\,\mathrm{ppm}$$

となる．14.1 Tの磁場(プロトンの基準共鳴周波数は600 MHz)中での周波数差は600 Hzとなり，共鳴周波数600 MHzで割ると化学シフトは同じ1.00 ppmとなる．

12.3.2 積分値と*J*-カップリング定数

NMRシグナルは吸収形で表され，そのシグナルの面積である**積分値**(integral value)はプロトンの数に比例する．NMRスペクトルにおいてピークに重なっている右上がりの曲線が積分曲線で，その高さが積分値になる．積分値はシグナルの真下に数字で表示されることも多い．同一分子内のシグナルの積分比はプロトンの数に比例するので整数比となる．混合物の場合は，積分値を比較することによって物質量比を決定できる．

図12.11に示す酢酸エチルのNMRスペクトルでは3つのシグナルが観測され，

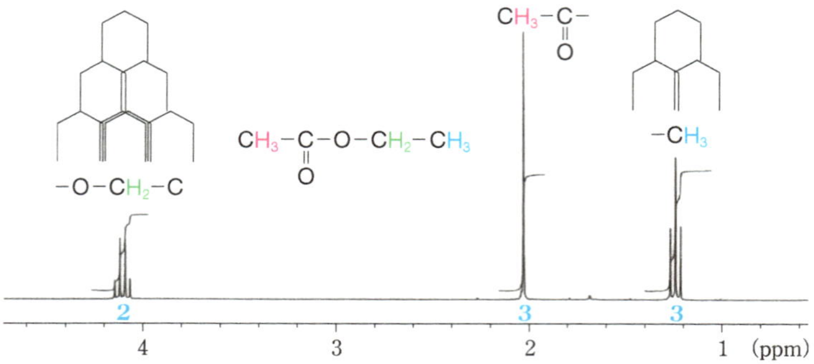

図12.11　酢酸エチルの ¹H-NMR スペクトル

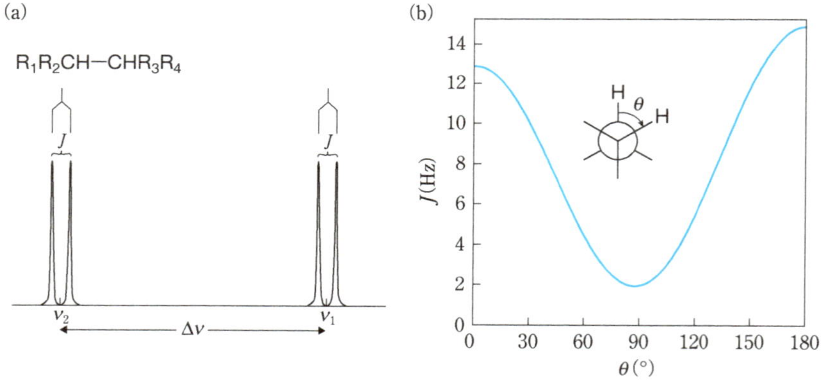

図12.12　J-カップリングによる分裂(a)とJ値の二面角依存性(b)

低磁場側(化学シフトの大きい方)から2:3:3の積分比となる．4.1 ppmの積分値が2のシグナルはエステル基のO原子に結合しているメチレン(CH_2)プロトンであり，O原子の影響により遮蔽が小さくなり低磁場シフトしている．積分値が3の2つのシグナルはともにメチル基のシグナルである．2.0 ppm周辺に観測されるシグナルはC=O基に結合しているメチル基のプロトンで，1.2 ppmのメチル基はCH_2の隣のメチル基である．

ESRにおける超微細結合定数と同様に，化学結合の数が3以下であるプロトンの間にはスピン－スピン相互作用が働き，互いに同じ幅でシグナルが分裂する(図12.12(a))．この相互作用は***J*-カップリング**(*J*-coupling)とよばれる．その分裂幅は*J*-カップリング定数，または，*J*値とよばれ，単位はHzである．プロトン間の*J*値は0～20 Hzの範囲である．ただし，化学結合の数が3以下である場合でも化学シフトが同じプロトン間では分裂しない．また，J値はJ-カップリングの相手との角度に依存して大きさが変化する．隣接するC原子に結合しているビシナル（vicinal）プロトンの間の二面角（dihedral angle）がちょうど90°になっているときには，J値はほぼ0となる（図12.12（b））．カープラス（M. Karplus, 1930〜：2013化）は理論化学を下敷きに，sp^3混成軌道のC原子に結合したビシナルプロトン間のJ値と二面角θの間にカープラス式（Karplus equation）

$$J(\theta) = A\cos^2\theta + B\cos\theta + C \tag{12.24}$$

が成り立つことを提案した．ここで，A, B, Cは経験的に決まる定数である．後にカープラス式はタンパク質の主鎖の二面角（ϕ）の角度決定に応用され，タンパク質の構造決定がNMR分光法によって精度よく行えるようになった．

J-カップリングしている化学的に等価なプロトンが複数ある場合には，ESRの超微細相互作用による分裂と同じく，J-カップリングによる分裂も二項分布に従う．再び，酢酸エチルのNMRシグナルを例にとって説明すると，C=O基に結合しているメチル基のプロトン（2.0 ppm）は隣のC原子にプロトンが結合していないため1本線（singlet）である．それに対して，1.2 ppmのメチル基は隣のメチレン基（4.1 ppm）の等価な2個のプロトンによるJ-カップリングで1：2：1の3本線に分裂している．逆に，メチレン基のNMRシグナルは，メチル基の等価な3個のプロトンからのJ-カップリングで1：3：3：1の4本線に分裂している．

注意しなければならないのは，少し複雑な有機化合物になって不斉炭素原子や分子不斉などがあると，分子内のメチレン基の2つのプロトンは化学的に非等価（ジアステレオトピック）になるため，それらの化学シフトは異なり，メチレン基のプロトン間にもJ-カップリングが観測され，他のプロトンとのJ値も異なる（**例題12.7**参照）．複雑な化合物では，化学結合の数が3以下であるn個のプロトンによってn+1本に分裂すると単純に考えてはならない．

例題12.6　クメン$C_6H_5CH(CH_3)_2$のイソプロピル基のNMRシグナルの分裂を予測せよ．

解　クメンのメチル基は隣のメチン（−CH−）によって1：1の2本線に分裂する．2つのメチル基は化学的に等価で，同じ化学シフトに積分値6の2本線のシグナルとして現れ，メチンのシグナルは1：6：15：20：15：6：1の7本線に分裂する．

12.3.3 NMRシグナルの帰属

化学合成した有機化合物のNMRスペクトルを測定し，それぞれのシグナルがどのプロトンに対応するかを帰属して目的の化合物が合成できているかを決定する，あるいは逆に，未知の有機化合物について得られたスペクトルからその化合物の構造式を決定することにNMR分光法は利用されている．図12.13に示すアセチルサリチル酸の^{1}H−NMRスペクトルにおいて2.2 ppmにある積分値3のシグナルはメチル基のプロトンであり，7〜8 ppmにある4本の積分値1のシグナルはベンゼン環に結合した4個のプロトンであり，13 ppmに現れている積分値1の幅広なシグナルはカルボン酸のプロトンである．ベンゼン環に結合しているプロトンは置換基効果によって異なる化学シフトに観測される．3位と5位のプロトンは電子供与基(−$OCOCH_3$)の*o*−, *p*−位に位置しており，電子密度が高く，遮蔽が大きいために高磁場シフトしている．6位と4位は電子求引基(COOH基)の*o*−, *p*−位であるため，電子密度が低く，遮蔽が小さいために低磁場シフトしている．ベンゼン環のH3−H4, H4−H5, H5−H6の間には3本の化学結合を隔てた^{3}J＝7〜8 Hzの*J*−カップリングが存在し，H3はH4によって2本線に分裂し，H6もH5により2本線に分裂している．H4は，H3からのカップリングに加えてH5からのカップリングによって4本線に分裂しているが，その^{3}J値がほぼ等しいため，中心のシグナルが重なって1 : 2 : 1のシグナルとして観測されている．H5も

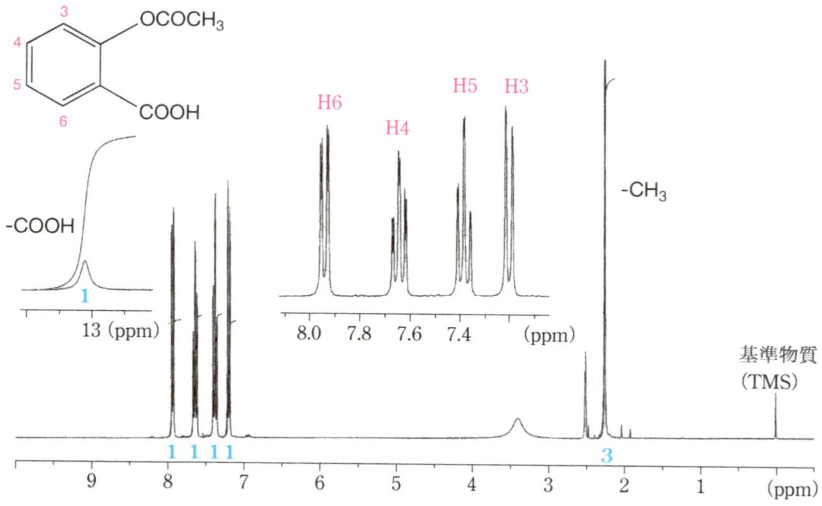

図12.13　アセチルサリチル酸の^{1}H−NMRスペクトル(溶媒は$DMSO-d_6$)

同様である．すべてのシグナルの先が細かく2本に分裂しているのは，H4–H6とH3–H5の間に4本の化学結合を隔てた遠隔J–カップリング（^4J＝1〜2 Hz）が例外的に観測されているからである．遠隔J–カップリングは，二重結合，三重結合，環構造などで結合が固定されている場合に観測されることがある．

複雑な化合物になってくると，複数のラジオ波パルスを組み合わせた2次元NMR分光法を用いてシグナルを帰属する．スイスのヴュートリッヒ（K. Wüthrich, 1938〜：2002化）はアミノ酸のデータ（**例題12.7**）をもとに，ペプチド，タンパク質のNMRシグナルを2次元NMR法で帰属し，立体構造を同定する手法を提案した．NMR分光法は生体高分子の構造解析においても主要な測定法となっている．

例題12.7　20種類の標準アミノ酸試料からランダムに6種類を選び，重水（D_2O）に溶解して^{1}H–NMRスペクトル（プロトンの基準共鳴周波数は300 MHz）を測定した．それぞれのスペクトルを示すアミノ酸の名称を答えよ．ただし，スペクトル中の数値はシグナルの積分値である．アミノ酸の一般式はH_2N–CH（COOH）–Rで，側鎖Rは以下のとおりである（プロリン（Pro）は全体の分子構造を示す）．

アミノ酸	側鎖R	アミノ酸	側鎖R
Gly	H	Glu	CH_2CH_2COOH
Ala	CH_3	Gln	$CH_2CH_2CONH_2$
Ser	CH_2OH	Asp	CH_2COOH
Cys	CH_2SH	Asn	CH_2CONH_2
Thr	$CH(OH)CH_3$	Lys	$CH_2(CH_2)_3NH_2$
Met	$CH_2CH_2SCH_3$	Arg	$CH_2(CH_2)_2NHCNH(NH_2)$
Val	$CH(CH_3)_2$	Phe	$CH_2C_6H_5$
Leu	$CH_2CH(CH_3)_2$	Tyr	$CH_2C_6H_4OH$
Ile	$CH(CH_3)CH_2CH_3$	Trp	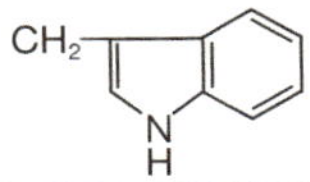
Pro	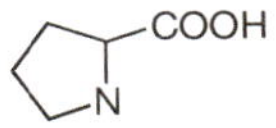	His	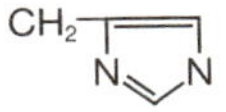

アミノ酸①

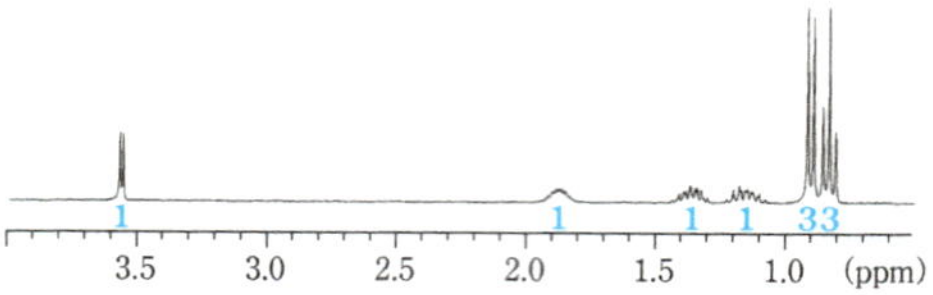

アミノ酸②

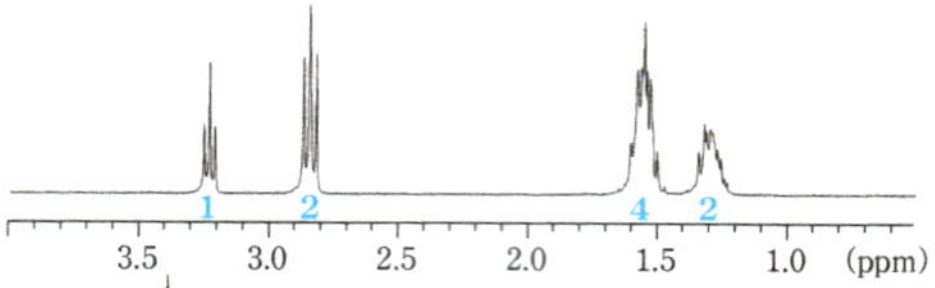

アミノ酸③

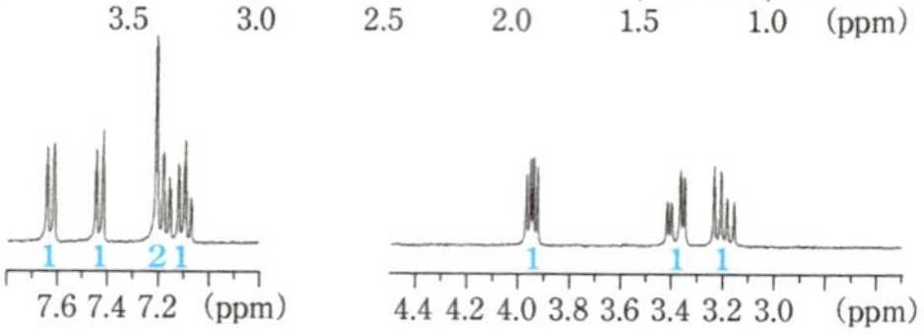

アミノ酸④

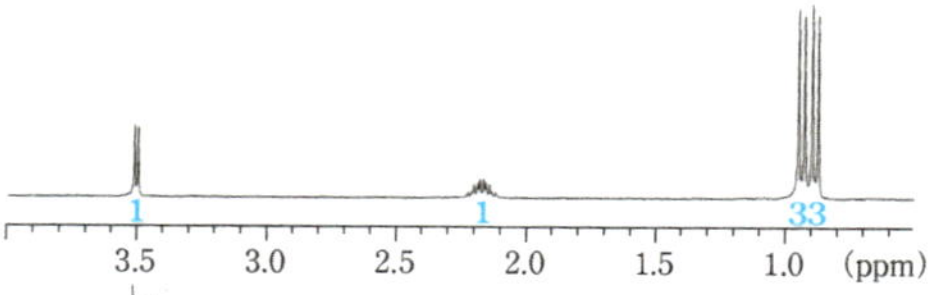

アミノ酸⑤

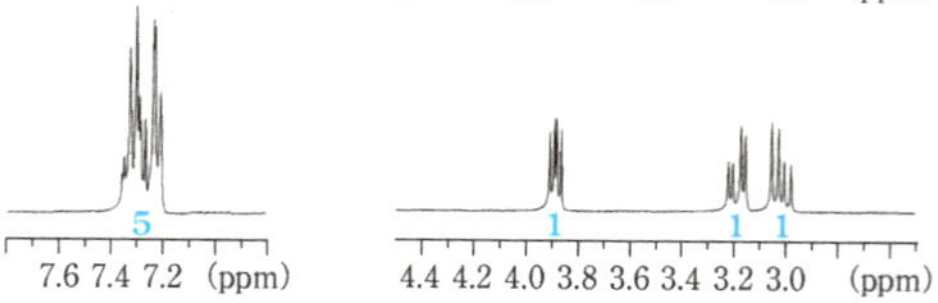

アミノ酸⑥

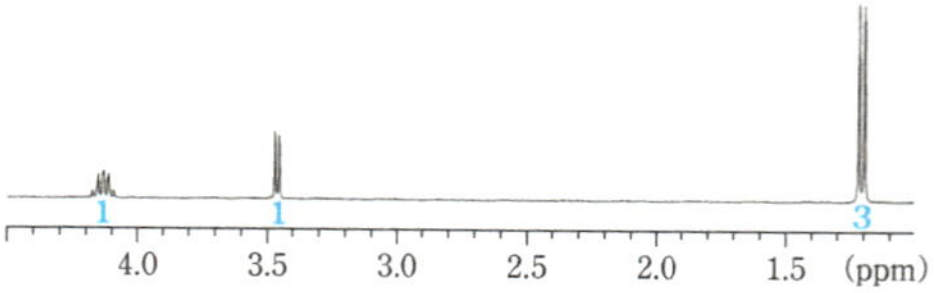

解　重水に溶解すると，−OH，−NH−，−SHなどの交換性のプロトンは溶媒の重水素と交換して観測されないことに留意し，構造式と見比べながら同定する．アミノ酸のα位，β位，…の炭素原子に結合しているプロトンをH_α，H_β，…と表記する．H_αはアミノ基とカルボキシ基が炭素原子に結合しているため，3.0〜4.0 ppmに現れる．

①イソロイシン(Ile)　1:2:1に分裂したメチル基(積分値3)および，1:1に分裂したH_α(3.6 ppm)によりロイシン(Leu)ではないことがわかる．イソロイシンのγ位のメチレン基の2個のプロトンは化学的に等価でないため，化学シ

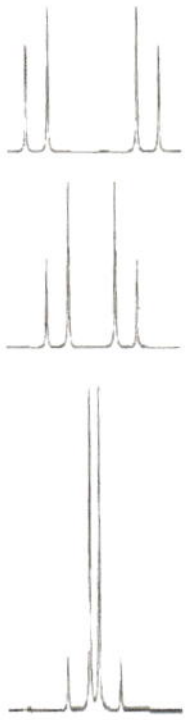

図 化学シフト差がJ値に近いときの線形

フトが違う場所に現れ，メチレンプロトン間にもJ-カップリングが観測されている．

②リシン(Lys) C原子に結合したプロトンの総数が9個であることからすぐに同定できる．リシンのように長い側鎖でC–C間の結合が自由回転しやすい場合には，化学的に等価でなくても同じ化学シフトを示すことが多い．

③トリプトファン(Trp) 5個の芳香環のプロトンがすべて異なる化学シフトに観測されているため，フェニルアラニン(Phe)ではないことがわかる．化学的に非等価な2個のβ位のプロトン(H_βとH'_β)は異なる化学シフトを示しており，H_αとのJ値に加えてH_βとH'_β間の大きなJ-カップリングが観測されてH_βもH'_βも4本線に分裂している．H_αとのJ値もH_βとH'_βで異なっているため，H_αも4本線に分裂している．H_βとH'_βの分裂後の4本の高さが異なっているのは，J値に比べて化学シフトがそれほど離れていない場合($\Delta\nu/J<5$)に生じる現象で，内側のシグナルの強度が高く，外側のシグナルの強度が低くなる(右上図)．

④バリン(Val) メチル基が2個で，H_αのほかはH_βが1個であることから同定できる．不斉炭素原子があるため，2個のメチル基は非等価で化学シフトは異なっているため，1:1に分裂したメチル基が2種類観測されている．

⑤フェニルアラニン(Phe) 芳香環のプロトンが5個で，積分値が2:1:2の比に分かれており，Trpではないことがわかる．β位の2個のプロトンについてはTrpと同じ現象が現れている．

⑥スレオニン(Thr) メチル基が1個で，C原子に結合した積分値1のプロトンが2種類観測されていることから同定できる．3.5 ppmの1:1に分裂しているシグナルがH_α由来のものである．

❖章末問題

12.1　ラーモア歳差運動について説明せよ.

12.2　ESRと^{1}H-NMRにおけるゼーマン分裂の違いについてエネルギー準位を描いて説明せよ.

12.3　図12.5に示したDMPO-OHのESRスペクトルにおけるシグナルの分裂について説明せよ.

12.4　アントラセンの陽イオンラジカルのESRスペクトルにおけるシグナルの分裂について説明せよ.

12.5　NMRスペクトル測定には重水素化溶媒が使用される. その理由を2つ述べよ.

12.6　環電流効果について説明せよ.

12.7　図12.13に示したアセチルサリチル酸の^{1}H-NMRスペクトルにおけるシグナルの同定について, 化学シフト, 積分値, J値の点から説明せよ.

12.8　アセチルサリチル酸の^{1}H-NMRスペクトルにおけるベンゼン環のプロトン(H3～H6)の化学シフトのばらつきについて, 以下の用語を用いて理由を述べよ.【遮蔽, 電子供与性, 電子求引性, 電子密度】

12.9　クメンのイソプロピル基のメチル基は積分値6の2本線となるが, バリンのイソプロピル基のメチル基は4本線となる理由を述べよ.

12.10　20種類の標準アミノ酸試料をD_2Oに溶解して^{1}H-NMRスペクトルを測定した際, GluとGlnおよびAspとAsnは同定が難しい. その理由を述べよ.

索　引

人　名

欧　文

和　文

ア

カ

マ

ヤ

ラ

著者紹介

金折賢二（かなおりけんじ）　博士（理学）

1988 年　京都大学理学部　卒業

現　在　京都工芸繊維大学分子化学系　准教授

著　書　『新・物質科学ライブラリ 1　基礎化学』
『新・演習物質科学ライブラリ 1　基礎化学演習』
（いずれも共著，サイエンス社）

NDC431　　303 p　　21cm

エキスパート応用化学テキストシリーズ

量子化学—基礎から応用まで

2018 年 10 月 19 日　第 1 刷発行
2023 年 9 月 5 日　第 3 刷発行

著　者　金折賢二

発行者　髙橋明男

発行所　株式会社　講談社

〒112-8001　東京都文京区音羽 2-12-21
販　売　(03) 5395-4415
業　務　(03) 5395-3615

KODANSHA

編　集　株式会社　講談社サイエンティフィク
代表　堀越俊一
〒162-0825　東京都新宿区神楽坂 2-14　ノービィビル
編　集　(03) 3235-3701

本文データ制作　株式会社　双文社印刷

印刷・製本　株式会社　ＫＰＳプロダクツ

Printed in Japan

ISBN 978-4-06-513330-9